物 理 化 学
（第三版）

主　编　林树坤　张　敏
副主编　孙燕琼　郭鹏峰　牟　莉　刘　倩
参　编　叶　旭　董玉涛　魏　玲

华中科技大学出版社
中国·武汉

内容提要

本书是根据近年来我国物理化学课程的教学现状以及教育部 1995 年审定的《高等工科院校物理化学课程教学基本要求》，由福州大学等多所高等院校的物理化学教师共同修订编写的。本书共分十章，内容包括绪论、气体、热力学第一定律、热力学第二定律、多组分系统热力学、化学平衡、相平衡、电化学、化学动力学基础、界面现象、胶体分散系统与大分子溶液。在本书的编写和修订过程中，本着"由浅入深"和"少而精"的原则，力求内容的科学性和先进性，突出基本概念和基本规律，强调应用、开启学生思路，便于学生自学。

本书可作为高等工科院校化工、轻工、石油、生物工程、材料、食品、环境、高分子、制药等本科专业的教材或参考书，也可供其他院校相关专业学生参考使用。

图书在版编目(CIP)数据

物理化学/林树坤,张敏主编. —3 版. —武汉:华中科技大学出版社,2024.1
ISBN 978-7-5772-0490-1

Ⅰ.①物…　Ⅱ.①林…　②张…　Ⅲ.①物理化学-高等学校-教材　Ⅳ.①O64

中国国家版本馆 CIP 数据核字(2024)第 011924 号

物理化学(第三版)　　　　　　　　　　　　　　　　　　　林树坤　张　敏　主编
Wuli Huaxue(Di-san Ban)

策划编辑:王新华
责任编辑:王新华
封面设计:原色设计
责任校对:朱　霞
责任监印:周治超
出版发行:华中科技大学出版社(中国·武汉)　　　电话:(027)81321913
　　　　　武汉市东湖新技术开发区华工科技园　　　邮编:430223
录　　排:华中科技大学惠友文印中心
印　　刷:武汉开心印印刷有限公司
开　　本:787mm×1092mm　1/16
印　　张:20.25
字　　数:525 千字
版　　次:2024 年 1 月第 3 版第 1 次印刷
定　　价:54.00 元

第三版前言

物理化学所研究的是化学变化过程的普遍规律和基本原理,它是化学、化工、生物工程、材料、轻工、食品、制药、石油化工、环境等相关专业学生的一门专业基础课。学生通过该课程的学习,将更好地掌握和了解化学变化过程所遵循的基本规律和原理。

近年来,随着我国高等教育的不断发展,课程教学体系和教学内容的改革对物理化学课程的教学与教材编写提出了更高的要求。目前国内出版的物理化学教材虽多,但其中部分章节内容是面向多学时数教学的。对学时数较少的工科专业而言,内容和篇幅就显得偏大。鉴于此种状况,本书编写的原则是结合我国各相关工科专业规范,不受教学大纲框架限定,在保证"课程教学基本要求"知识点的前提下,充分考虑面向广大读者,使本书能适应不同层次院校的教学要求。本书目录中加 * 的内容为选讲内容。

在本书编写和修订的过程中,我们参考了大量的国内外有关教材和专著,不仅注重与相关课程内容的衔接,同时也详细介绍课程内容在实际中的应用。因此,本书力求从基本概念、基本原理和基本方法入手,使学生在基础学习阶段就对课程知识内容的理论性和实用性有充分的感受与体会。这样,不但有利于学生对基本概念、基本原理的理解,也有利于培养学生分析、解决实际问题的能力,为学生后续课程的学习打下良好的基础。本书在第一版和第二版的基础上还增加了部分内容,读者在学习过程中可根据具体需要进行选读。

参加本书第三版编写的有:福州大学林树坤、孙燕琼,大连海洋大学张敏,广东药科大学郭鹏峰,长春大学牟莉,西南科技大学叶旭,江西农业大学刘倩、魏玲,河南农业大学董玉涛。全书最后由林树坤修改定稿。

参加本书第一版、第二版编写的部分作者已不再参加第三版教材的编写,对他们在前期编写过程中所作出的贡献和努力在此表示深深的感谢。此外,对华中科技大学出版社的有关编辑为本书编写和出版付出的辛勤劳动一并表示感谢。

限于编者的学识水平,本书难免还有许多不足之处,欢迎读者批评指正。

编　者
2023 年 11 月

目　　录

绪　论

物理学与化学,作为自然科学的两个分支,关系十分密切。物理现象和化学现象总是紧密地联系着的。历史上,化学家和物理学家的研究是在相互合作、相互促进中进行的。每当化学家们对取得的实践经验试图作出解释,并提升为理论时,或每当他们在研究中遇到难以逾越的障碍时,总是求助于当时的物理学成就,而且受益较多。人们在长期的实践中注意到物理学和化学的相互联系,并且加以总结,逐步形成了一门独立的学科分支——物理化学(physical chemistry)。

1. 物理化学发展史

(1)自 1887 年德文《物理化学杂志》创刊到 20 世纪 20 年代,随着化学热力学理论研究的不断成熟和化学反应速率理论的建立,人们借用物理学中的力学、热学、气体分子运动论来描述与解决化学平衡和化学反应速率的问题。

(2)20 世纪 20—60 年代,随着物理学中原子结构理论以及量子力学理论的创立、X 射线发现和实验方法的建立,特别是 Heitler 和 London 用量子力学方法处理氢分子问题,开创了物理化学对物质微观结构及化学反应的基元反应速率理论的探索,相继提出了化学键理论、化合物的微观结构模型、电解质与非电解质溶液微观结构模型、电极过程的氢超电势理论、燃烧爆炸过程的链反应机理、催化反应机理等。

(3)20 世纪 60 年代以后,电子计算机、波谱仪器、扫描隧道显微镜、原子力显微镜、电子激光技术和现代实验手段的不断发展,极大地促进了物理化学学科向纵深发展。物理化学研究由分子的稳态、基态向瞬态、激发态发展,由单一分子结构向分子间的相互作用发展,由体相向界面相发展,由单纯的化学体系扩展到生命化学体系及非平衡态的耗散结构。物理化学研究提升到原子级水平,研究工作迈向新阶段。

2. 物理化学的研究对象及其重要意义

物理化学又称为理论化学,是化学学科的一个分支,它是利用化学现象与物理现象的联系去寻找化学变化规律的学科,它是用物理的理论及实验方法来研究化学的一般理论问题。其研究目的,是为了解决生产实际和科学实验向化学提出的理论问题,揭示化学变化的本质,更好地驾驭化学,使之为生产实际服务。那么生产实际和科学实验不断地向化学提出了哪些理论问题呢? 大体说来,主要有以下三个方面的问题。

(1)化学热力学。在指定的条件下,一个化学反应能否自动进行,向什么方向进行,进行到什么程度为止,反应进行时的能量变化究竟是多少,外界条件的改变对反应的方向和限度(即平衡的位置)有什么影响,等等。

(2)化学动力学。化学反应的速率有多快,复合反应有哪些具体步骤(即反应的机理),外界条件(如浓度、温度、催化剂等)对反应速率有何影响,如何能控制反应进行的速率。

(3)物质结构。了解化学系统的微观结构,研究原子在空间结合成分子的规律。由于物质的性质本质上是由物质的内部结构所决定的,深入了解物质的内部结构,可以理解化学变化的内因,而且可以预见在适当的外因作用下,物质的结构将发生什么样的变化。

显然上述这些问题的研究和解决具有重要的意义,它是实现新的工艺过程和改进旧的工艺过程的定量基础。物理化学的研究成果,对现代基本化学工业(如接触法制备硫酸、氨的合成和氧化)和其他许多重要化学工业的完整生产过程的建立,起了重要的作用。在基本有机合成工业、石油化学工业、化学纤维工业、合成橡胶以及其他国民经济部门(如冶金工业、建筑材料工业,以及农业和制药工业等)中,物理化学研究的重要性已日趋显著。那种认为"物理化学是理论脱离实际,在工厂中无用处"的奇谈怪论,即使不能说是无知的话,起码也是一种"近视"的观点。确实没有一个工厂是物理化学工厂,但任何一个工厂需要用物理化学去解决的问题俯拾皆是。因此,任何轻视物理化学的论调都是十分有害的。但也应指出,生产实际问题往往是比较复杂的,一个问题的解决,往往需综合运用物理的、化学的及其他学科的各项成就,过分渲染物理化学重要性的做法也是片面的。

物理化学与化学中的其他学科(如无机化学、分析化学、有机化学等)之间有着密切的联系。无机化学、分析化学、有机化学等各有自己特殊的研究对象,但物理化学则着重研究更具有普遍性的、更本质的化学运动的内在规律性。物理化学所研究的基本问题也正是其他化学学科最关心的问题。现代无机化学、分析化学和有机化学在解决具体问题时,在很大程度上常常需要利用物理化学中的规律和方法;而物理化学所研究的具体对象则不是无机物就是有机物。因此,物理化学与无机化学、分析化学、有机化学等学科的关系是十分密切的。

3. 物理化学的研究方法

物理化学是探求化学内在的、普遍规律的一门学科,是自然学科中的一个分支,它的研究方法和一般的科学研究方法有着共同之处。物理化学理论的发展完全符合辩证唯物论的认识论,注重实践,遵循"实践—认识—再实践"的认识过程,分别采用归纳法和演绎法,即"从众多实验事实"概括到"一般",再从"一般"推理到"个别"的思维过程。

(1) 科学研究的方法。首先是观察客观现象,或者是在一定条件下重现自然现象(做实验),从复杂的现象中找出规律性的东西,这是初步实践。然后根据实验数据,分析、归纳出若干经验定律。当然这种定律还只是客观事物规律性的描述,这时还不能了解这种规律性的本质和内在原因。为了揭示这种定律的内在原因,就必须根据已知实验事实,通过归纳、演绎,提出假说或模型,再根据假说作出逻辑性的推理,还可以预测客观事物新的现象和规律。如果这种预测能为多方面的实验所证实,则这种假说就成为理论或学说。但随着人们实践范围的扩大以及人们认识客观世界工具的改进(即新的科学仪器),又会不断提出新的问题和观察到新的现象,这就是再实践。当新的事实与旧理论发生矛盾,不能被旧理论所解释时,则必须对旧理论加以修正,甚至抛弃旧理论而建立新的理论。这就是再认识。这样人们对客观世界的认识又深入一步。任何一门科学都是由感性认识、经验积累、总结归纳提高到理性认识,理性认识又反过来指导实践成了推求未知事物的根据。

(2) 具体的研究方法。物理化学的研究除必须遵循一般的科学方法外,由于其研究对象的特殊性,还有其特殊的研究方法,一般分为热力学方法、化学动力学方法、量子力学方法、统计力学方法。

①热力学方法:以众多质点构成的宏观系统为研究对象,以热力学三大定律为基础,经过严密的逻辑推理,建立了一些热力学函数,用来解决化学反应的方向和平衡以及能量交换问题。在处理问题时采取宏观的办法,不需要知道系统的微观运动,不需要知道变化细节,只需知道起始和终了状态,通过宏观热力学量的改变就可以得到许多普遍性结论。采取热力学方法研究化学平衡、相平衡、反应热效应、电化学等都非常成功,其结论可靠,是研究化学的最基本的方法。

②化学动力学方法：主要研究反应速率和机理。任何化学反应总是通过分子间的瞬时接触交换能量或传递电子而完成的,过去由于实验手段的限制,人们很难追踪分子反应的细节,只能从总体上了解反应速率,得到动力学方程来解释一些反应的规律,这属于客观反应动力学。近十几年来,随着实验手段的提高,激光器和大型计算机的应用,能够检测到 10^{-6} s,甚至 10^{-12} s 的反应速率。许多快速反应、化学异构、光分解都可以进行测量。还可以设计成单个分子的碰撞来检测产物,使研究水平达到了分子级,形成了分子反应动力学。

③量子力学方法：量子力学与经典力学完全不同,它是用量子力学的基本方程求解组成系统的微观粒子之间的相互作用及其规律,从而揭示物性与结构之间的关系。

④统计力学方法：它主要是运用微观研究手段,把统计描述与量子原理结合起来,用概率规律计算出系统内部大量微粒微观运动的平均结果,从而解释宏观现象,认识其微观性质。统计力学的方法把大量粒子构成的系统的微观运动和宏观表现联系起来,根据微粒的性质分析宏观热力学性质。

在本课程中主要是应用热力学的方法,对量子力学和统计力学的方法也进行一些初步的介绍。

4. 学习物理化学的方法

当前是"知识爆炸"的时代,各种科学知识以惊人的速度在飞速增长,因此,不仅要通过每门课程获取一定的知识,更重要的是如何能培养获取知识的能力。这种能力不可能通过某一课程的学习就能培养出来,而是要通过各门课程和各个教学环节逐步培养而形成一种综合性的能力。物理化学是化学类专业的一门重要基础课,通过学习物理化学课程,应当培养一种理论思维的能力：用热力学观点分析其有无可能；用动力学观点分析其能否实现；用分子和原子内部结构的观点分析其内在原因。

因此,如何学好物理化学这门课程,除了一般学习中行之有效的方法(如要进行预习、抓住重点和善于及时总结等)以外,针对物理化学课程的特点,提出以下几点意见供参考。

(1) 要注意逻辑推理的思维方法。注意学习前人提出问题、分析问题、解决问题的逻辑推理方法,反复体会感性认识和理性认识的相互关系,密切联系实际,善于思考、敢于质疑、勇于创新。例如,热力学中热力学能和熵作为状态函数存在是由热力学第一定律和热力学第二定律推理而得的,然后导出热力学第一定律和热力学第二定律的数学表达式,由此出发而得到一系列很有用处的结论。这种方法在物理化学中比比皆是,而且在推理过程中很讲究思维的严密性,所得到的结论都有一定的适用条件,这些适用条件是在推理的过程中自然形成的。这种逻辑思维方法如果能在学习物理化学过程中仔细领会并学到手,养成一种习惯,则将受用无穷。

(2) 必须注意要自己动手推导公式。在物理化学课程中所遇到的公式是比较多的,而且每个公式都有其适用条件,要在记住那么多公式的同时还要记住它们的适用条件,是非常困难的,这也往往是使人感到物理化学难学的重要原因。解决这个难题的有效方法就是自己学会推导公式,实际上只要记住几个基本定义和几个基本公式,其他一切公式均可由此导出,而且在推导公式的过程中,每一步所需增加的适用条件自然就产生了,最终所得到的公式有什么限制和适用条件也就很明确,根本不需要去死记硬背。当然,在推导公式的过程中必须要熟悉某些数学知识。但是也要防止另一种倾向,即热衷于数学推导而忽视了推导公式的目的及其所得结论的物理意义。

(3) 多做习题。学习物理化学的目的在于运用它,而做习题是将所学的物理化学内容与实际相联系的第一步。一般来说，物理化学习题大致有以下几方面的内容：一是巩固所学的内容和方法的；二是课文中没有介绍，但运用所学的内容可以推理出来而进一步得到某些结论的；三是从前人的研究论文和生产实际中提炼出来的一些问题，考查如何用所学的知识去解决它。通过多做习题，加深对课程内容的理解，检查对课程的掌握程度，培养自己独立思考问题和解决问题的能力。

（4）重视实验。把实验课看成提高自己动手能力和独立工作能力的一个重要环节。

（5）勤于对比与总结。这里有"纵"、"横"两个方面：就纵向来说，一个概念（或原理）总是经历提出、论证、应用、扩展等过程，并在课程中多次出现，进行总结定会使各个知识点更加明确；就横向来说，各概念（或原理）之间一定有内在的联系，如熵增原理、吉布斯函数减少原理、平衡态稳定性等，通过对比，对其相互关系、应用条件等定会有更深的理解。又如把许多相似的公式列出，进行对比，也能从相似与差别中感受其意义与功能。

最后须说明一点，任何好的学习方法只有对那些愿意学习，自觉性较高的读者方能产生有益的作用。我们相信广大读者一定会探索出更好的学习方法来。

第 1 章　气　　体

本章基本要求

1. 了解理想气体的微观模型；掌握理想气体状态方程和道尔顿分压定律的应用。

2. 了解实际气体和理想气体的不同及产生差别的原因；了解范德华方程的提出以及常见的其他实际气体的状态方程。

3. 掌握饱和蒸气压的概念；了解实际气体的液化与临界性质。

4. 了解对比状态原理；掌握压缩因子图的使用。

物质的聚集状态通常有气、液、固三种状态。在研究放电管中解离气体的性质时，发现了一种新的导电流体，其中包括带正（负）电荷的离子、电子以及少量未经解离的分子、原子等，整体呈电中性，故称为等离子体（plasma state）。它与气、液、固三种状态在性质上有着本质上的不同，是物质的另一种聚集状态，被称为物质的第四态。广义地讲，物质的聚集状态远不止这些，例如有人把超高压、超高温下的状态称为第五态。此外，还有超导态、超流态等。

常见气、液、固三种状态中，固体虽然结构较复杂，但粒子排布的规律性较强，对其研究已有了较大的进展；液体的结构最复杂，人们对其认识还很不充分；气体的结构最简单，最容易用分子模型进行研究，故对它的研究最多，也最深入。

本章主要介绍气体的压力、温度与体积间相互联系的宏观规律——气体的状态方程。根据讨论的 p、T 范围及使用精度的要求，通常把气体分为理想气体和真实气体，分别进行讨论。

1.1　气体经验定律和理想气体状态方程

1.1.1　气体经验定律

一定质量的气体在容器中具有一定的体积 V，并且气体的各部分具有同一温度 T 和同一压力 p，则该气体处于一定的状态。在研究气体的性质和规律时，人们常常用可以测定的物理量 p、V、T 来描述气体的状态。用来描述气体状态的这些物理量称为状态参变量。

17 世纪中期，人们就开始研究低压（$p<1$ MPa）下气体的 p、V、T 关系。发现了三个对各种气体均适用的经验定律。

（1）波义耳（Boyle）定律：在物质的量和温度恒定的条件下，气体的体积与压力成反比，即

$$pV = 常数　　(n、T 一定)$$

（2）盖·吕萨克（Gay-Lussac）定律：在物质的量和压力恒定的条件下，气体的体积与热力学温度成正比，即

$$\frac{V}{T} = 常数 \quad (n、p 一定)$$

（3）阿伏伽德罗（Avogadro）定律：在相同的温度、压力下，1 mol 任何气体具有相同的体积，即

$$\frac{V}{n} = 常数 \quad (T、p 一定)$$

1.1.2　理想气体状态方程

综合上述气体的经验定律，整理可得到表示气体的状态参变量（p、V、T）间关系的状态方程（equation of state），即

$$pV = nRT \tag{1.1.1}$$

或

$$pV_m = RT \tag{1.1.2}$$

式中：n 为物质的量，单位是 mol；p 为压力，单位是 Pa（帕［斯卡］）；V 为气体的体积，单位是 m^3；V_m 为气体的摩尔体积，单位是 $m^3 \cdot mol^{-1}$；R 为摩尔气体常数，等于 8.314 $J \cdot mol^{-1} \cdot K^{-1}$；$T$ 为热力学温度，单位是 K（Kelvin），它和摄氏温度的关系式为

$$T = (t/℃ + 273.15) K$$

式（1.1.1）和式（1.1.2）是在温度不太低、压力不太高的实验条件下总结出来的，只能近似地反映实验条件范围内的客观事实，具有一定的局限性和近似性。压力越低，温度越高，气体越能符合这个关系式。通常把在任何压力、任何温度下都能严格遵从式（1.1.1）的气体称为理想气体（ideal gas 或 perfect gas），故式（1.1.1）又称为理想气体状态方程。理想气体实际上是一个科学的抽象概念，客观上并不存在，但在通常的温度和压力下，将许多实际气体作为理想气体来处理，所得结果虽有一定的误差，但还能满足一般常压下化工生产的精确度。因此，式（1.1.1）在实际工作中经常使用。

1.1.3　分子间力与理想气体模型

1. 分子间力

无论以何种状态存在的物质，其内部分子之间都存在相互作用。相互作用包括分子之间的相互吸引与相互排斥。按照兰纳德-琼斯（Lennard-Jones）的理论，两个分子间的排斥作用与距离 r 的 12 次方成反比，而吸引作用与距离 r 的 6 次方成反比。用 E 代表两个分子间总的作用势能，即

$$E = E_{吸引} + E_{排斥} = -\frac{A}{r^6} + \frac{B}{r^{12}} \tag{1.1.3}$$

式中：A、B 分别为吸引和排斥常数，其值与物质的分子结构有关。

将式（1.1.3）以图的形式表示，即兰纳德-琼斯势能曲线，如图 1.1.1 所示。由图可知：当两个分子相距较远时，几乎没有相互作用；随着 r 的逐渐减小，分子间开始表现为相互吸引作用，当 $r = r_0$ 时，吸引作用达到最大；当两个分子进一步靠近时，排斥作用很快上升为主导作用。

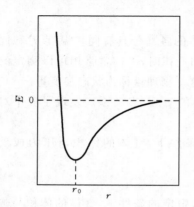

图 1.1.1　兰纳德-琼斯势能曲线

　　气体分子之间的距离较大,故分子间的相互作用较小;液体和固体的存在,正是分子间有相互吸引作用的证明;而液体、固体难以压缩,又证明了分子间在近距离时主要表现为排斥作用。

　　2. 理想气体模型

　　理想气体状态方程是在研究低压下气体的行为时导出的,于是可以从极低压力下气体的行为出发,抽象出理想气体的概念,并假设理想气体具有如下的微观模型。

　　(1) 气体分子间的平均距离比分子本身的直径要大得多,而且随着压力的减小,气体变得稀薄,分子间的平均距离更大,在这种情况下,气体的行为才更接近理想气体的行为。因此,对理想气体而言,其分子本身的大小与分子之间的距离相比可以忽略不计。

　　(2) 由于气体分子间的距离很大,每个分子都在无规则地自由运动着,因此,可以认为理想气体除分子间相互碰撞或与器壁碰撞外,分子间没有其他相互作用力。

　　(3) 气体分子总是处于永不停息的不规则运动(又称热运动)之中,温度越高,分子杂乱无章的运动越激烈。处于一定状态下的气体,其压力与温度都具有一定数值且不随时间改变。因此,可认为分子在碰撞时没有动能损失,即分子间的相互碰撞、分子与器壁间的碰撞都是完全弹性碰撞。

　　(4) 充满一定体积的容器中的气体,当处于一定状态时,其宏观性质,如温度、压力、密度等均具有确定的数值,不因其在容器中所处的位置而异。这说明做杂乱无章运动的大量分子沿各个方向运动的机会都是相等的,在容器中单位空间内的气体分子的数目也都是相同的。这一假定在统计上的意义,就是沿各个方向运动的分子数目相等,分子速度在各个方向的分量的平均值也相等。

　　概括起来,以上几条假设都是将气体分子看成相互间没有吸引力的完全弹性小球,而且“小球”的体积可以忽略。所以将这种气体模型简称为无吸引力、无体积的完全弹性质点模型。

1.1.4　摩尔气体常数

　　理想气体状态方程中摩尔气体常数 R 的数值,原则上可以通过对一定量气体的 p、V、T 进行测定,然后代入 $R = \dfrac{pV}{nT}$ 来进行计算,而真实气体只有在压力很低时才近似于理想气体。而当压力很低时,实验不易操作,不易得到精确数据,所以常采用外推法来求得 R 的值,其表达式为

$$R = \lim_{p \to 0} \frac{(pV_{\mathrm{m}})_T}{T}$$

　　实验表明,各种不同的气体不论温度如何,当压力趋近于零时,(pV_{m}/T) 均趋于一个共同的极限值 R,R 称为摩尔气体常数,可得 $R = 8.314 \ \mathrm{J \cdot mol^{-1} \cdot K^{-1}}$。

1.2　道尔顿分压定律和阿马格分体积定律

　　在自然界及日常工业生产中所遇到的气体,多数是混合气体。将几种不同的纯理想气体混合在一起,即形成了理想气体混合物。本节讨论理想气体混合物的 p、V、T 关系。

1.2.1　理想气体混合物组成的表示方法

理想气体混合物的组成有多种表示方法,常见的有以下几种。

1. 摩尔分数 x(或 y)

物质 B 的摩尔分数定义为

$$x_B(\text{或 } y_B) \xlongequal{\text{def}} \frac{n_B}{\sum n} \tag{1.2.1}$$

即物质 B 的摩尔分数等于 B 的物质的量与混合物的总的物质的量 $\sum n$ 之比,其量纲为 1。显然 $\sum x_B = 1$(或 $\sum y_B = 1$)。通常,气体混合物的摩尔分数用 y 表示,液体混合物的摩尔分数用 x 表示,以便区分。

2. 质量分数 w_B

物质 B 的质量分数定义为

$$w_B \xlongequal{\text{def}} \frac{m_B}{\sum m} \tag{1.2.2}$$

即物质 B 的质量分数等于 B 的质量与混合物的总质量之比,其量纲为 1。显然 $\sum w_B = 1$。

3. 体积分数 φ_B

物质 B 的体积分数定义为

$$\varphi_B \xlongequal{\text{def}} \frac{n_B V_{m,B}^*}{\sum n V_m^*} \tag{1.2.3}$$

式中:V_m^* 表示在一定温度、压力下某纯物质的摩尔体积。故物质 B 的体积分数等于混合前纯物质 B 的体积与混合前各纯组分体积总和之比,其量纲为 1,$\sum \varphi_B = 1$。

1.2.2　理想气体状态方程对理想气体混合物的应用

由于理想气体的分子之间无相互作用,分子本身体积可忽略不计,故理想气体的 p、V、T 性质与气体的种类无关,所以理想气体混合物的状态方程为

$$pV = nRT = \left(\sum n_B\right)RT \tag{1.2.4}$$

或

$$pV = \frac{m}{M_{mix}}RT \tag{1.2.5}$$

式中:n_B 为混合物中组分气体的物质的量;m 为混合物的总质量;M_{mix} 为混合物的摩尔质量,其定义为

$$M_{mix} \xlongequal{\text{def}} \sum y_B M_B \tag{1.2.6}$$

即混合物的摩尔质量等于混合物中各物质的摩尔质量与其摩尔分数的乘积之和。

显然,混合物的总质量 m 与 M_{mix} 的关系为

$$m = \sum m_B = \sum n_B M_B = n \sum y_B M_B = n M_{mix}$$

故

$$M_{mix} = \frac{m}{n} = \frac{\sum m_B}{\sum n_B} \tag{1.2.7}$$

即理想气体混合物的摩尔质量等于混合物的总质量除以混合物的总的物质的量。

1.2.3　道尔顿分压定律

实践表明,一般情况下气体都能以任意比例完全混合,混合物中任一气体都对器壁施以压力。常用分压来描述其中某一种组分气体所产生的压力,或者该组分气体对总压力的贡献。

混合气体中气体物质 B 的分压 p_B 定义为

$$p_B \xmapsto{\text{def}} y_B p \tag{1.2.8}$$

即混合气体中组分气体 B 的分压 p_B 等于其摩尔分数 y_B 与总压 p 的乘积。显然

$$p = \sum p_B = \sum y_B p \tag{1.2.9}$$

式(1.2.8)及式(1.2.9)对一切混合气体均适用,即使是高压下远离理想状态的气体混合物也同样适用。对于理想气体混合物,有

$$p_B = n_B \frac{RT}{V} \tag{1.2.10}$$

即理想气体混合物中组分气体 B 的分压等于该组分单独存在于混合气体的温度 T 及总体积 V 条件下所具有的压力。混合气体的总压等于各组分气体单独存在于混合气体的温度、体积条件下产生压力的总和。这就是道尔顿(Dalton)分压定律(Dalton's law of partial pressure)。严格地讲,道尔顿分压定律只适用于理想气体混合物,对于低压下的真实气体混合物可以近似适用。

1.2.4　阿马格分体积定律

气体混合物中组分气体 B 的分体积 V_B^* 定义为

$$V_B^* \xmapsto{\text{def}} y_B V \tag{1.2.11}$$

式中:V 为混合气体的总体积。显然有

$$V = \sum V_B^* \tag{1.2.12}$$

即理想气体混合物的总体积 V 等于各组分气体分体积 V_B^* 之和,这就是阿马格分体积定律(Amagat's law of partial volume)。同样有

$$V_B^* = n_B \frac{RT}{p} \tag{1.2.13}$$

式(1.2.13)表明理想气体混合物中组分气体 B 的分体积 V_B^* 等于纯气体 B 在混合物的温度及总压力条件下所占有的体积。严格地讲,阿马格分体积定律只适用于理想气体混合物,对于低压下的真实气体混合物可以近似适用。高压下,混合前后气体体积一般将发生变化,阿马格分体积定律不再适用,这时须引入偏摩尔体积的概念进行计算。

1.3　实际气体状态方程

实验显示,在低温高压时,实际气体的行为与理想气体定律所描述的气体行为的偏差很大。这是由于在低温高压下,分子之间的相互作用力和分子自身的体积不能再忽略不计,这就要求对理想气体状态方程进行适当的修正,使它能更好地反映实际气体的行为。

1.3.1　实际气体的行为

实际气体对理想气体的偏差取决于这种气体的物理性质和化学性质，但在很大程度上也与所处的温度和压力有关。为简便地衡量这种偏差的大小，并描述实际气体的 p、V、T 的关系，定义压缩因子（compressibility factor）Z 为

$$Z \stackrel{\text{def}}{=} \frac{pV_m}{RT} = \frac{pV}{nRT} \tag{1.3.1}$$

对于理想气体，其压缩因子 $Z=1$。对于实际气体，若 $Z>1$，实测的 pV 值比按理想气体状态方程计算的 nRT 值大，则该实际气体比理想气体难以压缩；反之，若 $Z<1$，pV 值比 nRT 值小，则该气体较易压缩。在高压下，不论温度多高，Z 值都是大于 1 的，因为在高压下，气体的体积小，分子间距离很小，故分子间排斥力特别显著；而在低温中压时，Z 值大多小于 1，这是因为低温下分子的平动能（热运动）较弱，在分子间距离不是极小时，相互吸引作用占优势。

在同一温度下，各种气体的 Z 值随压力的变化各不相同，图 1.3.1 表明几种气体的压缩因子随压力的变化情况。从图中看出，Z 值的变化有两种类型：一种是 H_2，Z 值随压力增加而单调增加；另一种是随压力的增加，Z 值先是下降，然后上升，曲线上出现最低点。事实上，如果再降低 H_2 的温度，其 Z-p 曲线也会出现最低点。

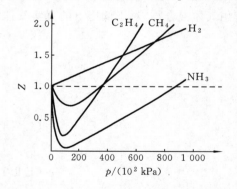 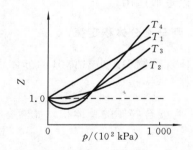

图 1.3.1　273.15 K 时几种气体的 Z-p 曲线　　　图 1.3.2　N_2 在不同温度下的 Z-p 曲线

同一种气体在不同温度下，其 Z 值随压力的变化也不相同。如图 1.3.2 所示，当温度为 T_3、T_4 时，曲线上出现最低点。当温度升高到 T_2 时，开始转变，此时曲线随 p 减小以较缓的趋势趋向于水平线（$Z=1$），并与水平线相切。此时在相当一段压力范围内 $Z \approx 1$，Z 值随压力的变化不大，气体符合理想气体的状态方程。此时的温度称为波义耳温度 T_B（Boyle temperature），图形上表现为此温度时，等温线的坡度等于零，即

$$\lim_{p \to 0} \left(\frac{\partial(pV_m)}{\partial p} \right)_{T_B} = 0 \tag{1.3.2}$$

只要知道状态方程，便可求得波义耳温度 T_B。当气体的温度高于 T_B 时，气体可压缩性小，难以液化。

1.3.2　范德华方程

到目前为止，人们所提出的实际气体的状态方程有 200 种以上，大致可以分为两类：一类是经验的或半经验的气体状态方程，通常只适用于特定的气体，并且只在指定的温度和压

力范围内能给出较精确的结果,工业上常常使用;另一类是有一定物理模型基础的半经验方程,通常其物理意义比较明确,具有一定的普遍性,以范德华(van der Waals)方程(1873 年提出)最为有名。

范德华方程针对理想气体状态方程进行了两方面的修正。

1. 考虑分子本身的体积所引起的修正

因为对于 1 mol 理想气体 $pV_m = RT$,V_m 为 1 mol 气体的体积。由于理想气体模型是把分子看成没有体积的质点,因此 V_m 是每个分子可以自由活动的空间,也称为自由空间,它等于容器的体积。当考虑到分子的体积时,分子所能活动的空间不再是 V_m 而必须从 V_m 中减去一个反映气体分子本身所占的体积的修正量。这样就应把理想气体状态方程修正为

$$p(V_m - b) = RT$$

式中:b 是可用实验方法测定的修正量,其数值约等于 1 mol 气体分子真实体积的 4 倍。

2. 考虑分子间的引力所引起的修正

气体分子间引力是近距离作用力,若作用力的有效距离为 d,则在某分子的四周 d 距离内的其他分子都会对这个中心分子产生一定的作用力。由于四周的气体分子是均匀分布的,所以四周分子对中心分子作用力的合力为零。但是对于那些向器壁上碰撞而靠近器壁的分子来说,它所受到的作用力的合力便不等于零。里面的分子对它的作用力便趋向于把接近器壁的分子拉向气体的内部,这种作用力称为内压力 p_i(internal pressure)。内压力的作用必然会降低运动着的分子对器壁所施加的碰撞力,所以实际气体的压力要比理想气体小,因而气体施加于器壁的压力为

$$p = \frac{RT}{V_m - b} - p_i$$

其中

$$p_i \propto \frac{1}{V_m^2} \quad 或 \quad p_i = \frac{a}{V_m^2}$$

比例系数 a 由气体的性质所决定,它表示 1 mol 气体在占有单位体积时,由于分子间相互作用而引起的压力减小量。

因此,1 mol 实际气体状态方程为

$$\left(p + \frac{a}{V_m^2}\right)(V_m - b) = RT \tag{1.3.3}$$

对 n mol 实际气体而言,其状态方程应为

$$\left(p + \frac{an^2}{V^2}\right)(V - nb) = nRT \tag{1.3.4}$$

式(1.3.3)与式(1.3.4)均称为范德华方程,式中 a、b 可由实验测定(参见表 1.3.1),使用时应注意 a、b 的单位。

表 1.3.1　某些气体的范德华常数 a、b

气体	$a/(\mathrm{Pa \cdot m^6 \cdot mol^{-2}})$	$b/(10^{-4}\ \mathrm{m^3 \cdot mol^{-1}})$	气体	$a/(\mathrm{Pa \cdot m^6 \cdot mol^{-2}})$	$b/(10^{-4}\ \mathrm{m^3 \cdot mol^{-1}})$
Ar	0.135 3	0.322	H_2S	0.451 9	0.437
Cl_2	0.657 6	0.562	NO	0.141 8	0.283

气体	$a/(\text{Pa} \cdot \text{m}^6 \cdot \text{mol}^{-2})$	$b/(10^{-4}\ \text{m}^3 \cdot \text{mol}^{-1})$	气体	$a/(\text{Pa} \cdot \text{m}^6 \cdot \text{mol}^{-2})$	$b/(10^{-4}\ \text{m}^3 \cdot \text{mol}^{-1})$
H_2	0.024 32	0.266	NH_3	0.424 6	0.373
N_2	0.136 8	0.386	CCl_4	1.978 8	1.268
O_2	0.137 8	0.318	CO	0.147 9	0.393
HCl	0.371 8	0.408	CO_2	0.365 8	0.428
HBr	0.451 9	0.443	CH_4	0.228 0	0.427
SO_2	0.686	0.568	C_6H_6	1.902 9	1.208

1.3.3　其他重要实际气体状态方程

范德华方程也是有一定的局限性和近似性的。20 世纪以来,高压与低温技术的发展推动着人们去建立更符合客观实际的气体状态方程。下面简单介绍几种。

1. 贝塞罗(Berthelot)方程(1903 年)

$$pV_m = RT\left[1 + \frac{9pT_c}{128p_cT}\left(1 - 6\frac{T_c^2}{T^2}\right)\right] \tag{1.3.5}$$

式中:T_c、p_c 为临界温度与临界压力。此方程应用于较常压稍高的压力范围时,其准确度比范德华方程高。

2. 培太-勃里其曼(Beattie-Bridgeman)方程(1927 年)

$$pV_m^2 = RT\left[V_m + B_0\left(1 - \frac{b}{V_m}\right)\right]\left(1 - \frac{c}{V_mT^3}\right) - A_0\left(1 - \frac{a}{V_m}\right) \tag{1.3.6}$$

式中:A_0、B_0、a、b 及 c 是取决于气体本性的常数。此方程在相当宽的压力与温度范围内均具有较高的准确度,但包括的常数较多,计算时比较复杂。

3. 幂级数型方程(维利方程)

$$pV_m = RT\left(1 + \frac{B}{V_m} + \frac{C}{V_m^2} + \frac{D}{V_m^3} + \cdots\right) \tag{1.3.7}$$

式中:B、C、D……称为二级、三级、四级……维利系数。维利系数的大小取决于气体的本性。对同一种气体,温度不同其数值也不同,可以根据该状态方程应用的温度与压力范围及要求的精度选定应采用的维利系数的数目。一般压力越大,V_m 越小,式(1.3.7)后面的项起的作用也越大,所选用的项数也相应越多。

1.4　临界状态和对应状态原理

1.4.1　液体的饱和蒸气压

理想气体分子间没有相互作用力,所以在任何温度、压力下都不可能使其液化。而真实气体分子间相互作用力随分子间距离的变化情况如图 1.1.1 中兰纳德-琼斯势能曲线所示。降低温度和增加压力都可使气体的摩尔体积减小,即分子间距离减小,分子间引力增加,最终导致气体液化变成液体。

在一定温度下的密封容器中,当单位时间内某物质由气体分子变成液体分子的数目与由液体分子变成气体分子的数目相同,即气体的凝结速率与液体的蒸发速率相同时,气体和液体达成一种动态平衡,即气-液平衡。处于气-液平衡状态时的气体称为饱和蒸气,液体称为饱和液体。在一定温度下,与液体形成平衡的饱和蒸气所具有的压力称为饱和蒸气压。

实验证明,饱和蒸气压由物质的本性所决定,不同物质在同一温度下可具有不同的饱和蒸气压;而对于同种物质,不同温度下具有不同的饱和蒸气压,即饱和蒸气压是温度的函数,随温度的升高而急速增大。当液体的饱和蒸气压与外界压力相等时,液体沸腾,此时相应的温度称为液体的沸点。习惯将101.325 kPa外压下液体的沸点称为正常沸点。如水的正常沸点为100 ℃,乙醇的正常沸点为78.4 ℃,苯的正常沸点为80.1 ℃。很明显,外界压力越低,液体的沸点越低。反之,外界压力越高,液体的沸点会相应升高。

在一定温度下,在某气、液共存的系统中,如果蒸气的压力小于其饱和蒸气压,液体将蒸发变为气体,直至蒸气压力增至该温度下的饱和蒸气压,达到气-液平衡为止;反之,如果蒸气的压力大于饱和蒸气压,则蒸气将部分凝结为液体,直至蒸气的压力降至该温度下的饱和蒸气压,达到气-液平衡为止。

1.4.2　临界参数

液体的饱和蒸气压随温度的升高而增大,因而温度越高,使气体液化所需的压力越大。实验证明,每种液体都存在一个特定的温度,在该温度以上,无论施加多大的外压,都不可能使气体液化。该温度称为临界温度(critical temperature),用T_c(或 t_c)表示。所以临界温度是使气体能够液化所允许的最高温度。

在临界温度 t_c 时,使气体液化所需要的最小压力称为临界压力(critical pressure),以 p_c 表示。在临界温度和临界压力下,物质的摩尔体积称为临界摩尔体积,以 $V_{m,c}$ 表示。临界温度、临界压力下的状态称为临界状态(critical state)。

t_c、p_c、$V_{m,c}$ 统称为物质的临界参数(critical constants),是物质的特性参数,某些纯物质的临界参数列于表 1.4.1 中。

表 1.4.1　部分物质的临界参数

气　　体	p_c/MPa	$V_{m,c}/(L \cdot mol^{-1})$	$t_c/℃$
H_2	1.297	0.065 0	−239.9
He	0.227	0.057 6	−267.96
CH_4	4.596	0.098 8	−82.62
NH_3	11.313	0.072 4	132.33
H_2O	22.05	0.045 0	373.91
CO	3.499	0.090 0	−140.23
N_2	3.39	0.090 0	−147.0
O_2	5.043	0.074 4	−118.57
CH_3OH	8.10	0.117 7	239.43
Ar	4.87	0.077 1	−122.4
CO_2	7.375	0.095 7	30.98
C_6H_6	4.898	0.254 6	288.95

1.4.3　实际气体的 p-V 图及气体的液化

安得鲁(Andrews)在 1869 年根据实验数据绘制的 CO_2 的等温线,如图 1.4.1 所示,与理想气体的等温线迥然不同。实践证明,CO_2 的等温线具有普遍性和典型性,每种气体都有类似的等温线。

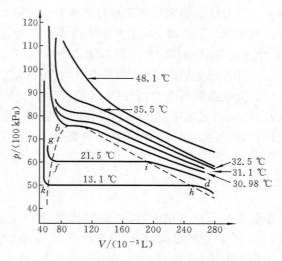

图 1.4.1　CO_2 的 p-V 等温线示意图

(1) 温度比较低时,如在 13.1 ℃ 时,压缩 CO_2 气体,起初体积随压力增大而减小,到达 h 点后,其体积迅速减小,而压力不变。这时气体逐渐液化,直到 k 点。气体全部变成液体后,曲线几乎呈直线上升,要使体积略微减少也需极大的压力。由图 1.4.1 可见,30.98 ℃ 以下的任意一等温线相似,由三段组成。水平段表示气、液两相平衡共存,且在一定温度下,CO_2 压力为一定值,不随其体积改变而改变。

(2) 随着温度的升高,等温线的水平段逐渐缩短。当温度升至 30.98 ℃ 时,水平段消失而缩成一点 b,等温线在此处出现拐点(inflection point),此时蒸气与液体密度相等,气、液两相界面消失,两者不可区分。在此温度以上无论使用多大压力也不会出现液相,b 点称为 CO_2 的临界点(critical point)。30.98 ℃ 称为 CO_2 的临界温度,b 点的压力为 CO_2 在临界温度时液化所需的最小压力,即临界压力。

(3) 当温度明显高于 30.98 ℃,如 48.1 ℃ 时,CO_2 的等温线与理想气体的等温线相似,即气体的压力与其体积成反比。此时,CO_2 气体的行为接近理想气体行为。

1.4.4　对应状态原理

各种实际气体虽然性质不同,但在临界点时有一共同性质,即临界点处的饱和蒸气与饱和液体无区别。以临界参数为基准,将气体的 p、V_m、T 分别除以相应的临界参数,则

$$p_r = p/p_c, \quad V_r = V_m/V_{m,c}, \quad T_r = T/T_c \tag{1.4.1}$$

式中:p_r、V_r、T_r 分别称为对应压力(reduced pressure)、对应体积(reduced volume)和对应温度(reduced temperature),又统称为气体的对应参数(reduced constants)。注意对应温度必须使用热力学温度。对应参数反映了气体所处状态偏离临界点的倍数。三个量的量纲均为 1。

范德华指出,各种不同的气体,只要有两个对应参数相同,则第三个对应参数必定(或大

致)相同,这个关系称为对应状态原理(theory of corresponding state)。具有相同对应参数的气体称为处于相同的对应状态(corresponding state)。

实验数据表明,凡是组成、分子大小相近的物质能比较严格地遵守对应状态原理。当这类物质处于对应状态时,它们的许多性质(如压缩性、膨胀系数、折射率等)之间均具有简单的对应关系。当一种物质的某种性质的数值为已知时,往往可以应用这一原理比较精确地确定另一结构与之相近的物质的同种性质的值,它反映了不同物质间的内部联系,把个性和共性统一起来了。

对应状态原理在工程上有广泛的应用。许多流体的性质(如黏度等)都可以写成对应状态的函数。古根汗姆(Guggenhem)曾经说过:"对应状态原理确实可以看做范德华方程最有用的副产品,它不仅在研究流体热力学性质方面取得了巨大的成功,而且在传递方面的研究中也同样有一席之地。"

1.4.5　普遍化压缩因子图

处于相同对应状态的气体对理想气体具有相同的偏差。因此可用下式表示压缩因子:

$$Z = \frac{pV_m}{RT} = \frac{p_c V_{m,c}}{RT_c} \frac{p_r V_r}{T_r} = Z_c \frac{p_r V_r}{T_r} \tag{1.4.2}$$

实验表明,大多数气体的临界压缩因子 Z_c 在 $0.27\sim0.29$ 的范围内,可近似作为常数处理。式(1.4.2)说明无论气体的性质如何,处在相同对应状态的气体,具有相同的状态时,它们偏离理想气体的程度也相同,即具有相同的压缩因子 Z。已知对应参数 p_r、T_r、V_r 中只有两个是独立变量,所以可将 Z 表示为两个对应参数的函数。通常选 p_r、T_r 为变量,有

$$Z = f(p_r, T_r) \tag{1.4.3}$$

霍根(Hongen)及华脱森(Watson)在 20 世纪 40 年代用若干种无机气体、有机气体实验数据的平均值,描绘出如图 1.4.2 所示的等 T_r 线,表达了式(1.4.3)的普遍化关系,称为双参

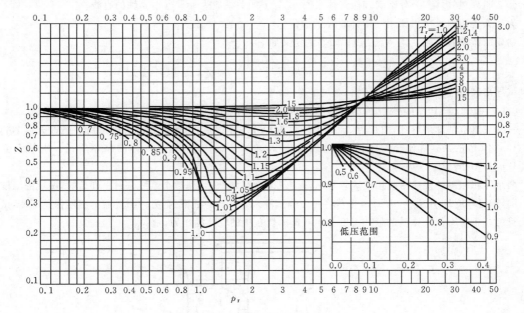

图 1.4.2　双参数普遍化压缩因子图

数普遍化压缩因子图(compressibility factor chart)。该图适用于各种气体,虽然由图中查到的压缩因子的准确性并不高,但在工业上也有较大的实用价值。

例 1.4.1 计算在−88 ℃及 4 529 kPa 时,1 mol 氧气的体积。

解 已知 $T_c=154.58$ K,$p_c=5\,043$ kPa,又因为

$$T=(273.15−88.0)\ \text{K}=185.15\ \text{K}$$

所以

$$T_r=\frac{T}{T_c}=\frac{185.15}{154.58}=1.20,\quad p_r=\frac{p}{p_c}=\frac{4\,529}{5\,043}=0.898$$

查图 1.4.2 得

$$Z=0.80$$

$$V=\frac{0.80RT}{p}=\frac{0.80\times8.314\times185.15}{4\,529\times10^3}\ \text{m}^3=0.272\ \text{L}$$

例 1.4.2 已知从合成塔出来的气体压力为 1 450 kPa,温度为 152 ℃,计算此时 1 mol NH₃(g) 的体积。

解 已知 NH₃ 的 $t_c=132.33$ ℃,$p_c=11\,313$ kPa,则

$$p_r=\frac{p}{p_c}=\frac{1\,450}{11\,313}=0.128$$

$$T_r=\frac{T}{T_c}=\frac{273.15+152}{273.15+132.33}=1.05$$

查图 1.4.2 得

$$Z=0.95$$

故由

$$pV=ZnRT$$

得

$$V=\frac{ZnRT}{p},\quad n=1$$

即

$$V=\frac{0.45\times8.314T}{p}=\frac{0.95\times8.314\times425.15}{1\,450\times10^3}\ \text{m}^3=2.3\ \text{L}$$

习　题

1. 什么叫理想气体? 为什么对理想气体来说,$pV_m\text{-}p$ 的关系应为一平行于 p 轴的直线?

2. 为什么要用外推法求摩尔气体常数 R 的数值?

3. 物质的体膨胀系数 α_V 与等温压缩率 K_T 的定义如下:

$$\alpha_V=\frac{1}{V}\left(\frac{\partial V}{\partial T}\right)_p,\quad K_T=\frac{1}{V}\left(\frac{\partial V}{\partial p}\right)_T$$

试导出理想气体的 α_V、K_T 与压力、温度的关系。

4. 0 ℃、101.325 kPa 的条件常称为气体的标准状况,试求甲烷在标准状况下的密度。

5. 一抽成真空的球形容器,质量为 25.000 0 g。充以 4 ℃水之后,总质量为 125.000 0 g。若改充以 25 ℃、13.33 kPa 的某碳氢化合物气体,则总质量为 25.016 3 g。试估算该气体的摩尔质量。水的密度按 1 g·cm⁻³ 计算。

6. 两个体积相同的烧瓶中间用玻璃管相通,通入 0.7 mol 氮气后,使整个系统密封。开始时,两瓶的温度相同,都是 300 K,压力为 50 kPa,今若将一个烧瓶浸入 400 K 的油浴内,另一个烧瓶的温度保持不变,试计算两瓶中各有氮气物质的量和温度为 400 K 的烧瓶中的气体的压力。

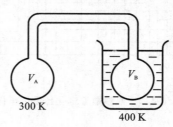

7. 在 293 K 和 100 kPa 时,将 He(g) 充入体积为 1 L 的气球内。气球放飞后,上升至某一高度,这时的压力为 28 kPa,温度为 230 K。试求这时气球的体积是原体积的多少倍。

8. 0 ℃ 时氯甲烷 (CH_3Cl) 气体的密度 ρ 随压力的变化如表所示。试作 $\frac{\rho}{p}$-p 图,用外推法求氯甲烷气体的相对分子质量。

p/kPa	101.325	67.550	50.663	33.775	25.331
$\rho/(g \cdot L^{-1})$	2.307 4	1.526 3	1.140 1	0.757 13	0.566 60

9. 试证明理想混合气体中任一组分 B 的分压力 p_B 与该组分单独存在于混合气体的温度、体积条件下的压力相等。

10. 如图所示一带隔板的容器中,两侧分别有同温同压的氢气与氮气,两者均可视为理想气体。

H_2	3 L	N_2	1 L
p	T	p	T

(1) 保持容器内温度恒定时抽去隔板,且隔板本身的体积可忽略不计,试求两种气体混合后的压力。

(2) 隔板抽去前后,H_2 及 N_2 的摩尔体积是否相同?

(3) 隔板抽去后,混合气体中 H_2 及 N_2 的分压力之比以及它们的分体积各为多少?

11. 氯乙烯、氯化氢及乙烯构成的混合气体中,各组分的摩尔分数分别为 0.89、0.09 及 0.02。于恒定压力 101.325 kPa 下,用水吸收其中的氯化氢,所得混合气体中增加了分压力为 2.670 kPa 的水蒸气。试求洗涤后的混合气体中 C_3H_3Cl 及 C_2H_4 的分压力。

12. CO_2 气体在 40 ℃ 时的摩尔体积为 0.381 L·mol^{-1}。设 CO_2 为范德华气体,试求其压力,并比较与实验值 5 066.3 kPa 的相对误差。

13. 假设在空气中 N_2 和 O_2 的体积分数分别为 79% 和 21%。试求当相对湿度为 60% 时,在 25 ℃、101 325 Pa 下,潮湿空气的密度。已知 25 ℃ 时水的饱和蒸气压为 3 167.68 Pa。(所谓相对湿度,即在该温度时水蒸气的分压与饱和蒸气压之比)

14. 当 2 g 气体 A 被通入 25 ℃ 的真空刚性容器内时产生 10^5 Pa 压力,再通入 3 g 气体 B,则压力升至 1.5×10^5 Pa。假定气体为理想气体,计算两种气体的摩尔质量比 M_A/M_B。

15. 今有 0 ℃、40 530 kPa 的 N_2 气体,分别由理想气体状态方程及范德华方程计算其摩尔体积。实验值为 70.3 $cm^3 \cdot mol^{-1}$。

16. 试由波义耳温度 T_B 的定义式,证明范德华气体的 T_B 可表示为 $T_B = a/(bR)$。式中,a,b 为范德华常数。

17. 25 ℃ 时饱和了水蒸气的湿乙炔气体(即该混合气体中水蒸气分压力为同温度下水的饱和蒸气压)总压力为 138.7 kPa,于恒定总压下冷却到 10 ℃,使部分水蒸气凝结为水。试求每摩尔干乙炔气在该冷却过程中凝结出水的物质的量。已知 25 ℃ 及 10 ℃ 时水的饱和蒸气压分别为 3.17 kPa 及 1.23 kPa。

18. 一密闭刚性容器中充满了空气,并有少量的水,当容器于 300 K 条件下达平衡时,容器内压力为 101.325 kPa。若把该容器移至 373.15 K 的沸水中,试求容器中到达新的平衡时应有的压力。设容器中始终有水存在,且可忽略水的任何体积变化。300 K 时水的饱和蒸气压为 3.567 kPa。

19. 把 25 ℃ 的氧气充入 40 L 的氧气钢瓶中,压力达 202.7×10^2 kPa。试用普遍化压缩因子图求钢瓶中氧气的质量。

20. 373 K 时,1.0 kg $CO_2(g)$ 的压力为 5.07×10^3 kPa,试用下述两种方法计算其体积。

(1) 用理想气体状态方程;

(2) 用压缩因子图。

21. 在 273 K 时,1 mol $N_2(g)$ 的体积为 7.03×10^{-5} m^3,试用下述几种方法计算其压力,并比较所得数值的大小。

(1) 用理想气体状态方程;

　　(2) 用范德华气体状态方程；

　　(3) 用压缩因子图(实测值为 4.05×10^4 kPa)。

22. 发生炉煤气(producer gas)系以干空气通过红热的焦炭而获得。设若有 92% 的氧变为 CO(g)，其余的氧变为 CO_2(g)。

　　(1) 在同温同压下，试求每通过一单位体积的空气可产生发生炉煤气的体积。

　　(2) 求所得气体中 N_2(g)、Ar(g)、CO(g)、CO_2(g)的摩尔分数(空气中各气体的摩尔分数为 $x_{O_2} = 0.21$，$x_{N_2} = 0.78$，$x_{Ar} = 0.009\,4$，$x_{CO_2} = 0.000\,3$)。

　　(3) 计算 20 ℃、100 kPa 下每燃烧 1 kg 的焦炭，可得到的炉煤气的体积。

23. 在 300 K 时 40 L 钢瓶中储存的乙烯的压力为 146.9×10^2 kPa。欲从中提用 300 K、101.325 kPa 的乙烯气体 12 m^3，试用压缩因子图求钢瓶中剩余乙烯气体的压力。

第 2 章　热力学第一定律

本章基本要求

　　1. 掌握热力学的一些基本概念；着重理解平衡状态、热力学标准状态、状态函数及其特点。

　　2. 了解热与功是系统与环境间能量交换的两种形式，是与具体途径有关的；掌握功与热的取号惯例；掌握体积功的定义式。

　　3. 掌握热力学第一定律的表述和封闭系统的数学表达式；掌握应用热力学第一定律计算理想气体在等温、等压、绝热过程中的 ΔU、ΔH、Q 和 W。

　　4. 了解热力学能的概念及焓的定义式。

　　5. 理解可逆过程的意义。

　　6. 掌握应用生成焓、燃烧焓计算反应热；掌握赫斯定律和基尔霍夫定律的应用。

　　7. 理解热力学状态函数的特性，掌握状态函数法的意义及应用。

　　化学热力学是化学中最古老的分支学科之一，其主要理论基础是经典热力学。19 世纪中叶，焦耳(Joule)建立了能量守恒定律，即热力学第一定律。开尔文(Kelvin)和克劳修斯(Clausius)建立了热力学第二定律。随后，吉布斯(Gibbs)在前人研究的基础上总结出描述系统平衡的热力学函数间的关系，并提出了相律；能斯特(Nernst)发现了热定理，并进一步研究使之完善，形成了热力学第三定律；为了能将热力学函数用于处理实际非理想系统，路易斯(Lewis)提出了逸度和活度的概念。至此，建立了经典热力学理论系统。

　　用热力学的基本原理来研究化学现象以及和化学有关的物理现象的学科，称为化学热力学(chemical thermodynamics)。化学热力学的主要内容是：利用热力学第一定律来计算过程中能量的变化值；利用热力学第二定律来解决变化的方向和限度问题，以及相平衡和化学平衡中的有关问题；利用热力学第三定律阐明规定熵的意义，解决由热化学数据处理有关化学平衡的计算问题。

　　化学热力学是解决实际问题的一种非常有效的工具。如在新工艺路线设计、新化学试剂的研制或新材料开发研究中，通过化学热力学的研究，可以解决以下问题。

　　(1) 在指定的反应条件下，估计预期的化学反应能否发生？若不能发生，则应如何改变反应条件促成反应进行？

　　(2) 在指定的反应条件下，反应的理论转化率或产率是多少？外界因素对转化率或产率的影响如何？

　　(3) 从理论上计算化学反应吸收或释放的能量大小，以便合理提供或有效利用能量，为节约能源提供理论依据。

　　热力学的研究方法是一种逻辑演绎的方法，它结合经验所得到的几个基本定律，讨论具体对象的宏观性质。热力学的研究对象是大量微观粒子构成的宏观系统，所得到的结论具有统计意义，它不考虑物质的微观结构和变化过程的细节。热力学只能说明在某种条件下，变化能否发生，进行到什么程度；而不能说明变化所需要的时间，变化发生的根本原因以及变化所经历的细节。因此，热力学只能对现象之间的联系作宏观的解释，而不能作微观的说明或给出宏观性质的数值。

　　热力学的研究方法虽然有一定的局限性,但它仍不失为一种非常有用的理论工具。因为热力学有着极其牢固的实验基础,具有高度的普遍性和可靠性。热力学第一定律和热力学第二定律都是大量事实的总结,非常可靠。从这些定律出发,通过严密的逻辑推理而得出的结论,当然也具有高度的普遍性和可靠性。

2.1　基本概念及术语

2.1.1　系统和环境

　　采用观察、实验等方法进行科学研究时,需将一部分物质划分出来,作为研究的对象,这一部分物质,称为系统或体系(system)。系统以外与系统密切相关、影响所能及的部分,则称为环境(surroundings)。

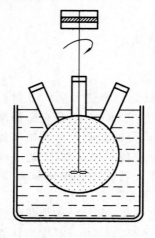

图 2.1.1　溶出槽

　　如图 2.1.1 所示,在三口瓶中,装有硫酸溶液和固体氧化锌。如果目的在于研究硫酸与氧化锌的反应,则可将硫酸溶液和氧化锌作为系统,搅拌器及恒温水浴等作为环境。当氧化锌溶解放热时,说明系统借器壁的传导作用而向环境散热(环境的温度低于系统的温度时)。当用搅拌器搅拌时,则称环境对系统做功。一般来说,系统与环境之间一定有一个界面,这个界面可以是实在的物理界面,也可以是虚拟的界面。但在某些情况下,系统与环境之间并无真实的界面。例如,水与含有水蒸气的空气共存时,如只研究水与水蒸气的平衡,则可将水与水蒸气当做系统,空气及其他物质当做环境,此时水蒸气与空气之间并无真实的界面存在,这时可假想一界面将其分开。

　　系统与环境之间的联系包括两者之间的物质交换和能量交换(热和功)。根据两者之间联系情况的不同,可将系统分成以下三种。

　　(1) 封闭系统。系统与环境之间无物质交换,而有能量交换的系统。这类系统是最常遇到的系统,是研究的重点。本书除非特别说明,所讨论的系统均为封闭系统。

　　(2) 隔离系统。系统与环境之间既无物质交换,又无能量交换的系统。隔离系统又称为孤立系统。

　　(3) 敞开系统。系统与环境之间既有能量交换,又有物质交换的系统。敞开系统又称为开放系统。

　　客观实体究竟属于哪一类系统,要根据研究的目的视需要而确定,并不是一成不变的。例如,烧水时,若将水壶和壶中的水作为研究对象,则炉子及其燃料和大气就是环境,此时系统与环境仅有能量交换,故为封闭系统。若将壶、水、炉子和燃料作为研究的对象,则大气是环境,此时系统与环境既有能量交换,也有物质交换,故为敞开系统。若将壶、水、炉子和燃料一起放在一个充有足够氧气的绝热密封箱中,将绝热箱作为研究对象,则系统与环境既无能量交换,也无物质交换,故为隔离系统。

2.1.2　状态函数和系统性质

　　状态函数是热力学中非常重要的概念,热力学计算主要是状态函数和函数变化值的计算。

1. 状态和状态函数

热力学系统的状态是系统的物理性质和化学性质的综合表现。系统的状态可以用系统的性质来描述。当系统的各种性质都确定时，系统的状态也就被确定；当系统的性质发生变化时，系统的状态也随之发生变化。反之亦然。从数学角度来说，系统性质与系统状态之间呈现函数关系，而且是一一对应的单值函数关系。因此，在热力学中又将系统的性质称为状态函数。

状态函数有如下两个重要的特征。

(1) 状态函数 X 的值取决于系统的状态。系统状态一定，状态函数的值一定；系统状态变化时，状态函数的值会发生相应变化，但并非所有状态函数的值都发生改变。

(2) 状态函数的微变 dX 为全微分。全微分的积分与积分途径无关，即

$$\Delta X = \int_1^2 dX = X_2 - X_1$$

全微分为偏微分之和，即

$$dX = \left(\frac{\partial X}{\partial x}\right)_y dx + \left(\frac{\partial X}{\partial y}\right)_x dy$$

利用这两个特征，可以判断某函数是否为状态函数。热力学在解决各种实际问题时，普遍使用了以状态函数特征为基础的热力学状态函数法。

值得注意的是，系统的各种性质之间存在着一定的关系。故要确定系统的状态，并不需要指定系统的所有性质。例如，描述 1 mol 理想气体的状态时，只要指定温度、压力和体积三个性质中的任意两个，第三个性质的数值也就确定，系统的状态也就确定。经验表明，在除压力之外没有其他广义力的条件下，对于由一定的量的纯物质构成的均相封闭系统，只要指定任意两个能独立改变的性质，系统的状态也就被确定了。

2. 广度性质和强度性质

在热力学中，常利用系统的宏观可测性质（如体积、压力、温度、表面张力等）对系统进行研究。根据性质的数值是否与物质的数量有关，将其分为下列两类。

(1) 广度性质（extensive properties）。广度性质的数值与系统的数量成正比。例如，体积、质量、熵、热力学能、热容等。这种性质具有加和性，即整个系统的某种广度性质是系统中各部分该种性质的总和。

(2) 强度性质（intensive properties）。强度性质的数值与系统的数量无关，不具有加和性，其数值取决于系统自身的特性。例如，温度、压力、黏度等。

系统的两种广度性质之比为强度性质。例如，摩尔体积、密度就是强度性质。

3. 热力学平衡态

系统的状态可分为平衡态和非平衡态两大类。在经典热力学中，热力学平衡态是指当环境条件不变时，系统性质不随时间而变化的状态，一般称为平衡态。热力学平衡态应同时满足以下平衡。

(1) 热平衡。系统与环境之间及系统内各部分的温度均相同，无热的传递。

(2) 力平衡。系统与环境之间及系统内各部分没有不平衡的力存在，在不考虑重力场、电磁场等因素的影响时，系统内各部分和环境的压力都相等，即无功的传递。

(3) 物质平衡。系统与环境之间没有物质的净迁移，即系统内无净的相变化和化学变化。

如果上述条件有一个得不到满足,则系统就不处于热力学平衡态,其状态就不能用简单的办法来描述。本书所提及的系统的始态和末态,均指热力学平衡态。

2.1.3 过程和途径

系统从某一状态到另一状态的变化称为过程。过程前的状态称为始态或初态,过程后的状态称为末态或终态。完成过程的具体步骤称为途径。完成同一始、末态的过程可以有不同的途径,并且一个途径可以由一个或几个步骤所组成。

如图 2.1.2 所示,一定量的某理想气体从 300 K、100 kPa 的始态 A,变化到 450 K、150 kPa 的末态 Z,可经历如下几个不同的途径。

(1) 途径 a。从始态 A 恒容加热到末态 Z。

(2) 途径 b。先从始态 A 在 100 kPa 下,恒压加热到 450 K 的中间态 B(步骤 b_1),再在 450 K 下恒温加压到 150 kPa 的末态 Z(步骤 b_2)。

(3) 途径 c。先从始态 A 在 300 K 下,恒温加压到 150 kPa 的中间态 C(步骤 c_1),再在 150 kPa 下,恒压加热到 450 K 的末态 Z(步骤 c_2)。

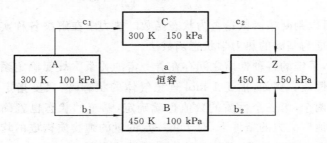

图 2.1.2 过程与途径示意图

按照系统内部物质变化的类型,通常将过程分为单纯 p、V、T 变化,相变化和化学变化三类。

根据过程进行时特定的环境,又可将其分为恒温过程、恒压过程、恒容过程、绝热过程、循环过程等。

2.2 热力学第一定律的有关概念和数学表达式

热力学第一定律的本质是能量守恒定律。它表示系统的状态发生变化时系统的热力学能与过程的热和功的关系。

热和功是系统状态发生变化时,与环境交换能量的两种不同形式。只有系统进行某一过程时,才能以热或功的形式与环境进行能量的交换。因此,热和功不仅与系统始、末状态有关,而且还与系统状态变化时所经历的途径有关,故将热和功称为途径函数。

2.2.1 热

系统与环境之间由于存在温度差而传递的能量称为热,以符号 Q 表示,单位为 J。热力学中规定,Q 的数值以环境的实际得失来衡量,热的传递方向用 Q 值的正、负来表示:若系统吸热,规定 Q 值为正,即 $Q > 0$;系统放热,规定 Q 值为负,即 $Q < 0$。

2.2.2　功

除热之外,系统与环境之间交换的其他形式的能量均称为功。功的符号为 W,单位为 J。规定 $W>0$ 时,环境对系统做功;$W<0$ 时,系统对环境做功。

在热力学中,通常将功分为体积功和非体积功两种。体积功(又称膨胀功)是在一定的环境压力之下,系统的体积发生变化而与环境交换的能量。除体积功之外的一切其他形式的功(如电功、表面功等)统称非体积功(又称其他功、非膨胀功),以符号 W' 表示。在热力学研究中,体积功最为常见,下面讨论体积功的计算。

设有一汽缸,其中装有压力为 p 的气体,汽缸的截面面积为 A_s,假设活塞无质量,与汽缸壁无摩擦,如图 2.2.1 所示。当汽缸内的气体反抗外力 $F_外$ 而使活塞向右移动 dl 的距离时,根据功的定义,有

$$\delta W = -F_外 dl$$

因 $F_外 = p_外 A_s$,式中 $p_外$ 为环境的压力,气体膨胀的体积 $dV = A_s dl$,上式可写为

$$\delta W = -p_外 A_s dl = -p_外 dV \tag{2.2.1}$$

这就是体积功的定义式。

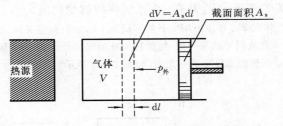

图 2.2.1　体积功示意图

当 $p<p_外$ 时,系统体积缩小,$dV<0$,$\delta W>0$,环境对系统做功;当 $p_外<p$ 时,系统体积增大,$dV>0$,$\delta W<0$,系统对环境做功。当 $p_外=0$ 时,$\delta W=0$,如气体向真空膨胀就是如此。

对于宏观过程,体积功的计算式为

$$W = -\sum p_外 dV \tag{2.2.2}$$

对于恒外压过程(环境压力恒定的过程),有

$$W = -p_外(V_2 - V_1) \tag{2.2.3}$$

一般来说,无论是单纯 p、V、T 变化,相变化还是化学变化,只在系统中有气相存在,系统的体积发生明显的变化时才考虑体积功。而对于凝聚系统(无气相存在的系统)中发生的各种变化,除非特别要求,因体积改变很小,体积功很小,通常不予考虑。

功不是状态函数,同一过程,若途径不同时,功的值也不同。若只知始、末态,而未给出过程的具体途径是无法求功的,并且也不能任意假设途径来求实际过程的功。

例 2.2.1　设 1 mol 理想气体由 273.15 K、101 kPa 的始态,分别经 Ⅰ、Ⅱ 两种途径(如图 2.2.2 所示)变成 273.15 K、10.1 kPa 的末态,试计算两种途径所做的功。

解　途径 Ⅰ　　　　$W_1 = -p_外(V_2 - V_1) = 0 \times (224 - 22.4)\ \text{J} = 0$

这一途径实际上是系统向真空恒温膨胀,因环境没有给系统施加阻力,所以此过程的体积功为零。

途径 Ⅱ　　　　$W_Ⅱ = -p_外(V_2 - V_1) = -10.1 \times 10^3 \times (224 - 22.4) \times 10^{-3}\ \text{J}$

$$= -2\,036.16\ \text{J}$$

计算表明,系统从同一始态出发经不同的途径而达到相同的末态时,其所做的功大小不

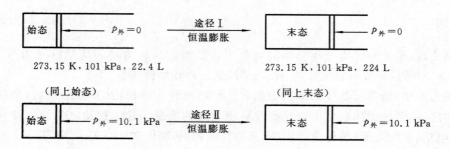

图 2.2.2　功与途径关系示意图

同。由此可见,过程的功不仅与系统的始、末态有关,还与变化的具体途径有关,两者缺一不可,否则无法求出功的数值。

若系统由某一始态变至另一末态,其变化过程分几步进行,则整个过程所做的体积功将为各步所做的体积功的总和,可用下式表示为

$$W = \sum \delta W_i = - \sum_{V_1}^{V_2} p_{外,i} \Delta V_i \qquad (2.2.4)$$

式中:$p_{外,i}$ 为第 i 步反抗的外压;ΔV_i 为第 i 步系统体积的变化值。

例 2.2.2　设某理想气体在 298 K、600 kPa 下的体积为 1 L,反抗恒定外压 100 kPa 而恒温膨胀至 6 L,试计算系统所做的体积功。如从同一始态开始,先反抗 300 kPa 恒外压进行恒温膨胀至中间态,再由此中间态反抗 100 kPa 恒外压进行恒温膨胀至同一末态(如图 2.2.3 所示),系统做功又为多少?

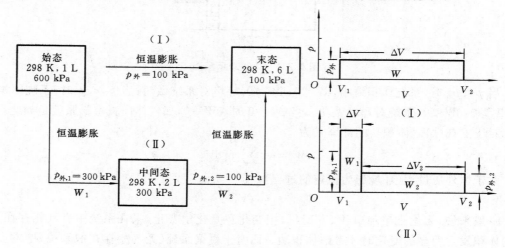

图 2.2.3　过程分步进行时功的计算及功量图

解　按途径 I 进行时,系统所做的功为

$$W_{I} = - p_{外} \Delta V = - 100 \times 10^3 \times (6-1) \times 10^{-3} \text{ J} = - 500 \text{ J}$$

按途径 II 进行时,系统所做的功为

第一步　　　　$$W_1 = - p_{外,1}(V_{中} - V_1) = - 300 \times 10^3 \times (2-1) \times 10^{-3} \text{ J} = - 300 \text{ J}$$

第二步　　　　$$W_2 = - p_{外,2}(V_2 - V_{中}) = - 100 \times 10^3 \times (6-2) \times 10^{-3} \text{ J} = - 400 \text{ J}$$

$$W_{II} = W_1 + W_2 = - (300 + 400) \text{ J} = - 700 \text{ J}$$

计算结果表明,在相同的始、末态条件下,按途径 II 进行时系统所做的功 W_{II} 大于按途径 I 进行时系统所做的功 W_{I}。这是因为系统按途径 II 进行时所反抗的外压大于其沿途径 I 进行时所反抗的外压,所以 $|W_{II}| > |W_{I}|$。由此可见,系统膨胀时,环境的压力越大,即系

统反抗的外压越大,系统所做的功也越大。这一结论对以后讨论可逆过程做最大功时具有重要意义。

2.2.3 热力学能

热力学能又称为内能,它是系统内所有粒子除整体势能及整体动能外的全部能量的总和,以符号 U 表示,单位为 J。系统内每个粒子的能量是粒子的微观性质,热力学能是这种微观性质的总体的表现,是系统的一种宏观性质,是系统宏观状态的函数。显然,在确定的温度、压力下,系统的热力学能值应当是系统内部各部分热力学能值的总和,或者说它具有加和性,所以热力学能是系统的广度性质。

对一个多组分但组成确定的单相系统,在 p、V、T 三个性质中任意确定其中两个,系统的状态即可确定,热力学能 U 就应当有确定的值。如以 V、T 为变量,则热力学能 U 就是 V、T 的函数,$U = f(T, V)$,当系统状态发生微小变化时,其热力学能变化值具有如下全微分性质。

$$dU = \left(\frac{\partial U}{\partial V}\right)_T dV + \left(\frac{\partial U}{\partial T}\right)_V dT \tag{2.2.5}$$

由于物质内部结构和运动形式及其相互作用的情况极为复杂,因而到目前为止,都无法知道系统热力学能的绝对值。但这并不妨碍热力学能概念的应用,因为在热力学研究中,并不需要知道 U 的绝对值,只需要知道系统进行某过程时的 ΔU 值。

2.2.4 热力学第一定律的数学表达式

热力学第一定律的本质是能量守恒定律,它是在人类长期的经验和科学实验基础上于 19 世纪中叶确定的。热力学第一定律指出:隔离系统无论经历何种变化,其能量守恒。也就是说,隔离系统中能量形式可以相互转化,但不会凭空产生,也不会自行消亡。

当系统的状态发生某一变化时,假设系统吸收的热为 Q,同时做出的功为 W,则根据热力学第一定律,应当有

$$\Delta U = Q + W \tag{2.2.6}$$

这就是封闭系统热力学第一定律的数学表达式。

若系统状态变化为无限小量,则式(2.2.6)可以写成

$$dU = \delta Q + \delta W \tag{2.2.7}$$

因为功和热都不是状态函数,故用 δQ 和 δW 而不用 dQ 和 dW,以示它们不是全微分。

在热力学第一定律确定之前,有人幻想制造一种不消耗能量而又能不断对外做功的机器,这就是第一类永动机。机器要能连续工作,就要求系统不断循环。根据热力学第一定律,对循环过程有 $\Delta U = 0$,$-W = Q$。可见,若要系统对外界做功,即 $-W > 0$,则系统必然要从环境吸收等当量的热。由此看来,不消耗能量而不断做功的机器是不可能造成的。因此,热力学第一定律还可表述为"第一类永动机是不可能造成的"。

例 2.2.3 设有 1 mol 理想气体,由 487.8 K、20 L 的始态,反抗恒外压 101 325 Pa 迅速膨胀至 101 325 Pa、414.6 K 的状态。因膨胀得非常快,系统与环境来不及进行热交换。试计算 W、Q 及系统的热力学能变化值。

解 按题意,此过程可认为是绝热膨胀,故 $Q = 0$。

$$W = -p_{外} \Delta V = -p_{外}(V_2 - V_1)$$

$$V_2 = \frac{nRT_2}{p_2} = \frac{1 \times 8.314 \times 414.6}{101\,325} \text{ m}^3 = 0.034 \text{ m}^3$$

$$W = -101\,325 \times (0.034 - 20 \times 10^{-3}) \text{ J} = -1\,418.55 \text{ J}$$

$$\Delta U = Q + W = (0 - 1\,418.55) \text{ J} = -1\,418.55 \text{ J}$$

ΔU 为负值，表明系统在绝热膨胀过程中对环境所做的功是消耗系统的热力学能。

例 2.2.4 1 mol 水在 373 K 和 101 325 Pa 的压力下蒸发成同温同压下的水蒸气，吸热40 710 J，求 W 及 ΔU。已知水及水蒸气的体积分别为 0.018 8 L，30.22 L。

解 水蒸发实际上是在恒外压下进行，故所做的体积功为

$$W = -p_外 \Delta V = -p_外 (V_2 - V_1) = -101\,325 \times (30.22 - 0.018\,8) \times 10^{-3} \text{ J} = -3.06 \text{ kJ}$$

$$\Delta U = Q + W = (40.71 - 3.06) \text{ kJ} = 37.65 \text{ kJ}$$

计算结果表明，水蒸发时所吸的热，一部分用于系统对环境做体积功；另一部分用于增加系统的热力学能。

2.3 恒容热、恒压热、焓

2.3.1 恒容热

恒容热是系统在恒容且非体积功为零的过程中与环境交换的热，符号为 Q_V。

因恒容过程 $\Delta V = 0$，所以过程的体积功必为零。若过程中无非体积功交换，则过程的总功 W 应为零。按式(2.2.6)可得

$$Q_V = \Delta U \quad (\Delta V = 0, W' = 0) \tag{2.3.1}$$

式中：下标"V"表示过程恒容且非体积功 $W' = 0$。该式表明恒容热 Q_V 只取决于系统的始、末态，与过程的具体途径无关。

对于一微小的恒容且非体积功为零的过程，则

$$\delta Q_V = \mathrm{d}U \quad (\mathrm{d}V = 0, W' = 0) \tag{2.3.2}$$

2.3.2 恒压热与焓

恒压热 Q_p 是系统进行恒压且非体积功为零的过程中与环境交换的热。按式(2.2.6)，对恒压且非体积功为零的过程有

$$Q_p = \Delta U - W = (U_2 - U_1) + p(V_2 - V_1) = (U_2 - U_1) + (pV_2 - pV_1)$$

定义

$$H \xlongequal{\text{def}} U + pV \tag{2.3.3}$$

新组合的函数 H 称为焓(enthalpy)。焓是状态函数，具有广度性质，并具有能量的量纲，但没有确切的物理意义。之所以要定义一个新的状态函数 H，完全是为了更方便地处理热化学问题。

当系统经历一个恒压且无非体积功的变化过程后，系统焓变为

$$\Delta H = H_2 - H_1 = \Delta U + p\Delta V$$

$$Q_p = \Delta H \tag{2.3.4}$$

对于一微小的恒压且非体积功为零的过程，则

$$\delta Q_p = \mathrm{d}H \quad (\mathrm{d}p = 0, W' = 0) \tag{2.3.5}$$

由此可见，在恒压且无非体积功的过程中，系统所吸收的热等于此过程中系统的焓变。

2.4　焦耳实验及理想气体的热力学能、焓

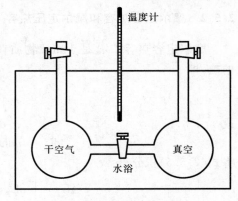

图 2.4.1　焦耳实验示意图

焦耳曾将两容器用活塞连接,左侧的容器装有一定压力的干空气,右侧的容器抽成真空,并将其置于水浴中,如图 2.4.1 所示。实验时打开活塞,空气向真空容器中膨胀,当达到平衡时,测定水浴的温度,发现没有变化。这个结果说明,气体与水浴间无热的传递,即 $Q=0$;又因为此过程为气体向真空膨胀,故 $W=0$。根据热力学第一定律可以得出

$$\Delta U = Q + W = 0$$

在焦耳实验中,$dT=0$,$dU=0$,$dV \neq 0$,由式(2.2.5)可导出

$$\left(\frac{\partial U}{\partial V}\right)_T = 0 \tag{2.4.1}$$

式(2.4.1)表明,在温度恒定时,气体的热力学能与体积变化无关,热力学能只是温度的单值函数,即

$$U = f(T) \tag{2.4.2}$$

事实上,式(2.4.1)的结论只对理想气体是正确的。精确实验表明,实验气体向真空膨胀时,仍存在很小的温度变化,只不过这种温度变化随着气体起始压力的减小而变小。因此,可以认为理想气体的热力学能只是温度的函数,与体积和压力无关。

对理想气体有 $pV=nRT$,则

$$H = U + pV = U + nRT$$

理想气体的热力学能 U 只是温度的函数,故理想气体的焓也只是温度的函数,即

$$\left(\frac{\partial H}{\partial p}\right)_T = 0 \tag{2.4.3}$$

或

$$H = f(T) \tag{2.4.4}$$

2.5　热　　容

2.5.1　热容的定义

在不发生相变化和化学变化的前提下,系统与环境所交换的热与由此引起的温度变化之比称为系统的热容。系统与环境交换热的多少应与物质种类、状态、物质的量和交换的方式有关。因此,系统的热容值受上述各因素的影响。另外,温度变化范围也将影响热容值,即使温度变化范围相同,系统所处的始、末状态不同,系统与环境所交换的热值也不相同。因此,由某一温度变化范围内测得的热交换值计算出的热容值,只能是一个平均值,称为平均热容。其定义式为

$$\overline{C} = \frac{Q}{\Delta T} \tag{2.5.1}$$

当温度变化时,平均热容就很难反映系统的真实状态。为此提出了热容的概念,其定义式为

$$C \xrightarrow{\text{def}} \lim_{\Delta T \to 0} \left(\frac{Q}{\Delta T} \right) = \frac{\delta Q}{\mathrm{d}T} \tag{2.5.2}$$

热容的单位为 $J \cdot K^{-1}$，是系统的广度性质。1 mol 物质的热容称为摩尔热容，以 C_m 表示，单位为 $J \cdot mol^{-1} \cdot K^{-1}$，$C = nC_m$；单位质量物质的热容称为比热容。

2.5.2　摩尔定容热容和摩尔定压热容

摩尔定容热容 $C_{V,m}$ 是 1 mol 物质在恒容、非体积功为零的条件下，温度升高 1 K 所需要的热，即

$$C_{V,m} = \frac{\delta Q_{V,m}}{\mathrm{d}T} = \left(\frac{\partial U_m}{\partial T} \right)_V \tag{2.5.3}$$

或

$$\mathrm{d}U_m = C_{V,m} \mathrm{d}T \tag{2.5.4}$$

$$\mathrm{d}U = n\mathrm{d}U_m = nC_{V,m}\mathrm{d}T = C_V \mathrm{d}T \tag{2.5.5}$$

将式（2.5.5）积分得

$$\Delta U = \int_1^2 \mathrm{d}U = \int_{T_1}^{T_2} nC_{V,m}\mathrm{d}T = \int_{T_1}^{T_2} C_V \mathrm{d}T \tag{2.5.6}$$

摩尔定压热容 $C_{p,m}$ 是 1 mol 物质在恒压、非体积功为零的条件下，温度升高 1 K 所需要的热，即

$$C_{p,m} = \frac{\delta Q_{p,m}}{\mathrm{d}T} = \left(\frac{\partial H_m}{\partial T} \right)_p \tag{2.5.7}$$

或

$$\mathrm{d}H_m = C_{p,m}\mathrm{d}T \tag{2.5.8}$$

$$\mathrm{d}H = nC_{p,m}\mathrm{d}T \tag{2.5.9}$$

将式（2.5.9）积分得

$$\Delta H = \int_1^2 \mathrm{d}H = \int_{T_1}^{T_2} nC_{p,m}\mathrm{d}T \tag{2.5.10}$$

由于 $\mathrm{d}H = \mathrm{d}U + \mathrm{d}(pV)$，因此

$$C_p\mathrm{d}T = C_V\mathrm{d}T + \mathrm{d}(pV) \tag{2.5.11}$$

对于理想气体，$\mathrm{d}(pV) = nR\mathrm{d}T$，代入式（2.5.11）可得

$$C_p = C_V + nR \tag{2.5.12}$$

$$C_{p,m} = C_{V,m} + R \tag{2.5.13}$$

统计热力学可以证明，在通常温度下，对理想气体来说，摩尔定容热容为
单原子分子系统

$$C_{V,m} = \frac{3}{2}R$$

双原子分子（或线型分子）系统

$$C_{V,m} = \frac{5}{2}R$$

多原子分子（非线型）系统

$$C_{V,m} = 3R$$

对凝聚系统，有

$$C_p \approx C_V \quad 或 \quad C_{p,m} \approx C_{V,m} \tag{2.5.14}$$

2.5.3　热容与温度的关系

热容是温度的函数，热容值随温度变化范围不同而不同。许多科学家用实验方法精确

测定了各种物质在各个温度下的热容值,求得了表示热容与温度关系的经验表达式。通常采用的经验公式有下列两种形式。

$$C_{p,m} = a + bT + cT^2 \qquad\qquad (2.5.15)$$
$$C_{p,m} = a + bT + c'T^{-2} \qquad\qquad (2.5.16)$$

式中:a、b、c 及 c' 均为经验常数,随物质的不同及温度变化范围的不同而异。各物质的热容经验公式中的常数值可参看附录,或参看有关的参考书及手册。

例 2.5.1　试计算常压下,2 mol CO_2 从298.15 K升温到473.15 K过程中所吸收的热。

解　上述过程为等压过程。已知 CO_2 的 $C_{p,m}$ 的经验公式为

$$C_{p,m} = [44.14 + 9.04 \times 10^{-3}(T/K) - 8.54 \times 10^5(T/K)^{-2}]\ J \cdot mol^{-1} \cdot K^{-1}$$

将上式代入公式

$$Q_p = \Delta H = \int_{T_1}^{T_2} n\, C_{p,m} dT$$

得

$$Q_p = \int_{298.15\,K}^{473.15\,K} 2 \times [44.14 + 9.04 \times 10^{-3}(T/K) - 8.54 \times 10^5(T/K)^{-2}] d(T/K)$$

$$= 2 \times \left[44.14 \times (473.15 - 298.15) + \frac{1}{2} \times 9.04 \times 10^{-3} \times (473.15^2 - 298.15^2) \right.$$

$$\left. + 8.54 \times 10^5 \times \left(\frac{1}{473.15} - \frac{1}{298.15} \right) \right] J$$

$$= 2 \times (7\,725 + 610 - 1\,060)\ J = 14\,550\ J$$

2.6　可逆过程和最大功

例 2.2.2 的计算结果已表明,系统从相同的始态经不同途径变化到相同的末态,其所做的功是不相同的。系统反抗的外压越大,则所做的体积功就越大。值得注意的是,系统反抗外压的极限值(即最大外压)只能是系统的压力值,否则就不是膨胀过程而变为压缩过程了。下面用具体的例证来说明可逆过程的性质。

例 2.6.1　设有 1 mol 理想气体盛于汽缸中,汽缸的活塞无质量,与缸壁之间无摩擦,并将汽缸置于温度为 298.15 K 的大恒温热源中,以保持缸内气体温度不变。活塞上放有四个重物,相当于气体承受的外压(或称环境压力),即 $p_{外} = p_1 = 405\,300$ Pa,每个重物相当于 101\,325 Pa。现在使缸内气体由同一始态(1 mol、298.15 K,$p_1 = 405\,300$ Pa,$V_1 = 6.12$ L)分别①经一步恒温膨胀至末态(1 mol,$p_2 = 101\,325$ Pa,$V_2 = 24.46$ L);②分三步恒温膨胀至末态;③分无限多步恒温膨胀至末态。计算三种途径的 W 及 Q。

解　① 一步恒温膨胀至末态,即将活塞上的重物一次拿走三个,外压由 p_1 降至 p_2,则缸内气体在 $p_{外} = p_2$ 下由 V_1 恒温膨胀至 V_2,如图 2.6.1(b)所示,AD 线是按 $pV = nRT$ 绘出的 p-V 恒温线。在此过程中系统向环境所做的体积功 W_1 相当于图 2.6.1(b)中矩形 V_1FDV_2 的面积,即

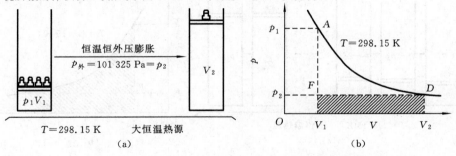

图 2.6.1　缸内气体一次恒温膨胀至末态示意图

$$W_1 = -p_{外}\Delta V = -101\ 325 \times (24.46 - 6.12) \times 10^{-3}\ \text{J} = -1\ 858.30\ \text{J}$$

因理想气体恒温膨胀,系统的热力学能不变,所以对环境所做的功与从大恒温热源中吸热 Q_1 相等,以维持系统的温度不变。由热力学第一定律得

$$Q_1 + W_1 = \Delta U = 0$$

即

$$Q_1 = -W_1 = 1\ 858.30\ \text{J}$$

② 分三步恒温膨胀至末态,即先自活塞上取走一个重物,则外压变为 $p'_{外} = 303\ 975\ \text{Pa}$。此时系统与环境之间的平衡被破坏,缸内气体反抗恒外压 $p'_{外}$ 恒温膨胀至体积 $V' = 8.15$ L 时,系统又重新达到平衡。接着再取走一重物,即外压变至 $p''_{外} = 202\ 650\ \text{Pa}$,平衡又被破坏,气体再次膨胀至体积 $V'' = 12.23$ L 时,系统再度处于平衡。再取走一重物使外压变至 $p_{外} = p_2$,系统再次恒温膨胀至末态,如图 2.6.2 所示。这三步所做的体积功为

$$W_{II} = -p'_{外}(V' - V_1) - p''_{外}(V'' - V') - p_2(V_2 - V'')$$
$$= -[303\ 975 \times (8.15 - 6.12) + 202\ 650 \times (12.23 - 8.15) + 101\ 325 \times (24.46 - 12.23)] \times 10^{-3}\ \text{J}$$
$$= -2\ 683.08\ \text{J}$$

此数值相当于图 2.6.2(b)中三个矩形 V_1aBV'、$V'bCV''$、$V''fDV_2$ 的面积之和。为了维持恒温,系统也需从环境吸热 Q_{II},则 $Q_{II} = -W_{II} = 2\ 683.08\ \text{J}$。

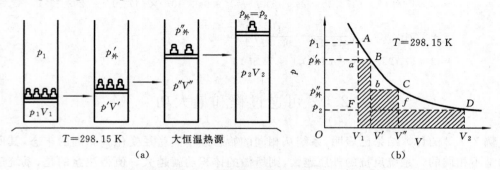

图 2.6.2　缸内气体分三步恒温膨胀至末态示意图

③ 分无限多步恒温膨胀至同一末态,即每次膨胀时,系统的压力与环境压力只相差一无穷小值,直至变为末态压力。整个膨胀过程分无限多个中间步骤缓慢进行,其膨胀过程如图 2.6.3 所示。可设想将原活塞上四个重物磨成极细的粉末,每粒粉末相当于 $\text{d}p$(为一正无穷小)。当从活塞上取走一粒粉末时,外压减小 $\text{d}p$,这时系统反抗恒外压 $(p_1 - \text{d}p)$ 恒温膨胀 $\text{d}V$ 体积后又处于平衡态。再取走一粒粉末时,气体又做恒温膨胀直至平衡。以此类推,直到膨胀至相同末态为止。每次微小膨胀所做的功为

$$\delta W = -p_{外}\text{d}V = -(p_1 - \text{d}p)\text{d}V$$

系统在上述过程中对环境所做的总体积功应是各微小步骤所做的体积功之和,即

$$W_{III} = -\sum p_{外,i}\Delta V_i = -\sum (p_i - \text{d}p)\text{d}V$$

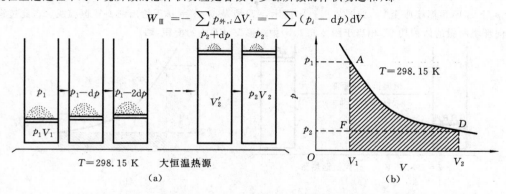

图 2.6.3　缸内气体在 $(p_1 - \text{d}p)$ 的外压下膨胀所做的功的示意图

或
$$W_{\text{Ⅲ}} = -\sum_{V_1}^{V_2} p_{\text{外}} \mathrm{d}V = \int_{V_1}^{V_2} - (p - \mathrm{d}p)\mathrm{d}V$$

式中:p_i 为第 i 步时系统的压力。如忽略二阶无穷小量 $\mathrm{d}p\mathrm{d}V$,则

$$W_{\text{Ⅲ}} = -\int_{V_1}^{V_2} p\mathrm{d}V$$

式中:p 为系统的压力。将理想气体状态方程 $pV = nRT$ 代入上式中得

$$W_{\text{Ⅲ}} = -\int_{V_1}^{V_2} \frac{nRT}{V}\mathrm{d}V = nRT\ln\frac{V_1}{V_2}$$

故
$$W_{\text{Ⅲ}} = 1 \times 8.314 \times 298.15 \times \ln\frac{6.12}{24.46} \text{ J} = -3\ 434.35 \text{ J}$$

此值也可用图 2.6.3(b)中 AD 曲线下方阴影部分 V_1ADV_2 的面积表示。与前两种途径一样,要使系统温度不变,也需从环境吸热,则 $Q_{\text{Ⅲ}} = 3\ 434.35$ J。

上述三种途径的计算结果表明,恒温条件下,在确定的始、末态之间进行膨胀过程时,分步膨胀比一步膨胀所做的体积功要大。分步越多,所做的功越大。如每步膨胀时的外压总是比系统的压力只小一无穷小量,即系统做无限多次膨胀时,则系统所做的体积功为该始、末态条件下的最大值,即最大的体积功。上述第三种途径的膨胀过程即属此类。在这种变化途径中,活塞的移动极为缓慢。这样就有条件使气体的压力由微小不均匀(外压的变化而引起的)变为均匀,使系统由不平衡再次达到平衡。在这种途径的变化过程中,系统总是非常接近平衡态。换句话说,整个过程称为准静态过程。它是抽象出来的理想过程,对于理解可逆过程极为重要。

现在再讨论一下上述三种膨胀过程的逆过程,即在恒温条件下,气体由 V_2 被压缩至 V_1 而回到原来的始态。

① 按第一种途径的逆过程压缩气体,即将原先一次取走的三个重物一起又加在活塞上,则外压增至405 300 Pa,使系统压缩至始态(p_1、V_1、T)。则环境对系统做的压缩功为

$$W_{\text{Ⅰ(压)}} = -p_1(V_1 - V_2) = -405\ 300 \times (6.12 - 24.46) \times 10^{-3} \text{ J}$$
$$= 7\ 433.20 \text{ J}$$

其值可用图 2.6.4(a)中矩形 V_1AEV_2 的面积表示。

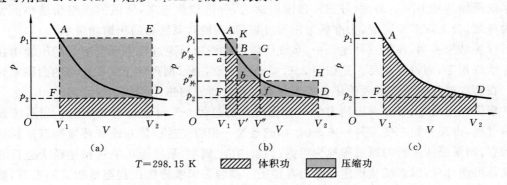

$T = 298.15$ K　　　▨ 体积功　　　▧ 压缩功

图 2.6.4　三种途径体积功示意图

因系统得功,故在压缩过程中应向环境散热 Q'_1,以保持系统温度不变,即

$$Q'_{\text{Ⅰ}} = -W_{\text{Ⅰ(压)}} = -7\ 433.20 \text{ J}$$

② 按第二种途径的逆过程压缩气体,即将原来分三次取走的重物,又分三次加在活塞上。第一次加一重物,使外压增至 $p''_{\text{外}}$(即202 650 Pa),气体则在恒温下被压缩,直至缸内、

外压力相等时，系统达到平衡态。接着再加一重物于活塞上，外压再增至 $p'_\text{外}$（303 975 Pa），气体又被压缩，直至内、外压力相等，系统再次达到平衡。以此类推，直至系统恢复到始态（p_1、V_1、T）。则环境在此过程中对系统所做的压缩功为

$$W_{\text{II(压)}} = -p''_\text{外}(V'' - V_2) - p'_\text{外}(V' - V'') - p_1(V_1 - V')$$
$$= -[202\ 650 \times (12.23 - 24.46) + 303\ 975 \times (8.15 - 12.23)$$
$$+ 405\ 300 \times (6.12 - 8.15)] \times 10^{-3}\ \text{J}$$
$$= 4\ 541.38\ \text{J}$$

这一数值相当于图 2.6.4(b) 中矩形 $AV_1V'K$、$BV'V''G$、$CV''V_2H$ 的面积之和。同理，系统应向外散热，即

$$Q'_{\text{II}} = -W_{\text{II(压)}} = -4\ 541.38\ \text{J}$$

③ 按第三种途径的逆过程压缩气体，即将原取走的粉末，以同样的方式一粒一粒地放回到活塞上，使系统进行一连串无限多个、无限缓慢的压缩过程。在活塞上每加一粒粉末时，则外压 $p_\text{外}$ 比系统压力 p 大 $\mathrm{d}p$，即 $p_\text{外} = p + \mathrm{d}p$，从而气体受到恒温压缩，气体体积减小 $\mathrm{d}V$。在此过程中，环境对系统所做的压缩功为

$$\delta W_{\text{(压)}} = -p_\text{外}\mathrm{d}V = -(p + \mathrm{d}p)\mathrm{d}V$$

经过一连串无限多个恒温压缩过程，使系统变至原来的始态时，环境对系统做的总压缩功为

$$W_{\text{III(压)}} = -\int_{V_2}^{V_1} p\mathrm{d}V = -nRT\ln\frac{V_1}{V_2}$$
$$= -1 \times 8.314 \times 298.15 \times \ln\frac{6.12}{24.46}\ \text{J}$$
$$= 3\ 434.35\ \text{J}$$

此数值可用图 2.6.4(c) 中 AD 曲线下方阴影部分 V_2DAV_1 的面积表示。在此压缩过程中，系统向环境散热，即

$$Q'_{\text{III}} = -W_{\text{III(压)}} = -3\ 434.35\ \text{J}$$

从上述三种压缩过程的计算结果可以得出 $W_{\text{I(压)}} > W_{\text{II(压)}} > W_{\text{III(压)}}$，即一步压缩时环境对系统所做的功 $W_{\text{I(压)}}$ 最大，分三步压缩时次之，分的步数越多，所做的压缩功越小。如第三种压缩，分无限多步完成，为准静态压缩过程，则环境对系统做的压缩功最小。

计算结果表明，在第三种途径中，系统所做的体积功与逆过程中环境所做的压缩功在数值上恰好相等，而符号相反。正如图 2.6.4(c) 中所示，表示两种功值的曲边形的面积刚好相等。在膨胀过程中系统所吸的热也等于压缩时系统所放的热。

根据以上结论，可以引出热力学一常见的重要过程——可逆过程的概念。当系统经历某一过程，由某一始态变至另一末态时，如能通过一相应逆过程使系统和环境都恢复到原来的状态，则系统所进行的原过程称为可逆过程。在上例中，系统经历第三种途径所进行的过程就是可逆过程，因系统从指定始态出发经历一准静态恒温膨胀过程至所指定的末态，然后从此末态又经一准静态恒温压缩过程使系统恢复到原来的始态。在此往返过程中，环境在正过程中得的功在逆过程中全部还给系统，而在正过程中供给系统的热，又在逆过程中不折不扣地收回来，从而使系统和环境都恢复原状，没有留下任何变化的痕迹。所以按第三种途径所进行的过程是可逆过程。其正过程称为恒温可逆膨胀过程，而逆过程称为恒温可逆压缩过程。上例按第一、第二两种途径所进行的过程则不是可逆过程，因虽可沿相应的途径压缩，而使系统回到始态，但对于环境留下变化的痕迹，因环境在系统膨胀过程中所得的功小

于系统被压缩时所消耗的功。如图 2.6.4(a)、(b)所示，矩形 V_1FDV_2 的面积小于矩形 V_1AEV_2 的面积，多边形 $V_1aBbCfDV_2$ 的面积小于多边形 $V_1AKBGCHV_2$ 的面积。同理 $|Q_I'|>|Q_I|$，$|Q_{II}'|>|Q_{II}|$。这样环境没有恢复原状而留下了功转变为热的变化痕迹，所以按这两种途径所进行的过程是不可逆过程。

由上可见，热力学可逆过程有如下几个特征。

① 可逆过程是以无限多个、无限小的变化相继进行的（系统与环境的强度性质相差无穷小），即可看成由一连串极接近平衡的状态所组成。

② 可逆过程逆向进行时，可使系统和环境恢复到原来状态，在系统和环境中不留下任何变化的痕迹。

③ 恒温可逆膨胀过程中系统对环境做最大体积功，而在恒温可逆压缩过程中环境对系统做最小压缩功。

可逆过程是从实际过程中抽象出来的一种理想过程，在自然界中没有真正的可逆过程，实际过程只能尽可能地趋近于它。例如极缓慢地加热或冷却物体的过程及在液、气两相平衡共存时液体蒸发或气体冷凝的过程，都可视为可逆过程。可逆过程这一概念非常重要。因可逆过程系统对外做最大功，故在相同的始、末态间的其他过程可以此作为比较标准，从而为提高实际过程的效率提出相应的措施。许多重要的热力学函数的变化值，只有通过可逆过程才能进行计算。所以准确理解和牢固掌握可逆过程这一概念是极为重要的。

2.7　理想气体绝热可逆过程

系统在状态发生变化的过程中，既没有从环境吸热也没有放热到环境中去，这种过程就称为绝热过程。绝热过程可以可逆地进行，也可以不可逆地进行。

系统在发生绝热过程中时，由于 $\delta Q=0$，则有

$$dU = \delta W \tag{2.7.1}$$

对理想气体的无限小的绝热可逆过程来说，因为在任意过程中理想气体的 $dU=nC_{V,m}dT$，而可逆过程中 $\delta W=-pdV$，代入式(2.7.1)可得

$$nC_{V,m}dT =- pdV$$

又因 $T=\dfrac{pV}{nR}$，则

$$\frac{nC_{V,m}dT}{T} =- \frac{nRdV}{V}$$

因为理想气体的 $C_{V,m}$ 不随温度变化，而 R 为常数，结合 $C_{p,m}=C_{V,m}+R$ 的关系式，可得

$$d(\ln T) = \left(1-\frac{C_{p,m}}{C_{V,m}}\right)d(\ln V)$$

式中：$\dfrac{C_{p,m}}{C_{V,m}}$ 是理想气体的摩尔定压热容与摩尔定容热容之比，称为理想气体的绝热指数，以 γ 表示，代入上式得

$$d(\ln T) = (1-\gamma)d(\ln V)$$

积分得

$$\ln T + (\gamma-1)\ln V = 常数$$

或 $\qquad\qquad\qquad\qquad TV^{\gamma-1} = 常数 \qquad\qquad\qquad\qquad (2.7.2)$

又因 $T = \dfrac{pV}{nR}$，故式(2.7.2)可写为

$$pV^{\gamma} = 常数 \qquad\qquad\qquad\qquad (2.7.3)$$

将 $V = \dfrac{nRT}{p}$ 代入，式(2.7.2)又可写为

$$Tp^{\frac{1-\gamma}{\gamma}} = 常数 \qquad\qquad\qquad\qquad (2.7.4)$$

式(2.7.2)、式(2.7.3)、式(2.7.4)均描述理想气体在绝热可逆过程中 p、V、T 之间的函数关系，故又称为理想气体绝热可逆过程方程。

例 2.7.1 设 1 mol 单原子理想气体，从 273 K，1 MPa 绝热可逆膨胀至 0.1 MPa，试计算末态的体积、温度及所做的功。已知 $C_{V,m} = 12.47$ J·mol^{-1}·K^{-1}。如果此气体反抗恒定外压0.1 MPa绝热膨胀时，其末态的体积、温度及所做的功又是多少？

解 先计算始态的体积 V_1。

$$V_1 = \frac{nRT_1}{p_1} = \frac{1 \times 8.314 \times 273}{1 \times 10^6} \text{ m}^3 = 2.27 \times 10^{-3} \text{ m}^3$$

$$C_{p,m} = C_{V,m} + R = \frac{5}{2}R$$

所以 $\qquad\qquad\qquad\qquad \gamma = \frac{C_{p,m}}{C_{V,m}} = \frac{5}{3}$

$$V_2 = \left(\frac{p_1}{p_2}\right)^{\frac{1}{\gamma}} V_1 = 10^{\frac{3}{5}} \times 2.27 \times 10^{-3} \text{ m}^3 = 9.04 \times 10^{-3} \text{ m}^3$$

$$T_2 = \frac{p_2 V_2}{nR} = \frac{0.1 \times 10^6 \times 9.04 \times 10^{-3}}{1 \times 8.314} \text{ K} = 108.73 \text{ K}$$

因是绝热过程，$Q=0$，故

$$W_1 = \Delta U_1 = nC_{V,m}\Delta T = 1 \times 12.47 \times (108.73 - 273) \text{ J} = -2\,048.45 \text{ J}$$

恒外压绝热膨胀是不可逆过程，式(2.7.2)、式(2.7.3)、式(2.7.4)都不能使用。根据热力学第一定律可得

$$Q_2 = 0, \quad W_2 = \Delta U_2$$

$$-p_外(V_2 - V_1) = nC_{V,m}(T_2 - T_1)$$

$$p_外\left(\frac{nRT_1}{p_1} - \frac{nRT_2}{p_2}\right) = n \times \frac{3}{2}R(T_2 - T_1)$$

$$T_2 = 174.72 \text{ K}$$

$$V_2 = \frac{nRT_2}{p_2} = 14.53 \times 10^{-3} \text{ m}^3$$

$$W_2 = 1 \times 12.47 \times (174.72 - 273) \text{ J} = -1\,225.55 \text{ J}$$

此例计算结果表明，若末态的压力相同，绝热不可逆膨胀过程的末态温度比绝热可逆膨胀过程的要高。换句话说，即使始态相同，绝热可逆过程与绝热不可逆过程不可能达到相同的末态。

2.8 热 化 学

在化学反应过程中，常伴有气体的产生或消失，所以化学反应常以热和体积功的形式与环境进行能量交换。一般来说，化学反应过程中的体积功在数量上与反应热相比是很小的。因此，化学反应的能量交换以热为主。测量和研究化学反应热效应的科学称为热化学。

热化学的实验数据，具有实用和理论的价值。例如反应热的多少就与实际生产中的机

械设备、热交换以及经济价值等问题有关。另外,反应热的数据在平衡常数和其他热力学函数的计算中也十分重要。

2.8.1　化学反应热效应

化学反应热效应是指在只做体积功条件下,维持产物温度与反应物温度相等,反应系统与环境所交换的热。

对恒压反应过程,其热效应称为恒压热效应,$Q_p = \Delta H$,故对化学反应过程,有

$$Q_p = \Delta_r H = \sum H_{产物} - \sum H_{反应物} \tag{2.8.1}$$

对恒容反应过程,其热效应称为恒容热效应。对化学反应过程,有

$$Q_V = \Delta_r U = \sum U_{产物} - \sum U_{反应物} \tag{2.8.2}$$

常用量热计所测的反应热效应是恒容热效应 Q_V,而通常反应是在等压下进行的,因此需知道恒容热效应 Q_V 与恒压热效应 Q_p 之间的关系。

设某恒温反应由相同始态经恒温恒压和恒温恒容两个途径进行,所达到的末态之间只可能有压力及体积的差别,如图 2.8.1 所示。如果反应系统为理想气体、液体或固体,则图中 $\Delta_T U = 0$,所以 $\Delta_p U = \Delta_V U$,则

$$Q_p - Q_V = \Delta_p H - \Delta_V U = \Delta_p U + \Delta_p(pV) - \Delta_V U$$
$$= \Delta_p(pV) = p\Delta_p V$$

也就是说,Q_p 与 Q_V 之差相当于恒压过程中系统对环境所做的功 $p\Delta_p V$,此功主要是因恒压反应中产生了体积变化 $\Delta_p V$ 而产生。由于液、固相物质反应中引起的体积变化甚微,因此 $\Delta_p V$ 可以只考虑反应前、后气态物质的物质的量变化即可,若再假定气体为理想气体,则

$$p\Delta_p V = RT\Delta n_g$$

式中:Δn_g 是参加反应的气体物质的物质的量之差值。从而

$$Q_p = Q_V + RT\Delta n_g \tag{2.8.3}$$

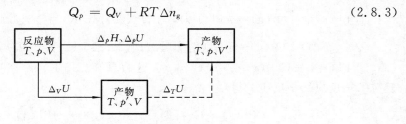

图 2.8.1　Q_p 与 Q_V 的换算关系

2.8.2　热化学方程式

表示化学反应条件及反应热效应的化学方程式称为热化学方程式,与书写一般的化学方程式不同,书写热化学方程式时要注意以下几点。

(1) 写出该反应的化学方程式。

(2) 注明反应系统的温度、压力,因同一化学反应在不同温度下进行,其热效应是不相同的。压力对热效应的影响不大,故在一般情况下,可以不注明压力。

(3) 注明参加反应物质的聚集状态。通常在化学方程式中用"g"表示气体,用"l"表示液体,用"s"表示固体。固体若存在不同晶型也应注明,如"S(单斜)"、"S(斜方)"等。

为了使同一种物质在不同的化学反应中能够有一个公共的参考状态,以此作为建立基

础热化学数据的严格基准,热力学规定了物质的标准状态。

标准状态是在标准压力 $p^\ominus$($p^\ominus=100$ kPa)、$T(K)$温度下的纯液体或纯固体的状态。对于纯气体,则选择标准压力 $p^\ominus$,$T(K)$温度下具有理想气体性质的状态作为标准状态。理想气体客观上并不存在,故纯气体的标准状态是一种假想的状态。如果参加反应的各物质都处于标准状态,则此反应的焓变就称为标准反应焓变 $\Delta_r H_m^\ominus$。

应该指出的是,热化学方程式所表示的反应热效应都是一个已经完成的反应的热效应。如反应

$$H_2(g, p^\ominus) + I_2(g, p^\ominus) = 2HI(g, p^\ominus) \qquad \Delta_r H_m^\ominus(573\ K) = -12.84\ kJ \cdot mol^{-1}$$

并不表示 573 K 时,1 mol $H_2(g)$和 1 mol $I_2(g)$就能生成 2 mol HI(g),并有12.84 kJ 的热放出。而是表示在 573 K、标准压力 $p^\ominus$ 下,1 mol $H_2(g)$和 1 mol $I_2(g)$反应生成2 mol HI(g)就应该有 12.84 kJ 的热放出。

2.8.3　赫斯定律

1840 年,俄国化学家赫斯(Hess)在分析总结了大量热化学实验数据后,发现"任何一个化学反应,无论是一步完成还是分几步完成,过程的热效应值相同"。换言之,即反应的热效应只与系统始、末态有关,而与变化途径无关,这就是赫斯定律。赫斯定律是热力学第一定律的必然结果,因为 H(或 U)是状态函数,只要化学反应的始、末态确定,则 $\Delta_r H$(即 Q_p)或 $\Delta_r U$(即 Q_V)便是定值,而与通过什么具体途径来完成这一反应无关。

如以铅、石墨、氧气为原料生成碳酸铅的反应,可按下列反应一步完成。

$$Pb(s) + C(石墨) + \frac{3}{2}O_2(g) = PbCO_3(s)$$

$$\Delta_r H_m^\ominus(298.15\ K) = -699.56\ kJ \cdot mol^{-1}$$

也可以分成下列几步完成。

① $Pb(s) + \frac{1}{2}O_2(g) = PbO(s)$,$\Delta_r H_m^\ominus(298.15\ K) = -219.41\ kJ \cdot mol^{-1}$

② $C(石墨) + O_2(g) = CO_2(g)$,$\Delta_r H_m^\ominus(298.15\ K) = -393.51\ kJ \cdot mol^{-1}$

③ $PbO(s) + CO_2(g) = PbCO_3(s)$,$\Delta_r H_m^\ominus(298.15\ K) = -86.64\ kJ \cdot mol^{-1}$

反应①+反应②+反应③得

$$Pb(s) + C(石墨) + \frac{3}{2}O_2(g) = PbCO_3(s)$$

$$\Delta_r H_m^\ominus(298.15\ K) = -(219.41 + 393.51 + 86.64)\ kJ \cdot mol^{-1}$$

$$= -699.56\ kJ \cdot mol^{-1}$$

计算表明,由两种途径完成的反应的 $\Delta_r H_m^\ominus(298.15\ K)$值相同,类似例子还可以列举很多。

赫斯定律的意义在于对那些化学反应进行得很慢,实验中因热辐射造成量度不准确和无法直接测定反应热效应等情况,可以根据已知的其他某些化学反应热效应来间接推求。

2.9　标准摩尔生成焓

2.9.1　标准摩尔生成焓的定义

在给定温度及标准压力 $p^\ominus$($p^\ominus=100$ kPa)下,由稳定相态的单质生成 1 mol 某化合物的

标准摩尔反应焓,称为该化合物的标准摩尔生成焓,用符号$\Delta_f H_m^{\ominus}(B,T)$表示。符号中的下标"f"表示生成,"B"表示该化合物,"T"表示反应温度。例如 298.15 K 时,$CO_2(g)$的标准摩尔生成焓 $\Delta_f H_m^{\ominus}(CO_2,g,298.15\ K)$,即为 298.15 K 时,下列生成反应的 $\Delta_r H_m^{\ominus}$。

$$C(石墨,p^{\ominus})+O_2(g,p^{\ominus})=\!\!=\!\!=CO_2(g,p^{\ominus})$$

$$\Delta_f H_m^{\ominus}(CO_2,g,298.15\ K)=\Delta_r H_m^{\ominus}(298.15\ K)=-393.509\ kJ\cdot mol^{-1}$$

所谓稳定相态的单质是指在指定的温度和压力下能够稳定存在的单质。例如 298.15 K、$p^{\ominus}$下,$H_2(g)$、$O_2(g)$、$Br_2(l)$、$Hg(l)$、$S(斜方)$、$C(石墨)$等均为稳定单质,而 $Br_2(g)$、$O_2(l)$、$S(单斜)$、$C(金刚石)$等在上述条件下就属不稳定单质。按照 $\Delta_f H_m^{\ominus}(B,T)$的定义,稳定相态单质的标准摩尔生成焓应为零。非稳定相态单质(如 298.15 K 时的金刚石)就不为零。298.15 K 时,各种化合物及不稳定单质的标准摩尔生成焓可从本书附录或热力学手册中查到。

2.9.2 由标准摩尔生成焓求标准摩尔反应焓

化学反应不涉及核反应时都有一个共同的特征,即反应前后元素的种类和数量相同。换言之,对给定的某一化学反应,既可由相同种类和数量的单质来生成反应物,也可以生成产物,如图 2.9.1 所示。

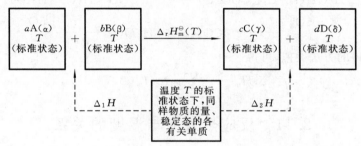

图 2.9.1 化学反应过程及焓变关系示意图

图 2.9.1 中各过程焓变之间的关系可表示为

$$\Delta_1 H+\Delta_r H_m^{\ominus}(T)=\Delta_2 H$$

即

$$\Delta_r H_m^{\ominus}(T)=\Delta_2 H-\Delta_1 H$$

其中

$$\Delta_1 H=a\Delta_f H_A^{\ominus}(\alpha,T)+b\Delta_f H_B^{\ominus}(\beta,T)$$

$$\Delta_2 H=c\Delta_f H_C^{\ominus}(\gamma,T)+d\Delta_f H_D^{\ominus}(\delta,T)$$

所以

$$\Delta_r H_m^{\ominus}(T)=c\Delta_f H_C^{\ominus}(\gamma,T)+d\Delta_f H_D^{\ominus}(\delta,T)$$
$$-a\Delta_f H_A^{\ominus}(\alpha,T)-b\Delta_f H_B^{\ominus}(\beta,T)$$

即

$$\Delta_r H_m^{\ominus}(T)=\sum\nu_B\Delta_f H_B^{\ominus}(\beta,T) \qquad (2.9.1)$$

式中:ν_B 为化学计量数,对产物而言是正值,对反应物而言是负值。

例 2.9.1 计算 298.15 K 时,反应 $CO(g)+H_2O(g)=\!\!=\!\!=CO_2(g)+H_2(g)$的 $\Delta_r H_m^{\ominus}$。

解 由附录查得反应中各物质的标准摩尔生成焓,则

	CO(g)	H₂O(g)	CO₂(g)	H₂(g)
$\Delta_f H_m^{\ominus}(B,298.15\ K)/(kJ\cdot mol^{-1})$	−110.525	−241.818	−393.509	0

$$\Delta_r H_m^{\ominus}=\sum\nu_B\Delta_f H_m^{\ominus}(B,298.15\ K)$$
$$=[1\times(-393.509)+1\times 0+(-1)\times(-241.818)+(-1)\times(-110.525)]\ kJ\cdot mol^{-1}$$
$$=-41.166\ kJ\cdot mol^{-1}$$

2.10　标准摩尔燃烧焓

2.10.1　标准摩尔燃烧焓的定义

在温度 T 及标准压力下,1 mol 某物质与氧气进行完全氧化反应的焓变,称为该物质的标准摩尔燃烧焓 $\Delta_c H_m^\ominus(B, T)$,下标"c"表示燃烧。所谓完全氧化是指被燃烧物质中的碳、硫、磷、氢及氮等分别氧化成 $CO_2(g)$、$SO_2(g)$、$P_2O_5(s)$、$H_2O(l)$ 及 $N_2(g)$ 等。可见燃烧焓的数值会随指定燃烧产物的不同而不同。因此,手册或数据表上的燃烧焓数据,对燃烧产物都有明确规定。按燃烧焓的定义,指定燃烧产物的燃烧焓为零。

2.10.2　由标准摩尔燃烧焓求标准摩尔反应焓

在通常的化学反应中,反应物与产物均含有相同种类和数量的元素,则它们分别进行完全氧化反应必得完全相同的氧化产物。例如:

$$C_2H_5OH(l) + CH_3COOH(l) \Longrightarrow CH_3COOC_2H_5(l) + H_2O(l)$$

$$5O_2 \dashrightarrow 4CO_2(g) + 5H_2O(l) \dashleftarrow 5O_2$$

与推导式(2.9.1)的方法类似,可得

$$\Delta_r H_m^\ominus = -\sum \nu_B \Delta_c H_m^\ominus(B, T) \tag{2.10.1}$$

2.11　反应热效应与温度的关系

在各种手册上一般只能查到各物质在 298.15 K、$p^\ominus$ 下的生成焓、燃烧焓等热化学数据,而实际上许多反应并不是在这种条件下进行的。在压力不很高的情况下,压力对反应热效应的影响可以忽略不计。所以如何利用 298.15 K 下的数据来计算其他温度下的化学反应热效应,具有一定的理论意义和实际意义,这将为过程的能量衡算和高温过程的设计奠定基础。

设在温度为 T,压力为 p 时,有反应

$$y\mathrm{Y} + z\mathrm{Z} \Longrightarrow c\mathrm{C} + d\mathrm{D}$$

恒压无非体积功时,有

$$Q_p = \Delta_r H_m = \sum_{产物} n_B H_m(B) - \sum_{反应物} n_B H_m(B)$$

又

$$\left(\frac{\partial H_m(B)}{\partial T}\right)_p = C_{p,m}(B)$$

故

$$\left(\frac{\partial \Delta_r H_m}{\partial T}\right)_p = \sum_{产物} n_B \left(\frac{\partial H_m(B)}{\partial T}\right)_p - \sum_{反应物} n_B \left(\frac{\partial H_m(B)}{\partial T}\right)_p$$

$$= \sum_{产物} n_B C_{p,m}(B) - \sum_{反应物} n_B C_{p,m}(B)$$

$$\left(\frac{\partial \Delta_r H_m}{\partial T}\right)_p = \sum \nu_B C_{p,m}(B) = \Delta_r C_{p,m} \tag{2.11.1}$$

由式(2.11.1)可看出,化学反应热效应随温度的变化率等于产物热容总和与反应物热容总

和之差。若产物的热容总和小于反应物热容总和,即 $\Delta_r C_{p,m} < 0$,则 $\left(\dfrac{\partial \Delta_r H_m}{\partial T}\right)_p < 0$,表明当温度升高时,恒压反应热要减小。若 $\Delta_r C_{p,m} > 0$,即产物的热容总和大于反应物热容总和,则 $\left(\dfrac{\partial \Delta_r H_m}{\partial T}\right)_p > 0$,表明当温度升高时,恒压反应热要增大。若 $\Delta_r C_{p,m} = 0$ 或很小时,反应热将不随温度改变。

对式(2.11.1)作定积分得

$$\int_{\Delta_r H_{m,1}}^{\Delta_r H_{m,2}} \mathrm{d}(\Delta_r H_m) = \int_{T_1}^{T_2} \Delta_r C_{p,m} \mathrm{d}T$$

故

$$\Delta_r H_m(T_2) = \Delta_r H_m(T_1) + \int_{T_1}^{T_2} \Delta_r C_{p,m} \mathrm{d}T \qquad (2.11.2)$$

对式(2.11.1)作不定积分得

$$\Delta_r H_m(T) = \Delta H_0 + \int \Delta_r C_{p,m} \mathrm{d}T \qquad (2.11.3)$$

式中:ΔH_0 为积分常数。

例 2.11.1 计算 C(石墨)$+ O_2(g) = CO_2(g)$ 在 1 150 K 下的热效应。

解 ① 由热力学数据表查出有关数据,计算此反应在 298.15 K 下的热效应,并算出 $\Delta_r C_{p,m}$。

$$\Delta_f H_m^{\ominus}(CO_2, g, 298.15\ K) = -393.509\ \text{kJ} \cdot \text{mol}^{-1}$$

故

$$\Delta_r H_m^{\ominus}(298.15\ K) = \Delta_f H_m^{\ominus}(CO_2, g) - \Delta_f H_m^{\ominus}(C, 石墨) - \Delta_f H_m^{\ominus}(O_2, g)$$

$$= -393.509\ \text{kJ} \cdot \text{mol}^{-1}$$

$$C_{p,m}(CO_2, g) = [44.14 + 9.04 \times 10^{-3}(T/K) - 8.54 \times 10^5 (T/K)^{-2}]\ \text{J} \cdot \text{mol}^{-1} \cdot \text{K}^{-1}$$
$$(298.15 \sim 2\,500\ K)$$

$$C_{p,m}(O_2, g) = [29.96 + 4.18 \times 10^{-3}(T/K) - 1.67 \times 10^5 (T/K)^{-2}]\ \text{J} \cdot \text{mol}^{-1} \cdot \text{K}^{-1}$$
$$(298.15 \sim 3\,000\ K)$$

$$C_{p,m}(C, 石墨) = [24.439 + 0.435 \times 10^{-3}(T/K) - 31.627 \times 10^5 (T/K)^{-2}]\ \text{J} \cdot \text{mol}^{-1} \cdot \text{K}^{-1}$$
$$(1\,100 \sim 4\,000\ K)$$

$$\Delta_r C_{p,m} = C_{p,m}(CO_2, g) - [C_{p,m}(O_2, g) + C_{p,m}(C, 石墨)]$$

$$= [-10.259 + 4.425 \times 10^{-3}(T/K) + 24.754 \times 10^5 (T/K)^{-2}]\ \text{J} \cdot \text{mol}^{-1} \cdot \text{K}^{-1}$$

② 根据式(2.11.2)计算此反应在 1 150 K 的 $\Delta_r H_m$。

$$\Delta_r H_m(1\,150\ K) = \Delta_r H_m(298.15\ K) + \int_{298.15\ K}^{1\,150\ K} \Delta_r C_{p,m} \mathrm{d}T$$

$$= -393.509 + \int_{298.15\ K}^{1\,150\ K}(-10.259 + 4.425 \times 10^{-3}T + 24.754 \times 10^5 T^{-2})\mathrm{d}T$$

$$\approx -393.509\ \text{kJ} \cdot \text{mol}^{-1}$$

例 2.11.2 试求出在 1 100~2 500 K 的温度范围内,C(石墨)燃烧生成 CO_2 的反应在 1 200 K、1 500 K、2 000 K 下的反应热效应。

解 ① 由式(2.11.3)得

$$\Delta_r H_m(T) = \Delta H_0 + \int(\Delta a + \Delta b T + \Delta c T^{-2})\mathrm{d}T$$

$$= \Delta H_0 + \Delta a T + \frac{1}{2}\Delta b T^2 - \Delta c T^{-1}$$

则

$$\Delta H_0 = \Delta_r H_m(298.15\ K) - \Delta a T - \frac{1}{2}\Delta b T^2 + \Delta c T^{-1}$$

$$= \left[-393.509 - 298.15 \times (-10.259 \times 10^{-3}) - \frac{1}{2} \times 298.15^2 \times 4.405 \times 10^{-6}\right.$$

$$+ \frac{24.754 \times 10^2}{298.15}\Big] \ kJ \cdot mol^{-1}$$

$$= -382.33 \ kJ \cdot mol^{-1}$$

故　　$\Delta_r H_m(T) = \big[-382.33 - 10.259 \times 10^{-3}(T/K) + 2.203 \times 10^{-6}(T/K)^2$

$$- 24.754 \times 10^2 (T/K)^{-1}\big] \ kJ \cdot mol^{-1}$$

② 计算 1 200 K、1 500 K 和 2 000 K 下的反应热效应。

$$\Delta_r H_m(1\ 200\ K) = \Big(-382.33 - 10.259 \times 10^{-3} \times 1\ 200 + 2.203 \times 10^{-6} \times 1\ 200^2$$

$$- \frac{24.754 \times 10^2}{1\ 200}\Big) \ kJ \cdot mol^{-1}$$

$$= -392.54 \ kJ \cdot mol^{-1}$$

当 $T = 1\ 500$ K 时可得　　　　　　$\Delta_r H_m(1\ 500\ K) = -393.42 \ kJ \cdot mol^{-1}$

当 $T = 2\ 000$ K 时可得　　　　　　$\Delta_r H_m(2\ 000\ K) = -394.28 \ kJ \cdot mol^{-1}$

2.12　相　变　焓

相是系统中物理性质和化学性质完全相同的均匀部分。系统中的物质在不同相间的转移称为相变。相变过程若在恒压及不做非体积功的条件下进行,则相变过程中系统与环境所交换的热可用系统的焓变 ΔH 来表示。纯物质在正常相变条件(相平衡温度及压力)下所进行的相变过程可视为可逆过程。不在正常相变条件下的相变过程为不可逆过程,对这类过程的热力学函数变化值,只有设计相应的可逆过程才能计算。

例 2.12.1　3.5 mol $H_2O(l)$ 于恒定 101.325 kPa 压力下,由 $T_1 = 298.15$ K 升温并蒸发成为 $T_2 = 373.15$ K 的 $H_2O(g)$,求过程的热 Q 及系统 ΔU。已知 $\Delta_{vap}H(H_2O, 373.15\ K) = 40.637 \ kJ \cdot mol^{-1}$,298.15~373.15 K 范围内水 $C_{p,m} = 75.6 \ J \cdot mol^{-1} \cdot K^{-1}$。

解　系统的始态 1、末态 2 及过程特征如图 2.12.1 所示。

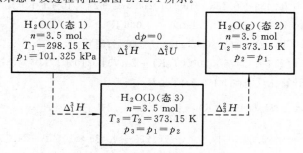

图 2.12.1　系统过程示意图

由于过程 1 到过程 2 为恒压,故过程的热 Q 实际是恒压热,即

$$Q = Q_p = \Delta_1^2 H$$

计算 Q 也就是要计算状态函数增量 $\Delta_1^2 H$。为此,假设了虚线所示的途径来完成,则

$$\Delta_1^2 H = \Delta_1^3 H + \Delta_3^2 H$$

$$\Delta_1^3 H = nC_{p,m}(T_2 - T_1) = 3.5 \times 75.6 \times (373.15 - 298.15) \ J = 19\ 845 \ J$$

$$\Delta_3^2 H = n\Delta_{vap}H_m(H_2O, 373.15\ K) = 3.5 \times 40.637 \ kJ = 142.2 \ kJ$$

所以　　　　　　$Q = Q_p = \Delta_1^2 H = \Delta_1^3 H + \Delta_3^2 H = 162.0 \ kJ$

根据 $H = U + pV$ 得

$$\Delta U = \Delta_1^2 U = \Delta_1^2 H - \Delta_1^2 (pV) = \Delta_1^2 H - \big[p_2 V_2(g) - p_1 V_1(l)\big]$$

一般情况下,物质的量相同时 $V(g) \gg V(l)$,则

$$\Delta U = \Delta_1^2 U = \Delta_1^2 H - p_2 V_2(g) = \Delta_1^2 H - nRT_2$$
$$= (162.0 - 3.5 \times 8.314 \times 373.15 \times 10^{-3}) \text{ kJ}$$
$$= 151.1 \text{ kJ}$$

2.13　节流膨胀与焦耳-汤姆逊效应

前面的焦耳实验表明,一定量的理想气体,其热力学能 U 与焓 H 仅是温度的函数。只要温度不变,即使气体的体积或压力变化了,U 与 H 的值依然不变。反之,若理想气体的 U、H 不变,即使 p,V 改变,温度 T 也不变。

实际气体分子间有相互作用力,因而不服从理想气体状态方程,不再有 $U = f(T)$ 和 $H = f(T)$ 的关系,而是 $U = f(T, V)$ 和 $H = f(T, p)$。

1825 年,焦耳和汤姆逊设计了另一实验,即焦耳-汤姆逊实验,对此给予了证明。

1. 焦耳-汤姆逊实验

焦耳-汤姆逊实验装置如下:在一绝热圆筒两端各有一个绝热活塞,圆筒中部有一个刚性绝热多孔塞。左、右活塞外各维持恒定压力 p_1 与 p_2,而且 $p_1 > p_2$;两侧温度分别为 T_1 与 T_2。

实验前,气体处于多孔塞左侧,如图 2.13.1 所示。

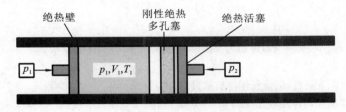

图 2.13.1　焦耳-汤姆逊实验

由于左侧压力大,气体将通过多孔塞向右侧膨胀。

实验后,气体位于多孔塞右侧。整个实验为一定量始态为 (p_1, V_1, T_1) 的气体变成 (p_2, V_2, T_2) 的气体。

这种绝热条件下,气体始、末态压力分别保持恒定条件下的膨胀过程,称为节流膨胀过程。

在实际生产中,稳流气体通过阻碍(节流阀)后压力突然减小而膨胀的过程即为节流膨胀过程。

焦耳-汤姆逊实验结果发现:在室温常压下,多数气体经节流膨胀后,温度下降,产生制冷效应;而氢、氦等少数气体,经节流膨胀后,温度升高,产生制热效应。在足够低的压力下,各气体经节流膨胀后,温度基本不变。

2. 节流膨胀的热力学特征及焦耳-汤姆逊系数

现用热力学第一定律对上述节流膨胀过程进行分析。

节流膨胀过程绝热,$Q = 0$,气体在左侧压力 p_1 下体积变化 $(0 - V_1)$,在右侧压力 p_2 下体积变化 $(V_2 - 0)$。因此,节流膨胀过程总体积功为

$$W = -p_1(0-V_1) - p_2(V_2-0) = p_1V_1 - p_2V_2$$

由热力学第一定律可得

$$\Delta U = U_2 - U_1 = Q + W = 0 + (p_1V_1 - p_2V_2)$$

整理得　　　　　　　　　　　　$U_2 + p_2V_2 = U_1 + p_1V_1$

即　　　　　　　　　　　　　　　$H_2 = H_1$

由此可见,节流过程是一个恒焓过程。

真实气体经过恒焓的节流膨胀后,温度发生变化,说明真实气体的焓不只是温度的函数,还是压力的函数,$H = f(T,p)$。同时也说明,真实气体的热力学能不只是温度的函数,还是体积的函数,$U = f(T,V)$。

气体节流膨胀后的制冷能力或制热能力,表现为温度差与压力差之比。因此,定义焦耳-汤姆逊系数或节流膨胀系数为

$$\mu_{\text{J-T}} = \left(\frac{\partial T}{\partial p}\right)_H$$

真实气体的焦耳-汤姆逊系数是温度与压力的函数。

因为膨胀 $dp < 0$,对真实气体,若 $\mu_{\text{J-T}} > 0$,dT 为负,则节流膨胀后产生制冷效应;若 $\mu_{\text{J-T}} < 0$,dT 为正,则节流膨胀后产生制热效应。$|\mu_{\text{J-T}}|$ 越大,表明其制冷或制热能力越强。

因为理想气体的焓只是温度的函数,所以在任何时候理想气体的 $\mu_{\text{J-T}} = 0$。

习　　题

1. 某理想气体从初始态 $p_1 = 10^6$ Pa,体积为 V_1 恒温可逆膨胀到 $5V_1$,体系做功为 1.0 kJ。

(1) 求初始态的体积 V_1。

(2) 若过程在 298 K 下进行,则该气体物质的量为多少?

2. 一个人每天通过新陈代谢作用放出 10 460 kJ 热量。

(1) 如果人是绝热体系,且其热容相当于 70 kg 水的热容,那么一天内体温可上升到多少摄氏度?

(2) 实际上人是开放体系。为保持体温的恒定,其热量散失主要靠水分的挥发。假设 37 ℃时水的汽化热为 2 405.8 J·g^{-1},那么为保持体温恒定,一个人一天内要蒸发掉多少水分?(设水的比热容为 4.184 J·g^{-1}·K^{-1})

3. 室温下,200 L 的钢瓶内充有 $50p^{\ominus}$ 的 N_2,向压力为 $p^{\ominus}$ 的大气中放出一部分 N_2 后,钢瓶中剩余气体压力为 $40p^{\ominus}$,后又可逆地放出 N_2 至钢瓶气体压力为 $30p^{\ominus}$,该气体可作为理想气体处理,求整个过程中体系所做的功。

4. 有一绝热真空钢瓶体积为 V_0,从输气管向它充空气(空气可视为理想气体),输气管中气体的压力为 p_0,温度为 T_0,由于气体量很大,且不断提供气体,所以在充气时输入气管中的气体的压力、温度保持不变,当钢瓶中气体压力为 p_0 时,钢瓶中气体温度为多少?

5. 一气体服从 $pV = nRT$ 状态方程式

$$C_{p,\text{m}} = (29.4 + 8.40 \times 10^{-3}\, T/\text{K})\ \text{J·mol}^{-1}\cdot\text{K}^{-1}$$

(1) 计算 $C_{V,\text{m}}$;

(2) 已知 1 mol 该气体的 $p_1 = 2\,026.5$ kPa,$V_1 = 2.00$ L,$p_2 = 506.625$ kPa,$V_2 = 8.00$ L,请据此设计一绝热过程;

(3) 计算 (2) 过程的 ΔU 和 ΔH。

6. 在一个有活塞的装置中,盛有 298 K 100 g 的氮,活塞上压力为 3.039 75×10^6 Pa,突然将压力降至

1.013 25×10^6 Pa,让气体绝热膨胀,若氮的 $C_{V,m}$＝20.71 J•mol^{-1}•K^{-1},试计算气体的最终温度。此氮气的 ΔU 和 ΔH 为多少?(设此气体为理想气体)

7. 25 ℃时,活塞桶中放有 100 g N_2,当外压为 3 039.75 kPa 时处于平衡,若压力骤减到 1 013.25 kPa,气体绝热膨胀,试计算末态体系的 T、ΔU、ΔH。假定 N_2 是理想气体,且 $C_{V,m}(N_2)$＝20.71 J•mol^{-1}•K^{-1}。

8. 用搅拌器对 1 mol 理想气体做搅拌功 41.84 J,并使其温度恒压地升高 1 K,若此气体 $C_{p,m}$＝29.28 J•mol^{-1}•K^{-1},求 Q、W、ΔU 和 ΔH。

9. 某单原子分子理想气体从 T_1＝298 K,p_1＝$5p^{\ominus}$ 的始态:(a)绝热可逆膨胀;(b)经绝热恒外压膨胀到达末态压力 p_2＝$p^{\ominus}$。计算各途径的末态温度 T_2 以及 Q,W,ΔU,ΔH 。

10. 1 mol 某单原子分子理想气体,始态:T_1＝298 K,p_1＝$5p^{\ominus}$,膨胀至末态压力 p_2＝$p^{\ominus}$。(a)恒温可逆膨胀;(b)恒外压 $p_{外}$＝$p^{\ominus}$ 膨胀(等温)。试计算上述两变化途径到末态时,各自的末态温度 T_2、Q、W、ΔU、ΔH。

11. 1 mol N_2 气在 300 K,$p^{\ominus}$ 下被等温压缩到 $500p^{\ominus}$,试计算 ΔH 值,已知气体常数 a_0＝135.8 kPa•L^2•mol^{-2},b_0＝0.039 L•mol^{-1},焦耳-汤姆逊系数 μ_{J-T}＝$[(2a_0/RT)-b_0]/C_{p,m}$,$C_{p,m}$＝20.92 J•mol^{-1}•K^{-1}。

12. 0.5 mol 氮气(理想气体)经下列三步可逆变化回复到始态:

(1) 从 $2p^{\ominus}$、5 L 在恒温 T_1 下压缩至 1 L;

(2) 恒压可逆膨胀至 5 L,同时温度 T_1 变至 T_2;

(3) 恒容下冷却至始态 T_1、$2p^{\ominus}$、5 L。

试计算:(1) T_1、T_2;

　　　　(2) 途径(2)变化中各步的 ΔU、Q、W、ΔH;

　　　　(3) 经此循环的 $\Delta U_{总}$、$\Delta H_{总}$、$Q_{总}$、$W_{总}$。

13. 1 000 ℃时,一氧化碳和水蒸气的生成热为－111 kJ•mol^{-1} 和 244 kJ•mol^{-1},试计算:

(1) 反应 $H_2O(g)+C(石墨)$══$CO(g)+H_2(g)$ 的 $\Delta_r H_m$。

(2) 在 1 000 ℃下使空气和水蒸气通过大量焦炭,若使温度保持不变,空气和水蒸气的体积比应多少?假设在与氧的反应中所产生的热量容许有 20% 的损耗(辐射等)。

14. 在某炼钢炉中放入含碳为 3% 的生铁 10^4 kg,通入空气并加热使其中的碳燃烧除去。

(1) 设有 1/5 的碳燃烧成 CO_2,4/5 的碳燃烧成为 CO,则理论上需通入 27 ℃,101.3 kPa 的空气多少升(设空气组成为(体积分数):O_2 21%,N_2 79%)?

(2) 试求炉气中各气体的分压。

15. 在 $p^{\ominus}$,298 K 下:

(1) 　　　　　　　$CuSO_4(s)+800H_2O(l)$──$CuSO_4•800H_2O$

　　　　　　　　　$\Delta_r H_m(1)$＝－68.74 kJ•mol^{-1}

(2) 　　　　　　　$CuSO_4•5H_2O(s)+795H_2O(l)$──$CuSO_4•800H_2O$

　　　　　　　　　$\Delta_r H_m(2)$＝10.13 kJ•mol^{-1}

求 $CuSO_4(s)$ 的水合热 ΔH_3,即反应(3) $CuSO_4(s)+5H_2O(l)$──$CuSO_4•5H_2O$ 的热效应。

16. 18 ℃乙醇和乙酸的燃烧热分别为－1 367.6 kJ•mol^{-1} 和－871.5 kJ•mol^{-1}。它们溶在大量的水中分别放热 11.21 kJ•mol^{-1} 和 1.464 kJ•mol^{-1}。试计算 18 ℃时下列反应的 $\Delta_r H_m$。

　　　　　　　$C_2H_5OH(aq)+O_2(g)$──$CH_3COOH(aq)+H_2O(l)$

17. 求下列酯化反应的 $\Delta_r H_m^{\ominus}(298 K)$:

　　　　　　　$(COOH)_2(s)+2CH_3OH(l)$══$(COOH_3)_2(s)+2H_2O(l)$

已知: 　　　　　$\Delta_c H_m^{\ominus}((COOH)_2,s)$＝－120.2 kJ•$mol^{-1}$

　　　　　　　　$\Delta_c H_m^{\ominus}(CH_3OH,l)$＝－726.5 kJ•$mol^{-1}$

　　　　　　　　$\Delta_c H_m^{\ominus}(CH_3OOCH_3,s)$＝－1 678 kJ•$mol^{-1}$

18. 氯乙烯可通过乙炔与氯化氢在氯化汞的催化下加成制取:

$$C_2H_2(g)+HCl(g)\xrightarrow{HgCl_2}CH_2\!=\!CHCl(g)$$

假定反应物物质的量比为 $1:1$，且反应进行完全。计算为使反应容器温度始终保持在 25 ℃时，每千克 HCl 反应所需的冷却水的量。设冷却水初始温度为 10 ℃。

已知：

$$\Delta_f H_m^{\ominus}(298.15\ K)(CH_2\!=\!CHCl,g)=35\ kJ\cdot mol^{-1}$$
$$\Delta_f H_m^{\ominus}(298.15\ K)(C_2H_2,g)=227\ kJ\cdot mol^{-1}$$
$$\Delta_f H_m^{\ominus}(298.15\ K)(HCl,g)=-92\ kJ\cdot mol^{-1}$$

水的热容：　　　　　　　　　　$75\ J\cdot mol^{-1}\cdot K^{-1}$

19. 制备水煤气的反应为

$$C(s)+H_2O(g)\!=\!=\!CO(g)+H_2(g)\quad (主反应)\tag{1}$$
$$CO(g)+H_2O(g)\!=\!=\!CO_2(g)+H_2(g)\quad (少量)\tag{2}$$

将此混合气体冷却至室温(假定为 298.15 K)即得水煤气，其中含 $CO(g)$、$H_2(g)$ 及少量的 $CO_2(g)$，水蒸气可忽略不计。如只发生第一个反应，那么将 1 L 的水煤气燃烧放出的热量为多少？已知 $p^{\ominus}$，298.15 K下各物质的标准生成焓数据为 $\Delta_f H_m^{\ominus}(H_2O,g)=-241.8\ kJ\cdot mol^{-1}$，$\Delta_f H_m^{\ominus}(CO,g)=-110.5\ kJ\cdot mol^{-1}$，$\Delta_f H_m^{\ominus}(CO_2,g)=-393.5\ kJ\cdot mol^{-1}$。假定燃烧反应的产物均为气体。

20. 已知乙酸乙酯的燃烧热为 2 246 $kJ\cdot mol^{-1}$，298.15 K 时下列各物质的摩尔标准生成焓分别为

物质	$CH_3CO_2H(l)$	$C_2H_5OH(l)$	$CO_2(g)$	$H_2O(g)$
$\Delta_f H_m/(kJ\cdot mol^{-1})$	-488.3	277.4	-393.5	-241.8

298.15 K 时 $H_2O(l)$ 的摩尔汽化热等于 43.93 $kJ\cdot mol^{-1}$，求下列反应在 298.15 K 时的 $\Delta_r H_m^{\ominus}$、$\Delta_r U_m^{\ominus}$。

$$CH_3COOH(l)+C_2H_5OH(l)\!=\!=\!CH_3COOC_2H_5(l)+H_2O(g)$$

21. 合成氨反应 $N_2(g)+3H_2(g)\longrightarrow 2NH_3(g)$ 在 298.15 K，$p^{\ominus}$ 时：

$$\Delta_r H_m^{\ominus}(298.15\ K)=-92.38\ kJ$$
$$C_{p,m}(N_2)=[26.98+5.912\times10^{-3}(T/K)-3.376\times10^{-7}(T/K)^2]\ J\cdot mol^{-1}\cdot K^{-1}$$
$$C_{p,m}(H_2)=[29.07-0.837\times10^{-3}(T/K)+20.12\times10^{-7}(T/K)^2]\ J\cdot mol^{-1}\cdot K^{-1}$$
$$C_{p,m}(NH_3)=[25.89+33.00\times10^{-3}(T/K)-30.46\times10^{-7}(T/K)^2]\ J\cdot mol^{-1}\cdot K^{-1}$$

求上述反应的热效应 $\Delta_r H_m(T)$ 与温度 T 的关系式。

22. 已知下列数据：

$$\Delta_f H_m^{\ominus}[298.15\ K,NH_3(g)]=-46.2\ kJ\cdot mol^{-1}$$
$$C_{p,m}(H_2)=[29.1+0.002(T/K)]\ J\cdot mol^{-1}\cdot K^{-1}$$
$$C_{p,m}(N_2)=[27.0+0.006(T/K)]\ J\cdot mol^{-1}\cdot K^{-1}$$
$$C_{p,m}(NH_3)=[25.9+0.032(T/K)]\ J\cdot mol^{-1}\cdot K^{-1}$$

式中 T 为热力学温度。计算 398 K 时 $NH_3(g)$ 的生成焓 $\Delta_f H_m^{\ominus}(398\ K)$ 和生成热 $\Delta_f U_m^{\ominus}(398\ K)$。

23. 利用下列所给数据，计算甲烷在纯氧气中完全绝热恒压燃烧，反应进度为 1 mol 时火焰的温度，甲烷和氧气在 25 ℃时按化学方程式的化学计量数之比混合。

(1) $CH_4(g)+2O_2(g)\!=\!=\!CO_2(g)+2H_2O(g)$；　　　$\Delta_c H_m(298\ K)=-820\ kJ\cdot mol^{-1}$

(2) 物质　　　　　$C_{p,m}/(J\cdot mol^{-1}\cdot K^{-1})$

　　　$CO_2(g)$　　　　$26.4+4.26\times10^{-2}(T/K)$

　　　$H_2O(g)$　　　　$32.4+0.21\times10^{-2}(T/K)$

这里 T 为绝对温度。

24. 求乙炔在理论量的空气中燃烧时的最高火焰温度。燃烧反应在 $p^{\ominus}$ 下进行，乙炔和空气的温度为25 ℃，设空气中 O_2 和 N_2 的组成分别为 20%(体积分数)和 80%(体积分数)，各物质摩尔热容与温度的关系式为

$$C_{p,m}(CO_2)/(J\cdot mol^{-1}\cdot K^{-1})=28.66+35.70\times10^{-3}(T/K)$$

$$C_{p,m}[H_2O(g)]/(J \cdot mol^{-1} \cdot K^{-1}) = 30.00 + 10.71 \times 10^{-3}(T/K)$$

$$C_{p,m}(N_2)/(J \cdot mol^{-1} \cdot K^{-1}) = 27.87 + 4.27 \times 10^{-3}(T/K)$$

各物质的生成焓 $\Delta_f H_m^{\ominus}(298 \ K)$：

$CO_2 - 393.5 \ kJ \cdot mol^{-1}$；$H_2O(g) - 241.8 \ kJ \cdot mol^{-1}$；$C_2H_2 \ 226.8 \ kJ \cdot mol^{-1}$

第 3 章　热力学第二定律

本章基本要求

1. 掌握热力学第二定律、热力学第三定律的表述及数学表达式。
2. 理解熵增原理，熵判据，亥姆霍兹函数判据，吉布斯函数判据。
3. 理解热力学基本方程，麦克斯韦关系式，吉布斯-亥姆霍兹方程。
4. 理解克拉贝龙方程和克劳修斯-克拉贝龙方程。
5. 能熟练运用热力学公式（注意适用条件）计算一些简单过程的 $\Delta S, \Delta H, \Delta A, \Delta G$；学会设计可逆过程。
6. 了解熵的统计意义。

  热力学第一定律指出了能量的守恒和转化，以及在转化过程中各能量间的相应关系，但它不能指出反应的方向和反应完成的程度。例如反应

$$y\mathrm{Y}+z\mathrm{Z} = c\mathrm{C}+d\mathrm{D}$$

当始、末态给定后，热力学第一定律只能指出正向反应的 $\Delta_r H_m$ 与逆向反应的 $\Delta_r H_m$ 数值相等而符号相反。至于在指定的条件下，上述反应自发地（即无需外界帮助，任其自然）往哪个方向进行，反应进行到什么程度等问题，热力学第一定律是不能解决的。自然界的变化都不违反热力学第一定律，但不违反热力学第一定律的变化未必都能自发发生。一个明显的例子是热可以自动地从高温物体流向低温物体，而它的逆过程（即热从低温物体流向高温物体）是不能自发发生的。人类经验表明，一切自然界的过程都是有方向性的。究竟什么因素决定着这些自发过程的方向和限度呢？历史上对这方面的研究很多，在 19 世纪中叶，汤姆逊和贝塞罗曾把反应热看成反应的推动力，即认为只有放热反应才能自发地进行。这种说法虽然对不少反应来说是正确的，但不具有更普遍的意义，因为它没有真正反映出化学变化的规律性，不能作为一般性的准则。关于平衡的问题，勒夏特列原理（Le Châtelier's principle）指出了平衡移动的方向，但这个原理缺乏定量关系。因此，上述两个问题（即反应的方向性和限度）的解决还有赖于热力学第二定律。

  热力学第二定律的发展始于 1824 年卡诺（Carnot）对热机的研究而提出的卡诺定理。1850 年克劳修斯（Clausius），1851 年开尔文（Kelvin），都提出了热力学第二定律的经典表述。1865 年克劳修斯在卡诺工作的基础上提出了状态函数——熵。1876 年玻尔兹曼（Boltzmann）得到熵与热力学概率 Ω 的玻尔兹曼熵定理（$S=k\ln\Omega$）。1909 年卡拉西奥道里（Caratheodory）提出了热力学第二定律的公理化表述，用数学分析的方法得到熵。1945 年普里高京（Prigogine）提出了熵产生的概念，将热力学第二定律推广到任意系统，建立了不可逆过程热力学，并因此获得 1977 年的诺贝尔化学奖。

  本章将从卡诺循环入手，得出卡诺定理，再引出热力学第二定律和新的状态函数——熵。在此基础上，提出两个可用作判据的状态函数——亥姆霍兹函数和吉布斯函数。在综合热力学第一定律、热力学第二定律之后，推导出热力学基本方程，并介绍用于纯物质两相平衡时压力与温度之间关系的克拉贝龙方程及其特例克劳修斯-克拉贝龙方程。

3.1　卡 诺 循 环

热力学系统是由大量分子、原子等微粒组成的。系统状态的变化,必然伴随着微粒运动与相互作用形式的变化,即能量形式的变化。

在热力学里,定义的能量形式只有两种,即热与功。物质的变化过程,与热、功的相互转换密切相关。功可以全部转化为热,而热转化为功就有一定限制。这种热、功之间转换的限制,使物质的状态变化有一定的方向与限度。

热力学第二定律就是通过热、功转换的限制来研究过程进行的方向与限度。

以下介绍热、功转换的理论模型——卡诺循环。

卡诺循环是 1824 年法国工程师卡诺设想的一个系统的循环过程,用来研究热机(heat engine)中的热转变为功的规律,按照这种循环过程制造的热机,被称为卡诺热机。卡诺循环是指在高温热源 T_1 和低温热源 T_2 之间,热机经历下列四个可逆过程:a. 恒温可逆膨胀;b. 绝热可逆膨胀;c. 恒温可逆压缩;d. 绝热可逆压缩。见图 3.1.1 和图3.1.2。

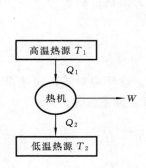

图 3.1.1　热机示意图

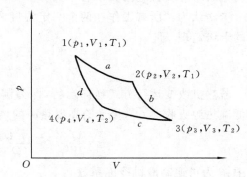

图 3.1.2　卡诺循环的 p-V 图

热机从高温热源 T_1 吸热 Q_1(恒温膨胀),向低温热源 T_2 放热 Q_2,同时对外做功 W。热机的效率定义为

$$\eta \stackrel{\text{def}}{=\!=} \frac{-W}{Q_1} \tag{3.1.1}$$

根据热力学第一定律,$\Delta U = Q + W$。对于循环过程,显然 $\Delta U = 0$。因此有

$$-W = Q = Q_1 + Q_2$$

$$\eta = \frac{-W}{Q_1} = \frac{Q_1 + Q_2}{Q_1} = 1 + \frac{Q_2}{Q_1} \tag{3.1.2}$$

根据对 Q 的正、负号规定,Q_2 为负值,Q_1 为正值,且 Q_1 绝对值较大。因此,$\eta < 1$。

卡诺循环以理想气体为热机工作物质,该循环的热力学性质的变化情况如下。

过程 a　恒温可逆膨胀　$\Delta U_1 = 0, Q_1 = -W_1 = nRT_1 \ln \dfrac{V_2}{V_1}$

过程 b　绝热可逆膨胀　$Q = 0, \Delta U_2 = W_2 = nC_{V,\text{m}}(T_2 - T_1)$

过程 c　恒温可逆压缩　$\Delta U_3 = 0, Q_2 = -W_3 = nRT_2 \ln \dfrac{V_4}{V_3}$

过程 d　绝热可逆压缩　$Q = 0, \Delta U_4 = W_4 = nC_{V,\text{m}}(T_1 - T_2)$

不难看出,过程 b 和过程 d 对整个循环的影响相互抵消。据此,可以得到

$$\eta = \frac{Q_1 + Q_2}{Q_1} = \frac{nRT_1\ln\frac{V_2}{V_1} + nRT_2\ln\frac{V_4}{V_3}}{nRT_1\ln\frac{V_2}{V_1}} \quad (3.1.3)$$

再根据理想气体的绝热可逆过程方程,有

过程 b　$T_1 V_2^{\gamma-1} = T_2 V_3^{\gamma-1}$；　过程 d　$T_2 V_4^{\gamma-1} = T_1 V_1^{\gamma-1}$

比较以上两式,得出 $\frac{V_2}{V_1} = \frac{V_3}{V_4}$,则

$$\eta = \frac{Q_1 + Q_2}{Q_1} = \frac{T_1 - T_2}{T_1} \quad (3.1.4)$$

可见,可逆热机的效率取决于高温热源和低温热源的温度,而与具体的工作物质本性无关。另外,效率大小还取决于两个热源的温度差,温度差越大,热机效率越大。但不管如何,热机效率 η 总是小于 1。而在同样低温热源情况下,从不同温度的高温热源吸收相同的热,其转化成对外所做功的大小会不同。

卡诺认为:“所有工作在两个一定温度之间的热机,以可逆热机的效率最大。”这就是著名的卡诺定理,即

$$\eta \leqslant \eta_r = \frac{T_1 - T_2}{T_1} \quad (3.1.5)$$

若热机改变运行方式逆向运行,即为制冷机工作原理。设环境对热机做功 W',制冷机从低温热源吸收热 Q_2',传递给高温热源的热为 Q_1'。制冷机冷冻系数 β 为

$$\beta = \frac{Q_2'}{W'} = \frac{Q_2'}{-(Q_1' + Q_2')} \leqslant \beta_r = \frac{T_2}{T_1 - T_2} \quad (3.1.6)$$

式中:β_r 为可逆制冷机冷冻系数。

3.2　自发过程和热力学第二定律的经典描述

卡诺定理的结论是正确的,但是卡诺在证明过程中受到错误的热质说(热寂论)的影响。1850 年前后,克劳修斯和开尔文在证明卡诺定理的过程中,结合卡诺已完成的工作和自发过程的特征,提出了热力学第二定律的经典表述。

3.2.1　自发过程及其共同特征

热力学的核心就是解决过程的方向和限度问题。

自然界中存在很多朝一定方向自发进行的自然过程,就是顺其自然,不需外界干涉(即不需人为地施加外力),就能自动发生的过程。自发进行的自然过程简称为自发过程(spontaneous process)。结合到热力学,自发过程有时指在指定温度 T、指定压力 p 的条件下能自动发生的过程。自发过程均具有以下共同特征。

(1) 不可逆性。自发过程的逆过程不能自动进行。例如:①在焦耳的热功当量实验中,重物下降,带动搅拌器,使量热器中水的温度上升,但是它的逆过程即水的温度自动降低而使重物自动举起这一过程不会自动进行;②气体向真空膨胀是自发过程,但是它的逆过程即气体的压缩过程不会自动进行;③一滴浓墨滴入水中,最后水中墨的浓度各处一致,这是一

个自发过程,但是浓度均匀的溶液不会自动地变成浓度不均匀的溶液。从这些例子可以看出,自发过程都有一定的变化方向,而且都是不会自动逆向进行的。简单表述就是:自发过程是热力学的不可逆过程。这是热力学第二定律的基础。

(2) 后果不可消除性。上述自发过程不会自动逆向进行,但并不意味着逆向过程不能进行。借助外力可以使一个自发过程逆向返回始态。例如,气体向真空绝热膨胀是一自发过程,过程 $Q=0$, $W=0$, $\Delta U=0$。如果用活塞等温压缩,能使系统气体恢复原状,但是结果造成了环境对系统做功 W,得到了等值的热 Q。要使环境和系统一样恢复到始态,则必须能从单一热源(即环境中用来吸收系统所放出热的热储器)中取出那部分热,使其完全转化为功,然后把压缩活塞的重物举到原来的高度而不产生其他变化。若能如此,则环境和系统都回到了原来的状态。类似的例子还有热从高温物体传到低温物体达到温度均衡的自发过程。不管怎样,问题都归结到如何把热完全转化为功而不留下影响(或痕迹),才可以使自发过程逆向恢复始态后环境也同时恢复始态。但是实践证明,这是绝对不可能做到的。也就是说,自发过程若逆向恢复到始态,则对环境造成的后果不可消除。

从自发过程的情况来看,自发过程是否可逆,即是否可以使系统与环境完全复原而不留下任何影响的问题,可以转换为能否"从单一热源吸热,全部转化为功,而不留下其他变化"的问题。经验证明,这一过程不可能实现,从而得出结论:自发过程都是不可逆的,自发过程逆向进行后,系统与环境不可能都恢复到原来的状态而不留下任何变化。这一结论也是自发过程的共同特征。

3.2.2　热力学第二定律的经典表述

自然界自发的不可逆过程种类很多,但其特征均为后果不可消除。这一普遍原理实际上就是热力学第二定律,也有人称之为后果不可消除原理。由于自然界不可逆过程种类很多,因此,热力学第二定律的表述形式也很多,较早的比较著名的表述形式有两种。

克劳修斯(1850 年)表述:"不可能将热从低温物体传到高温物体,而不引起其他变化。"

开尔文(1851 年)表述:"不可能从单一热源吸热使之完全转变为功,而不发生其他变化。"

奥斯特瓦尔德(Ostward)表述:"第二类永动机是不能制成的。"所谓第二类永动机是一种能够从单一热源吸热,并将吸收的热全部变成功而无其他变化的机器。

上述几种表述都指出了某种自发过程的逆过程是不能自动进行的。克劳修斯的说法表明了热传导的不可逆性,开尔文的说法表明了功转变为热的过程的不可逆性,奥斯特瓦尔德的说法表明了不可逆过程的后果不可消除性。三种表述是等效的。

热力学第二定律的实质是断定自然界中一切实际发生的宏观过程的不可逆性,即不可能自发逆转。热力学第二定律和热力学第一定律一样,是人类长期实践经验的总结,是建立在无数实践事实基础上的。它不能从其他更普通的定律推导得到,但它真实地反映了客观规律,它的推论都符合客观实际,其正确性是毋庸置疑的。

3.3　熵

热力学第二定律阐明了热、功转化是有方向性的这一普遍原理。由于自然界的一切自发过程的方向性问题都可以归结于热、功转化的不可逆性,因此热力学第二定律成了判断一切宏观过程方向和限度的基本定律。通过状态函数熵的引出,推导出热力学第二定律的数学表达式,从而获得判断过程方向和限度的判据。

3.3.1　熵的定义

对于卡诺循环,从式(3.1.4)可知

$$\frac{Q_1 + Q_2}{Q_1} = \frac{T_1 - T_2}{T_1}$$

整理后得

$$\frac{Q_1}{T_1} + \frac{Q_2}{T_2} = 0 \tag{3.3.1}$$

它说明在卡诺循环中,热温商之和为零。若结合不可逆热机,则有

$$\frac{Q_1}{T_1} + \frac{Q_2}{T_2} \leqslant 0 \quad \begin{array}{l} \text{不可逆}(< \text{号}) \\ \text{可逆}(= \text{号}) \end{array} \tag{3.3.2}$$

对于无限小的循环,有

$$\frac{\delta Q_1}{T_1} + \frac{\delta Q_2}{T_2} \leqslant 0 \quad \begin{array}{l} \text{不可逆过程} \\ \text{可逆过程} \end{array} \tag{3.3.3}$$

对于任一循环过程,可以将它分割成无数无限小的循环,则有

$$\sum_i \left(\frac{\delta Q_1}{T_1} + \frac{\delta Q_2}{T_2} \right)_i \leqslant 0$$

或者简化为

$$\sum_i \frac{\delta Q_i}{T_i} \leqslant 0 \quad \begin{array}{l} \text{不可逆过程} \\ \text{可逆过程} \end{array} \tag{3.3.4}$$

对于任一可逆循环过程,有

$$\oint \frac{\delta Q_r}{T} = 0 \tag{3.3.5}$$

即任意可逆循环的热温商之和为零。

按积分定理,若沿封闭曲线的环积分为零,则所积变量应当是某一函数的全微分。因此,$\frac{\delta Q_r}{T}$应是某一未知函数的全微分。

假定有某一可逆循环,由态 1 $\xrightarrow{A}$ 态 2 $\xrightarrow{B}$ 态 1 两步完成,这两步的途径不一样。于是有

$$\int_1^2 \left(\frac{\delta Q_r}{T} \right)_A + \int_2^1 \left(\frac{\delta Q_r}{T} \right)_B = 0$$

由此得出

$$\int_1^2 \left(\frac{\delta Q_r}{T} \right)_A = \int_1^2 \left(\frac{\delta Q_r}{T} \right)_B$$

也就是该未知函数的变量与途径无关。

综上所述,未知函数(即可逆过程的热温商)还具有在相同始、末态下,其改变量与途径无关的特点。而这正是状态函数的本质特性。定义该状态函数为熵(entropy),并用符号 S 表示。则有

$$dS \xlongequal{\text{def}} \frac{\delta Q_r}{T} \tag{3.3.6}$$

式(3.3.6)为熵的定义式,熵的单位为 J·K^{-1}。

若令 S_A 和 S_B 分别表示系统始、末态的熵,则对于可逆过程,有

$$\Delta S = S_B - S_A = \int_A^B \frac{\delta Q_r}{T} \tag{3.3.7}$$

或者写成

$$\Delta S = S_B - S_A = \sum_A^B \left(\frac{\delta Q}{T}\right)_r \tag{3.3.8}$$

借助于卡诺定理可以证明,状态改变若以可逆和不可逆两种方式完成时,可逆过程的热温商 $\Delta_A^B S$ 一定大于不可逆过程的热温商 $\sum_A^B \left(\dfrac{\delta Q}{T_{环境}}\right)_{ir}$,即

$$\Delta_A^B S > \sum_A^B \left(\frac{\delta Q}{T_{环境}}\right)_{ir} \tag{3.3.9}$$

式中:$T_{环境}$ 表示环境的温度。

3.3.2　热力学第二定律的数学表达式

将式(3.3.8)和式(3.3.9)结合,得

$$\Delta_A^B S \geqslant \sum_A^B \frac{\delta Q}{T_{环境}} \qquad \begin{matrix} \text{不可逆过程} \\ \text{可逆过程} \end{matrix} \tag{3.3.10}$$

式(3.3.10)称为克劳修斯不等式。用上式可以判断过程的可逆性,它是热力学第二定律的一种数学表达式。

如果将式(3.3.10)应用到微小的变化过程,则有

$$dS \geqslant \frac{\delta Q}{T_{环境}} \qquad \begin{matrix} \text{不可逆过程} \\ \text{可逆过程} \end{matrix} \tag{3.3.11}$$

式(3.3.11)是热力学第二定律最普遍的数学表达式。

对于绝热过程,$\delta Q = 0$,则有

$$dS_{绝热} \geqslant 0 \quad \begin{matrix} \text{不可逆过程} \\ \text{可逆过程} \end{matrix} \qquad 或 \qquad \Delta S_{绝热} \geqslant 0 \quad \begin{matrix} \text{不可逆过程} \\ \text{可逆过程} \end{matrix} \tag{3.3.12}$$

式(3.3.12)表明,系统经绝热过程由一状态到达另一状态,熵值不减少,绝热可逆过程为恒熵过程,绝热不可逆过程是熵增过程——熵增原理。

对隔离(孤立)系统而言,系统与环境无物质交换,也无能量交换,即 $\delta Q = \delta W = 0$。这就意味着此系统不受任何外力作用,隔离系统中发生的变化都是自发过程。因此,克劳修斯不等式可写为

$$dS_{隔离} \geqslant 0 \quad \begin{matrix} \text{不可逆过程} \\ \text{可逆过程} \end{matrix} \qquad 或 \qquad \Delta S_{隔离} \geqslant 0 \quad \begin{matrix} \text{不可逆过程} \\ \text{可逆过程} \end{matrix} \tag{3.3.13}$$

式(3.3.13)表明,在隔离系统中,若进行可逆过程(或反应达到平衡),系统的熵值不变。若进行不可逆过程(自发过程),则系统的熵值增加,即"一个隔离系统的熵值永不减少"。它是隔离系统中过程能否自动进行或系统是否处于平衡态的判断依据,简称熵判据。

关于熵,要注意以下两点:

(1)熵是状态函数,是广度性质,整个系统的熵是各个部分的熵的总和,熵的改变仅与系统始、末态有关,而与变化的途径无关;

(2)可以用克劳修斯不等式来判别过程的可逆性。

3.3.3　熵变的计算

隔离系统的熵变 $\Delta S_{隔离}$ 可作为过程进行的方向及限度的判据,所以熵变的计算就显得尤为重要,计算 ΔS 时应注意以下三点:

(1) 系统的熵变等于系统从某一始态经历可逆过程达到末态的热温商的总和,这是计算系统熵变的依据;

(2) 熵是状态函数,只要始、末态相同,熵变就是确定的,与过程的性质(可逆或不可逆)无关。若过程是不可逆的,则应在相同的始、末态间设计可逆途径,以计算该可逆过程的熵变,即为相应的不可逆过程的熵变;

(3) 熵是系统的广度性质,具有加和性。

1. 环境熵变的计算

利用式(3.3.13)来判断指定条件下系统进行过程的方向和限度时,必须是隔离系统。若非隔离系统,需将系统和环境作为一个整体,则 $\Delta S_{隔离} = \Delta S_{系统} + \Delta S_{环境}$。因此,不但要计算系统的熵变,还要计算环境的熵变。计算环境的熵变时,可将环境看成一个巨大的热源,其吸热或放热也可看成是可逆的。所以环境的熵变可用下式来计算:

$$\Delta S_{环境} = \frac{Q_{环境}}{T_{环境}} = -\frac{Q_{系统}}{T_{环境}} \tag{3.3.14}$$

2. 等温过程中熵变的计算

根据式(3.3.7),在等温过程中,有

$$\Delta_T S = S_B - S_A = \int_A^B \frac{\delta Q_r}{T} = \frac{Q_r}{T}$$

上式对等温可逆的单纯 p、V 变化,可逆的相变化均适用。

对于理想气体的等温过程,因为 $\Delta U = 0$,由热力学第一定律,得

$$Q_r = -W_r = nRT\ln\frac{V_2}{V_1}$$

所以
$$\Delta_T S = nR\ln\frac{V_2}{V_1} \tag{3.3.15}$$

对于实际气体,等温 p、V 变化时,对熵影响大而复杂。而等温 p、V 变化不大时,对液、固体的熵影响很小,可忽略不计。

对于等温等压下不同惰性理想气体的混合过程,这种过程是各组分由纯态变成混合态的过程。该混合过程是一个不可逆自发过程。因混合时不发生化学反应,混合前后分子间均无相互作用,温度不变,故系统热力学能不变。计算熵变时依据物质种类分别计算再加和即可。

$$\Delta_{mix} S = \sum \Delta S_B$$

设有 n_A 的惰性理想气体 A 和 n_B 的惰性理想气体 B 用隔板隔开,彼此所处的温度和压力相同,两气体体积分别为 V_A 和 V_B。拿走隔板后系统温度不变,则此混合过程的熵变为

$$\Delta_{mix} S = \Delta S_A + \Delta S_B = n_A R\ln\frac{V}{V_A} + n_B R\ln\frac{V}{V_B}$$

$$= -n_A R\ln y_A - n_B R\ln y_B$$

$$= -nR(y_A\ln y_A + y_B\ln y_B) \tag{3.3.16}$$

这里，$V=V_A+V_B$，$n=n_A+n_B$，y_A 和 y_B 分别为 A、B 的摩尔分数。

例 3.3.1　1 mol 理想气体在等温下体积增加 10 倍，求下列过程中系统的熵变。

(1) 可逆过程；

(2) 向真空膨胀过程。

解　(1)

$$\Delta S_{系统} = \frac{Q_r}{T} = -\frac{W_r}{T} = -\frac{-\int_{V_1}^{V_2} p\mathrm{d}V}{T} = \frac{nRT\ln\frac{V_2}{V_1}}{T}$$

$$= nR\ln\frac{V_2}{V_1} = nR\ln\frac{10}{1} = 19.14\ \mathrm{J\cdot K^{-1}}$$

显然系统的熵值增加，但不能认为是自发过程（不可逆过程）。

(2) 由于熵是状态函数，因此在向真空膨胀过程中，系统的熵变在始、末态一致的情况下与(1)相同，即

$$\Delta S_{系统} = 19.14\ \mathrm{J\cdot K^{-1}}$$

3. 非等温过程熵变的计算

若系统温度发生变化，则系统的熵也将发生变化，由热容的定义，得

$$\delta Q = C\mathrm{d}T$$

故

$$\mathrm{d}S = \frac{\delta Q}{T} = \frac{C\mathrm{d}T}{T}$$

在等容过程中，有

$$\mathrm{d}S = \frac{C_V\mathrm{d}T}{T} = \frac{nC_{V,m}\mathrm{d}T}{T}, \quad \Delta S = \int \frac{nC_{V,m}\mathrm{d}T}{T} \tag{3.3.17}$$

在等压过程中，有

$$\mathrm{d}S = \frac{C_p\mathrm{d}T}{T} = \frac{nC_{p,m}\mathrm{d}T}{T}, \quad \Delta S = \int \frac{nC_{p,m}\mathrm{d}T}{T} \tag{3.3.18}$$

以上两式对于封闭系统中气体和凝聚系统（液体/固体）的变温过程均适用。

对 p、V、T 同时变化的过程，可设计"恒容＋恒温"或"恒压＋恒温"途径与之对应，如图 3.3.1 所示。

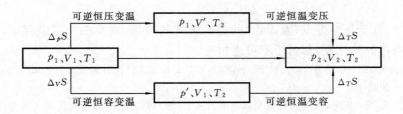

图 3.3.1　p、V、T 同时变化过程的 ΔS 计算示意图

故有

$$\Delta S = \Delta_V S + \Delta_T S = \Delta_p S + \Delta_T S$$

对理想气体，有

$$\Delta S = nC_{V,m}\ln\frac{T_2}{T_1} + nR\ln\frac{V_2}{V_1} \tag{3.3.19}$$

$$\Delta S = nC_{p,m}\ln\frac{T_2}{T_1} + nR\ln\frac{p_1}{p_2} \tag{3.3.20}$$

可见，温度升高，熵增大；体积增大或压力降低，熵增大。熵是系统无序度的量度。系统

的无序度愈大,熵的量值愈高。

例 3.3.2 1 mol 金属银在等容下由 273.2 K 加热到 303.2 K,求 ΔS。已知在该温度区间银的 $C_{V,m}$ 为 24.48 J·mol^{-1}·K^{-1}。

解
$$\Delta S = \int \frac{nC_{V,m}dT}{T} = nC_{V,m}\ln\frac{T_2}{T_1} = 1\times24.48\times\ln\frac{303.2}{273.2}\ \text{J·K}^{-1} = 2.55\ \text{J·K}^{-1}$$

例 3.3.3 2 mol 体积为 25 L 的理想气体从 300 K 加热到 600 K,其体积变为 100 L,计算 ΔS。已知 $C_{V,m}=[19.37+3.39\times10^{-3}(T/\text{K})]$ J·mol^{-1}·K^{-1}。

解
$$\Delta S = nR\ln\frac{V_2}{V_1} + \int_{300\text{ K}}^{600\text{ K}}\frac{nC_{V,m}dT}{T}$$

$$= 2\times8.314\times\ln\frac{100}{25} + 2\times\int_{300\text{ K}}^{600\text{ K}}\frac{19.37+3.39\times10^{-3}T}{T}dT$$

$$= 51.96\ \text{J·K}^{-1}$$

4. 相变过程熵变的计算

要计算某相变过程的熵变,首先要确定该相变是可逆相变还是不可逆相变。

（1）可逆相变过程。

纯物质两相平衡时,相平衡温度与平衡压力间有确定的函数关系。压力确定后,温度就确定了,反之亦然。

可逆相变指在相平衡压力与温度下的相变。因为在可逆相变中压力恒定,所以可逆相变的相变热即为相变焓。如物质 B 由 α 相转化为 β 相,即

$$B(\alpha) \xrightleftharpoons[\ \ ]{p,T} B(\beta)$$

则该可逆相变的相变熵为

$$\Delta_\alpha^\beta S = \frac{\Delta_\alpha^\beta H}{T} \tag{3.3.21}$$

可用式(3.3.21)计算正常熔点下的熔化熵、正常沸点下的蒸发熵等。

（2）不可逆相变过程。

不是在相平衡温度、压力下进行的相变即为不可逆相变。要计算不可逆相变的熵变,必须设计一个包括可逆相变的可逆途径。通过计算该可逆途径的熵变,计算不可逆相变的熵变。

在常压下,低于正常熔点（凝固点）的过冷液体的凝固,以及在一定温度下,低于液体饱和蒸气压的液体的汽化等,都属于不可逆相变。

例 3.3.4 1 mol $H_2O(l)$ 在 101 325 Pa 下,因与 373.2 K 的大热源接触而蒸发为水蒸气,吸热 40 620 J,求该相变过程中的熵变。

解 当系统吸(放)热时,可认为环境是以可逆方式放(吸)热的,由于环境比系统大得多,因此当系统发生变化时,环境的温度不变。上述过程是可逆过程,所以

$$\Delta S_{系统} = \left(\frac{Q}{T}\right)_r = \frac{40\ 620}{373.2}\ \text{J·K}^{-1} = 108.8\ \text{J·K}^{-1}$$

例 3.3.5 在 263 K、10^5 Pa 下,1 mol 过冷的水凝固成为相同温度和压力下的 1 mol 冰,放热 5 619 J。如何判定这是一个不可逆的自发相变过程?已知正常凝固点时水的 $\Delta_s^l H_m = 6\ 020$ J·mol^{-1},该温度区间内水和冰的热容分别是 $C_{p,m}(H_2O,l)=75.3$ J·mol^{-1}·K^{-1} 和 $C_{p,m}(H_2O,s)=37.6$ J·mol^{-1}·K^{-1}。

$$
\begin{array}{ccc}
H_2O(l,\ 263\ \text{K},\ 10^5\ \text{Pa}) & \xrightarrow{\ \ \Delta S\ \ } & H_2O(s,\ 263\ \text{K},\ 10^5\ \text{Pa}) \\
\Big\downarrow \Delta S_1 & & \Big\uparrow \Delta S_3 \\
H_2O(l,\ 273\ \text{K},\ 10^5\ \text{Pa}) & \xrightarrow{\ \ \Delta S_2\ \ } & H_2O(s,\ 273\ \text{K},\ 10^5\ \text{Pa})
\end{array}
$$

解
$$\Delta S = \Delta S_1 + \Delta S_2 + \Delta S_3$$

$$\Delta S_1 = nC_{p,m}(H_2O,l)\ln\frac{T_2}{T_1} = 1\times75.3\times\ln\frac{273}{263}\ J\cdot K^{-1} = 2.81\ J\cdot K^{-1}$$

$$\Delta S_2 = \frac{n\Delta_f^s H_m(H_2O,273\ K)}{T} = -\frac{n\Delta_s^l H_m(H_2O,273\ K)}{T}$$

$$= -\frac{1\times6\ 020}{273}\ J\cdot K^{-1} = -22.05\ J\cdot K^{-1}$$

$$\Delta S_3 = nC_{p,m}(H_2O,s)\ln\frac{T_1}{T_2} = 1\times37.6\times\ln\frac{263}{273}\ J\cdot K^{-1} = -1.40\ J\cdot K^{-1}$$

$$\Delta S = \Delta S_1 + \Delta S_2 + \Delta S_3 = -20.64\ J\cdot K^{-1}$$

环境熵变则为

$$\Delta S_{环境} = \frac{Q_{环境}}{T_{环境}} = -\frac{n\Delta_f^s H_m(H_2O,263\ K)}{T} = \frac{5\ 619}{263}\ J\cdot K^{-1} = 21.37\ J\cdot K^{-1}$$

$$\Delta S_{隔离} = \Delta S + \Delta S_{环境} = 0.73\ J\cdot K^{-1}$$

$\Delta S_{隔离}>0$,故这是不可逆过程。仅凭系统熵变是不可以判断过程是否可逆的,总的熵变(把系统和环境合在一起作为一个隔离系统)才可以用来判断过程是否可逆。

例 3.3.6　在 268.15 K 和 101 325 Pa 下,1 mol 液态苯凝固时,放热 9 874 J,求此条件下苯凝固过程中的 ΔS 和 $\Delta S_{隔离}$。已知苯的熔点为 278.65 K,摩尔熔化焓 $\Delta_{fus}H_m = 9\ 916\ J\cdot mol^{-1}$,$C_{p,m}(l) = 126.80\ J\cdot mol^{-1}\cdot K^{-1}$,$C_{p,m}(s) = 122.60\ J\cdot mol^{-1}\cdot K^{-1}$。

解　过冷液体的凝固过程是不可逆过程,所以设计一个可逆过程来计算熵变。

$$C_6H_6(l,\ 268.15\ K)\xrightarrow{\Delta S} C_6H_6(s,\ 268.15\ K)$$

可逆升温 $\Big\downarrow\Delta S_1$　　　　　　$\Delta S_3\Big\uparrow$ 可逆降温

$$C_6H_6(l,\ 278.65\ K)\xrightarrow[可逆相变]{\Delta S_2} C_6H_6(s,\ 278.65\ K)$$

$$\Delta S = \Delta S_1 + \Delta S_2 + \Delta S_3$$

$$= \left[\int_{268.15\ K}^{278.65\ K}\frac{1\times126.8\ dT}{T} + \left(-\frac{9\ 916}{278.65}\right) + \int_{278.65\ K}^{268.15\ K}\frac{1\times122.6\ dT}{T}\right]\ J\cdot K^{-1} = -35.42\ J\cdot K^{-1}$$

为了计算环境的熵变,可令苯与 268.15 K 的大热源接触,在 268.15 K 苯凝固时所放出的热全部由大热源吸收,由于热源很大,其温度可视为不变,吸热过程可看成是可逆的,所以

$$\Delta S_{环境} = -\frac{Q_{系统}}{T_{环境}} = \frac{9\ 874}{268.15}\ J\cdot K^{-1} = 36.82\ J\cdot K^{-1}$$

$$\Delta S_{隔离} = \Delta S_{系统} + \Delta S_{环境} = (-35.42 + 36.82)\ J\cdot K^{-1} = 1.40\ J\cdot K^{-1}$$

$\Delta S_{隔离}>0$,说明过冷液体的凝固过程是自发进行的不可逆过程。

3.3.4　热力学第三定律和化学反应熵变的计算

在一定条件下,化学反应向着一定的方向进行,并最终达到平衡,这是一个不可逆过程,其反应热效应是不可逆过程的热。因此,化学反应的熵变一般不能由其热温商求得。若已知各物质的绝对熵值,则可求得化学反应的熵变。但是熵的绝对值是无法知道的,只能采用相对值,这些相对值被称为规定熵,基于热力学第三定律而得。

1. 热力学第三定律

20 世纪初,科学家在研究低温下凝聚系统反应和电池反应的某些状态函数的改变值与温度的关系时发现,随着温度的下降,反应熵变逐渐减少。1906 年,能斯特(Nernst)在实验

的基础上提出了如下假定:"凝聚系统恒温反应的熵变,随着绝对温度趋于 0 K 而趋于零。"即

$$\lim_{T \to 0 \text{ K}} \Delta_T S = 0 \text{ J} \cdot \text{K}^{-1} \tag{3.3.22}$$

这一假定称为能斯特热定理,是热力学第三定律的原始形式。1912 年,能斯特根据热定理,提出了"绝对零度不能达到原理",即"不可能用有限的手段使一个物体的温度降到热力学温标的零度"。后来这被认为是热力学第三定律的另一种表述形式。

能斯特热定理说明,对于 0 K 凝聚系统,一定量的某元素的熵值,不论是以单质还是化合物的形式存在,其熵值不变;所以 0 K 时,凝聚系统反应的熵变应满足

$$\sum \nu_B S_B(0 \text{ K},凝聚相) = \Delta_r S(0 \text{ K},凝聚相) = 0 \text{ J} \cdot \text{K}^{-1} \tag{3.3.23}$$

由于一般化学反应(不涉及核反应)不会改变元素的种类和数量,因此虽然物质 B 熵的绝对值未知,也可以人为规定一些参考点,来指定物质 B 的熵值。普朗克(Planck)在 1911 年作了一个最简单的假设:"0 K 时,凝聚相纯物质的熵值为零。"即

$$S^*(0 \text{ K},凝聚相) = 0 \text{ J} \cdot \text{K}^{-1}$$

式中:"*"表示纯物质。1920 年,路易斯(Lewis)和吉布森(Gibson)进一步研究发现,普朗克假设只适用于完美晶体(晶体内存在的质点均处于最低能级,并规则地排列在完全有规律的点阵结构中),并将普朗克假设修正为:"0 K 时,纯物质完美晶体的熵等于零。"即

$$S^*(0 \text{ K},完美晶体) = 0 \text{ J} \cdot \text{K}^{-1} \tag{3.3.24}$$

修正后的普朗克假设,是热力学第三定律最为常见的表达形式。

2. 规定熵和标准熵

以 0 K,完美晶体为始态,以温度 T 时的指定状态为末态,所求得的 1 mol 物质 B 的熵变 ΔS_B 即为物质 B 在该指定状态下的摩尔规定熵 $S_B(T)$,即

$$\Delta S_B = S_B(T) - S_B(0 \text{ K}) = S_B(T)$$

由于规定熵是以热力学第三定律为基础,故也称热力学第三定律熵。在标准状态下 ($p^{\ominus} = 100 \text{ kPa}$)的摩尔规定熵称为标准摩尔熵 $S_m^{\ominus}$。一般在热力学手册中有 298.15 K 时的纯物质的标准摩尔熵,在 298.15 K~T 之间,物质无相变时,有

$$S_m^{\ominus}(T) = S_m^{\ominus}(298.15 \text{ K}) + \int_{298.15 \text{ K}}^{T} \frac{C_{p,m}}{T} dT \tag{3.3.25}$$

若存在相变时,则须考虑相变熵值。

3. 标准摩尔反应熵 $\Delta_r S_m^{\ominus}(T)$

设有化学反应

$$yY + zZ \xrightarrow{T} cC + dD$$

则

$$\Delta_r S_m^{\ominus}(T) = \sum \nu_B S_m^{\ominus}(B, T) \tag{3.3.26}$$

一定温度 T 下,反应物与产物均为标准状态下纯物质时的摩尔反应熵称为该温度 T 下的标准摩尔反应熵 $\Delta_r S_m^{\ominus}(T)$。它等于温度 T 下,参加反应的各物质的标准摩尔熵与其化学计量数乘积之和。

由某一温度(通常是 25 ℃)下的标准摩尔熵,可以求得该温度下的标准摩尔反应熵。如果要求其他温度下的标准摩尔反应熵,就要讨论温度对标准摩尔反应熵的影响。

设在温度 T 下,一化学反应的标准摩尔反应熵为 $\Delta_r S_m^{\ominus}$,今反应温度发生微变 dT,同时标准摩尔反应熵发生微变 d$\Delta_r S_m^{\ominus}$,即温度由 T 变至 $T+$dT,标准摩尔反应熵由 $\Delta_r S_m^{\ominus}$ 变至

$\Delta_r S_m^{\ominus} + d\Delta_r S_m^{\ominus}$，设计途径如下。

$$yY + zZ \xrightarrow{\quad T+dT,\ \Delta_r S_m^{\ominus} + d\Delta_r S_m^{\ominus} \quad} cC + dD$$

$$\downarrow dS_1 \qquad\qquad\qquad\qquad \uparrow dS_2$$

$$yY + zZ \xrightarrow{\quad T,\ \Delta_r S_m^{\ominus} \quad} cC + dD$$

由状态函数法得到

$$d\Delta_r S_m^{\ominus} = dS_1 + dS_2$$

dS_1 和 dS_2 的计算实际上是反应物和产物的状态变化过程的微熵变，计算方法前已述及。需要注意的是，若出现物质的相变，则需要在熵变计算过程中体现出来。经整理，可以得到标准摩尔反应熵与温度的关系为

$$\frac{d\Delta_r S_m^{\ominus}}{dT} = \frac{\Delta_r C_{p,m}^{\ominus}}{T} \tag{3.3.27}$$

将此式在温度区间 $[T_1, T_2]$ 内积分，若所有反应物和产物均不发生相变，则

$$\Delta_r S_m^{\ominus}(T_2) = \Delta_r S_m^{\ominus}(T_1) + \int_{T_1}^{T_2} \frac{\Delta_r C_{p,m}^{\ominus}}{T} dT \tag{3.3.28}$$

若反应物及产物的标准摩尔定压热容均以 $C_{p,m} = a + bT + cT^{-2}$ 形式表示，那么将有

$$\Delta_r C_{p,m}^{\ominus} = \Delta a + \Delta b T + \Delta c T^{-2}$$

式中：$\Delta a = \sum \nu_B a_B$；$\Delta b = \sum \nu_B b_B$；$\Delta c = \sum \nu_B c_B$。

例 3.3.7　计算合成甲醇反应的标准摩尔反应熵 $\Delta_r S_m^{\ominus}(298.15\ K)$，反应方程式为

$$CO(g) + 2H_2(g) \Longrightarrow CH_3OH(g)$$

解　$CH_3OH(g)$、$CO(g)$ 及 $H_2(g)$ 的 $S_m^{\ominus}(298.15\ K)$ 分别为 239.8 J·mol^{-1}·K^{-1}、197.674 J·mol^{-1}·K^{-1} 及 130.684 J·mol^{-1}·K^{-1}，代入式（3.3.26）得

$$\Delta_r S_m^{\ominus}(298.15\ K) = \sum \nu_B S_m^{\ominus}(B, 298.15\ K)$$
$$= (239.8 - 197.674 - 2 \times 130.684)\ J·mol^{-1}·K^{-1}$$
$$= -219.242\ J·mol^{-1}·K^{-1}$$

3.4　亥姆霍兹函数和吉布斯函数

在热力学第一定律及热力学第二定律的基础上，已得出了两个基本热力学函数——热力学能 U 和熵 S。利用这两个热力学函数，从原则上讲，就可以解决热力学中的一切问题，然而在具体的应用中会带来很多的不便。例如用熵判据时，只适用于隔离系统；若将其用于非隔离系统，除了计算系统的熵变之外，还要计算环境的熵变，而环境熵变的计算有时是很复杂的。为了处理问题的方便，类似于焓的引出，有必要引入新的热力学函数。由于多数化学反应是在"恒温恒容"或"恒温恒压"且"无非体积功"的条件下进行的，因此，由熵判据引出两个新的判据，即亥姆霍兹函数判据和吉布斯函数判据，从而避免了另外计算环境熵变的麻烦。

3.4.1　亥姆霍兹函数

根据热力学第二定律

$$dS \geqslant \frac{\delta Q}{T_{环境}} \quad \begin{matrix} 不可逆过程 \\ 可逆过程 \end{matrix}$$

将热力学第一定律的公式 $\delta Q = dU - \delta W$ 代入,得

$$-\delta W \leqslant -(dU - T_{环境}dS) \quad \begin{matrix} 不可逆过程 \\ 可逆过程 \end{matrix}$$

若为等温过程,即 $T_1 = T_2 = T_{环境}$,则

$$-\delta W \leqslant -d(U - TS) \quad \begin{matrix} 不可逆过程 \\ 可逆过程 \end{matrix} \tag{3.4.1}$$

定义
$$A \overset{\text{def}}{=\!=\!=} U - TS \tag{3.4.2}$$

A 称为亥姆霍兹函数(Helmholtz function),也称亥姆霍兹自由能(Helmholtz free energy),它和 H 一样由状态函数组合得来,也是系统的状态函数,是广度性质。由上述可得

$$-\delta W \leqslant -dA_T \quad \begin{matrix} 不可逆过程 \\ 可逆过程 \end{matrix} \quad 或 \quad dA_T \leqslant \delta W \quad \begin{matrix} 不可逆过程 \\ 可逆过程 \end{matrix} \tag{3.4.3}$$

此式的意义是:在等温可逆过程中,一个封闭系统所能做的最大功等于其亥姆霍兹函数的减少。而封闭系统在等温不可逆过程所做的功恒小于亥姆霍兹函数的减少。因此,可以把亥姆霍兹函数的变化理解为等温条件下系统做功的本领,也可用式(3.4.3)判断过程的可逆性。

若系统在恒温恒容且无非体积功的情况下,则

$$dA_{T,V} \leqslant 0 \quad \begin{matrix} 不可逆过程 \\ 可逆过程 \end{matrix} \quad 或 \quad \Delta A_{T,V} \leqslant 0 \quad \begin{matrix} 不可逆过程 \\ 可逆过程 \end{matrix} \tag{3.4.4}$$

式(3.4.4)为亥姆霍兹函数判据,即在定温,定容,且 $W' = 0$ 时,系统发生的自发过程总是朝着亥姆霍兹函数减少的方向进行,直至减至该条件下的最小值或 $dA_{T,V} = 0$,即达到平衡为止;而系统不可能自动发生 $\Delta A_{T,V} > 0$ 的变化。

3.4.2　吉布斯函数

式(3.4.1)中的功 δW 包括体积功($-p_{环境}dV$)和非体积功($\delta W'$),即

$$-\delta W' + p_{环境}dV \leqslant -d(U - TS)$$

若系统在定压下,即 $p_1 = p_2 = p_{环境}$,则上式可写成

$$-\delta W' \leqslant -d(U - TS + pV)$$

而 $H = U + pV$,故

$$-\delta W' \leqslant -d(H - TS)$$

定义
$$G \overset{\text{def}}{=\!=\!=} H - TS \tag{3.4.5}$$

则得　　　$-\delta W' \leqslant -dG_{T,p} \quad \begin{matrix} 不可逆过程 \\ 可逆过程 \end{matrix} \quad 或 \quad dG_{T,p} \leqslant \delta W' \quad \begin{matrix} 不可逆过程 \\ 可逆过程 \end{matrix}$ $\tag{3.4.6}$

G 称为吉布斯函数(Gibbs function)或吉布斯自由能(Gibbs free energy),和亥姆霍兹函数一样,吉布斯函数也是系统的状态函数,是广度性质。式(3.4.6)的意义是:在等温等压可逆过程中,一个封闭系统所能做的最大非体积功等于其吉布斯函数的减少。若过程不可逆,则

所做的非体积功小于其吉布斯函数的减少；反过来则是环境对系统所做的非体积功大于其吉布斯函数的增加。式(3.4.6)可以用来判断等温等压过程的可逆性。

例如：当 Zn 与 $CuSO_4$ 的反应是在恒温恒压的可逆电池中进行时，系统可输出的最大非体积功(电功)就等于其吉布斯函数的减少值；若该反应是在不可逆电池中进行的，则系统的吉布斯函数减少只有部分转化为电功。

若系统在恒温恒压且无非体积功的情况下，则

$$\mathrm{d}G_{T,p} \leqslant 0 \quad \begin{array}{l} \text{不可逆过程} \\ \text{可逆过程} \end{array} \quad \text{或} \quad \Delta G_{T,p} \leqslant 0 \quad \begin{array}{l} \text{不可逆过程} \\ \text{可逆过程} \end{array} \tag{3.4.7}$$

式(3.4.7)为吉布斯函数判据，该式表明，在恒温恒压且无非体积功的条件下，自发过程总是向着吉布斯函数减少的方向进行，直至系统的吉布斯函数不再改变($\mathrm{d}G_{T,p}=0$)，或者减少到该条件下的最小值时，系统便处于平衡态。在此条件下，系统吉布斯函数增加的过程是不可能自动发生的。

3.4.3　变化的方向及平衡条件

在前面已介绍的五个热力学函数(U、H、S、A、G)中，热力学能 U 和熵 S 是最基本的，其他三个状态函数都是衍生的组合函数。由此解决热力学中关键的问题——变化过程的能量效应、方向和限度。从克劳修斯不等式开始，导出了熵判据、亥姆霍兹函数判据和吉布斯函数判据，并据此在更常见的条件下判断变化的方向和平衡条件，其中吉布斯函数判据是最常用到的。各种判据可以简单归纳如下。

(1) 熵判据　对于隔离系统

$$\mathrm{d}S_{\text{隔离}} \geqslant 0 \quad \begin{array}{l} \text{不可逆过程} \\ \text{可逆过程} \end{array}$$

隔离系统中发生不可逆变化，必定是自发的。隔离系统中的自发过程总是朝着熵增加的方向进行，直至达到平衡态；隔离系统达到平衡态之后，所能发生的任何过程必定是可逆的。由于隔离系统热力学能和体积不变，因此，熵判据也可表示为

$$\mathrm{d}S_{U,V} \geqslant 0 \quad \begin{array}{l} \text{不可逆过程} \\ \text{可逆过程} \end{array} \tag{3.4.8}$$

(2) 亥姆霍兹函数判据　在恒温恒容且无非体积功的条件下，系统发生的自发过程总是朝着 A 减小的方向进行，直至系统达到平衡。该判据可以写成

$$\mathrm{d}A_{T,V,w'=0} \leqslant 0 \quad \begin{array}{l} \text{不可逆过程} \\ \text{可逆过程} \end{array} \tag{3.4.9}$$

(3) 吉布斯函数判据　在恒温恒压且无非体积功的条件下，系统发生的自发过程总是朝着 G 减小的方向进行，直至系统达到平衡。该判据可以写成

$$\mathrm{d}G_{T,p,w'=0} \leqslant 0 \quad \begin{array}{l} \text{不可逆过程} \\ \text{可逆过程} \end{array} \tag{3.4.10}$$

以上各判据中，不等式判别变化方向，等式则作为平衡标志。熵判据使用的时候需要结合环境的熵变进行判别，后两个判据则较多地用在特定条件下。

这里需要指出的是，在式(3.4.9)和式(3.4.10)中，没有列出 $\mathrm{d}A_{T,V,w'=0}>0$ 和 $\mathrm{d}G_{T,p,w'=0}>0$ 的情况。这并不是类似的情况不能发生，而是在指定情况下不能自动发生。如水在恒温恒压且无非体积功的条件下不能自动分解，但是可以用电解的方法完成水的分解过程，这种情况就要用到不等式(3.4.6)。此外，由以上判据分析的可以自动进行的过程，也只是表示有

自发进行的趋势，并不代表马上进行。这涉及化学反应的速率方面的问题，需要学习化学动力学方面的知识。

3.4.4　吉布斯函数变的计算

吉布斯函数是状态函数，在几个判据中用得较多，因此其改变量（简称为吉布斯函数变）的计算也较重要。

据吉布斯函数 G 的定义可列出如下关系：

$$G = H - TS = U + pV - TS = A + pV$$
$$\Delta G = \Delta H - \Delta(TS)$$

对于等温过程，有
$$\Delta G = \Delta H - T\Delta S \tag{3.4.11}$$
$$\Delta G = \Delta A + \Delta(pV)$$
$$\Delta G = \Delta U + \Delta(pV) - \Delta(TS)$$

计算 ΔG 时可利用这些关系式。

1. 单纯 p、V、T 变化

对于等温变化过程，可按式(3.4.11)由过程的焓变和熵变计算出 ΔG。若过程定温、可逆，则有

$$dG_T = dA_T + pdV + Vdp$$

由于
$$dA_T = \delta W_r = -pdV + \delta W'_r$$

若 $\delta W'_r = 0$，则
$$dG_T = Vdp$$

积分上式，得
$$\Delta G_T = \int_{p_1}^{p_2} Vdp \tag{3.4.12}$$

式(3.4.12)适用于封闭系统，无非体积功时，气、液、固体的定温、可逆的单纯 p、V 变化过程 ΔG 的计算。

2. 相变过程

对于可逆相变过程，有

$$\Delta G = \Delta H - T\Delta S = \Delta H - T\frac{\Delta H}{T} = 0 \text{ J}$$

对于等温不可逆相变，吉布斯函数变的计算除了应用 $\Delta G = \Delta H - T\Delta S$ 外，还可以设计一条包括可逆相变步骤在内的途径。这就要求改变相变前、后两相的温度或压力。

3. 化学反应

可以用两种方法来求一定温度下的标准摩尔反应吉布斯函数 $\Delta_r G_m^{\ominus}$。

标准摩尔反应吉布斯函数 $\Delta_r G_m^{\ominus}$ 是指反应物及产物各自处于纯态及标准压力下的摩尔反应吉布斯函数。

一种方法是先计算出该温度下标准摩尔反应焓 $\Delta_r H_m^{\ominus}$ 和标准摩尔反应熵 $\Delta_r S_m^{\ominus}$，然后按式(3.4.13)计算。

$$\Delta_r G_m^{\ominus} = \Delta_r H_m^{\ominus} - T\Delta_r S_m^{\ominus} \tag{3.4.13}$$

另一种方法是由参加化学反应各物质的标准摩尔生成吉布斯函数计算。

物质 B 的标准摩尔生成吉布斯函数 $\Delta_f G_m^{\ominus}(B, \beta, T)$ 定义为：在温度 T，由稳定相态的单质生成物质 $B(\nu_B = +1)$ 时的标准摩尔反应吉布斯函数。显然，和标准摩尔生成焓一样，热力学

稳定单质的标准摩尔生成吉布斯函数为零。书后附录列出了标准压力 $p^{\ominus}=100$ kPa 下，298.15 K 时，部分物质的标准摩尔生成吉布斯函数。

对于一定温度下的化学反应

$$yY + zZ \xrightarrow{T} cC + dD$$

其标准摩尔反应吉布斯函数的公式为

$$\Delta_r G_m^{\ominus}(T) = \sum \nu_B \Delta_f G_m^{\ominus}(B, T) \tag{3.4.14}$$

式(3.4.14)表明，一定温度下的标准摩尔反应吉布斯函数等于该温度下参加反应的各物质的标准摩尔生成吉布斯函数与其化学计量数的乘积之和。

标准摩尔反应吉布斯函数是温度的函数。标准摩尔反应吉布斯函数与温度的关系，可参考本章 3.5.3。

例 3.4.1 300.2 K、1 013 kPa 的 1 mol 理想气体，恒温可逆膨胀到压力为 101.3 kPa，求 Q、W、ΔU、ΔH、ΔS 和 ΔG。

解

$$\Delta U = 0, \quad \Delta H = 0$$

$$Q = -W = \int_{V_1}^{V_2} p\,dV = nRT\ln\frac{V_2}{V_1} = nRT\ln\frac{p_1}{p_2} = 5\,748 \text{ J}$$

$$\Delta S = \frac{Q_r}{T} = \frac{5\,748}{300.2} \text{ J} \cdot \text{K}^{-1} = 19.15 \text{ J} \cdot \text{K}^{-1}$$

$$\Delta G = \Delta H - T\Delta S = -300.2 \times 19.15 \text{ J} = -5\,748 \text{ J}$$

3.5　热力学状态函数基本关系式

3.5.1　热力学基本方程

前面由热力学第一定律、热力学第二定律分别引出两个基本的热力学状态函数 U 和 S。由 U、S 和 p、V、T 组合得出了 H、A、G 三个状态函数。而引入这三个状态函数的目的就是应用方便。U、H 主要解决系统与环境之间能量交换的问题，而 S、A、G 则是用来解决过程方向性和限度的问题。

这五个热力学状态函数之间的关系式为

$$H=U+pV, \quad A=U-TS, \quad G=H-TS, \quad G=A+pV$$

五个热力学状态函数之间的关系如图 3.5.1 所示。

对于封闭系统无非体积功的一微小可逆过程，热力学第一定律可以表示为

$$dU = \delta Q_r + \delta W_r = \delta Q_r - p\,dV$$

根据热力学第二定律，$dS = \dfrac{\delta Q_r}{T}$，代入上式得

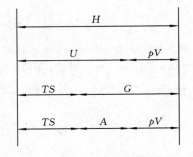

图 3.5.1　热力学状态函数之间的关系

$$dU = TdS - pdV \tag{3.5.1}$$

虽然导出此式时引用了可逆条件(以 TdS 替代 δQ_r，以系统压力 p 代替 $p_{环境}$)，但是这个公式中的所有物理量都是系统的性质，且都是状态函数。因此，当状态变化时，无论实际过程是否可逆，上式的积分皆存在。

根据前述的热力学状态函数之间的关系有

$$dH = dU + d(pV) = TdS - pdV + pdV + Vdp$$

所以
$$dH = TdS + Vdp \tag{3.5.2}$$

同样有
$$dA = -SdT - pdV \tag{3.5.3}$$

$$dG = -SdT + Vdp \tag{3.5.4}$$

式(3.5.1)至式(3.5.4)四个公式统称为热力学基本方程。它们的使用条件如下：封闭系统，无非体积功的可逆过程。对于由两个独立变量可以确定系统状态的系统，如定量、定组成的单相系统，保持相平衡或化学平衡的系统，视为具有可逆过程的条件。从上述四式还可以导出如下偏微分关系式：

$$T = \left(\frac{\partial U}{\partial S}\right)_V = \left(\frac{\partial H}{\partial S}\right)_p \tag{3.5.5}$$

$$p = -\left(\frac{\partial U}{\partial V}\right)_S = -\left(\frac{\partial A}{\partial V}\right)_T \tag{3.5.6}$$

$$V = \left(\frac{\partial H}{\partial p}\right)_S = \left(\frac{\partial G}{\partial p}\right)_T \tag{3.5.7}$$

$$S = -\left(\frac{\partial A}{\partial T}\right)_V = -\left(\frac{\partial G}{\partial T}\right)_p \tag{3.5.8}$$

下面列举一些简单的应用。

（1）理想气体等温变化过程中 ΔA、ΔG 的计算。

在等温情况下，式(3.5.3)和式(3.5.4)分别变成

$$dA_T = -pdV \quad 和 \quad dG_T = Vdp$$

将上两式积分，代入理想气体状态方程，可得

$$\Delta A_T = -\int_{V_1}^{V_2} pdV = -nRT\ln\frac{V_2}{V_1}$$

$$\Delta G_T = \int_{p_1}^{p_2} Vdp = nRT\ln\frac{p_2}{p_1}$$

（2）凝聚态物质等温变化过程中 ΔA、ΔG 的计算。

对凝聚态物质，物质的等温压缩率很小，体积近似看成不变，则

$$\Delta A_T = -\int_{V_1}^{V_2} pdV \approx 0$$

$$\Delta G_T = \int_{p_1}^{p_2} Vdp \approx V\Delta p \quad （压力变化不大，\Delta G_T \approx 0）$$

例 3.5.1 1 mol Hg(l)在 298 K 时从 100 kPa 加压到 10 100 kPa，求摩尔吉布斯函数变。已知 Hg(l)的密度 $\rho = 13.5 \times 10^3$ kg·m^{-3}，并设 ρ 不随压力变化而改变，Hg(l)的摩尔质量 $M_{Hg} = 200.6 \times 10^{-3}$ kg·mol^{-1}。

解
$$V_m = \frac{M}{\rho} = \frac{200.6 \times 10^{-3}}{13.5 \times 10^3} \text{ m}^3 \cdot \text{mol}^{-1} = 1.49 \times 10^{-5} \text{ m}^3 \cdot \text{mol}^{-1}$$

$$\Delta G_m = \int_{p^\ominus}^{p} V_m dp = \int_{100 \text{ kPa}}^{10\,100 \text{ kPa}} \frac{M}{\rho} dp$$

$$= 1.49 \times 10^{-5} \times (10\,100 - 100) \text{ kJ} \cdot \text{mol}^{-1} = 149 \text{ J} \cdot \text{mol}^{-1}$$

3.5.2 麦克斯韦关系式及其应用

设 z 代表系统的任一状态函数，且是两个变量 x 和 y 的函数，$Z = f(x, y)$。数学上状态函数 z 具有全微分的性质，即

$$dz = \left(\frac{\partial z}{\partial x}\right)_y dx + \left(\frac{\partial z}{\partial y}\right)_x dy$$

而且 z 有连续的二阶偏微商,则有

$$\frac{\partial^2 z}{\partial y \partial x} = \frac{\partial^2 z}{\partial x \partial y}$$

将上式应用到式(3.5.1)至式(3.5.4),得到

$$\left(\frac{\partial T}{\partial V}\right)_S = -\left(\frac{\partial p}{\partial S}\right)_V \tag{3.5.9}$$

$$\left(\frac{\partial T}{\partial p}\right)_S = \left(\frac{\partial V}{\partial S}\right)_p \tag{3.5.10}$$

$$\left(\frac{\partial S}{\partial V}\right)_T = \left(\frac{\partial p}{\partial T}\right)_V \tag{3.5.11}$$

$$\left(\frac{\partial S}{\partial p}\right)_T = -\left(\frac{\partial V}{\partial T}\right)_p \tag{3.5.12}$$

式(3.5.9)至式(3.5.12)四个关系式称为麦克斯韦关系式(Maxwell's relations)。各式表示的是系统在同一状态下的两种变化率数值相等。因此,麦克斯韦关系式常应用于热力学关系的推导中,常用的式(3.5.11)及式(3.5.12)还可将不能直接测量的量用易于直接测量的量表示出来。

下面介绍几个麦克斯韦关系式的应用。

(1) 求 U 与 V 的关系。

由热力学基本方程(3.5.1),可得

$$\left(\frac{\partial U}{\partial V}\right)_T = T\left(\frac{\partial S}{\partial V}\right)_T - p$$

$\left(\frac{\partial S}{\partial V}\right)_T$ 不易直接测定,但根据麦克斯韦关系式中的式(3.5.11),上式可写成

$$\left(\frac{\partial U}{\partial V}\right)_T = T\left(\frac{\partial p}{\partial T}\right)_V - p \tag{3.5.13}$$

对于理想气体,$\left(\frac{\partial p}{\partial T}\right)_V = \frac{nR}{V}$,代入式(3.5.13)后得

$$\left(\frac{\partial U}{\partial V}\right)_T = 0$$

对于实际气体,知道其状态方程就能求出 $\left(\frac{\partial U}{\partial V}\right)_T$ 的值。

同样方法,可以得出 H 与 p 的关系,即

$$\left(\frac{\partial H}{\partial p}\right)_T = -T\left(\frac{\partial V}{\partial T}\right)_p + V \tag{3.5.14}$$

(2) 求 S 与 p 或 V 的关系。

根据等压热膨胀系数(isobaric thermal expansivity)α 的定义

$$\alpha \xlongequal{\text{def}} \frac{1}{V}\left(\frac{\partial V}{\partial T}\right)_p$$

由式(3.5.12)可得

$$\Delta S = -\int_{p_1}^{p_2} \alpha V \mathrm{d}p$$

知道气体的状态方程,对上式积分,即可得到 S 与 p 的关系。

(3) 求 J-T 系数。

已知　$\mu_{\text{J-T}} = \left(\frac{\partial T}{\partial p}\right)_H$,　$H = f(T, p)$,　$\mathrm{d}H = \left(\frac{\partial H}{\partial T}\right)_p \mathrm{d}T + \left(\frac{\partial H}{\partial p}\right)_T \mathrm{d}p = 0$

则

$$\left(\frac{\partial T}{\partial p}\right)_H = -\frac{(\partial H/\partial p)_T}{(\partial H/\partial T)_p}$$

故

$$\mu_{\text{J-T}} = -\frac{1}{C_p}\left(\frac{\partial H}{\partial p}\right)_T$$

将式（3.5.14）代入，得

$$\mu_{\text{J-T}} = -\frac{1}{C_p}\left[V - T\left(\frac{\partial V}{\partial T}\right)_p\right]$$

这样，就可以通过状态方程，求得 J-T 系数，并可解释该系数是正值或负值的原因。

3.5.3　吉布斯-亥姆霍兹方程

根据热力学基本方程

$$dG = -SdT + Vdp, \quad \left(\frac{\partial G}{\partial T}\right)_p = -S$$

有

$$\left(\frac{\partial(G/T)}{\partial T}\right)_p = \frac{1}{T}\left(\frac{\partial G}{\partial T}\right)_p - \frac{G}{T^2} = -\frac{S}{T} - \frac{G}{T^2} = -\frac{TS + G}{T^2} = -\frac{H}{T^2} \qquad (3.5.15)$$

即

$$\left(\frac{\partial(G/T)}{\partial T}\right)_p = -\frac{H}{T^2}$$

同理，有

$$\left(\frac{\partial(A/T)}{\partial T}\right)_V = -\frac{U}{T^2} \qquad (3.5.16)$$

式（3.5.15）和式（3.5.16）称为吉布斯-亥姆霍兹方程。

由式（3.5.15）和式（3.5.16）可得

$$\left[\frac{\partial(\Delta G/T)}{\partial T}\right]_p = -\frac{\Delta H}{T^2} \qquad (3.5.17)$$

$$\left[\frac{\partial(\Delta A/T)}{\partial T}\right]_V = -\frac{\Delta U}{T^2} \qquad (3.5.18)$$

对于化学反应 $\sum \nu_B B = 0$，其标准摩尔反应吉布斯函数与温度的关系，即

$$\frac{d(\Delta_r G_m^\ominus/T)}{dT} = -\frac{\Delta_r H_m^\ominus}{T^2} \qquad (3.5.19)$$

如果在反应温度区间内，任一物质 B 的摩尔定压热容表示为 $C_{p,m} = a + bT + cT^{-2}$，则 $\Delta_r C_{p,m}^\ominus = \Delta a + \Delta b T + \Delta c T^{-2}$，标准摩尔反应焓与温度的关系为

$$\Delta_r H_m^\ominus(T) = \Delta H_0 + \Delta a T + \frac{1}{2}\Delta b T^2 - \Delta c T^{-1}$$

将其代入式（3.5.19），积分得

$$\frac{\Delta_r G_m^\ominus(T)}{T} = -\int \frac{\Delta_r H_m^\ominus(T)}{T^2}dT = -\int \frac{\Delta H_0 + \Delta a T + \frac{1}{2}\Delta b T^2 - \Delta c T^{-1}}{T^2}dT$$

$$\frac{\Delta_r G_m^\ominus(T)}{T} = \frac{\Delta H_0}{T} - IR - \Delta a \ln T - \frac{1}{2}\Delta b T - \frac{1}{2}\Delta c T^{-2}$$

式中："$-IR$"为积分常数。

最后,得到标准摩尔反应吉布斯函数与温度的函数关系,即

$$\Delta_r G_m^{\ominus}(T) = \Delta H_0 - IRT - \Delta a T \ln T - \frac{1}{2} \Delta b T^2 - \frac{1}{2} \Delta c T^{-1} \qquad (3.5.20)$$

说明:若各物质摩尔定压热容表示为 $C_{p,m} = a + bT + cT^2$,最终标准摩尔反应吉布斯函数与温度的函数关系和式(3.5.20)略有不同。

3.6　克拉贝龙方程

热力学基本方程最重要的应用之一就是推导出纯物质两相平衡时,压力和温度之间的函数关系。

3.6.1　克拉贝龙方程

纯物质 B 在 α 相和 β 相之间达到平衡,α 相和 β 相可以分别是固、液、气中的任何一种,也可以是固体的两种不同晶型。

根据吉布斯函数判据式(3.4.10),在两相平衡温度 T 和 p 下,两相的摩尔吉布斯函数应当相等,即 $G_m(\alpha) = G_m(\beta)$。设平衡温度和压力均有微小变化,即温度和压力变化分别为 $T + dT$,$p + dp$,仍然保持两相平衡。相应两相的摩尔吉布斯函数变分别是 $dG_m(\alpha)$ 和 $dG_m(\beta)$。显然,要维持两相平衡,必须满足

$$dG_m(\alpha) = dG_m(\beta)$$

将热力学基本方程(3.5.4)应用于上式,有

$$-S_m(\alpha)dT + V_m(\alpha)dp = -S_m(\beta)dT + V_m(\beta)dp$$

令

$$\Delta_\alpha^\beta S_m = S_m(\beta) - S_m(\alpha), \quad \Delta_\alpha^\beta V_m = V_m(\beta) - V_m(\alpha)$$

得

$$\frac{dT}{dp} = \frac{\Delta_\alpha^\beta V_m}{\Delta_\alpha^\beta S_m}$$

又因为可逆相变 $\Delta_\alpha^\beta S_m = \dfrac{\Delta_\alpha^\beta H_m}{T}$,最终得到

$$\frac{dT}{dp} = \frac{T \Delta_\alpha^\beta V_m}{\Delta_\alpha^\beta H_m} \qquad (3.6.1)$$

此式即克拉贝龙方程,此方程适用于纯物质的任意两相平衡。它表达了纯物质两相平衡时温度与压力变化之间的函数关系。从该式看,在纯物质两相平衡时,平衡温度和平衡压力之间存在相互影响,两个变量中只有一个可以独立改变。如果另一个变量也独立改变,则两相平衡将被破坏,必然有一相消失而不能两相共存。一定要注意 $\Delta_\alpha^\beta V_m$ 与 $\Delta_\alpha^\beta H_m$ 变化方向的一致性。

3.6.2　液-固平衡、固-固平衡时克拉贝龙方程积分式

这两类平衡的共同之处在于两相均为凝聚态,相变的摩尔体积改变 $\Delta_\alpha^\beta V_m$ 很小;而对于液-固平衡,其摩尔熔化焓 $\Delta_{fus} H_m$ 很大,固-固平衡(晶型转换)的摩尔焓变 $\Delta_{trs} H_m$ 较小,这样,前者的 $\dfrac{dT}{dp}$ 相对较小。

以熔化平衡为例,将式(3.6.1)进行整理,得

$$\frac{dT}{T} = \frac{\Delta_{fus} V_m}{\Delta_{fus} H_m} dp$$

可近似认为 $\Delta_{\mathrm{fus}}V_{\mathrm{m}}$、$\Delta_{\mathrm{fus}}H_{\mathrm{m}}$ 与温度、压力无关,对上式积分,得

$$\ln\frac{T_2}{T_1}=\frac{\Delta_{\mathrm{fus}}V_{\mathrm{m}}}{\Delta_{\mathrm{fus}}H_{\mathrm{m}}}(p_2-p_1) \tag{3.6.2}$$

在温度差不大的情况下,可对上式作近似处理,得

$$\Delta T=T_1\frac{\Delta_{\mathrm{fus}}V_{\mathrm{m}}}{\Delta_{\mathrm{fus}}H_{\mathrm{m}}}(p_2-p_1) \tag{3.6.3}$$

这里 $\Delta T=T_2-T_1$。

从以上结果分析,由于 $\Delta_{\mathrm{fus}}H_{\mathrm{m}}$ 为正值,熔化后一般物质体积增大,因此 $\dfrac{\mathrm{d}T}{\mathrm{d}p}$ 大于零,也就是说,加大压力会使熔点升高。但少数物质(如水)呈现相反的性质,这也是冰在比正常熔点(273.15 K)更低的温度下加压能熔化的原因。

例 3.6.1　已知 100 kPa 下冰的熔点为 0 ℃。在此条件下冰的 $\Delta_{\mathrm{fus}}H_{\mathrm{m}}=6\ 003\ \mathrm{J\cdot mol^{-1}}$。冰 $H_2O(s)$ 和水 $H_2O(l)$ 的密度分别为 $\rho(s)=916.8\ \mathrm{kg\cdot m^{-3}}$,$\rho(l)=999.8\ \mathrm{kg\cdot m^{-3}}$。将外压增至 15 MPa 时,冰的熔点为多少?

解　单位物质的量的冰在此过程的体积变化为

$$\Delta_{\mathrm{fus}}V_{\mathrm{m}}=V_{\mathrm{m}}(l)-V_{\mathrm{m}}(s)=\frac{M}{\rho(l)}-\frac{M}{\rho(s)}=-1.63\times10^{-6}\ \mathrm{m^3\cdot mol^{-1}}$$

将题给条件代入式(3.6.3),得

$$\Delta T=T_1\frac{\Delta_{\mathrm{fus}}V_{\mathrm{m}}}{\Delta_{\mathrm{fus}}H_{\mathrm{m}}}(p_2-p_1)=273.15\times\frac{-1.63\times10^{-6}}{6\ 003}\times(15-0.1)\times10^6\ \mathrm{K}$$

$$=-1.11\ \mathrm{K}$$

故在 15 MPa 下冰的熔点 $T_2=272.04\ \mathrm{K}$,即 $-1.11\ ℃$。

或者应用式(3.6.2),得

$$\ln\frac{T_2}{T_1}=\frac{\Delta_{\mathrm{fus}}V_{\mathrm{m}}}{\Delta_{\mathrm{fus}}H_{\mathrm{m}}}(p_2-p_1)=\frac{-1.63\times10^{-6}}{6\ 003}\times(15-0.1)\times10^6$$

$$=-4.05\times10^{-3}$$

$$\frac{T_2}{T_1}=0.996$$

故在 15 MPa 下冰的熔点 $T_2=272.06\ \mathrm{K}$,即 $-1.09\ ℃$。

3.6.3　液-气、固-气平衡时克劳修斯-克拉贝龙方程

以蒸发平衡为例,将式(3.6.1)改写成如下形式:

$$\frac{\mathrm{d}p}{\mathrm{d}T}=\frac{\Delta_{\mathrm{vap}}H_{\mathrm{m}}}{T\Delta_{\mathrm{vap}}V_{\mathrm{m}}}$$

$\Delta_{\mathrm{vap}}H_{\mathrm{m}}>0$,$\Delta_{\mathrm{vap}}V_{\mathrm{m}}=V_{\mathrm{m}}(g)-V_{\mathrm{m}}(l)>0$,故 $\dfrac{\mathrm{d}p}{\mathrm{d}T}>0$。这表明温度升高,液体的饱和蒸气压增大。

在温度远低于临界温度时,可对上式作近似处理:①因单位物质的量的气体体积远大于液体体积,故 $V_{\mathrm{m}}(g)-V_{\mathrm{m}}(l)\approx V_{\mathrm{m}}(g)$;②假设蒸气为理想气体,即 $V_{\mathrm{m}}(g)=\dfrac{RT}{p}$。代入上式,得

$$\frac{\mathrm{d}p}{\mathrm{d}T}=\frac{\Delta_{\mathrm{vap}}H_{\mathrm{m}}}{RT^2/p}$$

即

$$\frac{\mathrm{d}(\ln p)}{\mathrm{d}T}=\frac{\Delta_{\mathrm{vap}}H_{\mathrm{m}}}{RT^2} \tag{3.6.4}$$

此式即克劳修斯-克拉贝龙方程的微分式。

若在温度区间 $[T_1, T_2]$ 内 $\Delta_{vap} H_m$ 可视为定值,将式(3.6.4)积分可得克劳修斯-克拉贝龙方程的定积分式,即

$$\ln \frac{p_2}{p_1} = -\frac{\Delta_{vap} H_m}{R}\left(\frac{1}{T_2} - \frac{1}{T_1}\right) \tag{3.6.5}$$

式中:p_1、p_2 分别是 T_1、T_2 下蒸发平衡时的压力,即该物质液态的饱和蒸气压。

式(3.6.5)常用于在已知 T_1、T_2 两个温度下的平衡压力 p_1、p_2 时,计算纯组分液体(或固体)的蒸发焓 $\Delta_{vap} H_m$(或升华焓 $\Delta_{sub} H_m$),或者用在已知蒸发焓 $\Delta_{vap} H_m$(或升华焓 $\Delta_{sub} H_m$)和某一温度下的平衡压力(或某外压下的平衡温度)时,计算另一温度下的平衡压力(或另一外压下的平衡温度)。

若要精确计算相变焓,往往需要更多温度及其对应的平衡压力数据。这就要用到式(3.6.4)的不定积分式,即

$$\ln p = -\frac{\Delta_{vap} H_m}{R}\frac{1}{T} + C \tag{3.6.6}$$

以 $\ln p$ 对 $\frac{1}{T}$ 作图,根据截距和斜率可以得出积分常数 C 和相变焓(如 $\Delta_{vap} H_m$)。

应用克劳修斯-克拉贝龙方程时要注意该方程的适用范围。在使用温度范围较宽时,就要考虑相变焓和温度的关系。此外,与该方程形式类似的方程在以后学习中还会碰到,如学习化学平衡时会接触到标准平衡常数和温度的关系——范特霍夫(van't Hoff)方程,学习化学动力学时也会碰到化学反应速率和温度的关系——阿仑尼乌斯(Arrhenius)方程。

在缺乏摩尔蒸发焓数据时,可用经验公式估算。对于非极性液体(不缔合性液体),在其正常沸点 T_b 时,有

$$\frac{\Delta_{vap} H_m}{T_b} = \Delta_{vap} S_m \approx 88\ J \cdot mol^{-1} \cdot K^{-1} \tag{3.6.7}$$

此近似规则称为特鲁顿(Trouton)规则。在液态中,若分子没有缔合现象,则能较好地符合此规则。对于极性大的液体或在 150 K 以下沸腾的液体,此规则因误差太大而不适用。

在工程上还有一种使用广泛的经验方程,其特点是能较好地符合实验数据。这就是安脱宁(Antoine)方程,其表达式为

$$\lg p = A - \frac{B}{T + C} \tag{3.6.8}$$

式中:A、B、C 是与物质相关的特性参数,称为安脱宁常数,可从相关手册查到。和实际气体经验方程相似,安脱宁方程有较精确的结果,但使用时必须注意其适用的温度范围。例如:

苯　　　　$$\lg(p/Pa) = 9.030\,55 - \frac{1\,211.033}{(T/K) - 52.360} \quad (T = 281 \sim 376\ K)$$

例 3.6.2　已知液体 A(l)的饱和蒸气压与温度的关系式为

$$\ln(p^* /Pa) = -\frac{4\,200}{T/K} + 22.513$$

(1) 计算 350 K 时,A(l)的饱和蒸气压 p^*;

(2) 计算下述过程的 ΔH、ΔS、ΔG(设蒸气为理想气体)。

$$A(l, 1\ mol, 350\ K, p^*) \longrightarrow A(g, 1\ mol, 350\ K, 18.40\ kPa)$$

解　(1) 将 $T = 350$ K 代入 p^* 与 T 的关系式,得

$$\ln(p^* /Pa) = \frac{-4\,200}{350\ K/K} + 22.513 = 10.513$$

所以 $\qquad\qquad\qquad\qquad\qquad\qquad p^* = 36.79\ \text{kPa}$

（2）所列变化过程为不可逆相变过程，可设计如下可逆途径，进行计算。

$$A(l,1\ \text{mol},350\ \text{K},36.79\ \text{kPa}) \xrightarrow[\Delta S,\Delta G]{\Delta H} A(g,1\ \text{mol},350\ \text{K},18.40\ \text{kPa})$$

$$\Delta H_1 \text{、} \Delta S_1 \text{、} \Delta G_1 \qquad\qquad\qquad \Delta H_2 \text{、} \Delta S_2 \text{、} \Delta G_2$$

$$A(g,1\ \text{mol},350\ \text{K},36.79\ \text{kPa})$$

$$\Delta H = \Delta H_1 + \Delta H_2, \quad \Delta S = \Delta S_1 + \Delta S_2, \quad \Delta G = \Delta G_1 + \Delta G_2$$

ΔH_1 可由 p^* 与 T 的关系式求得，即

$$\frac{\mathrm{d}(\ln p^*)}{\mathrm{d}T} = \frac{4\ 200}{T^2} = \frac{\Delta H_1}{RT^2}$$

由此有 $\qquad\qquad \Delta H_1 = 1 \times 4\ 200 \times R = 4\ 200 \times 8.314\ \text{J} = 34.92\ \text{kJ}$

$$\Delta H_2 = 0 \quad （因是理想气体等温过程）$$

所以 $\qquad\qquad \Delta H = \Delta H_1 + \Delta H_2 = (34.92 + 0)\ \text{kJ} = 34.92\ \text{kJ}$

$$\Delta S_1 = \frac{\Delta H_1}{T} = \frac{34.92 \times 10^3}{350}\ \text{J} \cdot \text{K}^{-1} = 99.77\ \text{J} \cdot \text{K}^{-1}$$

$$\Delta S_2 = -nR \ln \frac{p_2}{p_1} = -1 \times 8.314 \times \ln \frac{18.40}{36.79}\ \text{J} \cdot \text{K}^{-1} = 5.76\ \text{J} \cdot \text{K}^{-1}$$

故 $\qquad\qquad \Delta S = \Delta S_1 + \Delta S_2 = (99.77 + 5.76)\ \text{J} \cdot \text{K}^{-1} = 105.53\ \text{J} \cdot \text{K}^{-1}$

最后 $\qquad\qquad \Delta G_1 = 0 \quad （因是等温等压可逆相变过程）$

$$\Delta G_2 = nRT \ln \frac{p_2}{p_1} = 1 \times 8.314 \times 350 \times \ln \frac{18.40}{36.79}\ \text{J} = -2\ 016\ \text{J} = -2.016\ \text{kJ}$$

所以 $\qquad\qquad \Delta G = \Delta G_1 + \Delta G_2 = (0 - 2.016)\ \text{kJ} = -2.016\ \text{kJ}$

或 $\qquad\qquad \Delta G = \Delta H - T\Delta S = (34.92 - 350 \times 105.53 \times 10^{-3})\ \text{kJ} = -2.016\ \text{kJ}$

*3.7　非平衡态热力学简介

3.7.1　热力学从平衡态向非平衡态的发展

迄今为止，所讨论的热力学基础及其在有关章节中的应用均属于平衡态热力学范畴。它主要由热力学三个定律为基础构筑而成。它所定义的热力学函数，如热力学温度 T、压力 p、熵 S 等，在平衡态时才有明确的意义。实践证明，由平衡态热力学得到的结论，至今未有与实践相违背的情况。平衡态热力学称为经典热力学，是物理化学课程的主要组成部分，它是初学物理化学的学生必须熟练掌握的内容。

然而在自然界中发生的一切实际过程都是在非平衡态下进行的不可逆过程。例如，各种输运过程，诸如热传导、物质扩散、动电现象、电极过程以及实际进行的化学反应过程等。随着时间的推移，系统均不断地改变其状态，并且总是自发地从非平衡态趋向于平衡态。对这些实际发生的不可逆过程进行持续不断和深入的研究，促进了热力学从平衡态向非平衡态的发展。

普里高京（Prigogine）、昂萨格（Onsager）对非平衡态热力学（或称为不可逆过程热力学）

---

　*　本节内容选自大连理工大学《多媒体 CAI 物理化学纲要》。

的确立和发展做出了重要贡献,从 20 世纪 50 年代开始形成了热力学的新领域,即非平衡态热力学 (thermodynamics of no-equilibrium state)。普里高京由于对非平衡态热力学的杰出贡献而荣获 1977 年的诺贝尔化学奖。

非平衡态热力学虽然在理论系统上还不够完善,但目前在一些领域中,如物质扩散、热传导、跨膜输运、动电效应、热电效应、电极过程、化学反应等领域中已获得初步应用,显示出它有广阔的发展和应用前景,已成为物理化学发展中一个新的研究领域。

3.7.2　局域平衡假设

在平衡态热力学中,常用到两类热力学状态函数:一类如体积 V、物质的量 n 等,它们可以用于任何系统,不管系统内部是否处于平衡;另一类如温度 T、压力 p、熵 S 等,在平衡态中有明确意义,用它们去描述非平衡态就有困难。

为解决这一难题,非平衡态热力学提出了局域平衡假设(local-equilibrium hypothesis),其主要内容有以下几点。

(1) 把所讨论的处于非平衡态(温度、压力、组成不均匀)的系统,划分为许多很小的系统微元,以下简称系统元(system element)。每个系统元在宏观上足够小,以至于它的性质可以用该系统元内部的某一点附近的性质来代表;在微观上又足够大,即它包含足够多的分子,多到可用统计的方法进行宏观处理。

(2) 在 t 时刻,把划分出来的某系统元从所讨论的系统中孤立出来,并设经过 $\mathrm{d}t$ 时间间隔,即在 $t+\mathrm{d}t$ 时刻该系统元已达到平衡态。

(3) 由于已假定 $t+\mathrm{d}t$ 时刻每个系统元已达到平衡,于是可按平衡态热力学的办法为每一个系统元严格定义其热力学函数,如 S、G 等,即 $t+\mathrm{d}t$ 时刻平衡态热力学公式皆可应用于每个系统元。就是说,处于非平衡态系统的热力学量可以用局域平衡的热力学量来描述。

局域平衡假设是非平衡态热力学的中心假设。

应该明确,局域平衡假设的有效范围是偏离平衡不远的系统。例如,对化学反应系统,要求 $\dfrac{E_\mathrm{a}}{RT} \gg 5$。

3.7.3　熵流和熵产生

非平衡态热力学所讨论的中心问题是熵产生。

由热力学第二定律已知

$$\mathrm{d}S \geqslant \frac{\delta Q}{T_{环境}}$$

定义

$$\mathrm{d}_\mathrm{e}S \xupdef \frac{\delta Q_\mathrm{r}}{T_{环境}} \tag{3.7.1}$$

对封闭系统,$\mathrm{d}_\mathrm{e}S$ 是系统与环境进行热交换引起的熵流(entropy flow);对敞开系统,$\mathrm{d}_\mathrm{e}S$ 则是系统与环境进行热和物质交换共同引起的熵流。可以有 $\mathrm{d}_\mathrm{e}S>0$,$\mathrm{d}_\mathrm{e}S<0$ 或 $\mathrm{d}_\mathrm{e}S=0$。

由热力学第二定律,对不可逆过程,有

$$\mathrm{d}S > \frac{\delta Q}{T_{环境}}$$

若将 $\mathrm{d}S$ 分解为两部分,即 $\mathrm{d}S = \mathrm{d}_\mathrm{e}S + \mathrm{d}_\mathrm{i}S$,即

$$\mathrm{d}_\mathrm{i}S \xupdef \mathrm{d}S - \mathrm{d}_\mathrm{e}S \tag{3.7.2}$$

是系统内部由于进行不可逆过程而产生的熵,称为熵产生(entropy production)。

对隔离系统,$d_e S = 0$,则

$$dS = d_i S \geqslant 0$$

即

$$d_i S \geqslant 0 \tag{3.7.3}$$

式中等号表示可逆过程,不等号表示不可逆过程。由此可得出,熵产生是一切不可逆过程的表征($d_i S > 0$),即可用 $d_i S$ 量度过程的不可逆程度。

3.7.4　熵产生速率的基本方程

将 $d_i S$ 对时间微分,即

$$\sigma \overset{\text{def}}{=\!=\!=} \frac{d_i S}{dt} \tag{3.7.4}$$

式中:σ 为熵产生速率(entropy production rate),即单位时间内的熵产生。严格地说,这是系统元中熵产生的速率,实为单位体积、单位时间内的熵产生。

在局域平衡假设的条件下,系统中任何一个系统元内,熵 S、温度 T、压力 p,在 $\delta W' = 0$ 时,满足

$$dU = \delta Q + \delta W = TdS - pdV - Td_i S \quad 与 \quad dU = TdS - pdV + \sum \mu_B dn_B$$

得

$$-Td_i S = \sum (\nu_B \mu_B) d\xi$$

即

$$d_i S = -\frac{\sum \nu_B \mu_B}{T} d\xi \tag{3.7.5}$$

将式(3.7.5)对时间微分,可得到系统在不可逆过程中的熵产生速率为

$$\sigma = \frac{1}{T}\left(-\sum \nu_B \mu_B\right)\frac{d\xi}{dt} > 0 \tag{3.7.6}$$

式中:$\dfrac{d\xi}{dt}$ 为单位时间的反应进度,即化学反应的转化速率。在非平衡态热力学中,把它称为通量(flux),而 $\dfrac{-\sum \nu_B \mu_B}{T}$(或 $\dfrac{A}{T}$,A 为化学反应亲和势)是反应进行的推动力(force)。因此,系统中不可逆化学反应引起的熵产生速率,可以是推动力 X_k 与通量 J_k 的乘积,其值一定大于零。

当系统中存在温度差、浓度差、电势差等推动力时,都会发生不可逆过程而引入熵产生。这些推动力被称为广义推动力(generalized force),而在广义推动力下产生的通量,称为广义通量(generalized flux)。

系统总的熵产生速率

$$P = \sum_V \sigma dV \tag{3.7.7}$$

则为一切广义推动力与广义通量乘积之和,即

$$P = \sum X_k J_k \tag{3.7.8}$$

这是非平衡态热力学中总熵产生速率的基本方程。

当系统达到平衡态时,有

$$X_k = 0, \quad J_k = 0, \quad P = 0$$

当系统临近平衡态(或离平衡态不远时)并且只有单一很弱的推动力时,从许多实验规律得

出，广义通量和广义推动力间呈线性关系

$$J = LX \tag{3.7.9}$$

一些经验定律，如傅里叶热传导定律、牛顿黏度定律、菲克第一扩散定律和欧姆电导定律，它们的数学表达式均可用式(3.7.9)这种线性关系所包容。

式(3.7.9)中的比例系数 L 称为唯象系数(phenomenological coefficient)，可由实验测得，对以上几个经验定律，则 L 分别为热导率、黏度、扩散系数和电导率。

若所讨论的非平衡态系统中有一个以上的广义推动力时，广义通量和广义推动力间的关系为

$$J_k = \sum_i L_{k,i} X_{k,i} \tag{3.7.10}$$

式(3.7.10)中所示的线性关系称为唯象方程(phenomenological equation)。满足线性关系的非平衡态热力学称为线性非平衡态热力学(thermodynamics of no-equilibrium state of linear)。

3.7.5　昂萨格倒易关系

设系统中存在两种广义推动力 X_1 和 X_2，推动两个不可逆过程同时发生，由之引起两个广义通量 J_1 和 J_2。可建立唯象方程

$$\begin{cases} J_1 = L_{11} X_1 + L_{12} X_2 \\ J_2 = L_{21} X_1 + L_{22} X_2 \end{cases} \tag{3.7.11}$$

式中：L_{11}、L_{22} 称为自唯象系数(auto-phenomenological coefficient)；L_{12}、L_{21} 称为交叉唯象系数 (cross phenomenological coefficient)或干涉系数(interference coefficient)。

1931 年，昂萨格推导出交叉唯象系数存在如下对称性质。

$$L_{12} = L_{21} \tag{3.7.12}$$

该式称为昂萨格倒易关系(Onsager's reciprocity relation)。满足倒易关系的近平衡区称为严格线性区。

式(3.7.12)表明，当系统中发生的第一个不可逆过程的广义通量 J_1 受到第二个不可逆过程的广义推动力 X_2 影响时，第二个不可逆过程的广义通量 J_2 也必然受第一个不可逆过程的广义推动力 X_1 的影响，并且表征这两种相互干涉的交叉唯象系数相等。

昂萨格倒易关系是非平衡态热力学的重要成果，为许多实验事实所证实。但是，所定义的广义推动力和广义通量，只有同时满足式(3.7.3)和式(3.7.10)的关系，倒易关系才成立，才具有普遍性，而与系统的本性及广义推动力的本性无关。

3.7.6　最小熵产生原理

最小熵产生原理(principle of minimization entropy production rate)的表述是：在非平衡态的线性区(近平衡区)，系统处于定态时熵产生速率取最小值。它是 1945 年由普里高京提出的。

为了讨论该原理，先说明什么为定态。

如图 3.7.1 所示，设有一容器充入 A、B 两种气体形成均匀混合的气体系统。实验时，把一温度梯度加到容器左、右两器壁间，一为热壁，一为冷壁。实验观测到，一种气体在热壁上富集，而另一种气体则在冷壁上富集。这是由于热扩散带来的结果。此外还发现，温度梯

度的存在不仅引起热扩散,同时还导致一个浓度梯度的产生,即自热壁至冷壁会存在 A、B 两种气体的浓度梯度。结果,熵总是低于开始时气体均匀混合的熵值。

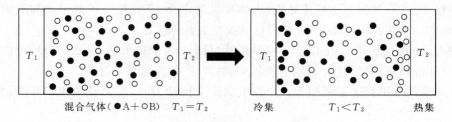

混合气体(●A＋○B)　$T_1=T_2$　　　冷集　　　　$T_1<T_2$　　　　热集

图 3.7.1　最小熵产生原理示意图

如果一个系统不受任何强加的外部限制,实际上即为隔离系统。在隔离系统中,不论系统初始处于何种状态,系统中所有的广义推动力和广义通量自由发展的结果总是趋于零,最终达到平衡态。然而对一个系统强加一个外部条件,如前述热扩散例子,在系统两端强加温度梯度,会引起一个浓度梯度,于是系统中同时有一个引起热扩散的力 X_q 和一个引起物质扩散的力 X_m,以及相应热扩散通量 J_q 和物质扩散通量 J_m。但是由于给系统强加的限制是恒定的热扩散力 X_q,而物质扩散力 X_m 和物质扩散通量 J_m 可以自由发展,发展的结果,系统最终会到达一个不随时间变化的状态,这时 $J_m=0$,气体混合物系统的浓度呈均匀分布,但热扩散通量依然存在。因此,这个不随时间变化的状态不是平衡态,而是非平衡定态,简称定态(constant state)。

在非平衡态的线性区,可以证明总熵产生速率具有下列特征:

$$\frac{\mathrm{d}p}{\mathrm{d}t} \leqslant 0 \tag{3.7.13}$$

式(3.7.13)即为最小熵产生原理的数学表达式。它表明,在非平衡态的线性区,系统随着时间的发展总是朝着总熵产生速率减少的方向进行,直至达到定态。在定态熵下,产生速率不再随时间变化。

从最小熵产生原理可以得到一个重要结论:在非平衡态的线性区,非平衡定态是稳定的。设想,若系统已处于定态,假若环境给系统以微扰(或涨落),系统可偏离定态。而由最小熵产生原理,此时的总熵产生值大于定态的总熵产生值,而且随时间的变化总熵产生值要减少,直至达到定态,使系统又回到定态,因此非平衡定态是稳定的。

进而还可以得到结论:在非平衡态的线性区(即在平衡态附近)不会自发形成时空有序的结构,并且即使给初始条件强加一个有序结构(如前述的热扩散例子),随着时间的推移,系统终究要发展到一个无序的定态,任何初始的有序结构将会消失。换句话说,在非平衡态线性区,自发过程总是趋于破坏任何有序,走向无序。

3.7.7　非线性非平衡态热力学

对于化学反应,通量和推动力的线性关系只有在反应亲和力很小的情况下才会成立;而人们实际关心的大部分化学反应并不满足这样的条件。当系统远离平衡态时,即热力学推动力很大时,通量和推动力就不再呈线性关系。若将通量和推动力的函数关系以平衡态为参考态,作泰勒(Taylor)级数展开,得到

$$J_k = J_k(0) + \sum \left(\frac{\partial J_k}{\partial X_1}\right)_0 X_1 + \frac{1}{2}\sum \left(\frac{\partial J_k}{\partial X_1 X_m}\right)_0 X_1 X_m + \cdots \tag{3.7.14}$$

式(3.7.14)中,第二项为某一单独推动力的作用而导致的通量;第三项以后,为多种推动力共同作用导致的通量。此式表明通量和推动力的非线性关系。符合这种非线性关系的非平衡态称为非平衡态的非线性区。研究非平衡态非线性区的热力学称为非线性非平衡态热力学。

　　显然,在非线性区,线性唯象方程和昂萨格倒易关系均不复存在,当然最小熵产生原理也不会成立。处理远离平衡态的过程的行为,单纯用非平衡态热力学方法已无能为力,还必须同时研究远离平衡态的非线性动力学行为。

　　综上所述,热力学的发展可概括为以下三个阶段。

　　第一个阶段:平衡态热力学——熵产生及推动力和通量均为零。

　　第二个阶段:线性非平衡态热力学——在非平衡态的线性区,推动力是弱的,通量与推动力呈线性关系。

　　第三个阶段:非线性非平衡态热力学——在非平衡态的非线性区,通量是推动力的更复杂的函数。

习　　题

1. 指出下列公式的适用范围:

(1) $\eta = \dfrac{Q_1 + Q_2}{Q_1} = \dfrac{T_1 - T_2}{T_1}$;

(2) $\Delta_T S = nR\ln\dfrac{V_2}{V_1}$;

(3) $\Delta_{mix} S = -nR(y_A \ln y_A + y_B \ln y_B)$;

(4) $dG = -SdT + Vdp$;

(5) $\Delta G_T = \displaystyle\int_{p_1}^{p_2} Vdp \approx V\Delta p$;

(6) $\dfrac{d(\ln p)}{dT} = \dfrac{\Delta_{vap} H_m}{RT^2}$。

2. 判断下列说法是否正确,并说明原因。

(1) 不可逆过程一定是自发的,而自发过程一定是不可逆的。

(2) 凡熵增加的过程都是自发过程。

(3) 当系统的热力学能和体积恒定时,不可能发生一个熵减小的过程。

(4) 绝热系统中,从始态经不可逆过程到达末态,无论用什么方法也不可能回到始态。

(5) 冷冻机可以从低温热源吸热传给高温热源,这与克劳修斯的说法不符。

3. 指出下列过程中,Q、W、ΔU、ΔH、ΔS、ΔA、ΔG 等热力学函数的变量哪些为零,哪些绝对值相等。

(1) 理想气体向真空膨胀;

(2) 理想气体可逆等温膨胀;

(3) 理想气体绝热节流膨胀;

(4) 理想气体可逆绝热膨胀;

(5) 实际气体可逆绝热压缩;

(6) 恒温下饱和液体蒸发为饱和蒸气;

(7) 氢气和氧气在绝热钢瓶中发生反应生成水;

(8) 氢气和氯气在绝热钢瓶中发生反应生成氯化氢气体;

(9) 实际气体不可逆循环;

（10）绝热等压且无非体积功的条件下，发生的一个化学反应。

4. 在 100 kPa 及 298.15 K 下，反应 $2H_2O(l) \longrightarrow 2H_2(g)+O_2(g)$ 的 $\Delta_r G_m > 0$，说明此反应不能自动自左向右进行，但在工业上常用电解水制备 H_2 和 O_2。试说明原因。

5. 从理论上计算，1 L 汽油在汽缸中燃烧能做多少功？设汽缸的温度 $T_1 = 2\,200$ K，排气的温度 $T_2 = 1\,200$ K。汽油的密度为 0.80 kg·L^{-1}，汽油的燃烧焓为 46.86 kJ·g^{-1}。

6. 一冷冻机的工作效率只有理论值的一半，即实际功只有一半起理论功的作用。若它在 0～25 ℃ 间工作，试计算 1 kg、0 ℃ 的水在冷冻机中制成 0 ℃ 的冰所需的实际功和冷冻机向 25 ℃ 的环境放出的热。已知冰的熔化焓为 334.7 J·g^{-1}。

7. 有一大的恒温槽，其温度为 96.9 ℃，室温为 26.9 ℃，经过相当时间后有 4 180 J 的热因恒温槽绝热不良而传给室内空气。

   （1）计算恒温槽的熵变；

   （2）计算空气的熵变；

   （3）判断此过程是否为自发过程。

8. 设有一化学反应在 298.15 K 及 $p^{\ominus}$ 下进行，放热 41.84 kJ。设计在同样条件下将此反应通过可逆电池来完成，此时放热 8.37 kJ。试计算：

   （1）此反应的 ΔS；

   （2）此反应在原电池外不可逆进行时的 $\Delta S_{外}$ 及 $\Delta S_{隔}$，并判断此反应能否自发进行；

   （3）系统可能做的最大有效功。

9. 证明：对于理想气体的绝热可逆过程，有 $dG = (C_p - S)dT$。

10. 证明：$\left(\dfrac{\partial U}{\partial p}\right)_T = -T\left(\dfrac{\partial V}{\partial T}\right)_p - p\left(\dfrac{\partial V}{\partial p}\right)_T$。

11. 某气体的状态方程为 $p(V_m - b) = RT$，其中 b 为只与气体性质有关的常数，且已知 $b > 0$。试证明该气体经节流膨胀后，其温度必然会升高。

12. 如图所示，抽去两种气体间的隔板后，H_2 和 He 恒温混合，试求混合过程的 ΔU、ΔH、ΔS、ΔA、ΔG。

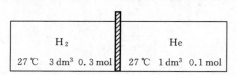

$$
\begin{array}{|c|c|}
\hline
\text{H}_2 & \text{He} \\
27\,℃ \quad 3\,dm^3 \quad 0.3\,mol & 27\,℃ \quad 1\,dm^3 \quad 0.1\,mol \\
\hline
\end{array}
$$

13. 在 100 kPa 的压力下，将 10 kg、300 K 的水与 20 kg、345 K 的水在绝热容器中混合。求此混合过程的焓变 ΔH 及熵变 ΔS。已知水的质量定压热容 $c_p = 4.184$ J·g^{-1}·K^{-1}。

14. 在下列情况下，1 mol 理想气体在 27 ℃ 等温膨胀，从 50 L 至 100 L，试求以下过程的 Q、W、ΔU、ΔH 及 ΔS：

   （1）可逆膨胀；

   （2）膨胀过程所做的功等于最大功的 50%；

   （3）向真空膨胀。

15. 在 25 ℃ 时，金刚石与石墨的标准摩尔熵分别为 2.38 J·mol^{-1}·K^{-1} 及 5.74 J·mol^{-1}·K^{-1}；标准摩尔燃烧焓分别为 -395.40 kJ·mol^{-1} 及 -393.510 kJ·mol^{-1}。计算在 25 ℃ 的标准状态下：C（金刚石）$\longrightarrow$ C（石墨）过程 $\Delta_r G_m$。并指出在 25 ℃ 的标准状态下，金刚石与石墨何者较稳定。

16. 在 25 ℃ 时，正丁醇的蒸发焓为 42.60 kJ·mol^{-1}，正丁醇的蒸气压与温度的关系为

$$
\lg(p/\text{Pa}) = 10.711\,2 - \frac{1\,971.7}{t/℃ + 230}
$$

若将 1 mol 的液态正丁醇在 25 ℃ 时转变为 101.3 Pa 的蒸气，其熵变为多少？设正丁醇蒸气服从理想气体行为。

17. 在一容积为 50 L 的恒容密闭真空容器的底部有一小瓶，瓶中有 2 mol 液态水 $H_2O(l)$，整个容器置于

100 ℃的恒温槽中。已知在 100 ℃时,水的饱和蒸气压为 101. 325 kPa,$H_2O(l)$的摩尔蒸发焓 $\Delta_{vap} H_m$ =40. 668 kJ·mol^{-1}。今将小瓶打碎,水蒸发至平衡态,求过程的 Q、ΔU、ΔH、ΔS、ΔA 及 ΔG。(液态水的体积相对于容器的容积,可以忽略)

18. 在-59 ℃时,过冷的 $CO_2(l)$ 的饱和蒸气压为 460 kPa,$CO_2(s)$ 的饱和蒸气压为 430 kPa。设 $CO_2(l)$ 的摩尔体积与 $CO_2(s)$ 的摩尔体积相同,试求在-59 ℃及 100 kPa 下,1 mol 过冷$CO_2(l)$凝固为 $CO_2(s)$ 的摩尔反应吉布斯函数 $\Delta_r G_m$。此过程能否自动进行?

19. 已知冰在 0 ℃、100 kPa 下的摩尔熔化焓为 6. 003 kJ·mol^{-1};水和冰的平均摩尔定压热容分别为 75. 3 J·mol^{-1}·K^{-1}和 37. 6 J·mol^{-1}·K^{-1};冰在-5 ℃时的蒸气压为 401 Pa。试计算:

(1) $H_2O(s, -5$ ℃$, 100$ kPa$) \longrightarrow H_2O(l, -5$ ℃$, 100$ kPa$)$的 $\Delta_r G_m$;

(2) 过冷水在-5 ℃时的蒸气压。

20. 萘在正常熔点 80. 0 ℃时的熔化焓为 150 J·g^{-1},若固态萘的密度为 1. 145 g·cm^{-3},液态萘的密度为 0. 981 g·cm^{-3},试计算萘的熔点随压力的变化率。

21. 若水蒸气服从理想气体行为,试求水在 110 ℃时的蒸气压。已知水在正常沸点时的蒸发焓为 2 259 J·g^{-1},H_2O 的摩尔质量 $M=18. 02$ g·mol^{-1}。

22. 固态二氧化硫的蒸气压与温度的关系式为

$$\lg (p/\mathrm{Pa}) = -\frac{1\,871.2}{T/\mathrm{K}} + 12.715\,2$$

液态二氧化硫的蒸气压与温度的关系式为

$$\lg (p/\mathrm{Pa}) = -\frac{1\,425.7}{T/\mathrm{K}} + 10.442\,2$$

试求:(1) 固态、液态与气态二氧化硫共存时的温度与压力;

(2) 在该温度下固态二氧化硫的摩尔熔化焓。

第 4 章　多组分系统热力学

本章基本要求

　　1. 掌握偏摩尔量和化学势的定义。

　　2. 掌握理想气体化学势的表示式及其标准状态的含义；了解逸度的概念。

　　3. 掌握拉乌尔定律和亨利定律的应用。

　　4. 掌握理想液态混合物的特性及热力学定义式。

　　5. 了解理想稀溶液中各组分化学势的表示方法。

　　6. 熟悉稀溶液的依数性，并掌握相关计算。

　　7. 了解活度和活度因子的概念。

　　两种或两种以上物质或组分（component）所形成的系统称为多组分系统（multi-component system）。本章主要讨论以分子（离子）级大小的粒子相互分散的均相系统（homogeneous system）。

　　常见多组分均相系统有混合物（mixture）、溶液（solution）和稀薄溶液（dilute solution）等。

　　混合物是指含有一种以上组分的系统，可以是气相、液相或固相，是多组分均相系统。在热力学中，大多混合物中的组分可按相同的方法来处理，即只需任选其中一种组分作为研究对象，其结果可用于其他组分。

　　溶液是指含有一种以上组分的液相或固相，将其中一种组分称为溶剂（solvent），其余组分称为溶质（solute）。通常将含量多者称为溶剂，含量少者称为溶质。在热力学中对溶剂和溶质用不同的方法来处理。

　　稀溶液是指溶质的含量非常少，其摩尔分数的总和远小于 1 的溶液。对于无限稀薄的稀溶液，通常在代表其某种性质的符号的右上角加注"∞"以示区别。

4.1　偏 摩 尔 量

　　在 293.15 K 时，将乙醇与水以不同的比例混合，使溶液的总量为 100 g，测得不同组成溶液的总体积，结果如表 4.1.1 所示。

表 4.1.1　293.15 K 时乙醇与水混合前后的体积与组成的关系

乙醇的质量分数	$V_{乙醇}/\text{cm}^3$	$V_水/\text{cm}^3$	混合前的体积（相加值）/cm^3	混合后溶液的体积（实验值）/cm^3	混合前后体积差 $\Delta V/\text{cm}^3$
0.10	12.67	90.36	103.03	101.84	1.19
0.20	25.34	80.32	105.66	103.24	2.42
0.30	38.01	70.28	108.29	104.84	3.45
0.40	50.68	60.24	110.92	106.93	3.99

乙醇的质量分数	$V_{乙醇}/\mathrm{cm}^3$	$V_{水}/\mathrm{cm}^3$	混合前的体积（相加值）/cm^3	混合后溶液的体积（实验值）/cm^3	混合前后体积差 $\Delta V/\mathrm{cm}^3$
0.50	63.35	50.20	113.55	109.43	4.12
0.60	76.02	40.16	116.18	112.22	3.96
0.70	88.69	36.12	118.81	115.25	3.56
0.80	101.36	20.08	121.44	118.56	2.88
0.90	114.03	10.04	124.07	122.25	1.82

由表 4.1.1 可知,溶液的体积并不等于各组分在纯态时的体积之和,一定温度、压力下溶液的摩尔体积随溶液组成而变化。由此说明,多组分均相系统与单组分均相系统不同,其摩尔体积不仅是温度、压力的函数,还取决于系统的组成,即多组分均相系统的体积是温度、压力以及各组分物质的量(n_1,n_2,n_3,$\cdots$)的函数。不仅容量性质 V 如此,对任一容量性质 Z 都具有这一特点。

$$Z = f(T,p,n_1,n_2,\cdots,n_k)$$

$$\mathrm{d}Z = \left(\frac{\partial Z}{\partial T}\right)_{p,n}\mathrm{d}T + \left(\frac{\partial Z}{\partial p}\right)_{T,n}\mathrm{d}p + \left(\frac{\partial Z}{\partial n_1}\right)_{T,p,n'}\mathrm{d}n_1 + \cdots + \left(\frac{\partial Z}{\partial n_k}\right)_{T,p,n'}\mathrm{d}n_k$$

$$= \left(\frac{\partial Z}{\partial T}\right)_{p,n}\mathrm{d}T + \left(\frac{\partial Z}{\partial p}\right)_{T,n}\mathrm{d}p + \sum_{i=1}^{k}\left(\frac{\partial Z}{\partial n_i}\right)_{T,p,n'}\mathrm{d}n_i \qquad (4.1.1)$$

式中:n'表示求微商时除求微商的物质以外其他物质的物质的量不变。

等温等压下,式(4.1.1)可表示为

$$\mathrm{d}Z_{T,p} = \sum_{i=1}^{k}\left(\frac{\partial Z}{\partial n_i}\right)_{T,p,n'}\mathrm{d}n_i \qquad (4.1.2)$$

4.1.1　偏摩尔量的定义

将偏微商$\left(\dfrac{\partial Z}{\partial n_i}\right)_{T,p,n'}$称为系统中第 i 种物质某种容量性质 Z 的偏摩尔量(partial molar quantity),以符号 $Z_{i,\mathrm{m}}$ 表示,即

$$Z_{i,\mathrm{m}} = \left(\frac{\partial Z}{\partial n_i}\right)_{T,p,n'}$$

式中:n'表示 n_1,n_2,$\cdots$,n_{i-1},n_{i+1},$\cdots$,n_k;$Z_{i,\mathrm{m}}$是在等温等压及系统组成一定时,系统的容量性质 Z 对第 i 种物质的物质的量 n_i 的偏微商,可以理解为在无限大量、组成一定的某一系统中加入 1 mol 第 i 种物质所引起的系统容量性质 Z 的改变值。显然偏摩尔量是强度性质,对 T、p 及组成一定的系统,各物质的偏摩尔量都具有确定值。例如:

偏摩尔体积　　　　　　　　　　　$V_{i,\mathrm{m}} = \left(\dfrac{\partial V}{\partial n_i}\right)_{T,p,n'}$

偏摩尔热力学能　　　　　　　　　$U_{i,\mathrm{m}} = \left(\dfrac{\partial U}{\partial n_i}\right)_{T,p,n'}$

偏摩尔焓　　　　　　　　　　　　$H_{i,\mathrm{m}} = \left(\dfrac{\partial H}{\partial n_i}\right)_{T,p,n'}$

偏摩尔熵　　　　　　　　　　　　$S_{i,\mathrm{m}} = \left(\dfrac{\partial S}{\partial n_i}\right)_{T,p,n'}$

偏摩尔亥姆霍兹函数　　　　$A_{i,\mathrm{m}} = \left(\dfrac{\partial A}{\partial n_i}\right)_{T,p,n'}$

偏摩尔吉布斯函数　　　　　$G_{i,\mathrm{m}} = \left(\dfrac{\partial G}{\partial n_i}\right)_{T,p,n'}$

4.1.2　偏摩尔量与摩尔量的关系

单组分均相系统 $Z_{i,\mathrm{m}} = \left(\dfrac{\partial Z}{\partial n_i}\right)_{T,p} = Z_{\mathrm{m},i}^*$（右上角星号代表纯物质），偏摩尔量 $Z_{i,\mathrm{m}}$ 与其摩尔量 $Z_{\mathrm{m},i}^*$ 相等。例如，单组分均相系统的偏摩尔吉布斯函数 $G_{i,\mathrm{m}}$ 与其摩尔吉布斯函数 $G_{\mathrm{m},i}^*$ 相等。

使用偏摩尔量时必须注意：只有容量性质才有偏摩尔量，偏微商外的下角标均为 $T,p,$ n'，即只有在等温、等压、除 i 以外的其他组分的量保持不变时，某容量性质 Z 对组分 i 的物质的量 n_i 的偏微商才称为偏摩尔量。

4.1.3　集合公式

一定温度、压力下某多组分均相系统中，各组分的物质的量分别为 $n_1, n_2, \cdots, n_k$，保持温度、压力及系统组成不变，按比例将各组分的物质的量增大到原来的 λ 倍，系统的某容量性质从 Z 增大到 λZ，其改变值为

$$\Delta Z = \lambda Z - Z = (\lambda - 1)Z \tag{4.1.3}$$

根据式（4.1.2），在等温等压过程中的 ΔZ 应为

$$\Delta Z = \sum_{i=1}^{k} Z_{i,\mathrm{m}} \Delta n_i$$

而　　　　　　　　　　　$\Delta n_i = \lambda n_i - n_i$

则　　　　　　　　　　　$\Delta Z = (\lambda - 1) \sum Z_{i,\mathrm{m}} n_i$

与式（4.1.3）对比，可知

$$Z = \sum_{i=1}^{k} Z_{i,\mathrm{m}} n_i \tag{4.1.4}$$

式（4.1.4）称为集合公式，适用于系统的一切容量性质。在一定温度、压力下，某多组分均相系统的任一容量性质等于各组分在该组成下的偏摩尔量与其物质的量的乘积之和。例如，乙醇-水溶液的体积为

$$V = V_{乙醇,\mathrm{m}} n_{乙醇} + V_{水,\mathrm{m}} n_水$$

同理有 $G = \sum G_{i,\mathrm{m}} n_i$，$S = \sum S_{i,\mathrm{m}} n_i$，$A = \sum A_{i,\mathrm{m}} n_i$，$U = \sum U_{i,\mathrm{m}} n_i$ 等。

4.1.4　吉布斯-杜亥姆公式

由集合公式 $Z = \displaystyle\sum_{i=1}^{k} Z_{i,\mathrm{m}} n_i$ 得

$$\begin{aligned}
\mathrm{d}Z_{T,p} &= Z_{1,\mathrm{m}} \mathrm{d}n_1 + n_1 \mathrm{d}Z_{1,\mathrm{m}} + Z_{2,\mathrm{m}} \mathrm{d}n_2 + n_2 \mathrm{d}Z_{2,\mathrm{m}} + \cdots + Z_{k,\mathrm{m}} \mathrm{d}n_k + n_k \mathrm{d}Z_{k,\mathrm{m}} \\
&= (Z_{1,\mathrm{m}} \mathrm{d}n_1 + Z_{2,\mathrm{m}} \mathrm{d}n_2 + \cdots + Z_{k,\mathrm{m}} \mathrm{d}n_k) \\
&\quad + (n_1 \mathrm{d}Z_{1,\mathrm{m}} + n_2 \mathrm{d}Z_{2,\mathrm{m}} + \cdots + n_k \mathrm{d}Z_{k,\mathrm{m}})
\end{aligned}$$

将上式与式（4.1.2）比较，可得

$$n_1 dZ_{1,m} + n_2 dZ_{2,m} + \cdots + n_k dZ_{k,m} = 0$$

或
$$\sum_{i=1}^{k} n_i dZ_{i,m} = 0 \tag{4.1.5}$$

式(4.1.5)除以系统中物质的量的总和,得到

$$\sum_{i=1}^{k} x_i dZ_{i,m} = 0 \tag{4.1.6}$$

式(4.1.5)和式(4.1.6)均称为吉布斯-杜亥姆(Gibbs-Duhem)公式,它表明系统中各物质的偏摩尔量间是相互关联的。

*4.1.5　偏摩尔量的计算举例

常见偏摩尔量的计算方法有分析法、图解法和截距法等,现就分析法予以举例说明。

例 4.1.1　在常温常压下,在 1.0 kg $H_2O(A)$ 中加入 NaBr(B),水溶液的体积(以 cm^3 表示)与溶质 B 的质量摩尔浓度 b_B 的关系可用下式表示:

$$V = 1\,002.93 + 23.189 b_B + 2.197 b_B^{\frac{3}{2}} - 0.178 b_B^2$$

求当 $b_B = 0.25$ mol·kg^{-1} 和 $b_B = 0.50$ mol·kg^{-1} 时,溶液中 NaBr(B) 和 $H_2O(A)$ 的偏摩尔体积。

解
$$V_B = \left(\frac{\partial V}{\partial b_B}\right)_{T,p,n_A} = 23.189 + \frac{3}{2} \times 2.197 b_B^{\frac{1}{2}} - 2 \times 0.178 b_B$$

将 $b_B = 0.25$ mol·kg^{-1} 和 $b_B = 0.50$ mol·kg^{-1} 代入,得到在两种浓度时,NaBr 的偏摩尔体积分别为

$$V_{B,m} = 24.75\ cm^3 \cdot mol^{-1}, \quad V_{B,m} = 25.34\ cm^3 \cdot mol^{-1}$$

根据偏摩尔量的集合公式

$$V = V_{A,m} n_A + V_{B,m} n_B$$

得
$$V_{A,m} = \frac{V - V_{B,m} n_B}{n_A}$$

由此可得,两种溶液中 $H_2O(A)$ 的偏摩尔体积分别为

$$V_{A,m} = 18.067\ cm^3 \cdot mol^{-1}, \quad V_{A,m} = 18.045\ cm^3 \cdot mol^{-1}$$

4.2　化　学　势

在多组分系统中,另一个重要的物理量就是化学势(chemical potential)。对多组分系统 $G = G(T, p, n_1, n_2, \cdots, n_k)$,有

$$dG = \left(\frac{\partial G}{\partial T}\right)_{p,n} dT + \left(\frac{\partial G}{\partial p}\right)_{T,n} dp + \sum_{i=1}^{k} \left(\frac{\partial G}{\partial n_i}\right)_{T,p,n'} dn_i \tag{4.2.1}$$

当系统中各物质的物质的量均不变时,有

$$dG = -S dT + V dp$$

与式(4.2.1)比较,可得

$$\left(\frac{\partial G}{\partial T}\right)_{p,n} = -S, \quad \left(\frac{\partial G}{\partial p}\right)_{T,n} = V$$

则
$$dG = -S dT + V dp + \sum_{i=1}^{k} \left(\frac{\partial G}{\partial n_i}\right)_{T,p,n'} dn_i$$

4.2.1　化学势的定义

将偏摩尔吉布斯函数 $\left(\frac{\partial G}{\partial n_i}\right)_{T,p,n'}$ 定义为第 i 种物质的化学势(化学势的狭义定义),用符

号 μ_i 表示,即

$$\mu_i \xrightarrow{\text{def}} \left(\frac{\partial G}{\partial n_i}\right)_{T,p,n'} = G_{i,\text{m}}$$

则

$$\mathrm{d}G = -S\mathrm{d}T + V\mathrm{d}p + \sum_{i=1}^{k} \mu_i \mathrm{d}n_i \tag{4.2.2}$$

等温等压时,有

$$\mathrm{d}G_{T,p} = \sum_{i=1}^{k} \mu_i \mathrm{d}n_i \tag{4.2.3}$$

以偏摩尔吉布斯函数定义化学势 μ_i,表示等温等压下,在无限大量的系统中加入 1 mol 的第 i 种物质所引起的系统吉布斯函数的改变值。化学势是强度性质,由集合公式 $G = \sum \mu_i n_i$ 知,一定温度和压力下,系统中各种物质的化学势 μ_i 越高,系统的 G 值越大,该系统做非体积功的能力越强。

当然,化学势还有其他表达形式,例如,$U=U(S,V,n_1,n_2,\cdots,n_k)$,故

$$\mathrm{d}U = \left(\frac{\partial U}{\partial S}\right)_{V,n} \mathrm{d}S + \left(\frac{\partial U}{\partial V}\right)_{S,n} \mathrm{d}V + \sum_{i=1}^{k} \left(\frac{\partial U}{\partial n_i}\right)_{S,V,n'} \mathrm{d}n_i \tag{4.2.4}$$

将式(4.2.2)两边同时减去 $\mathrm{d}(pV-TS)$,整理后可得

$$\mathrm{d}G - \mathrm{d}(pV - TS) = T\mathrm{d}S - p\mathrm{d}V + \sum_{i=1}^{k} \mu_i \mathrm{d}n_i$$

$$\mathrm{d}U = T\mathrm{d}S - p\mathrm{d}V + \sum_{i=1}^{k} \mu_i \mathrm{d}n_i \tag{4.2.5}$$

将式(4.2.4)与式(4.2.5)比较,可得

$$\mu_i = \left(\frac{\partial U}{\partial n_i}\right)_{S,V,n'}$$

即定熵等容下系统的热力学能对第 i 种物质的物质的量的偏微商即为第 i 种物质的化学势 μ_i。显然,μ_i 不是偏摩尔热力学能。

同样可以证明

$$\mu_i = \left(\frac{\partial H}{\partial n_i}\right)_{S,p,n'} = \left(\frac{\partial A}{\partial n_i}\right)_{T,V,n'}$$

综上所述,可以得到化学势的广义定义如下:

$$\mu_i = \left(\frac{\partial U}{\partial n_i}\right)_{S,V,n'} = \left(\frac{\partial H}{\partial n_i}\right)_{S,p,n'} = \left(\frac{\partial A}{\partial n_i}\right)_{T,V,n'} = \left(\frac{\partial G}{\partial n_i}\right)_{T,p,n'}$$

以上四个偏微商中只有 $\left(\frac{\partial G}{\partial n_i}\right)_{T,p,n'}$ 是偏摩尔量。虽然其中任何一个偏微商都可以表达处于一定状态的多组分系统中某种物质的化学势,但由于化学反应一般在等温等压下进行,因此用偏摩尔吉布斯函数定义的化学势使用最为方便,应用也最为广泛。

4.2.2　过程自发性的化学势判据

引入化学势后,热力学基本方程可表示为

$$\mathrm{d}U = T\mathrm{d}S - p\mathrm{d}V + \sum \mu_i \mathrm{d}n_i \tag{4.2.6}$$

$$\mathrm{d}H = T\mathrm{d}S + V\mathrm{d}p + \sum \mu_i \mathrm{d}n_i \tag{4.2.7}$$

$$\mathrm{d}G = -S\mathrm{d}T + V\mathrm{d}p + \sum \mu_i \mathrm{d}n_i \tag{4.2.8}$$

$$dA = - SdT - pdV + \sum \mu_i dn_i \tag{4.2.9}$$

已知在不同条件下过程自发性的判据分别为

$$dU_{S,V} \leqslant 0, \quad dH_{S,p} \leqslant 0, \quad dG_{T,p} \leqslant 0, \quad dA_{T,V} \leqslant 0$$

所以在以上各特定条件下,过程自发性的判据均可表示为

$$\sum_{i=1}^{k} \mu_i dn_i \leqslant 0 \tag{4.2.10}$$

式中:"<"表示过程具有自发性,"="表示过程处于平衡态,故将式(4.2.10)称为化学势判据。

对于可逆过程而言,$- \sum \mu_i dn_i = \delta W_r$,所以用 $\sum \mu_i dn_i$ 可衡量各特定条件下封闭系统做非体积功的能力,为此有人提出将 $\sum \mu_i dn_i$ 称为化学功。

对于存在 α、β 两相的多组分系统,在等温等压下,设 β 相中有极微量的第 i 种物质 dn_i 转移到 α 相。设 i 在 α 相中的化学势为 μ_i^α,i 在 β 相中的化学势为 μ_i^β,如图 4.2.1 所示。

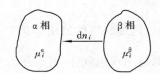

图 4.2.1　多组分系统相变示意图

由于该物质在相间的转移而引起系统的吉布斯函数改变为

$$dG_{T,p} = \sum \mu_i dn_i = \mu_i^\alpha dn_i + \mu_i^\beta (- dn_i) = (\mu_i^\alpha - \mu_i^\beta) dn_i \leqslant 0$$

因为

$$dn_i > 0$$

所以

$$\mu_i^\alpha - \mu_i^\beta \leqslant 0 \quad 或 \quad \mu_i^\alpha \leqslant \mu_i^\beta \tag{4.2.11}$$

式(4.2.11)表明,如果第 i 种物质在 β 相中的化学势大于在 α 相中的化学势,则第 i 种物质可以自发地由 β 相向 α 相转移,直到它在两相中化学势相等而达到平衡。因此,化学势的大小决定物质在相变中转移的方向和限度,可以将化学势看成物质在两相中转移的推动力。

4.2.3　化学势的集合公式和吉布斯-杜亥姆公式

1. 集合公式

$$G = \sum_{i=1}^{k} G_{i,m} n_i = \sum_{i=1}^{k} \mu_i n_i \tag{4.2.12}$$

2. 吉布斯-杜亥姆公式

$$\sum_{i=1}^{k} n_i d\mu_i = 0 \tag{4.2.13}$$

或

$$\sum_{i=1}^{k} x_i d\mu_i = 0 \tag{4.2.14}$$

4.2.4　化学势与压力、温度的关系

1. 化学势与压力的关系

$$\left(\frac{\partial \mu_i}{\partial p}\right)_{T,n} = \left[\frac{\partial}{\partial p}\left(\frac{\partial G}{\partial n_i}\right)_{T,p,n'}\right]_{T,n} = \left[\frac{\partial}{\partial n_i}\left(\frac{\partial G}{\partial p}\right)_{T,n}\right]_{T,p,n'} = \left(\frac{\partial V}{\partial n_i}\right)_{T,p,n'}$$

而 $\left(\frac{\partial V}{\partial n_i}\right)_{T,p,n'} = V_{i,m}$,即第 i 种物质的偏摩尔体积。

对于等温、组成一定的系统,有

$$d\mu_i = V_{i,m}dp \tag{4.2.15}$$

2. 化学势与温度的关系

$$\left(\frac{\partial \mu_i}{\partial T}\right)_{p,n} = \left[\frac{\partial}{\partial T}\left(\frac{\partial G}{\partial n_i}\right)_{T,p,n'}\right]_{p,n} = \left[\frac{\partial}{\partial n_i}\left(\frac{\partial G}{\partial T}\right)_{p,n}\right]_{T,p,n'} = -\left(\frac{\partial S}{\partial n_i}\right)_{T,p,n'}$$

而 $\left(\dfrac{\partial S}{\partial n_i}\right)_{T,p,n'} = S_{i,m}$,即第 i 种物质的偏摩尔熵。

对于等压、组成一定的系统,有

$$d\mu_i = -S_{i,m}dT \tag{4.2.16}$$

4.3　气体的化学势

4.3.1　纯理想气体的化学势

对纯的理想气体,其摩尔吉布斯函数 G_m 等于其化学势。在等温下,有

$$dG_m = V_m dp = \frac{RT}{p}dp$$

所以　　　　　　　　　　　　$\mu = G_m = RT\ln p + C$

规定理想气体在标准压力 $p^{\ominus} = 100$ kPa 下的状态为标准状态,对温度没有规定。此状态下物质的化学势称为标准化学势,以 $\mu^{\ominus}(T)$ 表示,所以上式的积分常数 $C = \mu^{\ominus} - RT\ln p^{\ominus}$,故

$$\mu = \mu^{\ominus}(T) + RT\ln\frac{p}{p^{\ominus}} \tag{4.3.1}$$

4.3.2　混合理想气体的化学势

对于混合理想气体,其中任一组分气体的行为与它单独占有混合气体的总体积时的行为相同,所以混合气体中第 i 种物质的化学势可表示为

$$\mu_i = \mu_i^{\ominus}(T) + RT\ln\frac{p_i}{p^{\ominus}} \tag{4.3.2}$$

式中:$\mu_i^{\ominus}(T)$ 是温度为 T 时第 i 种物质的标准化学势。混合理想气体中第 i 种物质的标准状态就是其分压等于标准压力 $p^{\ominus}$ 的状态。

根据道尔顿分压定律,$p_i = x_i p$,代入式(4.3.2)可得

$$\mu_i = \mu_i^{\ominus}(T) + RT\ln\frac{p}{p^{\ominus}} + RT\ln x_i$$

所以理想气体混合物中第 i 种物质的化学势与其摩尔分数的关系为

$$\mu_i = \mu_i^*(T,p) + RT\ln x_i$$

式中:$\mu_i^*(T,p)$ 是第 i 种物质在指定 T、p 时的化学势,这个状态显然不是标准状态。

4.3.3　实际气体的化学势——逸度的概念

由于理想气体状态方程不能正确地反映实际气体的行为,因此式(4.3.1)与式(4.3.2)均不能正确地反映真实气体的化学势与压力的关系。如果将实际气体的压力加以校正,将

其压力乘以校正系数 γ,以 $\gamma p = f$ 代替式(4.3.1)中的压力 p,使校正后所得 μ 与 f 的关系式与理想气体的 μ 与其压力的关系式形式一致,则实际气体的化学势为

$$\mu = \mu^{\ominus}(T) + RT\ln\frac{f}{p^{\ominus}} \tag{4.3.3}$$

$$f = \gamma p \tag{4.3.4}$$

$$\mu = \mu^{\ominus}(T) + RT\ln\frac{\gamma p}{p^{\ominus}} \tag{4.3.5}$$

式中:f 称为逸度(fugacity);γ 称为逸度系数(fugacity coefficient)或逸度因子(fugacity factor),它反映了该实际气体对理想气体性质的偏差程度。γ 不仅与气体的本性有关,还与温度、压力有关。一般来说,在一定温度下,当气体压力很大时,$\gamma > 1$;当气体压力不太大时,$\gamma < 1$;当气体压力趋近于零时,$\gamma = 1$,$f = p_0$。

$$\lim_{p \to 0}\gamma = 1, \quad \lim_{p \to 0}\frac{f}{p} = 1$$

式(4.3.5)中 $\mu^{\ominus}(T)$ 是温度 T 时该实际气体在标准状态的化学势,即在标准压力 $p^{\ominus}$ 下理想气体的化学势。可见,实际气体的标准状态是其逸度 $f = p^{\ominus}$,而气体仍具有理想气体性质($\gamma = 1$)的状态。实际气体的标准状态是一个实际上并不存在的假想态,这样定义的标准状态不会因为不同实际气体对理想气体的偏差不同而有所改变,而是对于任何气体都相同的一个状态。

4.3.4　纯液体或纯固体的化学势

根据相平衡原理,物质处于液态或固态时的化学势应等于与之平衡的蒸气的化学势。

$$\mu_l = \mu_g, \quad \mu_s = \mu_g, \quad \mu_s = \mu_l = \mu_g$$

饱和蒸气的化学势则可用式(4.3.3)表示,即

$$\mu = \mu^{\ominus}(T) + RT\ln\frac{f}{p^{\ominus}} \tag{4.3.6}$$

式中:T 为两相平衡时的温度;f 为饱和蒸气的逸度,若为理想气体,便等于其压力。

4.4　拉乌尔定律和亨利定律

稀溶液中有两个重要的经验定律——拉乌尔定律(Raoult's law)和亨利定律(Henry's law),在溶液热力学的发展中起着重要作用。

4.4.1　拉乌尔定律

拉乌尔(Raoult,1830—1901,法国化学家)归纳多次实验的结果,于 1887 年提出了拉乌尔定律:"在定温下的稀溶液中,溶剂的蒸气压等于纯溶剂的蒸气压乘以溶剂的摩尔分数。"用公式表示为

$$p_A = p_A^* x_A \tag{4.4.1}$$

式中:p_A^* 为纯溶剂 A 的蒸气压;x_A 为溶液中溶剂的摩尔分数。如果溶液中只有 A、B 两种组分,则式(4.4.1)可写成

$$p_A = p_A^*(1 - x_B) \tag{4.4.2}$$

即

$$\Delta p_A = p_A^* x_B \tag{4.4.3}$$

式(4.4.3)是拉乌尔定律的另一种表示形式,说明在溶剂中加入溶质后,所引起的溶剂蒸气压的改变等于纯溶剂的蒸气压 p_A^* 乘以溶质的摩尔分数。

4.4.2　亨利定律

亨利(Henry,1775—1836,英国化学家)根据实验在 1803 年总结出亨利定律:"在一定温度下,当液面上的一种气体与溶液所溶解的该气体达到平衡时,该气体在溶液中的浓度与其在液面上的平衡压力成正比。"用公式表示为

$$p_B = k_{x,B} x_B \tag{4.4.4}$$

式中:p_B 为所溶解气体在液面上的平衡压力;x_B 为该气体溶于溶液中的摩尔分数;$k_{x,B}$ 为以摩尔分数表示溶液浓度时的亨利常数(Henry's constant)。如果该气体在溶液中的浓度以其他方法表示,例如质量摩尔浓度 b_B 或物质的量浓度 c_B,则亨利定律可表示为

$$p_B = k_{b,B} b_B \tag{4.4.5}$$

$$p_B = k_{c,B} c_B \tag{4.4.6}$$

必须注意的是,亨利定律表达式中的 p_B 是指所溶解气体在液面上的平衡分压,并且溶液中所溶解的气体分子必须同液面上的该气体分子的状态相同。例如在与氨平衡的氨的水溶液中,溶液中氨的浓度是指分子态 NH_3 的浓度,而不是指含 NH_4^+ 等在内的其他粒子的总浓度。

4.4.3　拉乌尔定律与亨利定律的对比

亨利定律既适用于单一气体,也适用于混合气体中压力不大的每一种气体。拉乌尔定律与亨利定律既有区别,也存在内在联系。

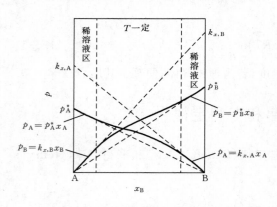

图 4.4.1　拉乌尔定律与亨利定律的对比

(1) 这两条定律都表明某一种物质(蒸气)的平衡蒸气分压与该组分在溶液中的浓度成正比。拉乌尔定律所讨论的对象是溶液中的溶剂,比例常数为纯溶剂的蒸气压;亨利定律所讨论的对象为溶液中的溶质,比例常数为实验值,并没有拉乌尔定律中比例常数所具有的物理意义。

(2) 两者都是从稀溶液中得到的规律。如图 4.4.1 所示,对于 A、B 两种组分,在左、右两侧的稀溶液区,都能够较好地符合拉乌尔定律和亨利定律,而处于中间浓度时,不管用哪个经验定律进行计算,都会存在较大的误差。

4.5　理想液态混合物

4.5.1　理想液态混合物的定义

任一组分在整个浓度范围内都遵从拉乌尔定律的液态混合物称为理想液态混合物,简称为液态混合物。这是从宏观上对理想液态混合物的定义。从微观的角度讲,是由于各组

分化学结构与物理性能相似,同种物质分子间以及异种物质分子间的相互作用几乎或者实际相同,组成液态混合物的过程仅仅是几种物质发生分子级大小的相互分散,没有能量的变化或空间结构的变化。

一些由光学同分异构体(如 D-樟脑与 L-樟脑)、同位素成分不同的化合物(如 CH_3COOH 与 CD_3COOH)以及分子结构相似的化合物(如 CCl_4 与 $SiCl_4$、氯苯与溴苯、苯与甲苯)等所组成的液态混合物,可以(或近似地)看作理想液态混合物。

4.5.2 理想液态混合物中组分的化学势

由于理想液态混合物中任何物质在整个浓度范围内都符合拉乌尔定律,故

$$p_B = p_B^* x_B$$

当溶液中的组分与其蒸气达到两相平衡,则

$$\mu_{B,l} = \mu_{B,g}$$

气体 B(看作理想气体)的化学势为

$$\mu_{B,g} = \mu_{B,g}^\ominus(T) + RT\ln\frac{p_B}{p^\ominus}$$

故

$$\mu_{B,l} = \mu_{B,g} = \mu_{B,g}^\ominus(T) + RT\ln\frac{p_B^* x_B}{p^\ominus} = \mu_{B,g}(T) + RT\ln\frac{p_B^*}{p^\ominus} + RT\ln x_B$$

当 $x_B = 1$ 时,$\mu_{B,l}$ 即为纯物质 B 的化学势 $\mu_{B,l}^*$,故

$$\mu_{B,l} = \mu_{B,g}^\ominus(T) + RT\ln\frac{p_B^*}{p^\ominus} = \mu_{B,l}^*(T, p) \tag{4.5.1}$$

因此理想液态混合物中物质 B 的化学势为

$$\mu_{B,l} = \mu_{B,l}^*(T, p) + RT\ln x_B \tag{4.5.2}$$

根据吉布斯-杜亥姆公式不难证明,如果混合物中一种物质服从由拉乌尔定律所导出的式(4.5.2),则另一物质在整个浓度范围内也服从式(4.5.2)。式(4.5.2)即为理想液态混合物的热力学定义式。

4.5.3 理想液态混合物的特性

从式(4.5.2)可得到理想液态混合物具有如下特性。

(1) 当几种物质组成理想液态混合物时,系统混合前后无体积变化,即 $\Delta_{mix}V = 0$。因理想液态混合物中物质 B 的化学势为

$$\mu_{B,l} = \mu_{B,l}^*(T, p) + RT\ln x_B$$

则

$$\left(\frac{\partial \mu_B}{\partial p}\right)_{T, x_B} = \left(\frac{\partial \mu_B^*}{\partial p}\right)_{T, x_B}$$

$$V_B = V_{m,B}^* \tag{4.5.3}$$

这表明理想液态混合物中物质 B 的偏摩尔体积等于该组分在纯态时的摩尔体积,故组成理想液态混合物时,系统的总体积不变。

(2) 组成理想液态混合物的过程中无热效应,即 $\Delta_{mix}H = 0$。式(4.5.2)可表示为

$$\frac{\mu_B}{T} = \frac{\mu_B^*}{T} + R\ln x_B$$

则

$$\left[\frac{\partial\left(\dfrac{\mu_B}{T}\right)}{\partial T}\right]_{p,x_B} = \left[\frac{\partial\left(\dfrac{\mu_B^*}{T}\right)}{\partial T}\right]_{p,x_B}$$

根据吉布斯-亥姆霍兹公式,可得

$$\left[\frac{\partial\left(\dfrac{\mu_B}{T}\right)}{\partial T}\right]_{p,x_B} = -\frac{H_B}{T^2}, \quad \left[\frac{\partial\left(\dfrac{\mu_B^*}{T}\right)}{\partial T}\right]_{p,x_B} = -\frac{H_{m,B}^*}{T^2}$$

则

$$\frac{H_B}{T^2} = \frac{H_{m,B}^*}{T^2}$$

即

$$H_B = H_{m,B}^* \tag{4.5.4}$$

同理

$$H_A = H_{m,A}^*$$

这表明理想液态混合物中各组分的偏摩尔焓等于该组分在纯态时的摩尔焓,故组成理想液态混合物的过程中无热效应产生。

(3) 对于理想液态混合物中各组分,有

$$C_{p,B} = C_{p,m,B}$$

因

$$\left(\frac{\partial H_B}{\partial T}\right)_p = C_{p,B}$$

已知

$$H_B = H_{m,B}^*$$

则

$$C_{p,B} = C_{p,m,B}$$

所以

$$\Delta C_{p,m,B} = 0$$

(4) 对于理想液态混合物,从热力学的观点看,拉乌尔定律和亨利定律没有区别。

4.5.4　组成理想液态混合物过程中热力学函数的改变

(1) 混合摩尔吉布斯函数 $\Delta_{mix}G_m$。

混合前

$$G_m = x_A G_{m,A} + x_B G_{m,B} = x_A \mu_A^* + x_B \mu_B^*$$

混合后

$$G_{m,溶液} = x_A \mu_A + x_B \mu_B = x_A(\mu_A^* + RT\ln x_A) + x_B(\mu_B^* + RT\ln x_B)$$

$$\Delta_{mix}G_m = G_{m,溶液} - G_m = x_A RT\ln x_A + x_B RT\ln x_B \tag{4.5.5}$$

故

$$\Delta_{mix}G_m = RT\sum_i x_i \ln x_i$$

(2) 混合摩尔熵 $\Delta_{mix}S_m$。

因为

$$\Delta_{mix}H_m = 0$$

则

$$\Delta_{mix}S_m = -\frac{\Delta_{mix}G_m}{T}$$

$$\Delta_{mix}S_m = -x_A R\ln x_A - x_B R\ln x_B \tag{4.5.6}$$

故

$$\Delta_{mix}S_m = -R\sum_i x_i \ln x_i$$

表 4.5.1 列出了混合成不同浓度理想液态混合物的 $\Delta_{mix}S_m$ 与 $\Delta_{mix}G_m$ 值。

表 4.5.1　298.15 K 时,形成 1 mol 理想液态混合物的 $\Delta_{mix}S_m$ 和 $\Delta_{mix}G_m$(计算值)

摩尔分数		$\dfrac{x_A R\ln x_A}{J \cdot mol^{-1} \cdot K^{-1}}$	$\dfrac{x_B R\ln x_B}{J \cdot mol^{-1} \cdot K^{-1}}$	$\dfrac{\Delta_{mix}S_m}{J \cdot mol^{-1} \cdot K^{-1}}$	$\dfrac{T\Delta_{mix}S_m}{J \cdot mol^{-1}}$	$\dfrac{\Delta_{mix}G_m}{J \cdot mol^{-1}}$
x_A	x_B					
1.0	0	0	0	0	0	0

续表

摩尔分数		$x_A R \ln x_A$ $\mathrm{J \cdot mol^{-1} \cdot K^{-1}}$	$x_B R \ln x_B$ $\mathrm{J \cdot mol^{-1} \cdot K^{-1}}$	$\Delta_{mix} S_m$ $\mathrm{J \cdot mol^{-1} \cdot K^{-1}}$	$T \Delta_{mix} S_m$ $\mathrm{J \cdot mol^{-1}}$	$\Delta_{mix} G_m$ $\mathrm{J \cdot mol^{-1}}$
x_A	x_B					
0.9	0.1	−0.79	−1.91	2.70	805	−805
0.8	0.2	−1.48	−2.68	4.16	1 240	−1 240
0.7	0.3	−2.08	−3.00	5.08	1 510	−1 510
0.6	0.4	−2.55	−3.05	5.60	1 670	−1 670
0.5	0.5	−2.88	−2.88	5.76	1 720	−1 720
0.4	0.6	−3.05	−2.55	5.60	1 670	−1 670
0.3	0.7	−3.00	−2.08	5.08	1 510	−1 510
0.2	0.8	−2.68	−1.48	4.16	1 240	−1 240
0.1	0.9	−1.91	−0.79	2.70	805	−805
0	1.0	0	0	0	0	0

　　根据表 4.5.1 可绘出如图 4.5.1 所示的图形,即形成 1 mol 理想液态混合物时系统热力学函数的改变。

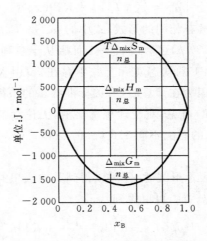

图 4.5.1　298.15 K 时,形成 1 mol 理想液态混合物时热力学函数的改变

4.6　理想稀溶液

4.6.1　理想稀溶液的定义

　　液态混合物和溶液是有区别的。对于理想液态混合物中的各个组分,在热力学上的处理是等同的,可采用同样的标准状态推导组分的化学势与混合物组成的关系式。对于溶液,由于有溶剂和溶质之分,它们的标准状态不同,因而要分别进行处理。

　　理想稀溶液,即无限稀溶液,是溶液的理想化模型,指溶质的相对含量趋于零的溶液。在这种溶液中,溶质分子之间的距离非常远,每一个溶剂分子或溶质分子周围几乎没有溶质分子而完全是溶剂分子。

4.6.2　理想稀溶液中各组分的化学势

以二组分系统为例,设 A 为溶剂,B 为溶质。在理想稀溶液中,溶剂服从拉乌尔定律,溶质服从亨利定律。所以理想稀溶液中溶剂的化学势为

$$\mu_A = \mu_A^*(T, p) + RT \ln x_B \tag{4.6.1}$$

式中:μ_A^* 表示在 T、p 时纯 A(即 $x_A = 1$)的化学势。式(4.6.1)的导出方法和理想液态混合物热力学定义式的导出方法相同。

在溶液中,对于溶质而言,平衡时其化学势为

$$\mu_{B,l} = \mu_{B,g} = \mu_B^\ominus(T) + RT \ln \frac{p_B}{p^\ominus}$$

在理想稀溶液中,溶质服从亨利定律,$p_B = k_{x,B} x_B$,则

$$\mu_B = \mu_B^\ominus(T) + RT \ln \frac{k_{x,B}}{p^\ominus} + RT \ln x_B$$

令 $\mu_B^\ominus(T) + RT \ln \dfrac{k_{x,B}}{p^\ominus} = \mu_B^*(T, p)$,得

$$\mu_B = \mu_B^*(T, p) + RT \ln x_B \tag{4.6.2}$$

式(4.6.1)和式(4.6.2)具有相同的形式,式中的 μ_B^* 是 T、p 的函数,在一定温度和压力下有定值。式(4.6.2)中 $\mu_B^*(T, p)$ 可看成 $x_B = 1$ 且服从于亨利定律的那个假想态的化学势(因为服从亨利定律且在 $x_B = 1$ 的状态实际上并不存在)。引入这样一个假想的标准状态,并不影响 ΔG 或 $\Delta \mu$ 的计算,因为在计算时,有关标准状态的项都消去了。

由式(4.6.1)和式(4.6.2)可见,对于理想稀溶液,无论溶剂还是溶质,其化学势都具有相同的表示形式,但标准状态的意义不同。式(4.6.1)和式(4.6.2)也可以看成理想稀溶液的热力学定义式。

当采用亨利定律不同的表示形式时,还可以得到其他假想的标准状态。

如亨利定律表示为 $p_B = k_{b,B} b_B$,可以得到

$$\mu_B = \mu_B^\ominus(T) + RT \ln \frac{k_{b,B} b^\ominus}{p^\ominus} + RT \ln \frac{b_B}{b^\ominus}$$

$$= \mu_{b,B}^\square(T, p) + RT \ln \frac{b_B}{b^\ominus} \tag{4.6.3}$$

如亨利定律表示为 $p_B = k_{c,B} c_B$,可以得到

$$\mu_B = \mu_B^\ominus(T) + RT \ln \frac{k_{c,B} c^\ominus}{p^\ominus} + RT \ln \frac{c_B}{c^\ominus}$$

$$= \mu_{c,B}^\triangle(T, p) + RT \ln \frac{c_B}{c^\ominus} \tag{4.6.4}$$

式中:$\mu_{b,B}^\square(T, p)$、$\mu_{c,B}^\triangle(T, p)$ 分别是 $b = 1 \ \text{mol} \cdot \text{kg}^{-1}$、$c = 1 \ \text{mol} \cdot \text{L}^{-1}$,且服从亨利定律的那个假想的标准状态的化学势。

4.6.3　理想稀溶液与其晶态溶质间的平衡

在温度 T 时,当理想稀溶液中晶态溶质 B 达到饱和,存在如下平衡:

$$B(溶液) \Longleftrightarrow B(晶体)$$

且

$$\mu_{\text{B,溶液}} = \mu_{\text{B,晶体}}$$

理想稀溶液中溶质 B 的化学势为

$$\mu_{\text{B}} = \mu_{\text{B,1}}^*(T, p) + RT\ln x_{\text{B}}$$

当溶质 B 达到饱和时，x_{B} 即为溶质 B 的溶解度，故

$$\ln x_{\text{B}} = \frac{\mu_{\text{B,饱和}} - \mu_{\text{B,1}}^*}{RT}$$

因平衡条件为 $\mu_{\text{B,溶液}} = \mu_{\text{B,晶体}}$，代入上式，有

$$\ln x_{\text{B}} = \frac{\mu_{\text{B,晶体}} - \mu_{\text{B,1}}^*}{RT} = \frac{\mu_{\text{B,晶体}}^* - \mu_{\text{B,1}}^*}{RT}$$

当饱和溶液的温度发生改变时，有

$$\left(\frac{\partial \ln x_{\text{B}}}{\partial T}\right)_p = \frac{1}{R}\left[\frac{\partial(\mu_{\text{B,晶体}}^*/T)}{\partial T} - \frac{\partial(\mu_{\text{B,1}}^*/T)}{\partial T}\right]_p = \frac{-H_{\text{m,B,晶体}}^* + H_{\text{m,B,1}}^*}{RT^2} = \frac{\Delta_{\text{fus}}H_{\text{m,B}}^*}{RT^2}$$

由上式可得温度和理论溶解度的关系为

$$\ln \frac{x_{\text{B,2}}}{x_{\text{B,1}}} = -\frac{\Delta_{\text{fus}}H_{\text{m,B}}^*}{R}\left(\frac{1}{T_2} - \frac{1}{T_1}\right) \tag{4.6.5}$$

4.6.4　分配定律——溶质在两互不相溶的液相中的分配

实验证明，"在等温等压下，如果一种物质溶解在两种同时存在的互不相溶的液体里，达到平衡后，该物质在两相中的浓度之比有定值"，这就是分配定律（distribution law）。用公式表示为

$$\frac{b_{\text{B}}^{\alpha}}{b_{\text{B}}^{\beta}} = K \quad \text{或} \quad \frac{c_{\text{B}}^{\alpha}}{c_{\text{B}}^{\beta}} = K \tag{4.6.6}$$

式中：b_{B}^{α}、b_{B}^{β} 分别为溶质 B 在溶剂 α 相和 β 相中的质量摩尔浓度，K 称为分配系数（distribution coefficient）。影响 K 的因素有温度、压力、溶质和溶剂的性质等。当溶液浓度不大时，K 能很好地与实验结果相符合。

该经验定律可以从热力学得到证明。令 μ_{B}^{α}、μ_{B}^{β} 分别代表 α 和 β 两相中溶质 B 的化学势，在等温等压下，当达到平衡时，有

$$\mu_{\text{B}}^{\alpha} = \mu_{\text{B}}^{\beta}$$

因为

$$\mu_{\text{B}}^{\alpha} = (\mu_{\text{B}}^{\alpha})^* + RT\ln x_{\text{B}}^{\alpha}$$

$$\mu_{\text{B}}^{\beta} = (\mu_{\text{B}}^{\beta})^* + RT\ln x_{\text{B}}^{\beta}$$

所以

$$\frac{x_{\text{B}}^{\alpha}}{x_{\text{B}}^{\beta}} = \exp\left[\frac{(\mu_{\text{B}}^{\beta})^* - (\mu_{\text{B}}^{\alpha})^*}{RT}\right] = K(T, p) \tag{4.6.7}$$

在应用分配定律时应注意，如果溶质在任一溶剂中有缔合现象或解离现象，则分配定律只能适用于在溶剂中分子形态相同的部分。有关分配定律的具体应用，在分析化学中已经学过，在此不再赘述。

4.7　稀溶液的依数性

早在 18 世纪，人们就发现，在挥发性溶剂中加入非挥发性溶质，能使溶剂的蒸气压降低、沸点升高、凝固点降低，并具有渗透压。稀溶液的这四种性质都与溶质的本性无关，只取

决于溶质的质点数目,故称之为溶液的依数性质,简称为依数性(colligative properties)。严格地讲,本节依数性的相关公式只适用于理想稀溶液,对稀溶液只是近似适用。

4.7.1 溶剂蒸气压下降

拉乌尔定律指出稀溶液中溶剂蒸气压与溶剂摩尔分数的关系为

$$p_A = p_A^* x_A, \quad \Delta p_A = p_A^* x_B$$

实际上,只有在蒸气行为很接近理想气体,溶液行为很接近理想液态混合物的情况下,上式才能使用。对于溶剂的蒸气近似地服从理想气体的实际溶液,拉乌尔定律可表示为

$$p_A = p_A^* a_A$$

4.7.2 沸点升高

液体的饱和蒸气压等于外压时的温度称为该液体的沸点。如图 4.7.1 所示,当溶液中含有非挥发性溶质时,溶液的蒸气压总是比纯溶剂低,液体的蒸气压等于 101.325 kPa 时的

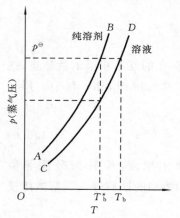

图 4.7.1　溶液沸点上升示意图

温度称为该液体的正常沸点。因此外压一定时,溶液的沸点 T_b 较纯溶剂的沸点 T_b^* 高。可以从热力学函数推导出沸点升高值($\Delta T_b = T_b - T_b^*$)与溶液浓度的定量关系(假设溶剂的摩尔蒸发焓 $\Delta_{vap} H_{m,A}$ 不随温度改变),即

$$\int_{T_b^*}^{T_b} \frac{\Delta_{vap} H_{m,A}}{RT^2} dT = -\int_1^{x_A} \frac{dx_A}{x_A}$$

$$\frac{\Delta_{vap} H_{m,A}}{R} \frac{T_b - T_b^*}{T_b T_b^*} = -\ln x_A = -\ln(1 - x_B) \quad (4.7.1)$$

由于溶液较稀,温度升高较少,故可认为 $T_b T_b^* \approx (T_b^*)^2$,而 $-\ln(1 - x_B)$ 采用麦克劳林级数展开得近似值为 x_B,故式(4.7.1)可表示为

$$\frac{\Delta_{vap} H_{m,A}}{R} \frac{\Delta T_b}{(T_b^*)^2} \approx x_B = \frac{n_B}{n_A + n_B} \approx \frac{n_B}{n_A}$$

即

$$\Delta T_b = \frac{R(T_b^*)^2}{\Delta_{vap} H_{m,A}} \frac{n_B}{n_A} \quad (4.7.2)$$

这就是稀溶液的沸点升高公式。

用质量摩尔浓度表示稀溶液组成,则式(4.7.2)可表示为

$$\Delta T_b = \frac{R(T_b^*)^2}{\Delta_{vap} H_{m,A}} \frac{b_B}{\dfrac{1\,000}{M_A}} = \frac{R(T_b^*)^2}{\Delta_{vap} H_{m,A}} \frac{M_A}{1\,000} b_B \quad (4.7.3)$$

式(4.7.3)表明,溶液的沸点上升既与溶剂的本性有关,也与溶质的质量摩尔浓度 b_B 有关。令

$$\frac{R(T_b^*)^2}{\Delta_{vap} H_{m,A}} \frac{M_A}{1\,000} = K_b \quad (4.7.4)$$

则

$$\Delta T_b = K_b b_B \quad (4.7.5)$$

式中的 K_b 称为溶剂的沸点升高常数(boiling point elevation constant, ebullioscopic constant),其数值仅与溶剂的本性有关。表 4.7.1 列出了部分溶剂的 K_b 值。

表 4.7.1　几种溶剂的 K_b 值

溶　剂	水	甲醇	乙醇	乙醚	丙酮	苯	氯仿	四氯化碳
$K_b/(K \cdot mol^{-1} \cdot kg)$	0.51	0.80	1.20	2.11	1.72	2.53	3.85	4.95

4.7.3　凝固点降低

溶液的凝固点是指在一定外压下,固态纯溶剂与溶液达到两相平衡的温度,用 T_f 表示。加入某种溶质形成溶液后,其蒸气压下降,导致其凝固点降低。

如图 4.7.2 所示,EFC 是固态纯溶剂的蒸气压曲线。AB 和 FD 分别是纯溶剂和溶液的蒸气压曲线。平衡时,固相与液相的蒸气压相等,所以 C 点所对应的纯溶剂的凝固点 T_f^* 明显高于 F 点所对应的溶液的凝固点 T_f。同样可以从热力学函数推导出凝固点降低值 $\Delta T_f = T_f^* - T_f$ 与溶液浓度的定量关系(假设溶剂的摩尔熔化热 $\Delta_{fus} H_{m,A}$ 不随温度改变)。采用与沸点升高相同的方法处理,可得稀溶液的凝固点降低公式,即

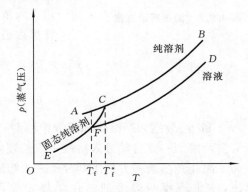

图 4.7.2　溶液凝固点降低示意图

$$\Delta T_f = \frac{R(T_f^*)^2}{\Delta_{fus} H_{m,A}} \frac{n_B}{n_A} \qquad (4.7.6)$$

用质量摩尔浓度表示稀溶液组成,则式(4.7.6)可表示为

$$\Delta T_f = \frac{R(T_f^*)^2}{\Delta_{fus} H_{m,A}} \frac{b_B}{\dfrac{1\,000}{M_A}} = \frac{R(T_f^*)^2}{\Delta_{fus} H_{m,A}} \frac{M_A}{1\,000} b_B \qquad (4.7.7)$$

令

$$K_f = \frac{R(T_f^*)^2}{\Delta_{fus} H_{m,A}} \frac{M_A}{1\,000} \qquad (4.7.8)$$

则

$$\Delta T_f = K_f b_B \qquad (4.7.9)$$

式中的 K_f 称为溶剂的凝固点降低常数(freezing point depression constant, cryoscopic constant),其数值只与溶剂的性质有关。表 4.7.2 列出了部分溶剂的 K_f 值。

表 4.7.2　几种溶剂的 K_f 值

溶　剂	水	乙酸	萘	环己烷	樟脑	苯	苯酚	四氯化碳
$K_f/(K \cdot mol^{-1} \cdot kg)$	1.86	3.90	6.94	20	40	5.12	7.27	30

沸点升高与凝固点降低的测定常用于确定溶质的相对分子质量。在有机化学中,可用凝固点降低法测定新合成的未知结构化合物的相对分子质量。有时也利用此法来确定已知化合物的纯度,这是因为

$$\frac{\Delta_{fus} H_{m,A}}{R(T_f^*)^2} \Delta T_f \approx x_B \qquad (4.7.10)$$

式中:A 指化合物,B 指杂质。

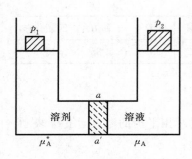

图 4.7.3　渗透压示意图

由于凝固点降低常数较沸点升高常数大几倍甚至几十倍，因而采用凝固点降低法测得的实验数据误差较沸点升高法小。

4.7.4　渗透压

如图 4.7.3 所示，在一定温度下，用半透膜将纯溶剂与溶液（或稀溶液与浓溶液）隔开，半透膜只允许溶剂分子通过，因此，溶剂分子能从纯溶剂一边进入溶液一边（或从稀溶液一边进入浓溶液一边），这种现象称为渗透现象。

发生渗透前，纯溶剂和溶液的化学势分别为

$$\mu_A^* = \mu_{A,g} = \mu_A^\ominus + RT\ln\frac{p_A^*}{p^\ominus} \tag{4.7.11}$$

$$\mu_A = \mu_{A,g} = \mu_A^\ominus + RT\ln\frac{p_A}{p^\ominus} \tag{4.7.12}$$

式中：p_A^* 和 p_A 分别为纯溶剂和溶液中溶剂 A 的蒸气压。因为 $p_A^* > p_A$，$\mu_A^* > \mu_A$，所以溶剂分子有自纯溶剂一方自动进入溶液一方的倾向。

为了阻止纯溶剂一方的溶剂分子进入溶液，需要在溶液上方施加额外的压力，以增加其蒸气压，使半透膜两边溶剂的化学势相等而达到平衡。这个额外压力就定义为渗透压（osmotic pressure），即阻止渗透发生需额外施加的最小压力，用 Π 表示。令 p_1 和 p_2 分别代表达到平衡时溶剂和溶液上的外压，即

$$\Pi = p_2 - p_1 \tag{4.7.13}$$

平衡时，有

$$\mu_A^* = \mu_A + \int_{p_1}^{p_2}\left(\frac{\partial\mu_A}{\partial p}\right)_T \mathrm{d}p = \mu_A + \int_{p_1}^{p_2} V_{A,m}\,\mathrm{d}p \tag{4.7.14}$$

式中：$V_{A,m}$ 是溶液中溶剂的偏摩尔体积。假设外压对体积的影响忽略不计，则

$$\mu_A^* = \mu_A + V_{A,m}(p_2 - p_1) \tag{4.7.15}$$

将式（4.7.11）、式（4.7.12）、式（4.7.13）代入式（4.7.15），得

$$\Pi V_{A,m} = RT\ln\frac{p_A^*}{p_A} \tag{4.7.16}$$

稀溶液服从拉乌尔定律，则

$$\Pi V_{A,m} = -RT\ln x_A = -RT\ln(1 - x_B) \approx RT x_B \approx RT\,\frac{n_B}{n_A}$$

式中：n_A、n_B 分别是溶剂和溶质的物质的量。在稀溶液中，$V_{A,m} \approx V_{m,A}$，并且 $n_A V_{m,A}$ 可以近似地看成溶液的体积 V，所以

$$\Pi V = n_B RT \tag{4.7.17}$$

或

$$\Pi = c_B RT \tag{4.7.18}$$

或

$$\frac{\Pi}{\rho_B} = \frac{RT}{M_B} \tag{4.7.19}$$

这就是稀溶液的范特霍夫渗透压公式。此式只适用于稀溶液，溶液越稀，范特霍夫渗透压公式越准确。从范特霍夫渗透压公式可以看出，溶液渗透压的大小只由溶液中溶质的浓度决定，而与溶质的本性无关，故渗透压也是溶液的依数性质。从形式上看，范特霍夫渗透压公

式与理想气体状态方程极为相似。

可通过测定渗透压确定大分子（如人工合成的高聚物或天然产物、蛋白质等）的摩尔质量。在以上的讨论中，溶液中的溶质都是非电解质，若溶液中含有电解质，则须考虑渗透过程中离子的电中性平衡。

根据式（4.7.2）、式（4.7.10）、式（4.7.17）以及拉乌尔定律，溶液的浓度与 ΔT_b、ΔT_f、渗透压 Π 以及溶剂的蒸气压的关系可归纳为

$$-\ln x_A = \frac{\Delta_{vap}H_{m,A}}{R(T_b^*)^2}\Delta T_b = \frac{\Delta_{fus}H_{m,A}}{R(T_f^*)^2}\Delta T_f = \frac{\Pi V_{A,m}}{RT} = \ln\frac{p_A^*}{p_A} \qquad (4.7.20)$$

对于实际溶液，式（4.7.20）中的 x_A 应替换为 a_A。因此，利用溶液依数性测试实验数据，便可计算溶剂的活度 a_A 及活度因子 γ_A。

如图 4.7.3 所示，当施加在溶液与纯溶剂上的压力差大于溶液的渗透压时，溶液中的溶剂将通过半透膜渗透到纯溶剂一方，这种现象称为反渗透（或称为逆渗透，reverse osmosis）。反渗透可以用于海水淡化，或工业废水处理，反渗透的关键在于要有性能良好的半透膜。在人体中，肾就具有反渗透的作用，血液中的糖分远高于尿中的糖分，肾的反渗透功能可以阻止血液中的糖分进入尿液。如果肾功能有缺陷，血液中的糖分将进入尿液而形成糖尿病。

例 4.7.1　293 K 时，0.5 kg 水（A）中溶有甘露醇（B）2.597×10^{-2} kg，该溶液的蒸气压为 2 232.4 Pa。已知在该温度时，纯水的蒸气压为 2 334.5 Pa。求甘露醇的摩尔质量。

解
$$\Delta p = p_A^* - p_A = p_A^* x_B = p_A^* \frac{n_B}{n_A+n_B} \approx p_A^* \frac{n_B}{n_A}$$

代入所给数据，得

$$2\,334.5 - 2\,322.4 = 2\,334.5\times\frac{2.597\times10^{-2}/M_B}{0.50/(18.02\times10^{-3})}$$

解得
$$M_B = 0.181 \text{ kg}\cdot\text{mol}^{-1}$$

例 4.7.2　在 5.0×10^{-2} kg CCl₄（A）中，溶入 5.126×10^{-4} kg 萘（B）（$M_B = 0.128\,16$ kg·mol⁻¹），测得溶液的沸点较纯溶剂升高 0.402 K。若在等量的 CCl₄ 中溶入 6.216×10^{-4} kg 未知物，测得沸点升高约 0.647 K。求该未知物的摩尔质量。

解　根据 $\Delta T_b = K_b b_B$，即

$$\Delta T_b = K_b \frac{n_B}{m_A} = K_b \frac{m_B/M_B}{m_A}$$

代入所给数据，得

$$0.402 = \frac{5.126\times10^{-4}/0.128\,16}{5.0\times10^{-2}}K_b$$

$$0.647 = \frac{6.216\times10^{-4}/M_B}{5.0\times10^{-2}}K_b$$

联立求解，得

$$M_B = 9.67\times10^{-2} \text{ kg}\cdot\text{mol}^{-1}$$

例 4.7.3　假定萘（A）与苯（B）形成理想混合物。萘的熔点为 353.2 K，摩尔熔化焓为 19.246 kJ·mol⁻¹。在 333.2 K 时，萘溶于苯所形成的饱和溶液中，萘的摩尔分数应为多少？

解　　　　　　　　萘（固）⇌萘（在苯中的饱和溶液）

根据
$$\ln x_A = \frac{\Delta_{fus}H_{m,A}^*}{R}\left(\frac{1}{T_f^*}-\frac{1}{T_f}\right)$$

得
$$\ln x_A = \frac{192\,46}{8.314} \times \left(\frac{1}{353.2} - \frac{1}{333.2} \right)$$

解得
$$x_A = 0.675$$

例 4.7.4　用渗透压法测得胰凝乳朊酶原(B)的平均摩尔质量为 $25.00\ \text{kg} \cdot \text{mol}^{-1}$。在 298.2 K 时测得某 B 溶液的渗透压为 $1\,539\ \text{Pa}$,则 0.10 L 该溶液中溶质 B 的质量为多少?

解　由范特霍夫渗透压公式,可得

$$\frac{\Pi}{\rho_B} = \frac{RT}{M_B}, \quad \rho_B = \frac{m_B}{V}$$

$$m_B = \rho_B V = \frac{\Pi M_B V}{RT} = \frac{1\,539 \times 25.00 \times 0.10 \times 10^{-3}}{8.314 \times 298.2}\ \text{kg} = 1.552 \times 10^{-3}\ \text{kg}$$

4.8　真实液态混合物

4.8.1　真实液态混合物对理想液态混合物的偏差

由于理想液态混合物有如下特性:
$$V_{m,B}^* = V_B, \quad H_{m,B}^* = H_B, \quad C_{p,m,B} = C_{p,B}$$
所以二组分理想液态混合物的摩尔体积为

$$\begin{aligned} V_{m,溶液} &= x_A V_A + x_B V_B = x_A V_{m,A}^* + x_B V_{m,B}^* \\ &= V_{m,A}^* + (V_{m,B}^* - V_{m,A}^*) x_B \end{aligned} \tag{4.8.1}$$

同理可得

$$H_{m,溶液} = H_{m,A}^* + (H_{m,B}^* - H_{m,A}^*) x_B \tag{4.8.2}$$

从式(4.8.1)和式(4.8.2)可以看出,$V_{m,溶液}$、$H_{m,溶液}$ 与 x_B 有良好的线性关系。

由于真实液态混合物中组分分子间的相互作用,组分的偏摩尔体积不再等于其纯物质的摩尔体积。焓也是如此。

如图 4.8.1 所示,氯仿与丙酮形成的真实液态混合物对拉乌尔定律有负偏差,混合过程热力学函数的改变值与理想值存在明显偏差。

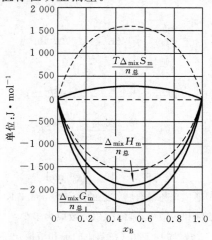

图 4.8.1　298.15 K 时,形成 1 mol 氯仿-丙酮液态混合物时热力学函数的改变
(图中虚线是理想值,实线是实际数值)

4.8.2　活度与活度因子的概念

为处理真实液态混合物,路易斯(Lewis)引入了活度(activity)的概念。在理想液态混合物中无溶剂和溶质之分,任一组分 B 的化学势可表示为

$$\mu_B = \mu_B^*(T, p) + RT\ln x_B \tag{4.8.3}$$

根据拉乌尔定律,其中 $x_B = \dfrac{p_B}{p_B^*}$,对于真实液态混合物,拉乌尔定律应修正为

$$\frac{p_B}{p_B^*} = \gamma_{x,B} x_B \tag{4.8.4}$$

因此式(4.8.3)应修正为

$$\mu_B = \mu_B^*(T, p) + RT\ln\gamma_{x,B} x_B \tag{4.8.5}$$

令

$$a_{x,B} \overset{\text{def}}{=\!=} \gamma_{x,B} x_B, \quad \lim_{x_B \to 1}\gamma_{x,B} = 1 \tag{4.8.6}$$

式中:$a_{x,B}$ 是组分 B 用摩尔分数表示的活度;$\gamma_{x,B}$ 称为组分 B 用摩尔分数表示的活度因子(activity factor),也称为活度系数(activity coefficient),它表示在真实液态混合物中,组分 B 的摩尔分数与理想液态混合物的偏差。活度和活度系数的量纲均为 1。将式(4.8.6)代入式(4.8.5),得

$$\mu_B = \mu_B^*(T, p) + RT\ln a_{x,B} \tag{4.8.7}$$

比较式(4.8.3)和式(4.8.7)可知,有了活度概念,将理想液态混合物的热力学公式中的浓度项改为活度,便可形式不变地用于真实液态混合物,这就是引入活度概念的优点。活度值偏离真实浓度的大小表征着该混合物偏离理想液态混合物行为的程度,用活度系数 $\gamma_{x,B}$ 来表述,活度系数 $\gamma_{x,B}$ 实际上是对拉乌尔定律的偏差系数。

4.8.3　真实稀溶液

对于稀溶液中的溶剂,其组成用摩尔分数表示,因此总可以用式(4.8.4)来求活度或活度因子。但是对于溶质,浓度的表示方法不同,其标准状态不同,溶质的化学势的表示形式也不同。

(1) 溶质浓度用摩尔分数 x_B 表示。

当气-液平衡时,有

$$\mu_{B,l} = \mu_{B,g} = \mu_{B,g}^{\ominus}(T) + RT\ln\frac{p_B}{p^{\ominus}} \tag{4.8.8}$$

在稀溶液中,溶质服从亨利定律,则

$$p_B = k_{x,B} x_B$$

对于真实稀溶液,有

$$p_B = k_{x,B}\gamma_{x,B} x_B = k_{x,B} a_{x,B}$$

当浓度极稀时,$\gamma_{x,B} \to 1$,$a_{x,B} \approx x_B$,代入式(4.8.8),得

$$\mu_{B,l} = \mu_{B,g} = \mu_{B,g}^{\ominus}(T) + RT\ln\frac{p_B}{p^{\ominus}}$$

$$= \mu_{B,g}^{\ominus}(T) + RT\ln\frac{k_{x,B}}{p^{\ominus}} + RT\ln a_{x,B}$$

$$= \mu_{x,B}^{*}(T,p) + RT\ln a_{x,B}$$

$\mu_{x,B}^{*}(T,p)$ 是在 T、p 条件下,当 $x_B = 1$,$\gamma_{x,B} = 1$ 即 $a_{x,B} = 1$ 时的化学势,它实际上是一个假想态。若这个假想态的压力为标准压力,则这个状态就是溶质浓度用摩尔分数表示时的标准状态 $\mu_{x,B}^{\ominus}(T,p)$。

(2) 溶质浓度用质量摩尔浓度 b_B 表示。

若亨利定律表示为 $p_B = k_{b,B} b_B$,则真实稀溶液溶质 B 的化学势为

$$\mu_{B,l} = \mu_{B,g} = \mu_B^{\ominus}(T,p^{\ominus}) + RT\ln\frac{p_B}{p^{\ominus}}$$

$$= \mu_B^{\ominus}(T,p^{\ominus}) + RT\ln\frac{k_{b,B}\gamma_{b,B}b_B}{p^{\ominus}}$$

$$= \mu_B^{\ominus}(T,p^{\ominus}) + RT\ln\frac{k_{b,B}b^{\ominus}}{p^{\ominus}} + RT\ln\frac{\gamma_{b,B}b_B}{b^{\ominus}}$$

$$= \mu_{b,B}^{\square}(T,p) + RT\ln\frac{\gamma_{b,B}b_B}{b^{\ominus}}$$

$$= \mu_{b,B}^{\square}(T,p) + RT\ln a_{b,B}$$

式中:$\mu_{b,B}^{\square}(T,p)$ 是溶质的质量摩尔浓度 $b_B = 1\ \text{mol} \cdot \text{kg}^{-1}$ 时仍能满足亨利定律的化学势。显然,这是一个假想态。$a_{b,B}$ 和 $\gamma_{b,B}$ 分别表示溶质 B 的浓度用质量摩尔浓度表示时的活度和活度系数。

(3) 溶质浓度用物质的量浓度 c_B 表示。

$$\mu_{B,l} = \mu_{B,g} = \mu_B^{\ominus}(T,p^{\ominus}) + RT\ln\frac{p_B}{p^{\ominus}}$$

$$= \mu_B^{\ominus}(T,p^{\ominus}) + RT\ln\frac{k_{c,B}\gamma_{c,B}c_B}{p^{\ominus}}$$

$$= \mu_B^{\ominus}(T,p^{\ominus}) + RT\ln\frac{k_{c,B}c^{\ominus}}{p^{\ominus}} + RT\ln\frac{\gamma_{c,B}c_B}{c^{\ominus}}$$

$$= \mu_{c,B}^{\triangle}(T,p) + RT\ln\frac{\gamma_{c,B}c_B}{c^{\ominus}}$$

$$= \mu_{c,B}^{\triangle}(T,p) + RT\ln a_{c,B}$$

同样,式中 $\mu_{c,B}^{\triangle}(T,p)$ 是溶质的物质的量浓度 $c_B = 1\ \text{mol} \cdot \text{L}^{-1}$ 时仍能满足亨利定律的化学势。显然,这也是一个假想态。$a_{c,B}$ 和 $\gamma_{c,B}$ 分别表示溶质 B 的浓度用物质的量浓度表示时的活度和活度系数。

总之,对于真实溶液,引入了活度的概念后,其化学势仍保留理想溶液化学势的表示形式。因此,对于同一溶液中的物质 B,若选用不同的浓度表示方法,便应该选用不同的标准状态来计算其化学势。但是绝不会因为采用不同的浓度表示方法,选用不同的标准状态而得出不同的化学势。

另外,可以通过测定蒸气压、溶液凝固点降低、渗透压、溶质在两液相的分配系数等来计算溶液中物质的活度。对于由两种物质组成的系统,根据吉布斯-杜亥姆公式,有

$$n_A\mathrm{d}\mu_A + n_B\mathrm{d}\mu_B = 0$$

结合式(4.8.7),有

$$n_A\mathrm{d}(\ln a_A) + n_B\mathrm{d}(\ln a_B) = 0$$

上式表明,测得溶液中一种物质的活度后,便可计算另一种物质的活度。

习　题

1. 在 298.15 K 时,1 kg 水（A）中溶解有乙酸（B）,当乙酸的质量摩尔浓度 b_B 介于 0.16 mol·kg^{-1} 和 2.5 mol·kg^{-1} 之间时,溶液的总体积为
$$V/cm^3 = 1\ 002.935 + 51.832[b_B/(mol \cdot kg^{-1})] + 0.139\ 4[b_B/(mol \cdot kg^{-1})]^2$$
试求:

(1) 水（A）和乙酸（B）的偏摩尔体积各自与 b_B 的关系式;

(2) $b_B = 1.5$ mol·kg^{-1} 时,水（A）和乙酸（B）的偏摩尔体积。

2. 在 353.15 K 时,纯苯的蒸气压为 100 kPa,纯甲苯的蒸气压为 38.7 kPa。两液体可形成理想液态混合物。若有苯-甲苯的气-液平衡混合物,353.15 K 时,气相中苯的摩尔分数 $y_苯 = 0.300$,求液相的组成。

3. 在 291.15 K、气体压力为 101.325 kPa 时,1 L 的水中能溶解 O_2 0.045 g,N_2 0.02 g。现将 1 L 与 202.65 kPa 空气达到溶解平衡的水溶液加热至沸腾,赶出所溶解的 O_2 和 N_2,并干燥之,求此干燥气体在 101.325 kPa、291.15 K 时的体积及其组成。设空气为理想气体混合物,其组成体积分数为 $\varphi_{O_2} = 21\%$,$\varphi_{N_2} = 79\%$。

4. 在 298.15 K 时,由各为 0.5 mol 的液体 A 和液体 B 混合形成理想液态混合物,试求混合过程的 ΔV、ΔH、ΔS 及 ΔG。

5. 液体 B 与液体 C 可以形成理想液态混合物。在常压及 298.15 K 时,向总量 $n = 10$ mol,组成 $x_C = 0.4$ 的 B、C 液态混合物中加入 14 mol 的纯液体 C,形成新的混合物。求过程的 ΔG、ΔS。

6. (1) 在 298.15 K 时,将 0.568 g 碘溶于 50 cm^3 CCl$_4$ 中,所形成的溶液与 500 cm^3 水一起振荡,平衡后测得水层含有 0.233 mmol 的碘。设碘在两种溶剂中均以 I$_2$ 分子形式存在。计算碘在两种溶剂中的分配系数 K。
$$K = c(I_2,CCl_4\ 相)/c(I_2,H_2O\ 相)$$
(2) 若 298.15 K 碘在水中的物质的量浓度是 1.33 mmol·L^{-1},求碘在 CCl$_4$ 中的物质的量浓度。

7. 若在 250 g 苯中溶入 2.44 g 苯甲酸,苯的熔点降低 0.204 8 K,苯甲酸分子在苯中以什么形式存在?

8. 将 1.28 g 酚溶于 100 g 溴仿中,溴仿的凝固点降低 1.191 K,若已知溴仿的摩尔凝固点降低常数为 14.4 K·mol^{-1}·kg,则该溶液中缔合成为双分子的质点酚的百分率为多少?

9. 在 298.15 K 时,0.1 mol·kg^{-1} 的乙酸的解离度为 1.35%,试计算溶液的凝固点与渗透压。

10. 若将一杯碳水化合物的溶液与另一杯 NaCl 溶液共同放入密封的容器内,经过足够长的时间达到平衡后,碳水化合物溶液中溶质的含量为 5%（质量分数）,NaCl 溶液中溶质的含量为 1%（质量分数）。假定两者均为理想溶液,NaCl 在水中完全解离,试计算碳水化合物的相对分子质量。

11. 饱和 KCl 溶液的质量摩尔浓度为 $b = 3.30$ mol·kg^{-1},凝固点为 262.45 K,若以 273.15 K 的纯水为标准状态,则该溶液中水的活度为多少? 活度系数为多少?

12. 人体血浆的渗透压在 310.15 K 时为 747.78 kPa,假设 NaCl 分子平均能解离成 1.9 个质点,则 NaCl 溶液的浓度为多少才能与人体血浆的渗透压相等?

13. 人体血浆（可视为水溶液）在 101.325 kPa 下于 272.59 K 凝固。已知水的 $K_f = 1.86$ K·mol^{-1}·kg。试求:

(1) 人体血浆在 310.15 K 时的渗透压;

(2) 在相同温度下,1 L 蔗糖溶液中需含有多少克蔗糖时才能与人体血浆的渗透压相等?

14. 在某一温度下,将碘溶解于 CCl$_4$ 中。当碘的摩尔分数 x_{I_2} 在 0.01~0.04 范围内时,此溶液符合稀溶液规律。今测得平衡时气相中碘的蒸气压与液相中碘的摩尔分数数据如下表。

$p_{I_2,g}$/kPa	1.638	16.72
x_{I_2}	0.03	0.5

求 $x_{I_2} = 0.5$ 时,溶液中碘的活度及活度系数。

第5章　化学平衡

本章基本要求

1. 明确化学反应为什么通常不能进行到底;明确化学反应平衡的条件。

2. 掌握化学反应等温方程;明确热力学平衡常数、经验平衡常数、标准摩尔生成吉布斯函数的概念;掌握平衡常数的计算方法。

3. 掌握不同种类的化学反应的平衡常数的表达;明确化学平衡常数与化学方程式的关系;明确复相化学反应、分解压力、分解温度的概念。

4. 明确平衡常数的测定方法,了解一些具体的测定方法。

5. 掌握温度、压力及惰性气体等因素对化学平衡的影响;掌握基本的化学平衡的计算。

　　化学反应总是向着趋于平衡的方向进行。在一定条件下,当一化学反应系统达到平衡后,只要不改变外界条件,各物质的组成不会随时间变化,产物和反应物组成之间具有确定的相互关系。这种相互关系以化学平衡常数 K 的形式出现,化学平衡常数 K 指示了反应的限度。利用平衡常数 K 与当时反应系统的状况,即可判定反应的方向。化学平衡常数 K 是研究反应方向与限度(即化学平衡)的核心。化学平衡常数 K 表达了两方面的关系:一是反应物与产物的关系,二是物质及其量的关系。

　　在实际生产工作中,往往需要知道如何控制反应条件,使反应按生产需要的方向进行。在给定条件下,反应进行的最高限度是什么? 利用热力学原理和规律,可以从原则上确定反应进行的方向、平衡的条件,以及反应所能达到的最高限度和此时各物质之间的数量关系(平衡常数 K)。其重要性是显然的。例如,在预知反应不可能进行的条件下,或理论产率极低的情况下,就不必再耗费人力、物力和时间去进行探索性的实验。又如在给定条件下,反应有理论上的最大限度,不可能超越这个限度,也不可能借添加催化剂来改变这个限度,只有改变反应条件,才能在新的条件下达到新的限度。

　　本章中将应用热力学的结论来讨论化学平衡问题,并根据讨论建立起确定反应平衡和判断反应方向的方法和结论。在本章中,将平衡的限度用平衡常数 K 表示,引入标准生成吉布斯函数的概念,并讨论平衡常数的一些测定和计算方法,考察一些因素(如 T、p、组成等)对化学平衡的影响。

5.1　化学反应的方向和限度

　　判断化学反应的方向和限度的条件在讨论化学势时已有明确结论,对于反应 A ——→B,若 $\mu_A > \mu_B$,则反应可以进行。但仅仅根据 $\mu_A > \mu_B$ 的结论,往往会得到这样的结论:反应将由 A 全部转化为 B,因为 μ_A 总是大于 μ_B(不可能使 μ_B 大于 μ_A),反应会一直进行下去,即不存在所谓的反应限度问题。要解决这个问题,首先要来讨论一下整个化学反应系统的吉布斯函数是如何变化的。

5.1.1 化学反应系统的吉布斯函数

同样假设最简单的理想气体反应：$A \longrightarrow B$，若反应开始时，系统中只有 1 mol 的纯 A，只要 A 的化学势 μ_A 大于 B 的化学势 μ_B，从热力学角度考虑，反应就可以正向进行，当反应进行到反应进度为 $\xi\left(\xi = \dfrac{n_i - n_0}{\nu_i}\right)$ 时，物质 A 的量为 $(1-\xi)$，物质 B 的量应为 ξ。如果反应进行过程中，A 和 B 均以纯态存在而没有相互混合，当 A 和 B 物质的量分别为 n_A 和 n_B 时，此条件下系统的吉布斯函数为

$$G^* = n_A \mu_A^* + n_B \mu_B^* = (1-\xi)\mu_A^* + \xi\mu_B^* = \mu_A^* + \xi(\mu_B^* - \mu_A^*)$$

显然，在整个反应的进行过程中 $(\xi = 0 \sim 1)$，G^*-ξ 应为一条直线。但实际情况是，在反应进行的过程中，A 和 B 是混合在一起的，因此，还必须考虑混合过程对系统吉布斯函数的影响。对 A、B 两种理想气体的混合过程，有

$$\Delta_{mix}G = RT(n_A \ln x_A + n_B \ln x_B) = RT[(1-\xi)\ln(1-\xi) + \xi\ln\xi]$$

则实际反应系统的总的吉布斯函数随反应进度的变化关系为

$$G = G^* + \Delta_{mix}G = [\mu_A^* + \xi(\mu_B^* - \mu_A^*)] + RT[(1-\xi)\ln(1-\xi) + \xi\ln\xi]$$

因为 $\xi < 1$，$1-\xi < 1$，所以 $\ln(1-\xi) < 0$，$\ln\xi < 0$，从而 $\Delta_{mix}G < 0$。因此，实际反应系统的 $G < G^*$，在 $\xi = 0 \sim 1$ 的范围内，总会出现一个极小值（在 ξ_e 处，如图 5.1.1 所示），此时 G 最小，反应系统达到平衡态，即化学平衡的位置。因此，化学反应只能进行到一定限度，而不能按照化学方程式进行到底。

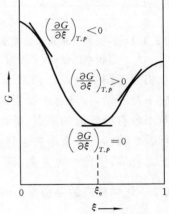

图 5.1.1 系统的吉布斯函数和 ξ 的关系

现以理想气体的反应 $D + E \Longleftrightarrow 2F$ 为例进行说明。在起始时，D、E、F 的物质的量分别为 n_D^0、n_E^0 和 n_F^0，而在反应过程中 D、E、F 的物质的量分别为 n_D、n_E、n_F，此时系统的吉布斯函数为

$$
\begin{aligned}
G &= \sum n_B \mu_B = n_D \mu_D + n_E \mu_E + n_F \mu_F \\
&= n_D\left(\mu_D^\ominus + RT\ln\frac{p_D}{p^\ominus}\right) + n_E\left(\mu_E^\ominus + RT\ln\frac{p_E}{p^\ominus}\right) \\
&\quad + n_F\left(\mu_F^\ominus + RT\ln\frac{p_F}{p^\ominus}\right) \\
&= \left[(n_D\mu_D^\ominus + n_E\mu_E^\ominus + n_F\mu_F^\ominus) + (n_D + n_E + n_F)RT\ln\frac{p}{p^\ominus}\right] \\
&\quad + RT(n_D\ln x_D + n_E\ln x_E + n_F\ln x_F)
\end{aligned}
$$

式中：p 是总压；x_B 代表各气体的摩尔分数。等式右方大括号中的数值相当于各气体单独存在且各自的压力均为总压 p 时的吉布斯函数之和，最后一项则相当于混合吉布斯函数。

设反应从 D、E 开始，各为 1 mol，则在任何时刻，有

$$n_D = n_E$$

$$n_F = 2(1 - n_D), \quad n_D + n_E + n_F = 2 \text{ mol}$$

$$G = \left[n_D(\mu_D^\ominus + \mu_E^\ominus) + 2(1 - n_D)\mu_F^\ominus + 2RT\ln\frac{p}{p^\ominus}\right]$$

$$+ 2RT\left[n_D\ln\left(\frac{1}{2}n_D\right) + (1 - n_D)\ln(1 - n_D)\right]$$

若 $p=p^{\ominus}$，则

$$G=\left[n_{\mathrm{D}}\left(\mu_{\mathrm{D}}^{\ominus}+\mu_{\mathrm{E}}^{\ominus}-2\mu_{\mathrm{F}}^{\ominus}\right)+2\mu_{\mathrm{F}}^{\ominus}\right]+2RT\left[n_{\mathrm{D}}\ln\left(\frac{1}{2}n_{\mathrm{D}}\right)+(1-n_{\mathrm{D}})\ln(1-n_{\mathrm{D}})\right]$$

式中：$\mu_{\mathrm{B}}^{\ominus}$ 为纯气体的化学势，它只是温度的函数，故在恒温恒压下，上式中的 G 只是 n_{D} 的函数。从起始到终了，n_{D} 的值可以在 $0\sim1$ 之间变动。

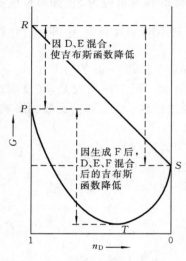

图 5.1.2　系统的吉布斯函数在反应
过程中的变化(示意图)

如以 n_{D} 为横坐标，以 G 为纵坐标，得示意图如图 5.1.2所示。

系统起始时，有

$$n_{\mathrm{D}}=1$$

$$G=\mu_{\mathrm{D}}^{\ominus}+\mu_{\mathrm{E}}^{\ominus}+2RT\ln\frac{1}{2}$$

图中用 P 点表示，它相当于 1 mol D 和 1 mol E 刚刚混合但尚未进行反应时系统的吉布斯函数，而纯 D 和纯 E 未混合前吉布斯函数的总和则相当于 R 点。把 1 mol D 和 1 mol E 混合后，尚未开始反应，系统的吉布斯函数就由 R 点降到了 P 点，式中的 $2RT\ln\frac{1}{2}$ 则相当于 D 和 E 的混合吉布斯函数。

假如 D、E 能全部进行反应而生成 F，即 $n_{\mathrm{D}}=0$ 时，有

$$G=2\mu_{\mathrm{F}}^{\ominus}$$

相当于图中 S 点。而当 n_{D} 在 $1\sim0$ 之间，绘图得到曲线 PTS，这个曲线有一个最低点。反应一经开始，一旦有产物生成，便产生了具有负值的混合吉布斯函数，根据等温等压下吉布斯函数有最低值的原则，最低的 T 点就是平衡点。反之，如果反应从纯 F 开始，反应向左进行后系统的吉布斯函数也将由 S 点降到 T 点。(混合吉布斯函数一项，从本质上来说，来源于混合熵，于此也可见熵函数对讨论化学平衡的重要性)。

5.1.2　化学反应的平衡常数和等温方程

在明确了化学反应的进行是有一定限度这一问题后，还要将此限度明确地表示出来，即在达到极限时，产物量与反应物量之间的关系是什么？

假设一理想气体化学反应

$$a\mathrm{A}+b\mathrm{B}\Longrightarrow g\mathrm{G}+h\mathrm{H}$$

当反应达到平衡时，有

$$g\mu_{\mathrm{G}}+h\mu_{\mathrm{H}}=a\mu_{\mathrm{A}}+b\mu_{\mathrm{B}}$$

根据理想气体在一定温度下的化学势表示式

$$\mu_{i}=\mu_{i}^{\ominus}+RT\ln\frac{p_{i}}{p^{\ominus}}$$

$$g\mu_{\mathrm{G}}^{\ominus}+gRT\ln\frac{p_{\mathrm{G}}}{p^{\ominus}}+h\mu_{\mathrm{H}}^{\ominus}+hRT\ln\frac{p_{\mathrm{H}}}{p^{\ominus}}=a\mu_{\mathrm{A}}^{\ominus}+aRT\ln\frac{p_{\mathrm{A}}}{p^{\ominus}}+b\mu_{\mathrm{B}}^{\ominus}+bRT\ln\frac{p_{\mathrm{B}}}{p^{\ominus}}$$

整理可得

$$\ln\frac{(p_{\mathrm{G}}/p^{\ominus})^{g}(p_{\mathrm{H}}/p^{\ominus})^{h}}{(p_{\mathrm{A}}/p^{\ominus})^{a}(p_{\mathrm{B}}/p^{\ominus})^{b}}=-\frac{1}{RT}(g\mu_{\mathrm{G}}^{\ominus}+h\mu_{\mathrm{H}}^{\ominus}-a\mu_{\mathrm{A}}^{\ominus}-b\mu_{\mathrm{B}}^{\ominus})$$

显然,等式右边各项均为产物、反应物的标准状态化学势,只是温度的函数,在一定温度下是常数,所以

$$\ln \frac{(p_G/p^\ominus)^g (p_H/p^\ominus)^h}{(p_A/p^\ominus)^a (p_B/p^\ominus)^b} = 常数$$

定义

$$K^\ominus \stackrel{\text{def}}{=\!=} \frac{(p_G/p^\ominus)^g (p_H/p^\ominus)^h}{(p_A/p^\ominus)^a (p_B/p^\ominus)^b} \qquad (5.1.1)$$

式(5.1.1)中 $K^\ominus$ 为标准平衡常数,$K^\ominus$ 量纲为 1。

若令

$$g\mu_G^\ominus + h\mu_H^\ominus - a\mu_A^\ominus - b\mu_B^\ominus = \Delta_r G_m^\ominus \qquad (5.1.2)$$

则

$$\Delta_r G_m^\ominus = -RT\ln K^\ominus \qquad (5.1.3)$$

$\Delta_r G_m^\ominus$ 是指产物和反应物均处于标准状态时,产物的吉布斯函数之和与反应物的吉布斯函数之和的差,故称为标准摩尔反应吉布斯函数。

若上述反应在等温等压条件下进行,还没有达到平衡,即 p_i' 是任意时刻的分压,反应系统中任一组分的化学势为 $\mu_i = \mu_i^\ominus + RT\ln \dfrac{p_i'}{p^\ominus}$,则反应系统的吉布斯函数变为

$$\Delta_r G = (g\mu_G + h\mu_H) - (a\mu_A + b\mu_B)$$

$$= g\mu_G^\ominus + h\mu_H^\ominus - a\mu_A^\ominus - b\mu_B^\ominus + RT\ln \frac{(p_G'/p^\ominus)^g (p_H'/p^\ominus)^h}{(p_A'/p^\ominus)^a (p_B'/p^\ominus)^b}$$

令

$$Q_p = \frac{(p_G'/p^\ominus)^g (p_H'/p^\ominus)^h}{(p_A'/p^\ominus)^a (p_B'/p^\ominus)^b} \qquad (5.1.4)$$

Q_p 称为压力商,它不是平衡时各组分的分压的关系,而是反应任意时刻产物与反应物的分压 p_i' 之间的关系,则

$$\Delta_r G_m = \Delta_r G_m^\ominus + RT\ln Q_p \qquad (5.1.5)$$

或

$$\Delta_r G_m = -RT\ln K^\ominus + RT\ln Q_p \qquad (5.1.6)$$

式(5.1.5)和式(5.1.6)为著名的范特霍夫等温方程。

推广到任意化学反应,只需用 a_i 代替 p_i(根据各种不同状态下物质化学势的表达式)。

对理想气体:　　　　$a_i = \dfrac{p_i}{p^\ominus}, \quad \mu_i = \mu_i^\ominus + RT\ln \dfrac{p_i}{p^\ominus}$

对实际气体:　　　　$a_i = \dfrac{f_i}{p^\ominus}, \quad \mu_i = \mu_i^\ominus + RT\ln \dfrac{f_i}{p^\ominus}$

对理想溶液:　　　　$a_i = x_i, \quad \mu_i = \mu_i^\ominus + RT\ln x_i$

对非理想溶液:　　　a_i 即其活度, $\quad \mu_i = \mu_i^\ominus + RT\ln a_i$

因此,范特霍夫等温方程可统一为

$$\Delta_r G_m = -RT\ln K^\ominus + RT\ln Q_a \qquad (5.1.7)$$

式中:Q_a 为活度商。

范特霍夫等温方程将化学反应过程中物质的量的关系与反应过程中系统的摩尔吉布斯函数变联系了起来,其意义是显而易见的。

以摩尔反应吉布斯函数 $\Delta_r G_m$ 为判据可得如下结论:

$Q_a < K^\ominus$,$\Delta_r G_m < 0$,反应正向自发进行;

$Q_a > K^\ominus$,$\Delta_r G_m > 0$,反应逆向自发进行;

$Q_a = K^\ominus$,$\Delta_r G_m = 0$,反应达到平衡。

显然,要确定反应的方向与限度,最重要的是确定标准平衡常数 $K^\ominus$。通过测定平衡时

各物质的量来确定 $K^\ominus$ 是有一定局限性的。因为要测定平衡时各物质的量须先确定反应是否已达到了平衡,若反应达到平衡,还要测定反应系统各组分的浓度。若能利用热力学数据将 $\Delta_r G_m^\ominus$ 方便地求出,就可根据范特霍夫等温方程 $-RT\ln K^\ominus = \Delta_r G_m^\ominus$ 先求出 $\Delta_r G_m^\ominus$,再求得标准平衡常数 $K^\ominus$。

根据 $\Delta_r G_m = \Delta_r G_m^\ominus + RT\ln Q_a$,可以利用 $\Delta_r G_m$ 来判断反应的方向和限度,而 $\Delta_r G_m^\ominus = -RT\ln K^\ominus$ 是与平衡常数相关联的,因此讨论化学平衡时,相应的标准摩尔反应吉布斯函数 $\Delta_r G_m^\ominus$ 有特别重要的意义。利用标准摩尔反应吉布斯函数 $\Delta_r G_m^\ominus$ 可以做到。

(1)计算平衡常数。

$$\Delta_r G_m^\ominus = -RT\ln K^\ominus$$

(2)从某一些反应的 $\Delta_r G_m^\ominus$,计算其他一些反应的 $\Delta_r G_m^\ominus$。

例如: ① $\quad C(s) + O_2(g) =\!=\!= CO_2(g)$, $\quad \Delta_r G_m^\ominus(①)$

② $\quad CO(g) + \frac{1}{2}O_2(g) =\!=\!= CO_2(g)$, $\quad \Delta_r G_m^\ominus(②)$

①$-$②$=$③ $\quad C(s) + \frac{1}{2}O_2(g) =\!=\!= CO(g)$, $\quad \Delta_r G_m^\ominus(③)$

$$\Delta_r G_m^\ominus(③) = \Delta_r G_m^\ominus(①) - \Delta_r G_m^\ominus(②)$$

反应③的平衡常数很难直接测定,可以利用反应①和反应②来求得反应③的平衡常数。还应注意到 $\Delta_r G_m^\ominus$ 的加减关系,反映到平衡常数上是乘除关系。

$$\Delta_r G_m^\ominus(③) = \Delta_r G_m^\ominus(①) - \Delta_r G_m^\ominus(②)$$
$$-RT\ln K^\ominus(③) = -RT\ln K^\ominus(①) + RT\ln K^\ominus(②)$$

故 $$K^\ominus(③) = \frac{K^\ominus(①)}{K^\ominus(②)}$$

(3)利用 $\Delta_r G_m^\ominus$ 可以判断反应的可能性。

根据 $\Delta_r G_m = \Delta_r G_m^\ominus + RT\ln Q_a$,如果 $\Delta_r G_m^\ominus$ 的绝对值很大,则 $\Delta_r G_m^\ominus$ 的正、负号基本上就决定了 $\Delta_r G_m$ 的符号。例如,若 $\Delta_r G_m^\ominus$ 是很大的负值,则在一般情况下,$\Delta_r G_m$ 大致也是负值,要使 $\Delta_r G_m$ 改变正、负号,就必须使 Q_a 变得很大才行,这在实际上往往也是难以办到的。

例 5.1.1 判断反应 $Zn(s) + \frac{1}{2}O_2(g) \longrightarrow ZnO(s)$ 是否可以自发进行,已知 $\Delta_r G_m^\ominus = -318.2$ kJ $\cdot$ mol^{-1}。

解 因 $$\Delta_r G_m^\ominus = -RT\ln K^\ominus = -RT\ln\left(\frac{p_{O_2}}{p^\ominus}\right)^{-1/2}$$

得 $$p_{O_2} = 5.2 \times 10^{126} \text{ Pa}$$

而 $$\Delta_r G_m = \Delta_r G_m^\ominus + RT\ln Q_a$$

则只有当 $p_{O_2} < 5.2 \times 10^{-126}$ Pa,才能使 $\Delta_r G_m > 0$,这显然很困难,因此反应 $Zn(s) + \frac{1}{2}O_2(g) \longrightarrow ZnO(s)$ 可以自发进行。

同理,若 $\Delta_r G_m^\ominus$ 为很大的正值,则一般情况下,$\Delta_r G_m$ 大致也是正值,即一般条件下,反应不能正向自发进行。

利用 $\Delta_r G_m^\ominus$ 判断反应能否进行一般可遵循以下原则:

① 当 $\Delta_r G_m^\ominus > 40$ kJ $\cdot$ mol^{-1} 时,可以认为反应不能进行;

② $\Delta_r G_m^\ominus$ 在 $-40\sim40$ kJ $\cdot$ mol^{-1} 之间时,存在着改变外界条件使平衡向更有利于产物的方向转化的可能性,具体情况具体分析;

③ $\Delta_r G_m^\ominus < -40$ kJ $\cdot$ mol^{-1} 时,反应可以进行。

因此，在讨论化学平衡的其他问题之前，首先应求出系统的标准摩尔反应吉布斯函数 $\Delta_r G_m^\ominus$，下面就讨论怎样方便地求得 $\Delta_r G_m^\ominus$ 的方法。

5.2 标准摩尔生成吉布斯函数

5.2.1 标准摩尔反应吉布斯函数

标准摩尔反应吉布斯函数 $\Delta_r G_m^\ominus$ 直接联系着平衡常数和反应所能达到的最高限度，要求得标准摩尔反应吉布斯函数 $\Delta_r G_m^\ominus$ 有如下方法。

（1）热化学方法。通过热化学方法测定反应的热效应 $\Delta_r H_m^\ominus$ 或计算 $\Delta_r H_m^\ominus$，再通过测定的热容或直接由热力学第三定律求得规定熵，求出 $\Delta_r S_m^\ominus$，然后根据 $\Delta_r G_m^\ominus = \Delta_r H_m^\ominus - T\Delta_r S_m^\ominus$，可求得 $\Delta_r G_m^\ominus$。

（2）有些反应系统的平衡常数易于由实验测定，有了标准平衡常数 $K^\ominus$，根据范特霍夫等温方程就可计算出 $\Delta_r G_m^\ominus$。有了一些反应的 $\Delta_r G_m^\ominus$ 后，可以通过代数运算，再求出另一些反应的 $\Delta_r G_m^\ominus$。

（3）通过电化学的方法设计可逆电池，使反应在电池中进行，电池的标准电动势 $E^\ominus$ 可以非常准确地测定，然后根据 $\Delta_r G_m^\ominus = -nE^\ominus F$，可求 $\Delta_r G_m^\ominus$。

（4）通过标准摩尔生成吉布斯函数 $\Delta_f G_m^\ominus$ 计算。

（5）由物质的微观数据，利用统计热力学的方法计算 $\Delta_r G_m^\ominus$。

5.2.2 物质的标准摩尔生成吉布斯函数

与处理化学反应的热效应的方法类似，对化学反应 $aA + bB \rightleftharpoons gG + hH$，若知道每一种物质的标准摩尔吉布斯函数的绝对值，则 $\Delta_r G_m^\ominus = (gG_{m,G}^\ominus + hG_{m,H}^\ominus) - (aG_{m,A}^\ominus + bG_{m,B}^\ominus)$，但各种物质的 $G_{m,i}^\ominus$ 是无法确定的。

与处理热效应方法类似，在此引入了某种状态作为参考，取用标准摩尔吉布斯函数的相对值。在标准压力 $p^\ominus$ 下，由稳定单质（包括纯理想气体、纯固体或纯液体）生成 1 mol 化合物时的标准摩尔反应吉布斯函数 $\Delta_r G_m^\ominus$ 称为该化合物的标准摩尔生成吉布斯函数，用 $\Delta_f G_m^\ominus$ 表示。对同一种物质，在 298.15 K 和 1 000 K 时的 $\Delta_f G_m^\ominus$ 是不一样的。各种手册上一般为 298.15 K 时的 $\Delta_f G_m^\ominus$ 值。根据此定义，稳定单质的标准摩尔生成吉布斯函数为零。

例如 298.15 K 时，对于反应 $\frac{1}{2} N_2(g, p^\ominus) + \frac{3}{2} H_2(g, p^\ominus) \Longrightarrow NH_3(g, p^\ominus)$ 的 $\Delta_r G_m^\ominus = -16.45$ kJ・mol^{-1}，则 $\Delta_f G_m^\ominus(NH_3) = -16.45$ kJ・mol^{-1}，$\Delta_f G_m^\ominus(H_2) = 0$，$\Delta_f G_m^\ominus(N_2) = 0$。

对于任意一个化学反应

$$aA + bB \Longrightarrow gG + hH$$

有

$$\Delta_r G_m^\ominus = \sum \nu_i \Delta_f G_{m,i}^\ominus (\text{产物}) - \sum \nu_j \Delta_f G_{m,j}^\ominus (\text{反应物}) \tag{5.2.1}$$

5.3 平衡常数的表示方法

由 $\Delta_r G_m^\ominus = -RT\ln K^\ominus$ 可知，化学反应的平衡常数与反应各物质的标准状态化学势密切相关。因此，将 $K^\ominus$ 称为标准平衡常数，或称为热力学平衡常数。根据其推导过程可知 $K^\ominus$ 的量纲为 1。

习惯上,平衡常数还有一些其他的表示形式。这些其他的表示形式统称为经验平衡常数,简称为平衡常数。

5.3.1 气相反应

对任意气相反应 $\qquad aA+bB \longrightarrow gG+hH$

(1) 理想气体。

若是理想气体反应,则

$$K^{\ominus} = \frac{(p_G/p^{\ominus})^g (p_H/p^{\ominus})^h}{(p_A/p^{\ominus})^a (p_B/p^{\ominus})^b} = \prod_i (p_i/p^{\ominus})^{\nu_i}$$

将 $p^{\ominus}$ 从每一分式中抽出,令 $\Delta\nu = (g+h)-(a+b)$,$\Delta\nu$ 表示产物和反应物的化学计量数之差。并令 $K_p = \prod_i p_i^{\nu_i}$ 是常数,p_i 为各物质平衡时的分压。则

$$K_p^{\ominus} = K_p (p^{\ominus})^{\Delta\nu} \tag{5.3.1}$$

显然,若 $\Delta\nu \neq 0$,K_p 就有了量纲,因为 $p^{\ominus} = 100$ kPa,所以 K_p 的单位为 $Pa^{\Delta\nu}$。若 $\Delta\nu = 0$,则 $K_p^{\ominus} = K_p$。

气相物质的 $\mu_i^{\ominus}$ 仅是温度的函数,因此,气相反应的标准平衡常数 $K^{\ominus}$ 也仅是温度的函数,从式(5.3.1)可以看出 K_p 也仅是温度的函数,与系统压力无关。

又因 $p_i = p x_i$,则

$$K_p = \prod_i p_i^{\nu_i} = \prod_i (p x_i)^{\nu_i} = \left(\prod_i x_i^{\nu_i}\right) p^{\Delta\nu} = K_x p^{\Delta\nu}$$

令

$$K_x = \prod_i x_i^{\nu_i} \tag{5.3.2}$$

式中:x_i 为平衡时各物质的摩尔分数。由式(5.3.2)可知:K_x 不仅是温度的函数,还与总压力 p 有关,即 p 改变时,K_x 的数值也将随之改变;x_i 量纲为 1,所以 K_x 的量纲也为 1。

又因 $\qquad x_i = n_i / n_{总}$

所以 $\qquad K_x = \prod_i x_i^{\nu_i} = \prod_i \left(\frac{n_i}{n_{总}}\right)^{\nu_i} = \left(\prod_i n_i^{\nu_i}\right) n_{总}^{\Delta\nu} = K_n n_{总}^{\Delta\nu}$

式中:n_i 是各物质平衡时的量。

令

$$K_n = \prod_i n_i^{\nu_i} = \frac{K_x}{n_{总}^{\Delta\nu}} \tag{5.3.3}$$

n_i 是容量性质,与 x_i、p_i 不同,不具有浓度的内涵,因此,K_n 不是平衡常数,而只是 $\prod_i n_i^{\nu_i}$ 的代表符号。对于一个给定的反应,当反应在一定的条件下达到平衡时,K_n 是常数。但在相同条件下,对于同一给定的反应,若反应系统的量不同,则 K_n 不同。因此,K_n 不是平衡常数。只是有时在进行化学平衡运算时,常常会用到 K_n。由式(5.3.3)可以看出:K_n 不仅是温度的函数,还是总压力 p 和系统中总物质的量 $n_{总}$ 的函数,即 p 改变时,K_n 随之而变,系统中总物质的量 $n_{总}$ 改变时,K_n 也随之而变;若 $\Delta\nu \neq 0$,则 K_n 是有量纲的量,其单位为 $mol^{\Delta\nu}$。故

$$K^{\ominus} = K_p (p^{\ominus})^{-\Delta\nu} = K_x \left(\frac{p}{p^{\ominus}}\right)^{\Delta\nu} = K_n \left(\frac{p}{p^{\ominus}} n_{总}\right)^{-\Delta\nu} \tag{5.3.4}$$

若 $\Delta\nu = 0$,则有

$$K^{\ominus} = K_p = K_x = K_n$$

（2）实际气体。

组分化学势
$$\mu_i = \mu_i^\ominus + RT\ln\frac{f}{p^\ominus}$$

可得
$$K^\ominus = \frac{(f_G/p^\ominus)^g(f_H/p^\ominus)^h}{(f_A/p^\ominus)^a(f_B/p^\ominus)^b} = \prod_i f_i^{\nu_i}(p^\ominus)^{-\Delta\nu}$$

令
$$K_f \overset{\text{def}}{=\!=} \prod_i f_i^{\nu_i}$$

得
$$K^\ominus = K_f(p^\ominus)^{-\Delta\nu}$$

因为
$$f_i = p_i\gamma_i$$

所以
$$K_f = \prod_i (p_i\gamma_i)^{\nu_i} = K_pK_\gamma$$

得到
$$K^\ominus = K_f(p^\ominus)^{-\Delta\nu} = K_pK_\gamma(p^\ominus)^{-\Delta\nu} \tag{5.3.5}$$

由于 μ_i 只是温度的函数，因此 K_f 也只是温度的函数。

5.3.2 液相反应

对理想溶液反应
$$\mu_i = \mu_i^\ominus + RT\ln x_i$$

根据平衡条件，有
$$K^\ominus = \frac{x_G^g x_H^h}{x_A^a x_B^b} = \prod_i x_i^{\nu_i} = K_x \tag{5.3.6}$$

对非理想溶液
$$\mu_i = \mu_i^\ominus + RT\ln a_i$$

根据平衡条件，有
$$K_a = \frac{a_G^g a_H^h}{a_A^a a_B^b} = \prod_i a_i^{\nu_i} = \prod_i (\gamma_i x_i)^{\nu_i} = \prod_i \gamma_i^{\nu_i}\prod_i x_i^{\nu_i} = K_\gamma K_x \tag{5.3.7}$$

由于溶液中 μ_i 是温度和压力的函数，因此 K_a 是温度和压力的函数。但在很多情况下，因为压力对 K_a 影响很小，把 K_a 看成只是温度的函数。

液相反应也可以用 K_c 和 K_b 表示为
$$K_a = \prod_i a_i^{\nu_i} = \prod_i \left(\frac{c_i}{c^\ominus}\right)^{\nu_i}\prod_i \gamma_i^{\nu_i} = K_cK_\gamma\prod_i (c^\ominus)^{-\Delta\nu} \tag{5.3.8}$$

其中 $K_c = \prod_i c_i^{\nu_i}$，$K_\gamma = \prod_i \gamma_i^{\nu_i}$，$K_c$ 是有量纲的，单位为 $(\text{mol}\cdot\text{m}^{-3})^{\Delta\nu}$。

$$K_a = \prod_i a_i^{\nu_i} = \prod_i \left(\frac{b_i}{b^\ominus}\right)^{\nu_i}\prod_i \gamma_i^{\nu_i} = K_bK_\gamma\prod_i (b^\ominus)^{-\Delta\nu} \tag{5.3.9}$$

其中 $K_b = \prod_i b_i^{\nu_i}$，$K_\gamma = \prod_i \gamma_i^{\nu_i}$，$K_b$ 是有量纲的，单位为 $(\text{mol}\cdot\text{kg}^{-1})^{\Delta\nu}$。

对于理想溶液或稀溶液，有
$$\gamma = 1, \quad K_\gamma = \prod_i \gamma_i^{\nu_i} = 1$$

5.3.3 复相反应

均相反应指的是反应物、产物均在同一相中的反应。

复相反应指的是反应物、产物不在同一相中的反应。

例如对于反应 $CaCO_3(s) \Longrightarrow CaO(s) + CO_2(g)$，反应物、产物分别处于不同的相中，在一密闭容器中进行，当反应达到平衡时，有
$$\mu(CO_2,g) + \mu(CaO,s) = \mu(CaCO_3,s)$$

$$\mu^{\ominus}(CO_2,g) + RT\ln\frac{p_{CO_2}}{p^{\ominus}} + \mu^{\ominus}(CaO,s) = \mu^{\ominus}(CaCO_3,s)$$

$$-RT\ln\frac{p_{CO_2}}{p^{\ominus}} = \mu^{\ominus}(CO_2,g) + \mu^{\ominus}(CaO,s) - \mu^{\ominus}(CaCO_3,s) = \Delta_r G_m^{\ominus} = -RT\ln K^{\ominus}$$

所以　　　　　　　　　　　　　　　　　$K^{\ominus} = \dfrac{p_{CO_2}}{p^{\ominus}}$

其中,$K^{\ominus}$ 等于平衡时 CO_2 的分压与标准压力的比值。在一定温度时,不论$CaCO_3$ 和 CaO 有多少,平衡时 CO_2 的分压总是定值。通常又将此种情况下平衡时 CO_2 的分压称为 $CaCO_3$ 分解反应的"分解压"。

分解压即固体物质在一定温度下分解达到平衡时产物中气体组分的总压力。若分解产物中不只是一种气体,则平衡时各气体产物的分压之和为分解压。

对于以上的反应,要注意只有当 $CO_2(g)$ 与 $CaO(s)$ 和 $CaCO_3(s)$ 平衡共存时,才有分解压的概念,此时 $K^{\ominus} = \dfrac{p_{CO_2}}{p^{\ominus}}$。若系统中只有一个固相,则 p_{CO_2} 与此固相不存在平衡,此时 p_{CO_2} 的值可以是任意的。

对于一定温度下的 $CaCO_3(s) \Longrightarrow CaO(s) + CO_2(g)$ 系统,显然当 $p_{CO_2} > p_{分解}$ 时,反应逆向进行;当 $p_{CO_2} < p_{分解}$ 时,反应正向进行。

对于气-固相反应,通常表示反应的标准平衡常数时,只要写出参加反应的各气体物质的分压即可,固体物质无须出现在 $K^{\ominus}$ 的表示式中。

例如对于反应　　　　　　　$NH_4HS(s) \Longrightarrow NH_3(g) + H_2S(g)$

$$K^{\ominus} = \frac{p_{NH_3}}{p^{\ominus}}\frac{p_{H_2S}}{p^{\ominus}}, \qquad p_{分解} = p_{NH_3} + p_{H_2S}$$

而对于反应 $Ag_2S(s) + H_2(g) \Longrightarrow 2Ag(s) + H_2S(g)$,$K^{\ominus} = \dfrac{p_{H_2S}/p^{\ominus}}{p_{H_2}/p^{\ominus}}$,则无分解压。

复相反应的标准平衡常数 $K^{\ominus}$ 是 T、p 的函数,但压力对其影响很小,一般可忽略,而纯固体的化学势是温度和压力的函数。

5.3.4　平衡常数与化学方程式写法的关系

$\Delta_r G_m^{\ominus}$ 的大小与化学方程式的写法有关,对于同一反应,化学方程式的写法不同,其 $\Delta_r G_m^{\ominus}$ 不同,$K^{\ominus}$ 也不同。

例如对于反应:

(1) $N_2(g,p^{\ominus}) + 3H_2(g,p^{\ominus}) \Longrightarrow 2NH_3(g,p^{\ominus})\,\Delta_r G_m^{\ominus}(1)$

(2) $\dfrac{1}{2}N_2(g,p^{\ominus}) + \dfrac{3}{2}H_2(g,p^{\ominus}) \Longrightarrow NH_3(g,p^{\ominus})\,\Delta_r G_m^{\ominus}(2)$

显然 $\Delta_r G_m^{\ominus}(1) = 2\Delta_r G_m^{\ominus}(2)$,所以 $K_1^{\ominus} = (K_2^{\ominus})^2$。

此结论对经验平衡常数也适用。

5.4　平衡常数的实验测定

运用热力学数据求出 $\Delta_r G_m^{\ominus}$,进一步求出 $K^{\ominus}$ 及平衡系统各组分的组成,是热力学最常见也是最重要的应用之一。反之,也可由实验测定平衡组成,进一步求出平衡常数 $K^{\ominus}$,从而求得 $\Delta_r G_m^{\ominus}$。

5.4.1　平衡常数的实验直接测定

由实验测定平衡常数,即测定平衡系统各物质的浓度或压力。测量方法可分为物理方法和化学方法两种。

1. 物理方法

根据一些物质的物理性质与组成的关系,通过测定反应平衡系统中物理性质从而测定物质的平衡组成。如测定折光率、电导率、比色(颜色)、光的吸收(紫外线、红外线等)、色谱定量图谱以及压力、体积的改变等。最好测定与浓度或压力呈线性关系的物理量。这种方法的优点在于一般不扰乱系统的平衡态,是目前常用的方法。

2. 化学方法

用化学分析的方法直接测定平衡时系统中各物质的浓度时要注意,由于向平衡系统中加入试剂往往会扰乱平衡系统而使浓度失真。为尽可能避免浓度失真,就要在分析前使平衡"冻结"起来。通常采取的冻结措施如使系统温度骤降,使温度低到反应不再进行;对于催化反应,可取走催化剂;对于溶液反应,可加入大量溶剂使溶液稀释等。具体怎样"冻结",要根据具体情况,选取最适当、最简便的方法。

在进行平衡组成测定之前,首先必须使系统达到平衡,并判断系统是否平衡。可通过以下途径判断系统是否达到平衡。

(1) 若系统平衡,则在外界条件不变的情况下,无论经历多长时间,各物质浓度不变。

(2) 从反应物开始正向进行反应,或者从产物开始逆向进行反应,达到平衡,两种情况下反应的平衡常数相同。

(3) 任意改变参加反应的各物质的起始浓度,达到平衡后所得的平衡常数相同。

5.4.2　平衡常数的计算

对于实际能进行的化学反应,其平衡常数未必都能通过实验测定,一些中间反应就是如此,这就有必要寻求化学反应平衡常数的计算方法。由 $\Delta_r G_m^{\ominus} = -RT \ln K^{\ominus}(T)$ 可知,计算平衡常数 $K^{\ominus}(T)$ 的前提是要获取反应的 $\Delta_r G_m^{\ominus}$。

(1) 由物质的标准摩尔生成吉布斯函数 $\Delta_f G_m^{\ominus}$ 计算平衡常数。

利用 $\Delta_r H_m^{\ominus} = \sum \nu_B \Delta_f H_m^{\ominus}$ 求反应的标准摩尔焓变。因焓的绝对值无法求得而相应定义了化合物的 $\Delta_f H_m^{\ominus}$。吉布斯函数也是状态函数,故求取反应的标准摩尔吉布斯函数 $\Delta_r G_m^{\ominus}$,也可采用求 $\Delta_f H_m^{\ominus}$ 的类似方法进行处理,即任意标准摩尔反应吉布斯函数是参与反应的各物质的标准摩尔生成吉布斯函数 $\Delta_f G_m^{\ominus}$ 的代数和。

$$\Delta_r G_m^{\ominus} = \sum \nu_B \Delta_f G_{m,B}^{\ominus} \tag{5.4.1}$$

当有离子参与反应时,规定温度 T 及标准状态下,氢离子($1\ \mathrm{mol \cdot kg^{-1}}$)标准摩尔生成吉布斯函数为零,即 $\Delta_f G_m^{\ominus}(H^+) = 0$。由此规定可求出任何其他离子的 $\Delta_f G_m^{\ominus}$。有了物质(单质、化合物、离子)的标准摩尔生成吉布斯函数的数据(可以在手册中查到),可用式(5.4.1)求反应的 $\Delta_r G_m^{\ominus}$,进而求得标准平衡常数。

在电解质溶液中,常用浓度的单位是质量摩尔浓度,其各物质的标准状态是 $b_B = 1\ \mathrm{mol \cdot kg^{-1}}$ 且具有稀溶液性质的假想态。计算这类反应的 $\Delta_r G_m^{\ominus}$ 时,要用到标准状态($b_B = b^{\ominus}$)的溶质的 $\Delta_f G_m^{\ominus}$ 数据,当手册上查不到所需溶质的 $\Delta_f G_m^{\ominus}$ 时,可利用其饱和蒸气压或溶解度的数据而求得。

例 5.4.1 已知 298.15 K 时，$\Delta_f G_m^\ominus(乙苯,g)=130.6\ \text{kJ}\cdot\text{mol}^{-1}$，$\Delta_f G_m^\ominus(苯乙烯,g)=213.8\ \text{kJ}\cdot\text{mol}^{-1}$，$\Delta_f G_m^\ominus(H_2O,g)=-228.572\ \text{kJ}\cdot\text{mol}^{-1}$，计算在 298.15 K 时乙苯直接脱除氢和乙苯氧化脱氢时的平衡常数。

解　① 可根据乙苯直接脱氢反应式计算。

$$\underset{(g)}{\underset{\text{CH}_2\text{CH}_3}{\bigcirc}} \Longrightarrow \underset{(g)}{\underset{\text{CH}=\text{CH}_2}{\bigcirc}} + \text{H}_2(g)$$

有　　　　　$\Delta_f G_m^\ominus(298.15\ \text{K})=\Delta_f G_m^\ominus(298.15\ \text{K},H_2,g)+\Delta_f G_m^\ominus(298.15\ \text{K},苯乙烯,g)$

$$-\Delta_f G_m^\ominus(298.15\ \text{K},乙苯,g)=(0+213.8-130.6)\ \text{kJ}\cdot\text{mol}^{-1}=83.2\ \text{kJ}\cdot\text{mol}^{-1}$$

因为　　　　　　　　　　　　$\Delta_r G_m^\ominus=-RT\ln K^\ominus(T)$

所以　　　$K_p^\ominus(298.15\ \text{K})=\exp\left(\dfrac{-\Delta_r G_m^\ominus}{RT}\right)=\exp\left(\dfrac{-83.2\times10^3}{8.314\times298.15}\right)=2.7\times10^{-15}$

显然，乙苯直接脱氢反应在 298.15 K 下是几乎不可能进行的。

② 可根据乙苯氧化脱氢反应式计算。

$$\underset{(g)}{\underset{\text{CH}_2\text{CH}_3}{\bigcirc}}+\frac{1}{2}\text{O}_2(g) \Longrightarrow \underset{(g)}{\underset{\text{CH}=\text{CH}_2}{\bigcirc}}+\text{H}_2\text{O}(g)$$

有　　$\Delta_r G_m^\ominus(298.15\ \text{K})=[213.8+(-228.572)-130.6]\ \text{kJ}\cdot\text{mol}^{-1}=-145.4\ \text{kJ}\cdot\text{mol}^{-1}$

因为　　　　　　　　　　　　$\Delta_r G_m^\ominus=-RT\ln K^\ominus(T)$

所以　　　$K_p^\ominus(298.15\ \text{K})=\exp\left(\dfrac{-\Delta_r G_m^\ominus}{RT}\right)=\exp\dfrac{145.4\times10^3}{8.314\times298.15}=2.981\times10^{25}$

显然，乙苯氧化脱氢反应在 298.15 K 时进行得较完全。

（2）根据反应的 $\Delta_r H_m^\ominus$、$\Delta_r S_m^\ominus$ 计算 $\Delta_r G_m^\ominus$，再求平衡常数。

将任一等温过程的热力学函数式 $\Delta G=\Delta H-T\Delta S$ 应用于反应系统，若参与反应的物质均处于标准状态，且反应进度为 1 mol 时，则有 $\Delta_r G_m^\ominus=\Delta_r H_m^\ominus-T\Delta_r S_m^\ominus$，其中 $\Delta_r H_m^\ominus=\sum\nu_B\Delta_f H_m^\ominus$，$\Delta_r S_m^\ominus=\sum\nu_B S_m^\ominus$。

在已知反应的 $\Delta_r H_m^\ominus$ 和 $\Delta_r S_m^\ominus$ 后，可依式 $\Delta_r G_m^\ominus=\Delta_r H_m^\ominus-T\Delta_r S_m^\ominus$ 求出反应的 $\Delta_r G_m^\ominus$。

例 5.4.2　求 298.15 K 时，下列反应的平衡常数 $K^\ominus(T)$。

$$\text{CH}_4(g)+2\text{H}_2\text{O}(g) \Longrightarrow \text{CO}_2(g)+4\text{H}_2(g)$$

已知有关物质在 298.15 K 时的热力学数据如下表。

物　　　质	$\text{CH}_4(g)$	$\text{H}_2\text{O}(g)$	$\text{CO}_2(g)$	$\text{H}_2(g)$
$\Delta_f H_m^\ominus/(\text{kJ}\cdot\text{mol}^{-1})$	-74.81	-241.818	-393.509	0
$S_m^\ominus/(\text{J}\cdot\text{mol}\cdot\text{K}^{-1})$	188.0	188.825	213.74	130.684

解　因为　　　　　　　　　　$\Delta_r H_m^\ominus=\sum\nu_B\Delta_f H_m^\ominus$

所以　　$\Delta_r H_m^\ominus=\Delta_f H_m^\ominus(\text{CO}_2)+4\Delta_f H_m^\ominus(\text{H}_2)-\Delta_f H_m^\ominus(\text{CH}_4)-2\Delta_f H_m^\ominus(\text{H}_2\text{O})$

而　　　　　　　　　　　　　$\Delta_r S_m^\ominus=\sum\nu_B S_m^\ominus$

得　　$\Delta_r S_m^\ominus=S_m^\ominus(\text{CO}_2)+4S_m^\ominus(\text{H}_2)-S_m^\ominus(\text{CH}_4)-2S_m^\ominus(\text{H}_2\text{O})=170.83\ \text{J}\cdot\text{mol}^{-1}\cdot\text{K}^{-1}$

故　　$\Delta_r G_m^\ominus=\Delta_r H_m^\ominus-T\Delta_r S_m^\ominus=(164.94-298.15\times170.83\times10^{-3})\ \text{kJ}\cdot\text{mol}^{-1}$

　　　　　　　$=114\ \text{kJ}\cdot\text{mol}^{-1}$

则　　　$K_p^\ominus(298.15\ \text{K})=\exp\left(\dfrac{-\Delta_r G_m^\ominus}{RT}\right)=\exp\left(\dfrac{-114\times10^3}{8.314\times298.15}\right)=1.06\times10^{-20}$

(3)根据已知反应的平衡常数计算相关未知反应的平衡常数。

可以由已知的标准摩尔反应吉布斯函数求出相关未知反应的标准摩尔反应吉布斯函数变。根据 $\Delta_r G_m^{\ominus} = -RT\ln K^{\ominus}(T)$，也就可由已知反应的平衡常数求出相关未知反应的平衡常数，常称此为平衡常数的组合计算。

例 5.4.3 已知在 1 000 K 时，有反应(1)$C(s)+O_2(g) \Longrightarrow CO_2(g)$，$K_p^{\ominus}(1)=4.731\times10^{20}$，$\Delta_r G_m^{\ominus}(1)$；(2)$CO(g)+\frac{1}{2}O_2(g) \Longrightarrow CO_2(g)$，$K_p^{\ominus}(2)=1.648\times10^{10}$，$\Delta_r G_m^{\ominus}(2)$，求反应(3)$C(s)+\frac{1}{2}O_2(g) \Longrightarrow CO(g)$ 的 $K_p^{\ominus}(3)$。

解 因为反应(3)$C(s)+\frac{1}{2}O_2(g) \Longrightarrow CO(g)$ 等于反应(1)减去反应(2)，所以

$$\Delta_r G_m^{\ominus}(3) = \Delta_r G_m^{\ominus}(1) - \Delta_r G_m^{\ominus}(2)$$
$$-RT\ln K^{\ominus}(3) = -RT\ln K^{\ominus}(1) + RT\ln K^{\ominus}(2)$$

则

$$K^{\ominus}(3) = \frac{K^{\ominus}(1)}{K^{\ominus}(2)} = \frac{4.731\times10^{20}}{1.648\times10^{10}} = 2.87\times10^{10}$$

反应(3)$C(s)+\frac{1}{2}O_2(g) \Longrightarrow CO(g)$ 的平衡常数 $K_p^{\ominus}(3)$ 很难直接测定，可以利用反应(1)和反应(2)来求得反应(3)的平衡常数。需要注意的是 $\Delta_r G_m^{\ominus}$ 的加减关系，反映到平衡常数上是乘除关系，即

$$\Delta_r G_m^{\ominus}(3) = \Delta_r G_m^{\ominus}(1) - \Delta_r G_m^{\ominus}(2)$$
$$-RT\ln K^{\ominus}(3) = -RT\ln K^{\ominus}(1) + RT\ln K^{\ominus}(2)$$
$$K^{\ominus}(3) = \frac{K^{\ominus}(1)}{K^{\ominus}(2)}$$

计算平衡常数除了上面介绍的几种方法外，还有电池的标准电动势法、配分函数法等。

5.5　温度对平衡常数的影响

平衡常数是温度的函数，同一反应在不同的温度条件下，平衡常数是不相同的(即平衡位置、反应最终限度不同)。

由

$$\Delta_r G_m^{\ominus} = -RT\ln K^{\ominus}$$

得

$$\frac{\Delta_r G_m^{\ominus}}{T} = -R\ln K^{\ominus}$$

所以

$$\left[\frac{\partial}{\partial T}\left(\frac{\Delta_r G_m^{\ominus}}{T}\right)\right]_p = -R\left(\frac{\partial \ln K^{\ominus}}{\partial T}\right)_p$$

根据吉布斯-亥姆霍兹方程 $\left[\frac{\partial}{\partial T}\left(\frac{\Delta G}{T}\right)\right]_p = -\frac{\Delta H}{T^2}$，得

$$\left(\frac{\partial \ln K^{\ominus}}{\partial T}\right)_p = \frac{\Delta_r H_m^{\ominus}}{RT^2} \tag{5.5.1}$$

此式是反应的标准平衡常数随温度变化的微分形式，称为范特霍夫等压方程。

$\Delta_r H_m^{\ominus}$ 是产物与反应物在标准状态时的焓值之差，即反应在一定压力条件下的标准摩尔反应焓。

对于吸热反应，$\Delta_r H_m^{\ominus} > 0$，升高温度，$K^{\ominus}$ 增大，对正反应有利；对于放热反应，$\Delta_r H_m^{\ominus} < 0$，升高温度，$K^{\ominus}$ 减小，对正反应不利。

由范特霍夫等压方程 $d(\ln K^{\ominus}) = \frac{\Delta_r H_m^{\ominus}}{RT^2}dT = -\frac{\Delta_r H_m^{\ominus}}{R}d\left(\frac{1}{T}\right)$，积分得

$$\ln \frac{K^{\ominus}(T_1)}{K^{\ominus}(T_2)} = -\frac{\Delta_r H_m^{\ominus}}{R}\left(\frac{1}{T_1} - \frac{1}{T_2}\right) \tag{5.5.2}$$

式(5.5.2)是范特霍夫等压方程的积分式,由此式可以由 T_1 时的 $K^\ominus(T_1)$ 求出 T_2 时的 $K^\ominus(T_2)$。

若温度变化范围较大,$\Delta_r H_m^\ominus$ 不能看做常数,须将 $\Delta_r H_m^\ominus = f(T)$ 的关系式代入,方能积分。

例 5.5.1　计算反应 $CO(g) + 2H_2(g) \Longrightarrow CH_3OH(g)$,在 573.15 K 的 $\Delta_r G_m^\ominus$ 及 $K_p^\ominus$,已知下列数据。

物　质	CO(g)	H$_2$(g)	CH$_3$OH(g)
$\Delta_f H_m^\ominus(298.15\ K)/(kJ \cdot mol^{-1})$	−110.525	0	−200.70
$S_m^\ominus(298.15\ K)/(J \cdot mol \cdot K^{-1})$	197.674	130.684	239.7
$C_{p,m}/(J \cdot mol^{-1} \cdot K^{-1})$	29.142	28.824	43.89

解　① 计算反应的 $\Delta_r C_{p,m}$。

$\Delta_r C_{p,m} = \sum \nu_B C_{p,m} = (43.89 - 29.142 - 2 \times 28.824)\ J \cdot mol^{-1} \cdot K^{-1} = -42.9\ J \cdot mol^{-1} \cdot K^{-1}$

② 再计算 298.15 K 时的 $\Delta_r H_m^\ominus$ 和 $\Delta_r S_m^\ominus$。

$$\Delta_r H_m^\ominus(298.15\ K) = \sum \nu_B \Delta_f H_m^\ominus(298.15\ K)$$
$$= [-200.70 - (-110.525) - 2 \times 0]\ kJ \cdot mol^{-1} = -90.18\ kJ \cdot mol^{-1}$$

$$\Delta_r S_m^\ominus(298.15\ K) = \sum \nu_B S_m^\ominus(298.15\ K)$$
$$= (239.7 - 197.674 - 2 \times 130.684)\ J \cdot mol^{-1} \cdot K^{-1}$$
$$= -219\ J \cdot mol^{-1} \cdot K^{-1}$$

③ 计算 573.15 K 时的 $\Delta_r H_m^\ominus$ 和 $\Delta_r S_m^\ominus$。

$$\Delta_r H_m^\ominus(573.15\ K) = \Delta_r H_m^\ominus(298.15\ K) + \int_{298.15\ K}^{573.15\ K} \Delta_r C_{p,m} dT = -101.97\ kJ \cdot mol^{-1}$$

$$\Delta_r S_m^\ominus(573.15\ K) = \Delta_r S_m^\ominus(298.15\ K) + \int_{298.15\ K}^{573.15\ K} \frac{\Delta_r C_{p,m}}{T} dT = -247.03\ J \cdot mol^{-1} \cdot K^{-1}$$

得

$$\Delta_r G_m^\ominus(573.15\ K) = \Delta_r H_m^\ominus(573.15\ K) - 573.15 \times \Delta_r S_m^\ominus(573.15\ K) = 39.6\ kJ \cdot mol^{-1}$$

$$K_p^\ominus(573.15\ K) = \exp\left(\frac{-\Delta_r G_m^\ominus(573.15\ K)}{573.15\ R}\right) = \exp\left(\frac{-39.6 \times 10^3}{8.314 \times 573.15}\right) = 2.46 \times 10^{-4}$$

5.6　平衡混合物组成的计算

由平衡常数计算平衡混合物的组成,其目的是了解反应系统达到平衡时的组成情况,即预计反应能够进行的程度;同时,通过计算也可以设法调节或控制反应所能进行的程度。一方面,由 $\Delta_r G_m^\ominus$ 求出平衡常数 $K^\ominus$,进一步求出平衡转化率、平衡产率以及平衡浓度;另一方面,由平衡浓度得出平衡常数 $K^\ominus$,进一步得出 $\Delta_r G_m^\ominus$。现将相关的概念列举如下。

反应物 R 的平衡转化率:$\alpha = \dfrac{\text{反应平衡后 R 已转化的数量}}{\text{反应开始时 R 的数量}} \times 100\%$

产物 P 的平衡产率:$\eta = \dfrac{\text{反应平衡后 P 的数量}}{\text{按反应式全部转化应得 P 的数量}} \times 100\%$

组分 i 的平衡浓度:$\alpha = \dfrac{\text{平衡混合物中第 } i \text{ 种物质的数量(以 mol 为单位)}}{\text{平衡混合物的总数量(以 mol 为单位)}} \times 100\%$

理想气体的平衡浓度:$a = \dfrac{n_i}{\sum n_i} = \dfrac{\nu_i}{\sum \nu}$

在有些化学反应中,除了主反应之外,还伴有或多或少的副反应,即几个反应同时发生,这些反应同处于一个系统之中,它们之间有必然的相互联系。

例 5.6.1 若将 $NH_4I(s)$ 迅速加热到 375 ℃,则按以下反应式分解。

$$NH_4I(s) \Longrightarrow NH_3(g) + HI(g)$$

分解压力为 3.67×10^4 Pa,若将反应混合物在 375 ℃时维持一段时间,则 HI 进一步按以下反应式解离。

$$2HI(g) \Longrightarrow H_2(g) + I_2(g), \quad K^{\ominus} = 0.015\ 0$$

试计算该反应系统的最终压力。

解 取 n mol $NH_4I(s)$ 开始反应,设系统达到平衡时,含 x mol $NH_3(g)$、y mol $HI(g)$,则平衡组成为

(1) $\qquad\qquad\qquad\qquad NH_4I(s) \Longrightarrow NH_3(g) + HI(g)$

平衡时物质的量/mol $\qquad\qquad\quad n-x \qquad\quad x \qquad\quad y$

(2) $\qquad\qquad\qquad\qquad 2HI(g) \Longrightarrow H_2(g) + I_2(g)$

平衡时物质的量/mol $\qquad\qquad\quad y \qquad \dfrac{1}{2}(x-y) \quad \dfrac{1}{2}(x-y)$

因 $HI(g)$ 比 $NH_3(g)$ 少 $(x-y)$ mol,所以 $H_2(g)$、$I_2(g)$ 均为 $\dfrac{1}{2}(x-y)$ mol。故平衡时,系统中气相的总物质的量为

$$n_{总} = x + y + \frac{1}{2}(x-y) + \frac{1}{2}(x-y) \text{ mol} = 2x \text{ mol}$$

$$K_1^{\ominus} = \frac{p_{NH_3}}{p^{\ominus}} \frac{p_{HI}}{p^{\ominus}} = \frac{p_{分解}/2}{p^{\ominus}} \frac{p_{分解}/2}{p^{\ominus}} = \frac{1}{4} \frac{p_{分解}}{p^{\ominus}} = \frac{1}{4} \times \left(\frac{3.67 \times 10^4}{101\ 325}\right)^2 = 0.032\ 8$$

设平衡时,反应系统的最终压力为 p,则

$$K_1^{\ominus} = \frac{p_{NH_3}}{p^{\ominus}} \frac{p_{HI}}{p^{\ominus}} = \left(\frac{x}{2x} \frac{p}{p^{\ominus}}\right)\left(\frac{y}{2x} \frac{p}{p^{\ominus}}\right) = \frac{y}{4x}\left(\frac{p}{p^{\ominus}}\right)^2 = 0.032\ 8$$

$$K_2^{\ominus} = K_n \left(\frac{p}{p^{\ominus}} \frac{1}{n_{总}}\right)^{\Delta\nu=0} = K_n = \frac{[(x-y)/2]^2}{y^2} = \frac{(x-y)^2}{4y^2} = 0.015\ 0$$

解得 $\qquad\qquad\qquad\qquad\qquad\qquad\quad p = 4.10 \times 10^4 \text{ Pa}$

例 5.6.2 甲烷转化反应为 $CH_4(g) + H_2O(g) \Longrightarrow CO(g) + 3H_2(g)$,在 900 K 下的标准常数 $K_p^{\ominus} = 1.280$,若取等物质的量的甲烷与水蒸气反应,求 900 K、100 kPa 下达到平衡时系统的组成。

解 设 CH_4 和 H_2O 的原始量皆为 1 mol,平衡转化率为 α,则

$$\qquad\qquad\qquad CH_4(g) + H_2O(g) \Longrightarrow CO(g) + 3H_2(g)$$

平衡时各物质的量/mol $\qquad 1-\alpha \qquad\quad 1-\alpha \qquad\quad \alpha \qquad\qquad 3\alpha$

平衡时各物质的分压/Pa $\quad \dfrac{1-\alpha}{2(1+\alpha)}p \quad \dfrac{1-\alpha}{2(1+\alpha)}p \quad \dfrac{\alpha}{2(1+\alpha)}p \quad \dfrac{3\alpha}{2(1+\alpha)}p$

平衡时总量/mol $\qquad\qquad (1-\alpha) + (1-\alpha) + \alpha + 3\alpha = 2(1+\alpha)$

则

$$K_p^{\ominus} = \frac{\dfrac{p_{CO}}{p^{\ominus}} \dfrac{p_{H_2}}{p^{\ominus}}}{\dfrac{p_{CH_4}}{p^{\ominus}} \dfrac{p_{H_2O}}{p^{\ominus}}} = \frac{\left(\dfrac{\alpha}{2(1+\alpha)} \dfrac{p}{p^{\ominus}}\right)\left(\dfrac{3\alpha}{2(1+\alpha)} \dfrac{p}{p^{\ominus}}\right)^3}{\left(\dfrac{1-\alpha}{2(1+\alpha)} \dfrac{p}{p^{\ominus}}\right)^2}$$

$$= \frac{\alpha \times (3\alpha)^3}{(1-\alpha)^2}\left[\frac{p}{2(1+\alpha)p^{\ominus}}\right]^2 = \frac{27\alpha^4}{4(1-\alpha^2)^2} \times \left(\frac{100}{100}\right)^2 = \frac{6.75\alpha^4}{(1-\alpha^2)^2} = 1.280$$

四次方程开方得二次方程 $\qquad \dfrac{\alpha^2}{1-\alpha^2} = \sqrt{\dfrac{1.28}{6.75}} = 0.435$

因 $0 \leqslant \alpha \leqslant 1$,故取正值,整理得

$$\alpha^2 - 0.435 + 0.435\alpha^2 = 0$$

故 $\qquad\qquad\qquad\qquad\qquad\qquad\qquad \alpha = 0.550$

各气体的摩尔分数分别为

$$y_{CH_4} = \frac{1-\alpha}{2(1+\alpha)} = \frac{0.450}{3.100} = 0.145, \quad y_{H_2O} = \frac{1-\alpha}{2(1+\alpha)} = \frac{0.450}{3.100} = 0.145$$

$$y_{CO} = \frac{\alpha}{2(1+\alpha)} = \frac{0.550}{3.100} = 0.177, \quad y_{H_2} = \frac{3\alpha}{2(1+\alpha)} = 3y_{CO} = 0.532$$

例 5.6.3　298.15 K 时,将 $NH_2COONH_4(s)$ 放入真空容器中,发生如下分解反应。

$$NH_2COONH_4(s) \Longrightarrow 2NH_3(g) + CO_2(g)$$

平衡时系统压力 p 为 8.95 kPa,求平衡常数 $K^{\ominus}(T)$。当将氨基甲酸铵投入上述容器的同时,还通入氨气,且氨气的原始分压为 12.666 kPa,若达平衡时,尚有过量的 $NH_2COONH_4(s)$ 存在,求 $NH_3(g)$ 和 $CO_2(g)$ 的分压及总压。

解　① 当真空容器中无 $NH_3(g)$ 和 $CO_2(g)$ 时,有

$$p_{NH_3} = \frac{2}{3}p = \frac{2}{3} \times 8.95 \text{ kPa} = 5.97 \text{ kPa}$$

$$p_{CO_2} = \frac{1}{3}p = \frac{1}{3} \times 8.95 \text{ kPa} = 2.98 \text{ kPa}$$

当液体和固体物质分解出气体产物且达平衡时,气体产物的总压力称为该分解物质的分解压,分解压仅随温度改变而变化,与反应系统中被分解物的量无关。

依多相反应的标准平衡常数表达式得

$$K^{\ominus}(T) = K_p^{\ominus} = \left(\frac{p_{NH_3}}{p^{\ominus}}\right)^2 \frac{p_{CO_2}}{p^{\ominus}} = (p_{NH_3})^2 (p_{CO_2}) \left(\frac{1}{p^{\ominus}}\right)^3$$

$$= 5.97^2 \times 2.98 \times \left(\frac{1}{100}\right)^3 = 1.062 \times 10^{-4}$$

② 求加入 $NH_2COONH_4(s)$ 的同时通入 $NH_3(g)$ 达平衡后的平衡分压与总压,设平衡时反应产生的 $CO_2(g)$ 的分压为 x kPa,则

$$NH_2COONH_4(s) \Longrightarrow 2NH_3(g) + CO_2(g)$$

原始分压/kPa　　　　　　　　　　　　　　　12.666　　　　　　0

平衡分压/kPa　　　　　　　　　　　　　12.666+2x　　　　　x

故　　　　$K^{\ominus}(T) = K_p^{\ominus} = \left(\frac{p_{NH_3}}{p^{\ominus}}\right)^2 \frac{p_{CO_2}}{p^{\ominus}} = (12.666+2x)^2 x \times \left(\frac{1}{100}\right)^3 = 1.062 \times 10^{-4}$

解得　　　　　　　　$p_{CO_2} = 55.900 \times 10^{-2}$ kPa,　$p_{NH_3} = 13.784$ kPa

则　　　　　　　　　　　$p = p_{NH_3} + p_{CO_2} = 14.343$ kPa

5.7　其他因素对化学平衡的影响

5.7.1　压力对化学平衡的影响

对理想气体反应,$K^{\ominus}$ 只是 T 的函数而与压力无关。

液相反应和复相反应的标准平衡常数虽然与压力有关,但一般情况下压力的影响很小,可以忽略不计。因此,通常情况下,压力对标准平衡常数的影响均可不予考虑。除非在压力很大(18^8 Pa 以上)时,才需注意压力对 $K^{\ominus}$ 的影响。

但对气相化学反应,压力虽不能改变标准平衡常数 $K^{\ominus}$,但对平衡系统的组成往往会产生不容忽视的影响。

因为 $K^{\ominus} = K_x \left(\frac{p}{p^{\ominus}}\right)^{\Delta\nu}$,总压 p 发生变化,K_x 会随之改变,系统的组成也会随之改变。若 $\Delta\nu = 0$,$K^{\ominus} = K_x$,则系统总压力 p 对平衡组成没有影响;若 $\Delta\nu > 0$,即气相反应的分子数增

加,p 增加,K_x 降低,平衡左移,产物减少,反应物增加;若 $\Delta\nu<0$,即气相反应的分子数减少,p 增加,K_x 增加,平衡右移,产物增加,反应物减少。

对凝聚相反应,若凝聚相彼此没有混合,各组分都处于纯态,则

$$\left(\frac{\partial \mu_B^*}{\partial p}\right)_T = V_{m,B}^*$$

所以

$$\left[\frac{\partial(\ln K_a)}{\partial p}\right]_T = -\frac{\Delta V_{m,B}^*}{RT}$$

若 $\Delta V_{m,B}^*>0$,则增加压力对正向反应不利;若 $\Delta V_{m,B}^*<0$,则增加压力对正向反应有利。对凝聚相来说,由于 $\Delta V_{m,B}^*$ 的数值一般不大,因此,在一定温度下,当压力变化不大时,K_a 可以看做与压力无关。当压力变化很大时,压力的影响就不能忽略。

例 5.7.1 在 298.15 K、标准压力 $p^\ominus$ 下,C(金刚石)和 C(石墨)的摩尔熵分别为 2.377 J·mol^{-1}·K^{-1} 和 5.740 J·mol^{-1}·K^{-1},其燃烧焓分别为 -395.40 kJ·mol^{-1} 和 -393.51 kJ·mol^{-1},密度分别为 3 513 kg·m^{-3} 和 2 260 kg·m^{-3}。

(1) 在 298.15 K、标准压力 $p^\ominus$ 下,C(石墨)转化为 C(金刚石)的 $\Delta_{trs}G_m^\ominus$。

(2) 在 298.15 K、标准压力 $p^\ominus$ 下,C(金刚石)和 C(石墨)哪个比较稳定?

(3) 增加压力能否使不稳定晶体转化为稳定晶体? 如有可能,需要增加多大的压力?

解 (1)
$$C(石墨)\longrightarrow C(金刚石)$$

$$\Delta_{trs}H_m^\ominus = \Delta_c H_m^\ominus(石墨) - \Delta_c H_m^\ominus(金刚石)$$
$$= [-393.51 - (-395.40)] \text{ kJ·mol}^{-1} = 1.890 \text{ kJ·mol}^{-1}$$

$$\Delta_{trs}S_m^\ominus = S_m^\ominus(金刚石) - S_m^\ominus(石墨)$$
$$= (2.377 - 5.740) \text{ J·mol}^{-1}\text{·K}^{-1} = -3.36 \text{ J·mol}^{-1}\text{·K}^{-1}$$

$$\Delta_{trs}G_m^\ominus = \Delta_{trs}H_m^\ominus - T\Delta_{trs}S_m^\ominus$$
$$= [1\,890 - 298.15 \times (-3.36)] \text{ J·mol}^{-1} = 2\,892 \text{ J·mol}^{-1}$$

(2) 在 298.15 K、标准压力 $p^\ominus$ 下,$\Delta_{trs}G_m^\ominus>0$,说明在此条件下反应不能进行,即石墨不能转化为金刚石,石墨是稳定的。

(3) 加压有利于反应向体积缩小的方向进行。金刚石的密度比石墨的密度大,所以增加压力有可能使石墨转化为金刚石。

据
$$\left(\frac{\partial \Delta G}{\partial p}\right)_T = \Delta V$$

得
$$\int_{\Delta G_1}^{\Delta G_2} \mathrm{d}(\Delta G) = \int_{p_1}^{p_2} \Delta V \mathrm{d}p$$

所以
$$\Delta_{trs}G_m^\ominus(2) = \Delta_{trs}G_m^\ominus(1) + \Delta_{trs}V(p_2 - p_1)$$
$$= 2\,892 + \left(\frac{0.012}{3\,513} - \frac{0.012}{2\,260}\right)(p_2 - 100\,000)$$

欲使 $\Delta_{trs}G_m^\ominus(2)<0$,解上式得

$$p_2 > 1.54 \times 10^9 \text{ Pa}$$

即须加压至 1.54×10^9 Pa 以上,才能使石墨转化为金刚石。

5.7.2 惰性气体对化学平衡的影响

惰性气体是指存在于化学反应系统中但不参与反应的气体。

惰性气体的存在并不影响平衡常数,但可以影响平衡组成,使平衡组成发生移动。当总压力一定时,惰性气体的存在实际上相当于起稀释作用,和减少反应系统的总压的效果是一致的。

由 $K^{\ominus} = K_n \left(\dfrac{p}{n_{总} \, p^{\ominus}} \right)^{\Delta\nu}$ 知,加入惰性气体将使系统总物质的量 $n_{总}$ 增加。

当 $\Delta\nu = 0$ 时,对 K_n 无影响,惰性气体的存在不影响系统的平衡组成。

当 $\Delta\nu > 0$ 时,惰性气体增加,$n_{总}$ 增加,K_n 变大,即产物量增大,反应物量减少。

当 $\Delta\nu < 0$ 时,惰性气体增加,$n_{总}$ 增加,K_n 变小,即产物量减少,反应物量增大。

5.7.3　浓度对化学平衡的影响

以如下的氧化还原反应为例,讨论浓度对平衡移动的影响。

$$CO + H_2O \rightleftharpoons CO_2 + H_2$$

当这个反应在等温下达到平衡时,则有

$$Q_c = \frac{[CO_2][H_2]}{[CO][H_2O]} (c^{\ominus})^{-\Delta\nu_B} = \frac{[CO_2][H_2]}{[CO][H_2O]} = K_c^{\ominus}$$

式中:Q_c 为浓度商。依等温方程得 $\Delta_r G_m = 0$。如果增加 CO 和 H_2O 的浓度,使 Q_c 减小,则 $Q_c < K_c^{\ominus}$,系统不再处于平衡态,反应正向进行,随着反应的进行,CO 和 H_2O 的浓度因生成 CO_2 和 H_2 逐渐减小,CO_2 和 H_2 的浓度不断增大,当 Q_c 重新等于 $K_c^{\ominus}$ 时,$\Delta_r G_m$ 又重新为零,系统又达到新的平衡。达到新平衡时,各物质的平衡浓度和原平衡的各自平衡浓度不一样。

显然,在等温条件下,增加反应物浓度或减少产物浓度,化学平衡将向着正向反应的方向移动;增加产物浓度或减少反应物的浓度,化学平衡将向着逆反应的方向移动。

浓度对解离平衡的影响主要表现在解离度上。解离度也可由解离平衡来求得。以一元弱酸为例,设原始浓度为 c,解离度为 α,则

$$HA \rightleftharpoons H^+ + A^-$$

平衡浓度　　　　　　　　$c - c\alpha$　　　$c\alpha$　　$c\alpha$

$$K_a = \frac{(c\alpha)^2}{c - c\alpha} = \frac{c\alpha^2}{1 - \alpha}$$

当 $\dfrac{c}{K_a} > 10^3$ 时,$\alpha < 0.03$,$1 - \alpha \approx 1$,有

$$\alpha = \sqrt{\frac{K_a}{c}} \tag{5.7.1}$$

式(5.7.1)表示了溶液的浓度、解离度和解离常数之间的关系,称为稀释定律。它表明:①相同浓度的不同弱电解质,解离常数大者,解离度也大,酸(碱)性较强;②同一弱电解质(解离常数与浓度无关),当浓度变小(稀释)时,解离度增大。而根据式 $[H^+] = \sqrt{K_a c}$,溶液稀释时,$[H^+]$ 反而减小,这是弱电解质解离的一个通性。此现象初看起来似乎矛盾,其实不然。现将 $[H^+] = \sqrt{K_a c}$ 代入式(5.7.1),得

$$\alpha = \sqrt{\frac{K_a c}{c^2}} = \frac{\sqrt{K_a c}}{c} = \frac{[H^+]}{c}$$

当浓度变小(稀释)时,有更多的空间让未解离的弱酸分子解离,H^+ 的绝对数量是多了,但单位体积内的 H^+ 即 $[H^+]$ 减小,这与 $[H^+] = \sqrt{K_a c}$ 符合。由于 $[H^+]$ 降低的倍数小于弱电解质浓度 c 降低的倍数,因而 $\dfrac{[H^+]}{c}$ 增大,即稀释时解离度是增大的。

虽然解离度的大小也可显示电解质的强弱,但用解离度来比较电解质的相对强弱时,必

须指明溶液的浓度(只有在相同浓度时才能比较),解离度小者,电解质较弱。而解离常数(用活度表达)虽与浓度无关,却比解离度能更深刻地反映弱电解质的本性,因而解离常数在实际应用中显得更重要。

在一定温度下,用活度表达的解离常数是不随浓度而变的恒定值。但由于离子之间的相互作用,在稍浓的溶液中如果用浓度表达解离常数,则该解离常数也会因浓度改变而改变。

水的解离也影响弱电解质的解离平衡。当 $K_a c$(或 $K_b c$)小于 $25K_w$(2.5×10^{-13} mol^2 · L^{-2})时,即酸(碱)很弱而浓度又很小时,弱电解质的解离必须同时考虑水的解离。

在弱电解质(弱酸或弱碱)溶液中加入含有相同离子的强电解质,可使弱电解质的解离度降低,同时溶液的 pH 值也发生变化,或在难溶电解质的饱和溶液中加入含有相同离子的易溶强电解质,可以降低难溶电解质的溶解度。这种现象均称为同离子效应。例如在 HAc 溶液中加入 NaAc 之后,[Ac$^-$]增大,使 NaAc 的解离平衡向左移动([H$^+$]减小),HAc 的解离度降低,同时溶液的[H$^+$]减小,在 PbI$_2$ 难溶盐溶液中加入 I$^-$,则使溶解平衡向沉淀方向移动,加入的离子(I$^-$)常称为沉淀剂。

在难溶电解质的溶液中,如果离子积大于溶度积,就会有这种电解质的沉淀生成,这是析出沉淀的必要条件。那么,怎样才能使某种离子沉淀完全呢?

(1) 为使某种离子尽可能沉淀完全,首先应选择适当的沉淀剂,使沉淀物的溶解度尽可能小。例如,精制食盐(将原盐溶于水,加沉淀剂使 SO$_4^{2-}$ 沉淀→过滤→蒸发→结晶)时,要将溶液中的 SO$_4^{2-}$ 沉淀,可选 Pb(NO$_3$)$_2$、CaCl$_2$、BaCl$_2$ 三种盐作为沉淀剂。它们加入后可分别生成 PbSO$_4$、CaSO$_4$ 和 BaSO$_4$ 沉淀。但 Pb(NO$_3$)$_2$ 不能考虑,因为它带入了对人体有害的铅。CaCl$_2$ 引入的钙对人体有益,正好补钙,但 CaSO$_4$ 的溶解度偏大了(几乎是 BaSO$_4$ 的一万倍),故应选用 BaCl$_2$(微量钡也是人体需要的元素)。

(2) 加入适当过量的沉淀剂,利用同离子效应,确保沉淀完全。通常认为,残留在溶液中的离子浓度小于 $10^{-6} \sim 10^{-5}$ mol · L^{-1},就算沉淀完全了。例如,若 BaCl$_2$ 加入后的浓度和原来溶液中的[SO$_4^{2-}$]相等,则沉淀后留在饱和溶液中的 Ba^{2+} 和 SO$_4^{2-}$ 的浓度也相等。若 BaCl$_2$ 适当过量,并假定沉淀后溶液中[Ba^{2+}]$=10^{-2}$ mol · L^{-1},则留在溶液中的 SO$_4^{2-}$ 的浓度为

$$[SO_4^{2-}] = \frac{K_{sp}}{[Ba^{2+}]} = \frac{1.1 \times 10^{-5}}{10^{-2}} \text{ mol · L}^{-1} = 1.1 \times 10^{-3} \text{ mol · L}^{-1}$$

SO$_4^{2-}$ 被沉淀得更完全了。

(3) 控制溶液的 pH 值。对于某些沉淀反应,还必须控制溶液的 pH 值,才能确保沉淀完全。例如,浓度为 1.0 mol · L^{-1} 的 ZnSO$_4$ 溶液中有杂质 Fe$_2$(SO$_4$)$_3$,[Fe^{3+}]$=10^{-4}$ mol · L^{-1},为了除去 Fe^{3+}(让它成为 Fe(OH)$_3$ 沉淀,过滤除去),似乎 pH 值越高,Fe^{3+} 就被除去得越完全。其实不然,pH 值不能高于 5.54,否则 Zn^{2+} 会沉淀为 Zn(OH)$_2$,故通常控制 pH 值在 4~5 之间。当 pH$=5$ 时,则[OH$^-$]$=10^{-9}$ mol · L^{-1},此时离子积[Fe^{3+}][OH$^-$]$^3 > K_{sp}$(Fe(OH)$_3$),Fe(OH)$_3$ 立即沉淀。当沉淀反应达到平衡时,溶液中 Fe^{3+} 的浓度为

$$[Fe^{3+}] = \frac{K_{sp}}{[OH^-]^3} = \frac{4 \times 10^{-38}}{(10^{-9})^3} \text{ mol · L}^{-1} = 4 \times 10^{-11} \text{ mol · L}^{-1}$$

此时的杂质已微不足道了。

沉淀溶解的必要条件是离子积小于溶度积。因此,只要采用某个化学方法来减少与沉淀物共存的溶液中的有关离子浓度,即可促使平衡向着沉淀溶解的方向移动。例如,有

$CaCO_3(s)$ 的饱和溶液,建立了溶解(解离)平衡。如往该溶液中加酸,便存在如下两个过程:

$$CaCO_3(s) \Longrightarrow Ca^{2+} + CO_3^{2-}$$

$$CO_3^{2-} + 2H^+ \Longrightarrow H_2CO_3 \longrightarrow H_2O + CO_2 \uparrow$$

第二个过程生成的 H_2CO_3 不稳定,它分解为 CO_2 和 H_2O,从而减小了溶液中 CO_3^{2-} 的浓度,使离子积小于溶度积,原有的平衡被打破,$CaCO_3(s)$ 继续溶解。若加入足够量的酸,固体便不断溶解,直至全部溶解为止。

再如,$MgCl_2$ 与 $NaOH$ 在溶液中生成了 $Mg(OH)_2$ 沉淀。在加入铵盐(NH_4Cl)时,由于 OH^- 与 NH_4^+ 反应生成 $NH_3 \cdot H_2O$,溶液中的 $[OH^-]$ 急剧减少,使离子积小于溶度积。

$$Mg(OH)_2(s) \Longrightarrow Mg^{2+} + 2OH^-$$

$$2OH^- + 2NH_4^+ \Longrightarrow 2NH_3 \cdot H_2O$$

于是溶液呈不饱和状态,沉淀物 $Mg(OH)_2$ 开始溶解。

通过生成配合物也可使沉淀溶解。例如,$AgNO_3$ 与 $NaCl$ 在溶液中生成了 $AgCl$ 沉淀,若加入氨水,则 NH_3 与 Ag^+ 结合为稳定的配离子 $[Ag(NH_3)_2]^+$。

$$AgCl(s) \Longrightarrow Ag^+ + Cl^-$$

$$Ag^+ + 2NH_3 \Longrightarrow [Ag(NH_3)_2]^+$$

因而 Ag^+ 的浓度急剧减少,离子积小于溶度积,于是沉淀物 $AgCl$ 开始溶解。

浓度对水解的影响,以 $NaAc$ 的水解为例:设盐的原始浓度为 c,水解产物的浓度为 x,有

$$Ac^- + H_2O \Longrightarrow HAc + OH^-$$

平衡浓度 $\qquad\qquad c-x \qquad\qquad\qquad x \qquad\quad x$

则

$$x = \sqrt{\frac{cK_w}{K_a}}$$

可见,当盐的浓度 c 减小(稀释)时,水解产物的浓度 x 也是减小的。但根据水解度 h 的定义,应有

$$h = \frac{x}{c} = \sqrt{\frac{K_w}{cK_a}} \tag{5.7.2}$$

式(5.7.2)表明,当盐的浓度减小(稀释)时,水解度增大。表 5.7.1 是 $NaAc$ 在不同浓度时的水解度。

表 5.7.1 $NaAc$ 在不同浓度时的水解度(298.15 K)

盐的原始浓度 $c/(mol \cdot L^{-1})$	0.20	0.10	0.05	0.01	0.005	0.001
水解度 $h/(\%)$	0.005 3	0.007 5	0.011	0.024	0.034	0.075

盐类水解的结果将导致溶液的 pH 值发生变化。弱碱正离子(如 NH_4^+)的水解使 H^+ 过剩;弱酸根离子(如 Ac^-)的水解使 OH^- 过剩。如果加酸(降低 pH 值),将使弱碱正离子的水解度减小;加碱(升高 pH 值),将使弱碱正离子的水解度增大。同理,如果加碱,将使弱酸根离子的水解度减小;加酸,将使弱酸根离子的水解度增大。这是同离子效应在水解平衡中的体现。

在化工生产和科学实验中,水解现象是经常遇到的。例如,配制铋、锑、锡等盐的溶液时,只有在酸度较高的情况下才是澄清的,当稀释时,其盐溶液就易水解生成碱式盐沉淀。

$$BiCl_3 + H_2O \Longrightarrow BiOCl\downarrow + 2HCl$$

$$SbCl_3 + H_2O \Longrightarrow SbOCl\downarrow + 2HCl$$

$$SnCl_2 + H_2O \Longrightarrow Sb(OH)Cl\downarrow + HCl$$

若在这些盐的溶液中加酸(水解产物),就可以抑制水解。所以在配制这些盐的溶液时,为了防止水解,通常是先将盐溶于酸溶液中,然后用水稀释到所需的浓度(不可先加水后加酸,否则水解产物很难溶解)。

在分析化学中,常利用盐类的水解反应达到分离和鉴定离子的目的。例如溶液中有 Fe^{2+} 的 $(FeSO_4)$ 存在时,将妨碍其他离子的鉴定。在此情形下,可在酸性环境中用 HNO_3 氧化 Fe^{2+},使之成为 Fe^{3+}。

$$3Fe^{2+} + 4H^+ + NO_3^- \Longrightarrow 3Fe^{3+} + 2H_2O + NO\uparrow$$

然后加入适量的碱以提高溶液的 pH 值至 $3\sim4$,再用加热保温的办法促使 Fe^{3+} 水解,生成 $Fe(OH)_3$ 沉淀,过滤而除去。

$$Fe^{3+} + 3H_2O \Longrightarrow Fe(OH)_3\downarrow + 3H^+$$

工业上常利用此原理使平衡点移动以提高某一反应物的转化率。比如,尽管已经证明反应物一般按照化学方程式配料所得到的产物含量最大,但实际生产中为了提高昂贵难得的反应物的转化率,常加入过量的廉价易得的某一反应物原料。如由反应 $2SO_2 + O_2 \Longrightarrow 2SO_3$ 生产 SO_3,从理论上来说要获得 SO_3 的最高含量,反应物量的最适宜比为 $\frac{n_{SO_2}}{n_{O_2}} = 2$,然而,生产中控制 $\frac{n_{SO_2}}{n_{O_2}} = 0.625$。又如通 H_2 于红热的 Fe_3O_4 的反应为 $Fe_3O_4 + 4H_2 \Longrightarrow 3Fe + 4H_2O(g)$,总是将生成的水蒸气不断从反应系统中移走,致使 Fe_3O_4 转化率大大提高,甚至可达到 Fe_3O_4 完全变成 Fe 的程度。

例 5.7.2 已知一氧化碳的变换反应为 $CO + H_2O \Longrightarrow CO_2 + H_2$,在 773.15 K 时,$K_c^{\ominus} = 9$。求 773.15 K 时,在下列两种情况下,CO 的转化率 α:

(1) 反应开始时,CO 和 H_2O 的浓度均为 0.02 mol·L^{-1};

(2) 反应开始时,H_2O 的浓度为 0.08 mol·L^{-1},其他条件不变。

解 (1) 设平衡时 CO_2 和 H_2 的浓度均为 x mol·L^{-1},则

	CO	+	H_2O $\Longrightarrow$	CO_2	+	H_2
开始浓度/(mol·L^{-1})	0.02		0.02	0		0
平衡浓度/(mol·L^{-1})	0.02−x		0.02−x	x		x

有

$$K_c^{\ominus} = \frac{x^2}{(0.02-x)^2} = 9, \quad x = 0.015$$

则

$$\alpha = \frac{0.015}{0.02} \times 100\% = 75\%$$

(2) 设平衡时 CO_2 和 H_2 的浓度均为 y mol·L^{-1},则

	CO	+	H_2O $\Longrightarrow$	CO_2	+	H_2
开始浓度/(mol·L^{-1})	0.02		0.08	0		0
平衡浓度/(mol·L^{-1})	0.02−y		0.08−y	y		y

则

$$K_c^{\ominus} = \frac{y^2}{(0.02-y)(0.08-y)} = 9, \quad y = 0.019\,4$$

得

$$\alpha = \frac{0.019\,4}{0.02} \times 100\% = 97\%$$

可见,当反应物中的水蒸气的浓度增加为原来的 4 倍后,CO 的平衡转化率由 75% 提高到 97%。

例 5.7.3 在浓度为 0.10 mol·L^{-1} 的 HAc 溶液中加入 NaAc 晶体,溶解后 NaAc 完全解离,其浓度也为 0.10 mol·L^{-1}。试计算 HAc 的解离度及溶液的[H$^+$]。如果不加入 NaAc,HAc 的解离度及溶液的[H$^+$]又是多少?

解　设平衡时溶液的 H$^+$ 的浓度为 x mol·L^{-1},则

$$NaAc \longrightarrow Na^+ + Ac^-$$

平衡浓度/(mol·L^{-1})　　　　　　　　　　　0.10　　0.10

$$HAc \rightleftharpoons H^+ + Ac^-$$

平衡浓度/(mol·L^{-1})　　　　　　0.10$-x$　　x　　x

则　　　　　　　　　　$[Ac^-] = (0.10 + x)$ mol·L^{-1}

即　　　　$K_a = \dfrac{[H^+][Ac^-]}{[HAc]} = \dfrac{x(0.10+x)}{0.10-x} = 1.8 \times 10^{-5}$ mol·L^{-1}

因为同离子效应,x 是很小的,可以认为 0.10$-x \approx$ 0.10,0.10$+x \approx$ 0.10,则

$$x = 1.8 \times 10^{-5}, \quad [H^+] = 1.8 \times 10^{-5} \text{ mol·L}^{-1}$$

解离度　　　　　　　　$\alpha = 1.8 \times 10^{-4} \approx 0.018\%$

如果不加入 NaAc,则

$$[H^+] = 1.3 \times 10^{-3} \text{ mol·L}^{-1}, \quad \alpha = 1.3\%$$

同理,如果在 HAc 溶液中加入 HCl,[H$^+$]增大,也使 HAc 的解离平衡向左移动(减小[Ac$^-$]),结果是 HAc 的解离度降低,同时溶液的 pH 值也发生变化。

例 5.7.4 已知 298.15 K 时,PbI$_2$ 的溶度积 $K_{sp} = 1.0 \times 10^{-9}$ mol^3·L^{-3},试计算此温度时 PbI$_2$(s)在 0.01 mol·L^{-1}KI 溶液中的溶解度。

解　设 PbI$_2$ 的溶解度为 x mol·L^{-1},则

$$PbI_2(s) \rightleftharpoons Pb^{2+} + 2I^-$$

平衡浓度/(mol·L^{-1})　　　　　　　　　　x　　　$2x$

$$KI \longrightarrow K^+ + I^-$$

平衡浓度/(mol·L^{-1})　　　0.01$-$0.01　　0.01　　0.01

则溶液中　　　　$[I^-] = (0.01 + 2x)$ mol·L^{-1},　$[Pb^{2+}] = x$ mol·L^{-1}

得　　　　$K_{sp} = [Pb^{2+}][I^-]^2 = x(0.01 + 2x)^2$ mol^3·L^{-3} = 1.0 $\times$ 10^{-9} mol^3·L^{-3}

$$x \approx \frac{1.0 \times 10^{-9}}{0.01^2} \text{ mol·L}^{-1} = 1.0 \times 10^{-5}$$

298.15 K 时,PbI$_2$ 在纯水中的溶解度是 6.3 $\times$ 10^{-4} mol·L^{-1}。由于 KI 出现在溶液中,使平衡向左移动,溶解度减小。

例 5.7.5 已知 Ag$_2$CrO$_4$ 的溶度积 $K_{sp} = 1.1 \times 10^{-12}$ mol^3·L^{-3}。如果溶液中 CrO$_4^{2-}$ 的浓度为 0.001 mol·L^{-1},在加入 AgNO$_3$ 溶液时,Ag$^+$ 的浓度达到(或超过)多少便开始有 Ag$_2$CrO$_4$ 沉淀析出?

解　　　　　　　　$Ag_2CrO_4(s) \rightleftharpoons 2Ag^+ + CrO_4^{2-}$

$$K_{sp} = [Ag^+]^2[CrO_4^{2-}] = 1.1 \times 10^{-12} \text{ mol}^3 \cdot \text{L}^{-3}$$

将 CrO$_4^{2-}$ 的浓度代入,当离子积等于 K_{sp} 时便开始析出沉淀。

$$[Ag^+]^2 = \frac{1.1 \times 10^{-12}}{0.001} \text{ mol}^2 \cdot \text{L}^{-2} = 1.1 \times 10^{-9} \text{ mol}^2 \cdot \text{L}^{-2}$$

$$[Ag^+] = 3.3 \times 10^{-5} \text{ mol·L}^{-1}$$

即[Ag$^+$]达到(或超过)3.3$\times$10^{-5} mol·L^{-1}时,便开始析出 Ag$_2$CrO$_4$ 沉淀。

例 5.7.6 在 0.05 mol·L^{-1}ZnCl$_2$ 溶液中通入 H$_2$S 气体达到饱和,溶液中 H$_2$S 的浓度为 0.1 mol·L^{-1}。试问:溶液的[H$^+$]应小于多少才能产生 ZnS 沉淀?已知 ZnS 的溶度积 $K_{sp} = 2.5 \times 10^{-22}$ mol^2·L^{-2},H$_2$S 两步的解离常数 K_1 与 K_2 分别为 1.32$\times$10^{-7} mol·L^{-1} 和 7.1$\times$10^{-15} mol·L^{-1}。

解 只有当

$$[Zn^{2+}] = 0.05 \text{ mol} \cdot L^{-1}$$

$[Zn^{2+}][S^{2-}] = 0.05[S^{2-}] = 2.5 \times 10^{-22} \text{ mol}^2 \cdot L^{-2}$ 时，才能产生 ZnS 沉淀。

$$[S^{2-}] = \frac{2.5 \times 10^{-22}}{0.05} \text{ mol} \cdot L^{-1} = 5 \times 10^{-21} \text{ mol} \cdot L^{-1}$$

而 $[S^{2-}]$ 与 $[H^+]$ 是通过解离常数相互牵制着的。要保证足够的 $[S^{2-}]$，就必须使 $[H^+]$ 小于某个数值。

$$H_2S \Longrightarrow H^+ + HS^-, \quad K_1$$
$$HS^- \Longrightarrow H^+ + S^{2-}, \quad K_2$$

两式相加，得

$$H_2S \Longrightarrow 2H^+ + S^{2-}, \quad K_1K_2$$

则

$$\frac{[H^+]^2[S^{2-}]}{[H_2S]} = \frac{[H^+]^2 \times 5 \times 10^{-21}}{0.1} = K_1K_2 = 9.4 \times 10^{-22} \text{ mol}^2 \cdot L^{-2}$$

$$[H^+]^2 = \frac{0.1 \times 9.4 \times 10^{-22}}{5 \times 10^{-21}} \text{ mol}^2 \cdot L^{-2} = 1.9 \times 10^{-2} \text{ mol}^2 \cdot L^{-2}$$

$$[H^+] = \sqrt{1.9 \times 10^{-2}} \text{ mol} \cdot L^{-1} = 0.14 \text{ mol} \cdot L^{-1}$$

即 $[H^+]$ 应小于 $0.14 \text{ mol} \cdot L^{-1}$，才能产生 ZnS 沉淀。

5.8 反应的耦合

设反应系统中有两个化学反应，若一个反应的产物在另一个反应中是反应物之一，则称这两个反应是耦合（coupling）的。

耦合反应可以影响反应的平衡位置，甚至使不能进行的反应以另外的途径进行。如有反应

(1) $A + B \Longrightarrow C + D$, $\quad \Delta_r G_m^{\ominus}(1) > 0$

(2) $C + E \Longrightarrow F + G$, $\quad \Delta_r G_m^{\ominus}(2) < 0$

若反应 (1) 的 $\Delta_r G_m^{\ominus}(1) > 0$，则平衡常数 $K_1 < 1$。如 D 是所期望的产物，则根据反应 (1)，所得产物 D 必很少（甚至在宏观上可以认为反应是不能进行的）。若反应 (2) 的 $\Delta_r G_m^{\ominus}(2) < 0$，甚至可以抵消 $\Delta_r G_m^{\ominus}(1)$ 而有余，则反应 (3) = 反应 (1) + 反应 (2) 是可以进行的。

(3) $A + B + E \Longrightarrow D + F + G$, $\quad \Delta_r G_m^{\ominus}(3) = \Delta_r G_m^{\ominus}(1) + \Delta_r G_m^{\ominus}(2) < 0$

可以认为由于反应 (2) 的 $\Delta_r G_m^{\ominus}(2)$ 值为负且很小，通过耦合把反应 (1) 带动起来了。

例如，用以下反应式从 TiO_2 来制备 $TiCl_4$。

(a) $TiO_2(s) + 2Cl_2(g) \Longrightarrow TiCl_4(l) + O_2(g)$, $\quad \Delta_r G_m^{\ominus} = 161.94 \text{ kJ} \cdot \text{mol}^{-1}$

因 $\Delta_r G_m^{\ominus} > 0$，则生成的 $TiCl_4$ 是极少的（实际不反应），提高温度虽有利于反应向右进行，但也不会有太大的改进。如果有反应为

(b) $C(s) + O_2(g) \Longrightarrow CO_2(g)$, $\quad \Delta_r G_m^{\ominus} = -394.38 \text{ kJ} \cdot \text{mol}^{-1}$

反应 (a) 和反应 (b) 耦合，则反应 (a) + 反应 (b) 得

$$C(s) + TiO_2(s) + 2Cl_2(g) \Longrightarrow TiCl_4(l) + CO_2(g)$$

$$\Delta_r G_m^{\ominus} = -232.44 \text{ kJ} \cdot \text{mol} < 0$$

此反应是可以进行的。

又例如，乙苯脱氢生成苯乙烯的反应式为

(a) $C_8H_{10}(g) \Longrightarrow C_8H_8(g) + H_2(g)$, $\quad K_p^{\ominus}(298.15 \text{ K}) = 2.7 \times 10^{-15}$

(b) $C_8H_{10}(g) + \frac{1}{2}O_2(g) \rightleftharpoons C_8H_8(g) + H_2O(g)$,　　$K_p^{\ominus}(298.15\ K) = 2.9 \times 10^{25}$

反应(a)中几乎察觉不出有苯乙烯出现,而反应(b)则几乎完全反应生成苯乙烯。

(c) $H_2(g) + \frac{1}{2}O_2(g) \rightleftharpoons H_2O(g)$,　　$K_p^{\ominus}(298.15\ K) = 1.26 \times 10^{40}$

反应(b)可以认为是反应(a)和反应(c)的耦合结果。

5.9　$\Delta_r G_m^{\ominus}$ 与 T 关系的近似公式及其应用

根据 $\Delta_r G_m^{\ominus} = \Delta_r H_m^{\ominus} - T\Delta_r S_m^{\ominus}$,若 $\Delta C_{p,m} = 0$,即 $\Delta_r H_m^{\ominus}$、$T\Delta_r S_m^{\ominus}$ 在一定温度范围内为常数。则 $\Delta_r G_m^{\ominus}(T) = \Delta_r H_m^{\ominus}(298.15\ K) - T\Delta_r S_m^{\ominus}(298.15\ K)$,即 $\Delta_r G_m^{\ominus}$ 与 T 呈线性关系。利用这个关系,可以方便地处理一些问题。下面介绍两个应用。

(1) 计算不同温度下的平衡常数。

例 5.9.1　用 $\Delta_r G_m^{\ominus}$ 与 T 的近似公式计算合成氨反应

$$N_2(g) + 3H_2(g) \rightleftharpoons 2NH_3(g)$$

在 425 ℃时的平衡常数 K_p。

解　　　　　　　　　　　　　　$N_2(g) + 3H_2(g) \rightleftharpoons 2NH_3(g)$

$\Delta_f H_m^{\ominus}(298.15\ K)/(kJ \cdot mol^{-1})$　　　　0　　　　0　　　　-46.11

$S_m^{\ominus}(298.15\ K)/(J \cdot mol^{-1})$　　　　191.61　130.684　192.45

$$\Delta_r H_m^{\ominus}(298.15\ K) = [2 \times (-46.11) - 0 - 0]\ kJ \cdot mol^{-1} = -92.22\ kJ \cdot mol^{-1}$$

$$\Delta_r S_m^{\ominus}(298.15\ K) = (2 \times 192.45 - 3 \times 130.684 - 191.61)\ J \cdot mol^{-1} = -198.762\ J \cdot mol^{-1}$$

故　　　　　　　　　　$\Delta_r G_m^{\ominus}(T) = -92\ 220 - T \times (-198.762)$

　　　　$\Delta_r G_m^{\ominus}(T) = [-92\ 220 - (273.15 + 425) \times (-198.762)]\ J \cdot mol^{-1} = 46\ 546\ J \cdot mol^{-1}$

则　　　　　　　　　$\ln K^{\ominus} = -\dfrac{\Delta_r G_m^{\ominus}}{RT} = -\dfrac{46\ 546}{8.314 \times 698.15} = -8.02$

得　　　　　　　　　　　　　$K^{\ominus} = 3.3 \times 10^{-4}$

(2) 计算化学反应的转折温度。

通常将 $\Delta_r G_m^{\ominus} = 0$ 时的温度称为转折温度,意味着在转折温度下,反应方向将发生改变。当 $\Delta_r G_m^{\ominus} = 0$ 时,反应处于可以进行与不可以进行的临界点,据此可得 $T = \dfrac{\Delta_r H_m^{\ominus}}{\Delta_r S_m^{\ominus}}$,这个温度称为化学反应的转折温度。

例 5.9.2　电解水是制备纯氢的重要方法,能否用水直接加热分解制氢?

解　对于反应　　　　　　　　$H_2O(l) \rightleftharpoons H_2(g) + \frac{1}{2}O_2(g)$

$$\Delta_r G_m^{\ominus}(298.15\ K) = -\Delta_f G_m^{\ominus}(298.15\ K, H_2O, g) = 228.572\ kJ \cdot mol^{-1}$$

可见,常温下水是稳定的。

可以利用 $T = \dfrac{\Delta_r H_m^{\ominus}}{\Delta_r S_m^{\ominus}}$ 估算转折温度的数值,已知 $\Delta_r H_m^{\ominus}(298.15\ K) = 241.83\ kJ \cdot mol^{-1}$,$\Delta_r S_m^{\ominus}(298.15\ K) = 44.42\ J \cdot mol^{-1} \cdot K^{-1}$,并假设其值与温度无关。所以转折温度为

$$T = \frac{\Delta_r H_m^{\ominus}}{\Delta_r S_m^{\ominus}} = \frac{241\ 830}{44.42}\ K = 5\ 444\ K$$

所需温度如此之高,因此水是不可能通过加热分解获得氢气和氧气的。

习 题

1. 有 1 mol N_2 和 3 mol H_2 的混合气在 400 ℃通过催化反应达到平衡,平衡压力为 $p^{\ominus}$,NH_3 的摩尔分数是 0.004 4,求 K_x、K_c、K_p。

2. 将 $NH_4I(s)$ 迅速加热到 308.8 K,测得其蒸气压为 3.666×10^4 Pa,在此温度 $NH_4I(g)$ 实际上完全分解为 NH_3 和 HI,因此测得的蒸气压等于 NH_3 和 HI 分压之和。如果在一段时间内保持这个温度不变,则由于 HI 按 $HI \Longrightarrow \frac{1}{2}H_2 + \frac{1}{2}I_2$ 分解,而使 $NH_4I(s)$ 上方的压力增大。已知 HI 的分解反应在 308.8 K 时的 $K_p^{\ominus} = 0.127$,试计算达到平衡后,固体 $NH_4I(s)$ 上方的总压。

3. 已知反应 $C(s) + 2H_2(g) \Longrightarrow CH_4(g)$,在 1 000 K、101.325 kPa 时,$\Delta_r G_m = 19.397$ kJ·mol^{-1},现有与碳反应的气体,其中含有 10%(体积分数,下同)CH_4、80% H_2、10% N_2。

   (1) 上述条件下,甲烷能否生成?

   (2) 在同样温度下,压力需增加到多少上述反应才可能进行?

4. 以下说法是否正确? 为什么?

   (1) 用物理方法测定平衡常数,所用仪器的响应速度不必太快。

   (2) 一定温度下,由正向反应或逆向反应的平衡组成所测得的平衡常数应相等。

   (3) 若已知某气相生成反应的平衡组成,则能求得产物的 $\Delta_f G_m^{\ominus}$。

   (4) 任何情况下,平衡产率均小于平衡转化率。

5. 某弱酸 HA 在水溶液中的解离平衡为 $HA + H_2O \Longrightarrow H_3O^+ + A^-$,试设计一测定其解离常数的实验方法。

6. 将 10 g Ag_2S 在 617 ℃、1.013×10^5 Pa 时,与 1 L 的氢气相接触,直至平衡。已知此反应在 617 ℃时的平衡常数 $K_p^{\ominus} = 0.278$。

   (1) 计算平衡时 Ag_2S 和 Ag 各为多少? 气相平衡混合物的组成如何?

   (2) 欲使 10 g Ag_2S 全部被 H_2 还原,最少需要 617 ℃、1.013×10^5 Pa 的 H_2 多少升?

7. 指出下面说法中的错误之处。

   (1) 由于公式 $\Delta_r G_m^{\ominus} = -RT\ln K^{\ominus}$ 中的 $K^{\ominus}$ 是代表平衡特征的量,因此 $\Delta_r G_m^{\ominus}$ 就是反应处于平衡时的 $\Delta_r G_m$。

   (2) $\Delta_r G_m$ 与反应进度有关,根据公式 $\Delta_r G_m = \Delta_r G_m^{\ominus} + RT\ln Q_p$,则 $\Delta_r G_m^{\ominus}$ 也与反应进度有关。

   (3) 在一定温度下,实验测得 $K^{\ominus} = 1$,因此 $\Delta_r G_m^{\ominus} = 0$,说明参与反应的所有物质均处于标准状态。

8. 已知 298.15 K 时,反应 $H_2(g) + \frac{1}{2}O_2(g) \Longrightarrow H_2O(g)$ 的 $\Delta_r G_m^{\ominus} = -228.57$ kJ·mol^{-1}。298.15 K 时,水的饱和蒸气压为 3.166 3 kPa,水的密度为 997 kg·m^{-3}。求 298.15 K 时,反应 $H_2(g) + \frac{1}{2}O_2(g) \Longrightarrow H_2O(l)$ 的 $\Delta_r G_m^{\ominus}$。

9. 闪锌矿(ZnS)在高温(1 700 K)干燥空气中焙烧时,出口气体含 SO_2 的体积分数为 70%。试判断焙烧产物是 ZnO 还是 $ZnSO_4$。

   已知 1 700 K、101.325 kPa 时各物质的摩尔生成吉布斯函数如下表。

物质	ZnO	ZnSO₄	SO₂	SO₃
$\Delta_f G_m^{\ominus}/(kJ \cdot mol^{-1})$	−181.167	−394.551	−291.625	−233.886

10. 银可能受到 $H_2S(g)$ 的腐蚀而发生反应 $Ag(s) + H_2S(g) \Longrightarrow AgS(s) + H_2(g)$,今在 298.15 K 和 $p^{\ominus}$ 下,将银放在等体积的 $H_2(g)$ 和 $H_2S(g)$ 组成的混合气中。已知 298.15 K 时,$AgS(s)$ 和 $H_2S(g)$ 的 $\Delta_f G_m^{\ominus}$ 分别为 −40.26 kJ·mol^{-1} 和 −33.02 kJ·mol^{-1}。

(1) 试问:银是否可能发生腐蚀?

(2) 在混合气中,H_2S 的摩尔分数低于多少才不致发生腐蚀?

11. 已知反应(1)葡萄糖＋磷酸——葡萄糖-6-磷酸,　$\Delta_r G_m^{\ominus}(1)=17.16$ kJ·mol^{-1}

(2) H_2O＋PEP——丙酮酸＋磷酸,　$\Delta_r G_m^{\ominus}(2)=-55.23$ kJ·mol^{-1}

PEP 为磷酸烯醇式丙酮的缩写,它是葡萄糖代谢的关键性中间产物。

(3) H_2＋ATP——ADP＋Pi,　$\Delta_r G_m^{\ominus}(3)=-30.54$ kJ·mol^{-1}

试指出反应该如何耦合,才利于 ATP 的合成。

12. 293.15 K 时,O_2 在水中的亨利系数为 3.93×10^{-6} kPa·mol^{-1},求 303.15 K 时,空气中的 O_2 在水中的溶解度。已知 293～303 K 时,O_2 在水中的溶解热为 -13.04 kJ·mol^{-1}。

13. 298.15 K 时,已知反应 $Ag_2CO_3(s)$——$Ag_2O(s)$＋$CO_2(g)$ 的 $\Delta_r G_m^{\ominus}=31.9$ kJ·mol^{-1},$\Delta_r S_m^{\ominus}=-9.2$ J·mol^{-1}·K^{-1},欲在 117 ℃时,让含有 CO_2 的空气通过潮湿的 Ag_2CO_3 使之干燥,为避免分解,空气中 CO_2 的分压应为多少?

14. 已知反应(1)$2NaHCO_3(s)$——$Na_2CO_3(s)$＋$H_2O(g)$＋$CO_2(g)$ 的 $\Delta_r G_m^{\ominus}(1)=(129\,076-334.2\,T/K)$ J·mol^{-1},反应(2)$NH_4HCO_3(s)$——$NH_3(g)$＋$H_2O(g)$＋$CO_2(g)$ 的 $\Delta_r G_m^{\ominus}(2)=(171\,502-476.4\,T/K)$ J·mol^{-1}。有人设想在 25 ℃时,将 $NaHCO_3(s)$、$Na_2CO_3(s)$ 与 $NH_4HCO_3(s)$ 共同放在一个密闭容器中,以使 $NaHCO_3(s)$ 免受更大分解,试分析这种设想能否成立?

15. 求反应 $H_2S(g)+2Ag(s)\longrightarrow AgS(s)+H_2(g)$ 在 45 ℃的标准平衡常数。设该反应的标准摩尔反应焓 $\Delta_r H_m^{\ominus}$ 不随温度而变,已知数据如下:

物质	$\Delta_f H_m^{\ominus}/(\text{kJ·mol}^{-1})$	$S_m^{\ominus}/(\text{J·K}^{-1}·\text{mol}^{-1})$
$H_2S(g)$	-20.17	205.77
$Ag(s)$	0	42.70
$Ag_2S(s)$	-32.59	144.01
$H_2(g)$	0	130.59

16. 求反应 $CO(g)+2H_2(g)\longrightarrow CH_3OH(g)$ 在 450 ℃时的平衡常数,已知各物质在 25 ℃的标准生成焓($\Delta_f H_m^{\ominus}$)和标准熵($S_m^{\ominus}$)如下。设在 250～500 ℃温度范围内反应的热效应不变。

物质	$\Delta_f H_m^{\ominus}/(\text{kJ·mol}^{-1})$	$S_m^{\ominus}/(\text{J·K}^{-1}·\text{mol}^{-1})$
$CO(g)$	-110.54	197.90
$H_2(g)$	0	130.59
$CH_3OH(g)$	-201.17	239.70

17. 20 世纪大气中 CO_2 的含量已大大增加,预期今后将继续增加。有人预测,到 2020 年大气中 CO_2 的分压可达到约 $4.40\times10^{-4}\,p^{\ominus}$。有关热力学数据如下表。25 ℃、$p^{\ominus}$ 时,CO_2(在水中)的亨利系数是 0.034 3 mol·L^{-1}。

物　　质	$\Delta_f G_m^{\ominus}/(\text{kJ·mol}^{-1})$	$\Delta_f H_m^{\ominus}/(\text{kJ·mol}^{-1})$
$CO_2(aq)$	-386.2	-412.9
$H_2O(l)$	-237.129	-285.830
$HCO_3^-(aq)$	-587.1	-691.2
$H^+(aq)$	0.0	0.0

(1) 试求 CO_2 与 H_2O 反应的平衡常数 $K^{\ominus}$、pH 值；

(2) 试求 2020 年时,溶解在与大气达到平衡的蒸馏水的 pH 值及水中的 CO_2 的浓度(以 $mol \cdot L^{-1}$ 为单位)；

(3) 试求 $CO_2(aq)$ 和 $H_2O(l)$ 反应的焓变；

(4) 若 $CO_2(aq)$ 和 $H_2O(l)$ 的反应已达到平衡,溶液的温度升高,而溶解的 $CO_2(aq)$ 的浓度不变,则溶液的 pH 值是升高还是降低？

第6章 相 平 衡

本章基本要求

1. 了解相、组分数和自由度等基本概念。

2. 了解相律的推导过程；掌握相律在相平衡中的应用。

3. 掌握各种基本类型的相图，并进行简单的分析；理解相图中各相区、线和特殊点的意义及自由度的变化情况。

4. 熟悉单组分系统相图及其在升华提纯中的应用。

5. 掌握杠杆规则及其应用。

6. 了解完全互溶、部分互溶和完全不互溶双液系相图的特点，并利用相图进行物质的分离和提纯。

7. 学会用热分析法和溶解度法绘制二组分固-液平衡体系相图，并对相图进行分析；了解相图在冶金、分离、提纯等方面的应用。

8. 了解部分互溶三液系和固-固-液盐水系统相图及其应用。

古代科技著作《天工开物》记载的我国春秋、战国与秦汉时期制作豆腐、铸剑、炼青铜等技术均为相平衡知识的应用。相平衡是热力学的主要研究对象，相平衡研究无论在科学研究还是工业生产方面都具有重要意义。在冶金、化工、矿业、材料、地质等许多领域需要研究材料的工艺制造、相组成、结构与性能的关系，利用重结晶、蒸馏、吸收和萃取等方法对产品进行分离与提纯，这些过程都涉及相平衡的知识。

各种系统的相平衡状态与所处的温度、压力、浓度等因素有关，通常将这种关系用几何图形直观地表示出来，称为相图。相图形象而直观地表明了系统的状态与温度、压力、组成的关系，因而它是分离和提纯的重要依据。熟悉绘制相图的实验技术以及理解相图上点、线、面的含义是掌握分离和提纯的基础。

相律是相平衡中一个重要而普遍的规律，它揭示了多相平衡系统中外界条件（温度、压力、组成等）与相变的关系。虽然相律不能直接给出相平衡的具体数据，但它有助于以实验数据为依据，正确地绘出相图，并有助于正确地阅读和应用相图。本章先介绍相律，再介绍相图的绘制方法和各种相图的意义，以及它们和分离与提纯的关系。

6.1 相 律

相律描述的是平衡系统中相数、组分数与该平衡系统的自由度等变量之间的关系。相律只能说明在一个平衡系统中有几个相，有几个自由度，至于具体是什么相（气相、液相还是固相），是哪几个自由度变量，则要根据具体条件与实验情况而定。在导出相律的数学表达式之前，首先介绍相、组分数、自由度等几个基本概念。

6.1.1 相

从宏观上看，系统中物质的化学组成、物理性质和化学性质完全均匀的部分称为"相"

(phase)。相与相之间在指定的条件下存在物理的界面,称为相界面。跨越此界面,物质性质的改变是突跃式的。对由气体组成的系统,由于任何气体都能无限混溶,因此一般情况下,系统内不论有多少种气体都只能算一个气相。对液体系统,由于不同液体的互溶程度不同,可以是一相(如水和甲醇互溶为一相)、两相(如水与苯不互溶成为两相)或三相等。对于固体系统,如果固体之间不形成固溶体(固体溶液),则不论固体分散得多细,一种固体物质就算一个相。例如味精和白糖,尽管表面上看来色泽和细度都很均匀,但采用 X 射线粉末衍射分析可得出两种不同的衍射图谱,故是两个相。系统中相的数目用符号 Φ 表示。

　　没有气相的系统称为"凝聚系统",有时该系统中虽有气体存在,但为了讨论问题的方便,可以不把气体划入系统的研究范围之内,所以可不予考虑。例如讨论合金系统时,就可以不考虑其相应的气相。

6.1.2　物种数和组分数

　　系统中所含的化学物质的种类数称为系统的物种数,用符号 S 来表示。不同相态的同一种化学物质不能算两个物种。例如水和冰两相系统,其物种数 S 等于 1 而不是 2。用于确定平衡系统中各相组成所需的最少物种数,称为独立组分数(number of independent components)或简称组分数,用符号 C 表示。组分数(C)和物种数(S)有区别,系统有 n 种物质,则 S 等于 n,但 $C \leqslant S$。因为 C 不仅与 S 有关,而且受到系统的某种条件的限制。

　　(1) 化学反应条件下的组分数。

　　如果体系中存在一定数目(R)的独立化学反应,则由于平衡常数的确定,体系中独立的物种数要减去相应的独立化学反应数目 R,即 $C = S - R$。式中 R 为独立的化学平衡的个数。要注意"独立"二字,如在制备水煤气过程中,有下列三个反应同时发生:

$$C(s) + H_2O(g) \Longrightarrow H_2(g) + CO(g) \tag{1}$$

$$CO_2(g) + H_2(g) \Longrightarrow H_2O(g) + CO(g) \tag{2}$$

$$CO_2(g) + C(s) \Longrightarrow 2CO(g) \tag{3}$$

但是只有其中两个是独立的(任意两个),因为反应(3)=(1)+(2)。

　　(2) 有其他独立的限制条件时的组分数。

　　如果化学平衡系统中还有其他独立的限制条件,如浓度限制条件和系统电中性条件,则 C 还要减少,所以

$$C = S - R - R'$$

式中:R' 为除化学平衡外其他独立的限制条件数。值得注意的是,只有同一相中的物种间可以考虑浓度限制条件,并存在浓度依赖关系。

　　浓度限制条件是对处于同一相的物质而言的,如果物质不处于同一相,则不能应用。例如,$CaCO_3(s) \Longrightarrow CaO(s) + CO_2(g)$ 是三相平衡系统,在一定温度下,系统达平衡时,虽然有一个浓度限制条件存在($n_{CaO} = n_{CO_2}$),但由于 $CaO(s)$ 和 $CO_2(g)$ 不处于同一相,因此系统的组分数是 2。另外,一个系统的物种数可因考虑问题的角度不同而异,但平衡系统中的组分数是固定不变的。例如,有 $NaCl(s)$ 存在的 $NaCl$ 的水溶液,物种数和组分数均是 2。若考虑到水的解离平衡和 $NaCl$ 的溶解平衡,此时物种数为 6(H_3O^+、OH^-、H_2O、$NaCl$、Na^+、Cl^-),然而由于有两个化学平衡关系式($2H_2O \Longrightarrow H_3O^+ + OH^-$ 和 $NaCl(s) \Longrightarrow Na^+ + Cl^-$)和两个浓度限制条件($c_{H_3O^+} = c_{OH^-}$,$c_{Na^+} = c_{Cl^-}$)存在,故组分数仍为 2。

6.1.3　自由度

在相平衡系统中若保持原有平衡系统的相数和相态不变,此时确定系统的平衡态所需的独立强度变量(温度、压力、浓度等)的数目称为系统的自由度(freedom),用符号 f 表示。例如,当系统中只有水存在时,系统的自由度 $f=2$,表示系统中温度和压力两个变量可以在一定范围内任意改变而系统的相数不变(仍然为一相)。如水可以在 25 ℃、101.325 kPa 和 50 ℃、101.325 kPa 这两个状态下存在。又如水和水蒸气共存的平衡系统,只要指定温度或压力,该系统的状态就定了,即系统的自由度 $f=1$。因为系统的温度确定后,压力也就定了(水在一定温度下有对应的饱和蒸气压)。如果两者独立变动,其结果是两相中必有一相从原有的两相平衡中消失。例如对 100 ℃,蒸气压为 101.325 kPa 的水与水蒸气的两相平衡系统,若改变外压使它大于水的蒸气压,其结果是气相消失,水蒸气全部转化为液相。当系统中有水-冰-汽三相平衡共存时,温度(0.01 ℃)和压力(610.62 Pa)即被确定,所以在三相点时,系统的自由度为零。若稍微改变系统的温度或压力,则三相中的一相或两相也必然消失而转化为两相或一相。因此,系统的自由度将随独立强度变量对系统相数的影响而变化。

6.1.4　相律的推导

相律是在相平衡系统中,组分数、相数、自由度及影响物质性质的外界因素(如温度、压力、重力场、磁场、表面能等)之间关系的规律。

要研究由 S 种物质 $\varPhi$ 相组成的平衡系统,需要多少个独立变量呢? 假定:

(1) 各组分都可以越过相界面,因而每一相中均含有 S 种物质;

(2) 系统各相均处于热平衡和力学平衡,所以系统中各项的温度和压力都相等;

(3) 不考虑其他外场对系统平衡性质的影响。

根据系统自由度 f 的定义,有

自由度 f = 描述平衡系统的总变量数 - 平衡时变量关联的方程式数

此时若系统中每一相的温度、压力和组成都确定,则各相的状态也确定了,因而,该封闭系统的状态也随之确定了。用摩尔分数 x 表示相的组成,由于存在着一个浓度限制条件 $\sum x_B=1$,因此要确定每一相的组成只需 $(S-1)$ 个浓度变量。现有 $\varPhi$ 个相,则表示系统内各相的组成需要 $\varPhi(S-1)$ 个浓度变量,再加上温度和压力两个变量,那么确定系统状态所需的变量的总数目为 $[\varPhi(S-1)+2]$ 个。但 $\varPhi(S-1)$ 个浓度变量不全是独立的,因为系统处于相平衡态时,每种物质在各相中的化学势相等,即相平衡条件

$$\left.\begin{array}{c} \mu_1^{\alpha}=\mu_1^{\beta}=\cdots=\mu_1^{\varPhi} \\ \mu_2^{\alpha}=\mu_2^{\beta}=\cdots=\mu_2^{\varPhi} \\ \vdots \\ \mu_C^{\alpha}=\mu_C^{\beta}=\cdots=\mu_C^{\varPhi} \end{array}\right\}$$

已知某组分 B 的化学势为

$$\mu_B=\mu_B^{\ominus}+RT\ln x_B$$

如果取其中的两相平衡,则有 $\mu_B^{\alpha}=\mu_B^{\beta}$ 或

$$\mu_{B,\alpha}^{\ominus}+RT\ln x_B^{\alpha}=\mu_{B,\beta}^{\ominus}+RT\ln x_B^{\beta}$$

上式表明,某组分 B 在平衡共存的两相中,其浓度之间存在着一定的关系。若确定了它在一

相中的浓度,则它在另一相中的浓度也随之而定。这就是说,每有一个这样的关系式存在,浓度变量就要减少一个。对于在 Φ 个相中的第 i 种物质,联系浓度关系的方程(简称浓度关系式)就有($\Phi-1$)个,即

$$\mu_i^\alpha = \mu_i^\beta = \mu_i^\gamma = \cdots = \mu_i^\Phi$$

现总共有 S 种物质,因此,根据化学势相等而导出的浓度关系式有 $S(\Phi-1)$ 个。从变量的总数目中减去浓度限制关系式的数目所得到的确定平衡系统状态的自由度为

$$f = \Phi(S-1) + 2 - S(\Phi-1) = S - \Phi + 2 \qquad (6.1.1)$$

如果系统有化学变化发生,考虑化学平衡条件的影响,设有 R 个独立的化学平衡,则有 R 个平衡常数关系式,同一相中若有 R' 个浓度限制条件,则自由度在原来的基础上减去 R 和 R',所以

$$f = S - \Phi + 2 - R - R'$$

令

$$C = S - R - R'$$

则有

$$f = C - \Phi + 2$$

这就是吉布斯相律的数学表达式。其中"2"代表温度和压力两个变量因素。

如果指定温度或者压力,则 $f^* = C - \Phi + 1$,f^* 称为条件自由度。如果温度、压力均已指定,则 $f^{**} = C - \Phi$。如果考虑其他外界因素(电场、磁场),则 $f = C - \Phi + n$。

在吉布斯相律的数学表达式的推导过程中,已假定每一组分在每一相中都是存在的,但每一相中是否有全部 S 个组分,对式(6.1.1)的结果并无影响。因为在一相中少一个组分,就相应少一个浓度变量。而系统达到相平衡时,组分 B 在各相中化学势的等式也少了一个,结果互相抵消,所以式(6.1.1)仍然成立。因此,由式(6.1.1)可以看出,系统的自由度将随组分数的增加而增加,随相数的增加而减少。然而自由度数最少仅能为零(无变量系统),此时系统的相数最多,而系统最少的相数为 1(至少存在 1 相),此时自由度数最多。

相律给出了平衡系统的自由度与相数的关系,有助于判断从实验得出的相图是否正确,也有助于了解在平衡系统中最多能有几个相共存,这对研究平衡系统是很有帮助的。

6.2 单组分系统的相平衡

6.2.1 单组分系统相平衡的理论基础

对于单组分系统,组分数为 1,根据相律得

$$f = C - \Phi + 2 = 1 - \Phi + 2 = 3 - \Phi$$

如果系统中只有一个相($\Phi=1$),则有两个自由度($f=2$),即温度和压力可以独立变动;如果系统中有两个相($\Phi=2$),则自由度为 1($f=1$),即温度和压力中只有一个可以变动,系统满足克拉贝龙方程或克劳修斯-克拉贝龙方程;如果系统中有三个相($\Phi=3$),则自由度为零($f=0$),即温度和压力都不能改变。所以单组分系统最多有三相共存。

单组分系统的自由度数最多为 2,可以由二维相图表示单组分系统各相间的平衡关系。若以压力为纵坐标,温度为横坐标作平面图,此图表示系统的状态和温度、压力的关系,称为相图。在这种相图上,各个区域内的 T、p 值都可以改变而不出现新相,代表一相;在各条线上 T、p 中只有一个可以独立改变,代表两相平衡;在几条线的交点上,T、p 都是定值,不能

任意改变,代表三相平衡。

6.2.2　水的三相平衡数据与相图

水在常压下,可以有水蒸气、液态水(下面简称水)、固态冰三种不同的相态。因此按相律可以有表6.2.1中的几种相平衡态。

表 6.2.1　水的相平衡态

双变量系统	单变量系统	无变量系统
冰	冰⇌水	
水	冰⇌水蒸气	冰 ⇌ 水蒸气 ⇌ 水
水蒸气	水⇌水蒸气	

如上所述,在单变量系统中,温度和压力间有一定的依赖关系,因此,应该有三种函数关系分别描述上述三种两相平衡,这三种函数关系称为克拉贝龙方程。通过实验测出这三种两相平衡的温度和压力的数据,如表 6.2.2 所示。若将它们画在 p-T 图上,则可得到三条曲线。

从表 6.2.2 的实验数据可以看出:①水与水蒸气平衡时,蒸气压力随温度升高而增大;②冰与水蒸气平衡时,蒸气压力随温度升高而增大;③冰与水平衡时,压力增加,冰的熔点降低;④在 0.01 ℃、0.610 kPa 时,冰、水和水蒸气同时共存,呈三相平衡态。

表 6.2.2　水的相平衡数据

t/℃	系统的饱和蒸气压/kPa		平衡压力/kPa
	水⇌水蒸气	冰⇌水蒸气	冰⇌水
−20	0.126	0.103	193.5×10^3
−15	0.191	0.165	156.0×10^3
−10	0.287	0.260	110.4×10^3
−5	0.422	0.414	59.8×10^3
0.01	0.610	0.610	0.610
20	2.338		
40	7.376		
60	19.916		
80	47.343		
100	101.325		
150	476.02		
200	1 554.4		
250	3 975.4		
300	8 590.3		
350	16 532		
374	22 060		

根据表 6.2.2 的数据可画出水的相图,如图6.2.1所示。

根据表 6.2.2 中 0.01~374 ℃间水的饱和蒸气压数据,画出 OC 线,称为水的饱和蒸气压曲线或蒸发曲线,这条线表示水和水蒸气的平衡。若在恒温下对此两相平衡系统加压,或在恒压下令其降温,都可使水蒸气凝结为水;反之,在恒温下减压或恒压下升温,则可使水蒸发为水蒸气。故 OC 线以上的区域为水的相区，OC 线以下的区域为水蒸气的相区。OC 线的上端止于临界点 C，因为到临界点时水与水蒸气不可区分。

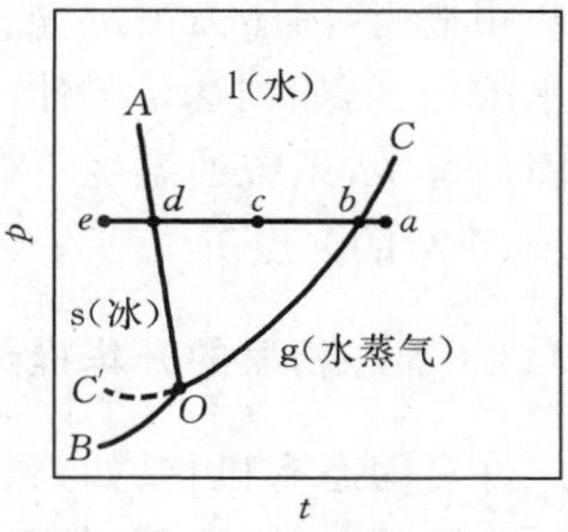

图 6.2.1　水的相图（示意图）

根据表 6.2.2 中不同温度下冰的饱和蒸气压数据，画出 OB 线，称为冰的饱和蒸气压曲线或升华曲线，这条线表示冰和水蒸气的平衡。同理可知，OB 线以上的区域为冰的相区，OB 线以下的区域为水蒸气的相区。

根据表 6.2.2 中不同压力下水和冰平衡共存的温度数据，画出 OA 线，称为冰的熔点曲线，这条线表示冰和水的平衡。从图中可以看出，OA 线的斜率为负值，说明压力增大，冰的熔点降低。这是因为当冰变为水时，体积缩小。按平衡移动原理，增加压力，有利于反应向体积减小的方向进行，即有利于熔化，因而冰的熔点降低，这也可以由克拉贝龙方程看出。冰、水平衡时，升高温度则冰变为水，降低温度则水凝固成冰，故 OA 线的左侧是冰，右侧是水。

图中 OA、OB、OC 三条曲线将水的相图分成三个区域，这是三个不同的单相区。每个单相区表示一个双变量系统，温度和压力可以同时在一定范围内独立改变而无新相出现。

三条两相平衡线表示三个单变量系统。这类系统的温度和压力中只有一个是能独立改变的。例如，水和水蒸气两相平衡系统，可用图 6.2.1 中 OC 线上的任一点来表示。指定了两相平衡的温度，则两相平衡的压力也就确定了。若降低系统的温度，并使其仍然保持两相平衡，则水蒸气压力必然沿着 OC 线向下移动。温度降至 0.01 ℃，系统的状态点到达 O 点，应有冰出现。但是常常可以使水冷却到 0.01 ℃ 以下而仍无冰产生，这就是水的过冷现象。这种状态下的水称为过冷水。

根据表 6.2.2 中 −20～+0.01 ℃ 间过冷水的饱和蒸气压数据，画出 OC' 线，这条线是过冷水的饱和蒸气压曲线。过冷水的饱和蒸气压曲线和前面讲的水的饱和蒸气压曲线实际上是一条曲线。OC' 线落在冰的相区，说明在相应的温度、压力下冰是稳定的。从同样温度下过冷水的饱和蒸气压大于冰的饱和蒸气压可知，过冷水的化学势大于冰的化学势，故过冷水能自发地转变成冰。过冷水与其饱和蒸气的平衡不是稳定平衡，但它又可以在一定时间内存在，故称之为亚稳平衡。

图中 O 点表示系统内冰、水、水蒸气三相平衡，是个无变量系统，系统的温度、压力（0.01 ℃、0.610 kPa）均不能改变。O 点称为三相点。我国著名物理化学家、北京大学教授黄子卿精确测得水的三相点温度为（0.00980±0.00005）℃，此数据被推荐为水的三相点的可靠数据之一。水的三相点和通常所说的冰点（0 ℃）是不同的。水的三相点是水在它自己的蒸气压下的凝固点，冰点则是在 101.325 kPa 压力下被空气饱和了的水的凝固点。由于空气的溶解，凝固点降低 0.002 3 ℃，由于压力从 0.610 kPa 增加到 101.325 kPa，凝固点又降低 0.007 5 ℃。这两种效应的总结果使得水的三相点比冰点高 0.009 8 ℃。国际上规定，将水的三相点定为 273.16 K（即 0.01 ℃）。

应用相图可以说明系统在外界条件改变时发生相变化的情况。例如，在一个带活塞的汽缸内装有 120 ℃、101.325 kPa 的水蒸气，此系统的状态相当于图中的 a 点。在相图中这种表示整个系统状态的点称为系统点。在恒定 101.325 kPa 的压力下，将系统冷却，最后达到 −10 ℃，即图中的 e 点。在冷却过程中，系统点将沿 ae 线移动。由于压力恒定，因而 ae 线为水平线。当缓慢冷却至水的正常沸点 100 ℃，系统点到达 b 点时，水蒸气开始凝结。此时两相平衡,因压力恒定,故温度保持不变,直到水蒸气全部凝结成水。继续冷却,系统点进入水的相区,如到达 c 点时,表示为水。冷却到达 d 点时,温度为 0.002 5 ℃,水开始凝固,在凝固过程中,系统的温度不变,直到水全部凝固成冰。再冷却,系统点进入冰的相区,最后到达 −10 ℃ 的 e 点。

6.2.3　固态物质的升华提纯

许多固态有机物(如萘、苯甲酸、水杨酸、樟脑、顺丁烯二酸、邻苯二甲酸酐)和无机物(如三氯化铁、碘、砷、磷等)都可以用升华的方法提纯。固态物质能否用升华的方法提纯,主要取决于该物质和杂质的蒸气压的差别。若杂质不挥发,或挥发性较小,则被纯化的物质转化为蒸气状态后便与不挥发的杂质分离开;如果被纯化的物质和杂质都有挥发性,有的也可以利用不同温度下蒸气压的差别,控制汽化和冷凝的温度来进行升华提纯。了解纯物质三相点附近的相图是确定升华提纯条件的重要依据。

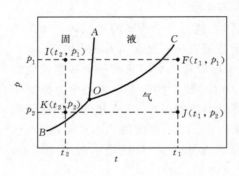

图 6.2.2　单组分系统相图

图 6.2.2 代表某些单组分系统的相图。图中 OC 线是液-气两相平衡的沸点曲线,OB 线是固-气两相平衡的升华曲线,OA 线是固-液两相平衡的熔点曲线。O 点是固、液、气三相共存的三相点。

若将温度为 t_1,压力为 p_1 的蒸气在恒压(p_1)下冷却至温度 t_2,此时,系统的状态沿 FI 线变化。由于 p_1 的压力大于三相点的压力,所以蒸气先冷凝为液体,然后在熔点时凝结为固体,到达 I 点就全部变成温度为 t_2 的固体,所以整个相变过程是由蒸气先冷凝为液体再变为固体。

假若将小于三相点压力的蒸气,如 J 点(t_1,p_2)的蒸气,在 p_2 情况下从 t_1 冷却至 t_2,则蒸气将不经过液态而直接冷凝为固体,同理,只要固体的蒸气压不超过三相点的压力,它也可以不经过液态而直接汽化为蒸气。显然,物质三相点的压力越高,该物质越容易升华。同时,由于固体的蒸气压高,蒸发速率也将加快。

例如常温时,当在大气压力下将液态 CO_2 从钢瓶中倒出时,液态 CO_2 立刻转化为稳定的固态 CO_2(即干冰)和部分气态 CO_2。从 CO_2 的相图(图 6.2.3)中看出,它的三相点 O 的压力为 517.77 kPa,比大气压高。由上述讨论可知,小于三相点压力下的液态是不稳定的,当液态 CO_2 从钢瓶倒出来时(常温常压下),液态 CO_2 迅速汽化,伴随大量吸热。当干冰放在一个不密闭的容器中时,常温下,它很快就升华为气态 CO_2。

由此看来,三相点的压力是应用升华进行物质提纯的重要依据。有关物质的三相点的压力的数据不多,但在通常情况下,三相点的温度与固态物质的熔点很接近,因此,可以把在熔点时的蒸气压近似地看做三相点的压力,这样对升华提纯操作条件的确定有一定的指导意义。

水杨酸(邻羟基苯甲酸)是药物阿司匹林和新药血防-67 的中间体以及某些染料的中间体,它在熔点(159 ℃)时的蒸气压为 2 400 Pa,可采用减压升华法进行提纯。提纯的具体操作过程是:在如图 6.2.4 所示的升华釜内投入粗晶水杨酸,密闭后搅拌加热至物料温度维持在 160～165 ℃,抽真空使系统压力在 2 400 Pa 以下,冷却塔夹层内通冷水进行冷却,在塔内就不断有固体水杨酸析出,水杨酸的产率一般能达到 95% 以上。

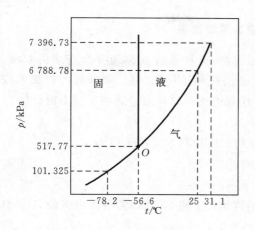

图 6.2.3　CO_2 的相图

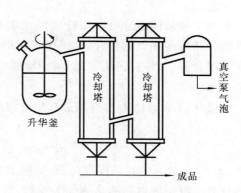

图 6.2.4　水杨酸的升华提纯示意图

6.2.4　相图的说明

为了解释由实验得出的单组分系统的相图,了解上述系统在恒压下冷却过程的相变化,可参考图 6.2.5。此图是在恒定某一压力下,物质固(s)、液(l)、气(g)相的化学势与温度关系的示意图。

图中的三条线分别表示固、液、气相的化学势与温度的关系。从公式 $(\partial\mu/\partial T)_p=(\partial G_m/\partial T)_p=-S_m$ 可知,每一条直线的斜率与物质的摩尔熵有关。摩尔熵均为正值,故三条线的斜率均为负值,因 $S_m(g)>S_m(l)>S_m(s)$,故气相线较液相线陡。实际上因熵随温度增长而增大,图中的三条线均应是向下弯的曲线,为简化起见,将其画成直线。

根据化学势判据可知,恒温恒压下化学势最低的相为稳定相;两相或更多相的化学势相等时,各相平衡共存。由图 6.2.5 可知,在沸点 T_b 时,气、液两相平衡共存;在凝固点 T_f 时,液、固两相平衡共存。温度高于 T_b 时,气相为稳定相;温度低于 T_f 时,固相为稳定相;温度在 T_f 与 T_b 之间时,液相为稳定相。

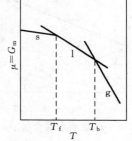

图 6.2.5　恒压下,固、液、气相的化学势与温度关系的示意图

6.3　二组分系统的相图及其应用

对于二组分系统而言,$C=2$,$f=4-\Phi$。由于所讨论的系统至少有一个相,因此自由度数最多等于 3。此时系统的状态通常可以由温度、压力和组成三个独立变量所决定。所以对于二组分系统的相图要用具有三个坐标的立体图来表示。对于二组分系统,常常保持一个变量为常量,而得到立体图形的平面截面图,即 p-x 图(T 不变)、T-x 图(p 不变)和 T-p 图(x 不变)等。

二组分系统相图的类型很多,这里将介绍一些典型的相图类型。在双液系中将介绍完全互溶的双液系、部分互溶的双液系、不互溶的双液系。在固-液系统中将介绍简单的低共熔混合物、有化合物生成的系统、完全互溶的固溶体、部分互溶的固溶体等。

在实际应用中虽然所遇到的相图都比较复杂,但都可以认为是上述简单类型相图的组合。

6.3.1 二组分理想液态混合物的完全互溶双液系平衡相图

若两个纯液体组分可以按任意的比例互相混溶,这种系统就称为完全互溶的双液系。通常两种结构很相似的化合物,例如苯和甲苯、正己烷和正庚烷、邻二氯苯和对二氯苯或同位素的混合物、立体异构体的混合物等,都能以任意的比例混合而形成理想液态混合物。

1. p-x 图

设液体 A 和液体 B 混合形成理想液态混合物。由拉乌尔定律可得出

$$p_A = p_A^* x_A \tag{6.3.1}$$

$$p_B = p_B^* x_B = p_B^*(1-x_A) \tag{6.3.2}$$

式中:p_A^*、p_B^* 分别为在该温度时纯 A、纯 B 的蒸气压;x_A 和 x_B 分别为溶液中组分 A 和 B 的摩尔分数。液态混合物的总蒸气压 p 为

$$p = p_A + p_B = p_A^* x_A + p_B^* x_B$$

$$= p_A^* x_A + p_B^*(1-x_A) = p_B^* + (p_A^* - p_B^*)x_A \tag{6.3.3}$$

此式代表蒸气压 p 与液相溶液组成 x_A 的函数关系,相图中此线称为液相线。

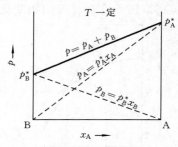

图 6.3.1　理想液态混合物 p-x 图

在一定温度下,以组成 x_A 为横坐标,以蒸气压 p 为纵坐标,在 p-x 图上可分别表示出分压与总压。根据式(6.3.3),p_A、p_B、p 与 x_A 的关系均为直线关系(见图 6.3.1)。

由于 A、B 两个组分的蒸气压不同,因此当气、液两相平衡时,气相的组成与液相的组成也不相同。显然蒸气压较大的组分,它在气相中的成分应比它在液相中多。假设此蒸气符合道尔顿分压定律,气相组成为

$$y_A = \frac{p_A}{p} = \frac{p_A^* x_A}{p_B^* + (p_A^* - p_B^*)x_A} \tag{6.3.4}$$

$$y_B = 1 - y_A$$

从上式可知,已知一定温度下纯组分的 p_A^*、p_B^*,就能从溶液的组成(x_A 或 x_B)求出和它平衡共存的气相的组成(y_A 或 y_B)。又因

$$y_B = \frac{p_B}{p} = \frac{p_B^* x_B}{p}$$

所以

$$\frac{y_A}{y_B} = \frac{p_A^*}{p_B^*} \frac{x_A}{x_B} \tag{6.3.5}$$

设 A 为易挥发组分,$p_A^* > p_B^*$,故由式(6.3.5)得

$$\frac{y_A}{y_B} > \frac{x_A}{x_B}$$

由于 $x_A + x_B = 1$,$y_A + y_B = 1$,由此可导出

$$y_A > x_A$$

即易挥发组分在气相中的含量 y_A 大于它在液相中的含量 x_A。而不易挥发的组分在液相中的含量比它在气相中的大,即 $x_B > y_B$。

由公式(6.3.4)知

$$y_A[p_B^* + x_A(p_A^* - p_B^*)] = p_A^* x_A$$

所以

$$x_A = \frac{y_A p_B^*}{p_A^* - y_A(p_A^* - p_B^*)}$$

代入式(6.3.4),得

$$p = \frac{p_A^* p_B^*}{p_A^* - y_A(p_A^* - p_B^*)}$$

此式代表 p 与气相组成 y_A 的函数关系,相图中此线称为气相线。

如果把气相和液相的组成画在一张图上,就得到图 6.3.2。图中气相线总是在液相线的下方。气相线以下为气相单相区,液相线以上为液相单相区,在液相线和气相线之间,系统处于气-液平衡状态。

2. T-x 图

通常蒸馏或精馏都是在恒定的压力下进行的,所以讨论双液系 T-x 图(沸点-组成图)对了解蒸馏过程很有意义。

当溶液的蒸气压等于外压时,溶液开始沸腾。此时的温度即为该溶液的沸点。当外压为 $p^\ominus$ 时,液体沸腾的温度为正常沸点。显然蒸气压越高的溶液,其沸点越低;反之,蒸气压越低的溶液,其沸点越高。

T-x 图可以直接从实验绘制,但如果已有了 p-x 图,则也可以从 p-x 图求得。现在以苯和甲苯的双液系为例。如图 6.3.3 所示,如果知道在不同温度下该系统的 p-x 关系,便可得图 6.3.3 的(a)图,图中是温度为 357 K、365 K、373 K、381 K 时,系统的总压与液相组成的关系图。在该图中纵坐标为标准压力 $p^\ominus$ 处作一水平线,与各线分别交于 x_1、x_2、x_3、x_4 各点,即组成为 x_1 的溶液在 381 K 时开始沸腾,组成为 x_2 的溶液在 373 K 时沸腾(余类推)。把沸点与液相组成的关系标在下面一个图中,就得到了如图 6.3.3(b)所示的 T-x 图(即 T-x 图中的液相线),如果再根据式(6.3.5)求出相应的气相组成,则可得到 T-y 图即气相线。如果系统点落在气相线和液相线所夹的梭形区中,则系统为两相,自系统点作水平线,即连接线,它与气相线和液相线的交点就分别代表两相的组成。图 6.3.3(b)中 C、D 两点分别代表纯甲苯和纯苯的沸点 384 K 和 353.3 K,这是一个典型的 T-x 图。

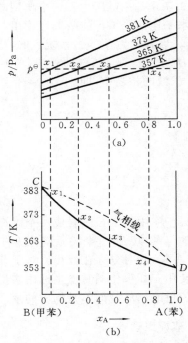

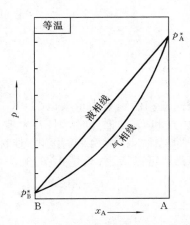

图 6.3.2　二组分理想双液系的 p-x 图

图 6.3.3　由 p-x 图绘制 T-x 图

3. T-p-x 图

把 p-x 图和 T-x 图合并在一起,得图 6.3.4。它相当于一个棱子在空间中移动,两个棱尖在左、右两个竖直面上的轨迹分别为 T_A^*-p_A^* 线和 T_B^*-p_B^* 线。前者是纯 A 的蒸气压随温度的变化曲线,后者是纯 B 的蒸气压随温度的变化曲线。菱形在空间移动所画出的轨迹,在空间形成一个实体,其中是气、液两相平衡区。实体的上前方为气相区,实体的后下方为液相区。立体图中最前面的平面图是恒定压力下的 T-x 截面图,在立体图最上面的平面图是恒定温度下 p-x 的截面图。

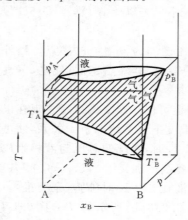

图 6.3.4　T-p-x 的示意图

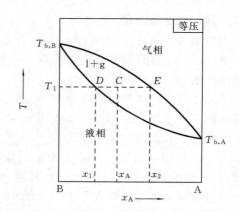

图 6.3.5　杠杆规则在 T-x 图中的应用

6.3.2　杠杆规则

图 6.3.5 是一定压力下一个典型的 T-x 图。在棱形区中气、液两相平衡,两相的组成可分别由水平连接线 DE 的两端点读出。现假设有 n_A 的 A 与 n_B 的 B 混合后,A 的总摩尔分数为 x_A。当温度为 T_1 时,系统点的位置在 C 点,落在气、液两相平衡的棱形区中,两相的组成分别为 x_2 和 x_1。气、液两相中,A、B 的总物质的量分别为 $n_气$ 和 $n_液$。对组分 A 来说,它存在于气、液两相之中,即

$$\underset{(原溶液中A的物质的量)}{n_总 \, x_A} = \underset{(液相中A的物质的量)}{n_液 \, x_1} + \underset{(气相中A的物质的量)}{n_气 \, x_2}$$

因为

$$n_总 = n_液 + n_气$$
$$(n_液 + n_气)x_A = n_液 \, x_1 + n_气 \, x_2$$
$$n_液(x_A - x_1) = n_气(x_2 - x_A)$$

或

$$n_液 \overline{CD} = n_气 \overline{CE} \tag{6.3.6}$$

如果把图中的 DE 线看成一个以 C 点为支点的杠杆,液相的物质的量乘以 $\overline{CD}$ 等于气相的物质的量乘以 $\overline{CE}$,这个关系就称为杠杆规则。如果 C 点和 D 点重合时,则 $\overline{CD}$ 为零,因而 $n_气$ 必定为零,此时只存在液相。对于其他类型的两相平衡系统,在两相平衡区内,杠杆规则都可以使用。如果作图时横坐标用质量分数,杠杆规则仍然可以适用,只是式(6.3.6)中气、液两相的量改用质量而不是物质的量。

6.3.3　蒸馏原理

蒸馏操作与二组分气-液两相平衡相图密切相关,先讨论如何获得不同组成的溶液在沸

点时的液相组成和气相组成。图 6.3.6 是测定常压下非电解质溶液的沸点-组成数据的实验装置。它由一只带有回流冷凝管的长颈圆底烧瓶组成,冷凝管底有一球形小室 D,用以收集冷凝下来的气相样品,液相样品通过烧瓶的支管 L 抽取。E 是电加热丝,它浸没在溶液中加热溶液。以温度计测量气-液平衡时的温度(即沸点)。在固定的外压下,用沸点仪分别测定各种不同浓度的溶液的沸点,液体在沸腾时蒸发出的蒸气全部冷凝成液体而回流,在沸点仪中的少量蒸气和冷凝液不致影响溶液的浓度。溶液组成和与溶液平衡的气相组成,可分别取少量样品进行分析测定。一般通过化学分析或通过测定与溶液组成有关的物理性质(如折光率、密度、旋光性等),从而确定样品的组成。然后根据测得的沸点和对应的液相组成、气相组成数据作出沸点-组成图(称 t-$x(y)$ 图),如图 6.3.7 所示。

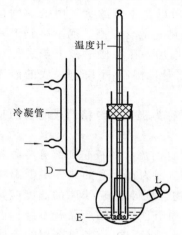

图 6.3.6　沸点仪示意图

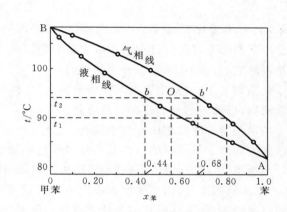

图 6.3.7　苯-甲苯的沸点-组成图

图 6.3.7 是苯-甲苯的沸点-组成图(t-$x(y)$图),把组成为 $x_苯=0.55$ 的溶液进行蒸馏,当温度升到 t_2 时,系统点处于 O 点,此时溶液部分汽化,这时系统中存在着互相平衡的气、液两相,从图上可读得液相组成 $x_苯=0.44$,气相组成 $x_苯=0.68$。如果把气相组成 $y_苯=0.68$ 的蒸气移出,全部冷凝为液体,然后对此溶液进行蒸馏,当温度升至 t_1 时,溶液又部分汽化为互相平衡的气、液两相,从图上读得气相组成 $x_苯=0.81$,即含苯量更多了,如此不断循环操作,最后将得到 $x_苯≈1.00$ 的冷凝液,即纯苯。

再看溶液的情况。如将 $x_{甲苯}=0.45$(即 $x_苯=0.55$)的溶液不断蒸馏,由于在气相中甲苯的含量比在液相中少,即 $y_{甲苯}<x_{甲苯}$,故在蒸馏瓶的溶液中甲苯的含量不断地从 $x_{甲苯}=0.45$ 逐渐增大到 $x_{甲苯}=1$,而溶液的沸点将由 91 ℃ 逐渐增加到纯甲苯的沸点(110.4 ℃),即最后蒸馏瓶中所留下的液体为纯甲苯。

6.3.4　精馏的原理

在生产中,分离过程是在精馏塔中进行的。精馏塔的各块塔板上都同时发生着由下一块塔板上来的蒸气的部分冷凝和由上一块塔板下来的液体的部分汽化两个过程。具有 n 块塔板的精馏塔中发生了 n 次的部分冷凝和部分汽化,相当于 n 次的简单蒸馏,因此精馏是简单蒸馏过程的组合。

工业上用的蒸馏塔式样繁多,图 6.3.8 是常用精馏塔的示意图。蒸馏塔主要由再沸器、塔身、冷凝器三部分构成。塔底的再沸器中一般用蒸气加热物料。塔身是隔热的,内部用隔

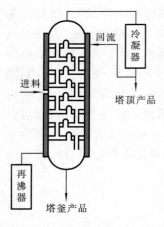

进料

回流

冷凝器

塔顶产品

再沸器

塔釜产品

图 6.3.8　精馏装置示意图

板分成若干层,每块塔板上有两个孔。气泡自下边经顶端盖有浮阀(或泡罩)的孔向上通出,所盖浮阀(或泡罩)的边缘浸在液面之下,这样使得蒸气必须先经过液体后上升。另一孔则作为回流之用。通常从塔的中部加入经过预热的物料。顶部为冷凝器,冷凝后的低沸物一部分作为产品放出,另一部分回流到塔内。精馏塔内的温度自下而上逐渐降低。物料在塔釜内经加热蒸发后,蒸气通过塔板上的浮阀(或泡罩)和板上的液体接触并以鼓泡的形式冲出来。蒸气与液体接触后,蒸气中的高沸物就冷凝为液体并放出冷凝热,此冷凝热被液体中的低沸物吸收,液体中的低沸物就蒸发为蒸气,所以在上升的蒸气中低沸物含量比下一块塔板上来的蒸气中低沸物的含量高。而下降到下一块塔板的液体,高沸物的含量就增加。在每块塔板上都进行这种部分冷凝和部分汽化的过程。所以上升到塔顶的蒸气几乎是低沸物,下降到塔底的液体几乎是高沸物。这样就达到了分离的目的。

在精馏塔中,进料位置以上称为精馏段,进料位置以下称为提馏段。精馏段的目的是提取低沸物,提馏段的目的是提取高沸物。

精馏和简单蒸馏相比有两个特点:一是有塔板;二是要打回流。塔板起到部分冷凝和部分汽化的作用。打回流的目的是要降温和把高沸物压下去,因为在上升的蒸气中低沸物的含量不断增高,这时,假若不打回流,塔板上液体中的高沸物含量将增高,沸腾的温度就要升高,一旦沸腾温度升高,高沸物在蒸气中的含量就要增大,而塔顶出来的产品就不纯。把回流液打回塔内,使液体所获得的低沸物足以弥补蒸气所带走的量,这时,各块塔板的液体组成将不发生显著变化,这样,既达到了降温,又达到了高沸物不被蒸出的目的。

对于二组分非理想液态混合物,液态 A 和 B 在全部范围内互溶,它们的行为与拉乌尔定律有一定的偏差,根据偏差的大小分成两类:一类是正偏差和负偏差都不很大;另一类是偏差很大。

(1) 偏差不很大时,溶液的蒸气压处在纯液体 A 和 B 的饱和蒸气压之间。p-x 图上液相线不是直线(如图 6.3.9 Ⅱ 和Ⅲ组所示)。

(2) 偏差很大时,溶液的蒸气压不在纯液体 A 和 B 的饱和蒸气压之间。正偏差很大时,在 p-x 图上出现极大点 c,T-x 图上出现极小点 c,称为最低恒沸点(minimum azeotropic point)(如图 6.3.9 Ⅳ组所示);负偏差很大时,在 p-x 图上出现极小点 c,T-x 图上出现极大点,称为最高恒沸点(maximum azeotropic point)(如图 6.3.9 Ⅴ组所示)。具有恒沸点组成的溶液称为共沸混合物,其气、液相的组成相同。

将类似图 6.3.7 和图 6.3.9 Ⅰ、Ⅱ、Ⅲ组所示的溶液进行分馏时可获得两种纯物质,但将另一类具有最高或最低共沸混合物的溶液(图 6.3.9Ⅳ和 Ⅴ组所示)进行分馏时,得不到两种纯物质,只能得到一种纯物质和一种共沸混合物。该类混合物的 T-x 图如图 6.3.9Ⅳ和Ⅴ组所示,如果原始溶液的浓度在 a 和 c 之间,则用精馏方法可得到纯 A 和共沸混合物 C,不能得到纯 B,当溶液浓度在 c 和 b 之间,则用精馏方法可得到纯 B 和共沸混合物 C,而得不到纯 A。

共沸混合物虽然像纯物质一样,有恒定的沸点,但它不是化合物而是混合物,它的组成随压力改变。表 6.3.1 列出盐酸的共沸混合物的组成随压力变化的数据。

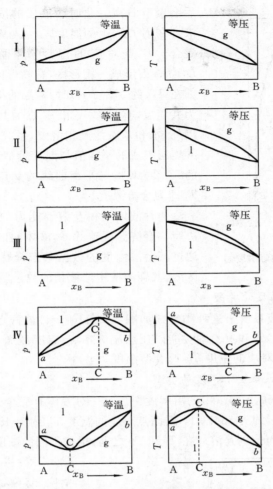

图 6.3.9　各种类型二组分完全互溶双液系的 $p\text{-}x$ 和 $T\text{-}x$ 图

表 6.3.1　不同压力下盐酸的共沸点混合物组成

p/kPa	82.724	98.657	99.990	101.325	102.686
$w_{\text{HCl}}/(\%)$	20.314	20.290	20.266	20.242	20.218

　　由此可知,具有共沸混合物的溶液,因其 $T\text{-}x$ 图上具有最高或最低点,因此,一般不能单用精馏塔把这种溶液的所有组分都分离出来。

　　共沸混合物这个概念对工业生产很重要。例如合成丙烯腈时,为了分离混合在丙烯中的副产物,就是利用水与这些副产物能形成共沸混合物而采用萃取和共沸蒸馏的方法除去。

6.3.5　部分互溶的双液系

　　部分互溶的二组分双液系的 $T\text{-}x$ 图有多种形式,现分几种类型加以讨论。

　　1. 具有最高会溶温度的类型

　　图 6.3.10 是水-苯胺的溶解度图。在低温下,两者部分互溶,分为两液层,一层是水中饱和了苯胺(左半部),另一层是苯胺饱和了水(右半部)。如果温度升高,则苯胺在水中的溶解度将沿 $DA'B$ 线上升,水在苯胺中的溶解度则沿 $EA''B$ 线上升。两层的组成逐渐接近,最

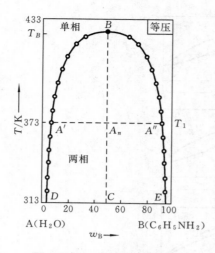

图 6.3.10　水-苯胺的溶解度图

后会聚于 B 点。此时两液层的浓度一样而成为单相溶液。在 B 点以上的温度区,水与苯胺能以任何比例均匀混合。B 点对应的温度 T_B 称为会溶温度。图中 $DA'BA''E$ 形成一帽形区,在帽形区内,溶液分为两层,例如在 T_1(约 373.2 K)时,两层的组成分别为 A' 和 A'',称为共轭层,有时称 A' 和 A'' 点为共轭配对点。在帽形区以外,水和苯胺能互相溶解,系统为单相。实验证明,两共轭层组成的平均值与温度近似地呈线性关系,如图中的 CA_n 线,该线与平衡曲线的交点(B 点)所对应的温度 T_B 即为会溶温度。

两种液体间相互溶解能力的强弱可由其会溶温度决定。会溶温度越低,两液体间的互溶性越好。因此可通过其会溶温度的数据来选择优良的萃取剂。在帽形区内,共轭溶液中两液相的数量服从杠杆规则。

2. 具有最低会溶温度的类型

水-三乙基胺的双液系属于这种类型。如图 6.3.11 所示,最低点对应的温度 T_B 约为 291.2 K,在此温度以下,水和三乙基胺能以任意比例互溶;温度增加,反而使两液体的互溶度降低。图形上最低点对应的温度 T_B 为会溶温度。

3. 同时具有最高、最低会溶温度的类型

图 6.3.12 是水-烟碱(nicotine)的溶解度图。这一对液体有完全封闭式的溶解度曲线。在最低点对应的温度 T_C 约为 334.0 K,最高点对应的温度 $T_{C'}$ 约为 481.2 K。在 T_C 以下和 $T_{C'}$ 以上,两液体能以任何比例互溶。在 T_C 和 $T_{C'}$ 之间,根据不同的浓度,系统分为两层。

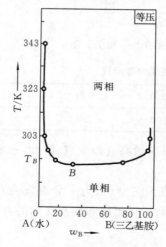

图 6.3.11　水-三乙基胺的溶解度图

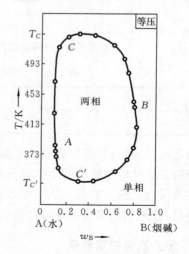

图 6.3.12　水-烟碱的溶解度图

6.3.6　完全不互溶双液系——水蒸气蒸馏

如果部分互溶液体的互溶度逐渐变小,其极端情况就是两个纯组分完全不互溶,这时将一液体加入另一液体中,每一液体的行为与其他液体不存在时一样。因此,系统的总蒸气压

p 等于两个纯组分的饱和蒸气压之和,即

$$p = p_1^* + p_2^*$$

在一定温度下,只要两个纯物质的饱和蒸气压之和达到 101 325 Pa,即 $p_1^* + p_2^* = 101\ 325$ Pa 时,混合液体就沸腾了,此时的沸腾温度比两个纯物质的沸点低。通常用这个方法来蒸馏在水的沸点附近具有较小蒸气压的有机物,这方法称为水蒸气蒸馏。水蒸气蒸馏的温度通常为 90~96 ℃。

图 6.3.13(a)所示的是有机物和水的饱和蒸气压、系统总蒸气压与温度的依赖关系,相应的蒸馏图见图 6.3.13(b)。已知水的沸点 t_a^* 为 100 ℃,有机物的沸点为 t_b^*,从图中可以看出,温度只要达到 t_c(低于 100 ℃),混合液体就沸腾了。

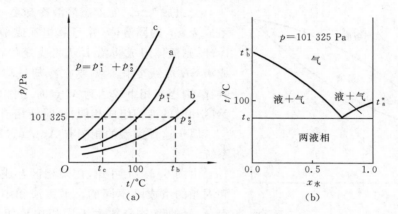

图 6.3.13 两不互溶液体的气-液相图

实际上,完全不互溶的液体是不存在的,但是有时两种液体的相互溶解度很小,可以忽略不计,这种双液系可近似地看成不互溶系统。例如,氯苯和水,邻硝基苯酚和水均属于这种系统。

采用水蒸气蒸馏的优点是可以使用较低的蒸馏温度,因而避免了一些有机物的高温分解,也避免了使用减压蒸馏过程的设备复杂和操作困难等问题。在水蒸气蒸馏时,应当让水蒸气以气泡的形式通过有机物(液体)冒出,这样可起到搅拌作用,使系统的蒸气和两个液体平衡。出来的蒸气经冷凝后分为两层,除去水层即得产品。

此时在气相中,两组分的质量比可按下列方程计算。

$$p_1 = p_1^* = p y_1 = p \frac{n_1}{n_1 + n_2}$$

$$p_2 = p_2^* = p y_2 = p \frac{n_2}{n_1 + n_2}$$

式中:p 为总蒸气压;y_1 和 y_2 为气相中两个组分的摩尔分数。上两式相除得

$$\frac{p_1^*}{p_2^*} = \frac{y_1}{y_2} = \frac{n_1}{n_2} = \frac{m_1 M_2}{m_2 M_1}$$

或

$$\frac{m_{H_2O}}{m_1} = \frac{M_{H_2O}}{M_1} \frac{p_{H_2O}^*}{p_1^*} \tag{6.3.7}$$

式中:m_{H_2O} 和 m_1 分别表示馏出物中 H_2O 和组分 1 的质量;M_{H_2O} 和 M_1 分别表示 H_2O 和组分 1 的摩尔质量。

从式(6.3.7)看出,被蒸馏的液体的饱和蒸气压越高,相对分子质量越大,则分离出一定

量有机物所需消耗的水量就越少。

6.3.7　生成完全互溶固溶液的二组分固-液系统

对液相和固相均完全互溶的相图如图 6.3.14 所示，上边的曲线为液相线（L 线），下边的线为固相线（S 线）。图中 L 线以上的区域代表液态溶液单相区，$f^* = 2$，S 线以下的区域代表固溶体单相区，$f^* = 2$，即一组分的固体与另一组分的固体互溶所形成的固态溶液，两曲线之间是液态溶液与固溶体平衡共存的两相区，$f^* = 1$。图中的 L 线为液态溶液冷却时开始析出固相的"冰点线"即熔液的凝固点曲线，但此时析出的固相不是纯物质而是固溶体。S 线为固相加热时开始熔化的"熔点线"。

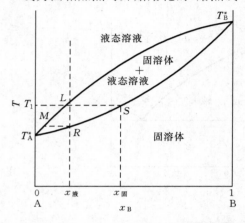

图 6.3.14　液相和固相均完全互溶的相图

当组成为 $x_液$ 的液态溶液冷却至 t_1 时，将析出组成为 $x_固$ 的固溶体，并与液相互成平衡。若继续冷却，则液体组成将沿 LM 曲线变化，固溶体的组成沿 SR 曲线变化。只要在冷却过程中两相平衡共存，则当液相组成达到 M 点时，固相的组成与开始冷却时的液相组成相同，这时液相消失。

属于这种类型的相图有 Ag-Au、NaCl-AgCl 等系统。

由图 6.3.14 可知，在两相区互成平衡的液相和固相的组成是不同的。平衡液相中熔点较低的组分 A 的摩尔分数大于固相中该组分的摩尔分数。在这种系统中，一组分的凝固点会由于另一组分的加入而升高，如图中将 B 加入 A 中所得的结果即是。这种现象与凝固点降低的结果不一致。可以证明，在析出固溶体的情况下，一物质的凝固点可因加入另一物质而升高。

在一定温度和标准压力下，如果一种理想的液态溶液与其理想的固溶体互成平衡，根据平衡条件，其中组分 B 在液相中的化学势与其在固相中的化学势应相等，即 $\mu_{B,l} = \mu_{B,s}$，于是有

$$\mu_{B,s}^\ominus + RT\ln x_{B,s} = \mu_{B,l}^\ominus + RT\ln x_{B,l}$$

经整理后得

$$\frac{\mu_{B,l}^\ominus - \mu_{B,s}^\ominus}{RT} = \frac{\Delta_s^l G_B^\ominus(T)}{RT} = \ln\frac{x_{B,s}}{x_{B,l}}$$

式中：T 为溶液的凝固点。上式又可写为

$$\frac{\Delta_s^l H_B^\ominus(T)}{RT} - \frac{\Delta_s^l S_B^\ominus(T)}{R} = \ln\frac{x_{B,s}}{x_{B,l}}$$

当另一组分不存在，即是纯组分 B 时，上式为

$$\frac{\Delta_s^l H_B^\ominus(T^*)}{RT^*} - \frac{\Delta_s^l S_B^\ominus(T^*)}{R} = \ln 1$$

式中：T^* 为纯组分 B 的凝固点。

将上两式相减，并假定熔化焓和熔化熵与温度无关，则

$$\ln\frac{x_{B,s}}{x_{B,l}} = \frac{\Delta_s^l H_B^\ominus(T)}{R}\left(\frac{1}{T} - \frac{1}{T^*}\right)$$

得

$$T = T^* \frac{\Delta_s^l H_B^{\ominus}(T)}{\Delta_s^l H_B^{\ominus}(T) + RT^* \ln(x_{B,s}/x_{B,l})} \qquad (6.3.8)$$

由式(6.3.8)看出,当$\dfrac{x_{B,s}}{x_{B,l}}<1$,即组分 B 在液相中的摩尔分数大于它在固溶体中的摩尔分数时,将观察到凝固点升高现象($T>T^*$),这就解释了实验结果。当$\dfrac{x_{B,s}}{x_{B,l}}>1$,即组分 B 在固溶体中的摩尔分数大于它在液相中的摩尔分数时,凝固点将降低。如果析出的不是固溶体而是纯物质,则由于$x_{B,s}=1$,根据式(6.3.8)得$T<T^*$(凝固点降低)是很自然的结果。

有时在液相和固相均完全互溶的相图中观察到最高恒熔点(极少数)或最低恒熔点的出现,如图 6.3.15 和图 6.3.16 所示。此时在最低恒熔点和最高恒熔点处其液相组成与固相组成相同。

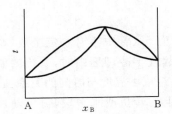

图 6.3.15 具有最高恒熔点的完全互溶固溶体的相图

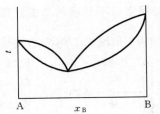

图 6.3.16 具有最低恒熔点的完全互溶固溶体的相图

6.3.8 固相部分互溶的二组分固-液系统

图 6.3.17 是 Pb-Sb 二元合金相图,它是一个典型的部分互溶的固溶体系统,其特点是有一最低共熔混合物,其液相互溶,而固相部分互溶。α 相区是 Sb 溶于 Pb 的固溶体,β 相区是 Pb 溶于 Sb 的固溶体。α 和 β 两相平衡的相区称为部分互溶的固溶体相区。Pb-Sb 系统的最低共熔点是 252 ℃,在最低共熔点时,α 相、β 相和液相(x_{Sb} 为 17.5% 或 w_{Sb} 为 11.1%)三相平衡,α 相的组成为 c,β 相的组成为 d,液相的组成为 e。温度低于 t_e 点,α 相和 β 相平衡共存,它们的组成取决于温度,分别沿 cA 线和 dB 线改变。在(液相+α)或(液相+β)区中,与液相成平衡的固体不是纯物质,而是固溶体。固溶体的组成在不同的温度下沿固相线(ac

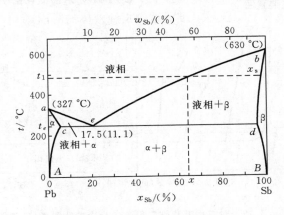

图 6.3.17 Pb-Sb 二元合金相图

线或 bd 线)变化。e 点是两种固溶体的最低共熔点,而非两纯物质的最低共熔点。如果将组成为 x 的液态溶液冷却到温度 t_1,则出现组成为 x_s 的固溶体,随着温度的下降,液相的组成和固溶体 β 的组成分别沿 be 线和 bd 线改变,当温度冷却到 t_e 时,α 和 β 固溶体将同时析出,此时系统将出现三相平衡共存。

由图 6.3.17 可知,Sb 的质量分数小于 11.1% 的合金冷却时,首先析出 α 固溶体(Sb 溶于 Pb 中的固溶体,此时 Pb 是大量的),Pb 不耐磨;在 Sb 的质量分数大于 11.1% 时,首先析出的是 β 固溶体(Pb 溶于 Sb 的固溶体,此时 Sb 是大量的),Sb 质硬耐磨,所以 Pb-Sb 合金作机械材料时,用 Sb 的质量分数大于 13% 的为好。经验证明,Sb 的质量分数在 17%～18% 内最好,Sb 的质量分数偏高会使材料质地变脆。

此外,生成部分互溶的固溶体的二组分系统还有 Pb-Sn、Zn-Cd 等。

6.3.9　固相完全不互溶的二组分固-液系统

图 6.3.18 是测试二组分系统液-固相图的实验装置。试管中盛有一定组成的溶液,当

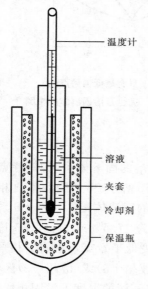

把试管连同保温夹套一起置于冷却剂中时,系统的温度便逐渐下降,测定并描绘出各组成下温度与时间的关系曲线,称为步冷曲线。从这些曲线上的转折或水平段,可判断过程的相变化的情况。从步冷曲线可以绘制得到相图,这种相图广泛地被应用于合金、盐类的水溶液以及有机物等二组分系统相图的研究上。

图 6.3.19 中的曲线 5 代表纯对二甲苯的步冷曲线。从图中可以看出,开始时温度均匀下降,当达到凝固点 $t_B^* = 13.3\,^\circ\mathrm{C}$ 时,开始析出固体对二甲苯。由于结晶时放热 $(17.11\,\mathrm{kJ \cdot mol^{-1}})$,足以抵消系统与环境间的热交换,故系统的温度保持不变。反映在步冷曲线上则出现水平段(保持慢的冷却),直到对二甲苯全部凝固,系统温度又继续下降。此时由相律得知,因 $C=1$,$\Phi=2$,并且是在压力不变下冷却,所以 $f=C-\Phi+1=1-2+1=0$,即自由度等于零,说明纯固体与其液体成平衡时温度不会变动。利用步冷曲线中的水平段可以准确地测出纯液体的凝固点。

图 6.3.18　测步冷曲线装置图

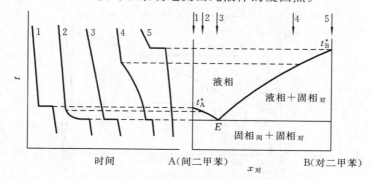

图 6.3.19　对二甲苯和间二甲苯的步冷曲线和固-液相图

1—纯间二甲苯;2—$x_{对}=0.10$;3—$x_{对}=0.13$;4—$x_{对}=0.70$;5—纯对二甲苯

　　如果在对二甲苯中溶有间二甲苯,如曲线 4($x_{对}=0.70$),这时由于对二甲苯浓度降低,从液体中析出固体的能力减小,必须降至更低的温度(−4 ℃左右)才能有固态对二甲苯析出,间二甲苯在此温度还不能结晶,这就出现了和曲线 5 不同的情况。由于固态对二甲苯的析出,溶液中所含的对二甲苯越来越少,需要更低的温度才能继续结晶,故温度仍要下降。只是由于结晶时放热,温度下降速率减慢,步冷曲线的斜率有了变化,出现了一个转折点,而不是如曲线 5 中的水平段。从相律来看,此时系统中有两相,自由度 $f^* = C - \Phi + 1 = 2 - 2 + 1 = 1$,表明随着对二甲苯的析出,液相组成不断改变,在液相组成改变的同时,系统的温度必然变化。当温度冷却到−52.8 ℃时,这时由于温度已经很低,溶液中间二甲苯的浓度已很大,致使间二甲苯也开始结晶,此时对二甲苯和间二甲苯同时析出。这时系统出现三相共存,即一个液相(对二甲苯和间二甲苯的溶液)和对二甲苯、间二甲苯两个固相;当对二甲苯和间二甲苯同时结晶时,系统的温度必然保持不变(曲线上出现了水平段),液相组成也不改变,只是液相的量逐渐减少,固相的量不断增加,由于此时是三相平衡,故自由度 $f^* = C - \Phi + 1 = 2 - 3 + 1 = 0$。当全部结晶完毕,液相消失。温度再次下降,这时是固态对二甲苯和间二甲苯的混合物冷却过程。

　　曲线 1、曲线 2 与曲线 4、曲线 5 完全类似,只是曲线 1 是纯间二甲苯,步冷曲线上水平段表示它的凝固点(熔点)是−47.9 ℃,曲线 2 是 $x_{对}=0.10$ 的溶液,当冷却至约−50 ℃时,有间二甲苯析出,曲线出现转折,冷却至−52.8 ℃而呈现水平段。

　　曲线 3 是含对二甲苯 13%(摩尔分数)和间二甲苯 87%(摩尔分数)的步冷曲线,在温度降到−52.8 ℃(E 点)时,对二甲苯和间二甲苯同时析出,事先并不析出纯对二甲苯或间二甲苯。因为 E 点的温度比纯对二甲苯和纯间二甲苯的熔点都低,而且在 E 点时对二甲苯和间二甲苯同时析出,所以把 E 点称为最低共熔点,所析出的混合物称为最低共熔混合物。在一定压力下,最低共熔混合物的组成是一定的。例如,对二甲苯和间二甲苯系统的最低共溶混合物的组成(摩尔分数,下同)为 13% 对二甲苯、87% 间二甲苯。由于最低共熔混合物的组成随压力的改变而连续变化,因此它是一个混合物而不是化合物。

　　将不同组成的溶液的步冷曲线上的转折点和水平段所显示的温度对组成作图,得到图 6.3.19 中的熔点-组成(t-x)图。图中 t_A^* 和 t_B^* 分别代表纯间二甲苯和纯对二甲苯的熔点,E 为最低共熔点,$t_A^* E$ 线表示间二甲苯的凝固点(熔点)随溶液中对二甲苯的摩尔分数增大而降低的曲线,相应的 $t_B^* E$ 线则表示对二甲苯的凝固点(熔点)随溶液中间二甲苯的摩尔分数增大而降低的曲线。$t_A^* E$ 线以上,系统的温度高于凝固点(熔点),为单一的液相;曲线以下,最低共熔点以上的区域则为两相共存,一个是液相,组成为曲线所表示,一个是固态间二甲苯;最低共熔点以下为两个固相共存。

　　上述的液-固相图对确定分离混合二甲苯的操作条件和决定分离的极限有一定帮助。具体进行分析时,可应用杠杆规则。

　　如图 6.3.20 所示,如果组成为 x 的混合二甲苯系统,当系统温度冷却至 t_0 时,由于冷却时先析出对二甲苯,而间二甲苯并未析出,因此液相中间二甲苯的物质的量应等于原系统中间二甲苯的物质的量。

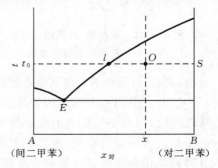

图 6.3.20　杠杆规则示意图

$$原系统中间二甲苯的物质的量 = \frac{\overline{OS}}{\overline{AB}}W(原系统总的物质的量)$$

$$现在溶液中间二甲苯的物质的量 = \frac{\overline{lS}}{\overline{AB}}L(溶液总的物质的量)$$

因间二甲苯未析出,所以

$$\frac{\overline{OS}}{\overline{AB}}W = \frac{\overline{lS}}{\overline{AB}}L$$

或

$$\frac{固相物质的量}{液相物质的量} = \frac{析出二甲苯的物质的量}{溶液总的物质的量}$$

$$= \frac{W-L}{L} = \frac{W}{L} - 1 = \frac{\overline{lS}}{\overline{OS}} - \frac{\overline{OS}}{\overline{OS}} = \frac{\overline{Ol}}{\overline{OS}}$$

应当指出,在二组分系统相图中,杠杆规则只能应用于两相平衡区。

有了混合二甲苯的液-固相图和杠杆规则,可以知道,通过结晶法得到纯对二甲苯,溶液中所含的对二甲苯不得少于 13%(摩尔分数)。如图 6.3.19 中的步冷曲线 2,含对二甲苯 10%(摩尔分数),在冷却结晶时(−50 ℃左右)先析出间二甲苯,然后对二甲苯和间二甲苯同时析出(−52.8 ℃)。由此可见,当溶液中所含的对二甲苯少于 13%(摩尔分数)时不能获得纯对二甲苯。

6.3.10　生成稳定和不稳定化合物的固-液系统

1. 生成稳定化合物的系统

若两个组分能反应生成一种新的化合物,且此化合物直到熔点时还是稳定的,则在熔点时液相的组成与固体化合物的组成相同,常称此化合物为具有相合熔点的化合物或稳定化合物。Al-Se、Au-Te、$C_6H_5NH_2$-C_6H_5OH、$CuCl_2$-$FeCl_2$ 等系统都能生成稳定化合物。

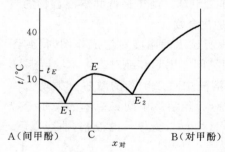

图 6.3.21　间甲酚-对甲酚二组分系统的熔点组成图

图 6.3.21 是能生成稳定化合物的间甲酚-对甲酚二组分系统的熔点组成图。这种相图的主要特点是有两个最低共熔点 E_1 和 E_2,在 E_1 和 E_2 之间出现一个最高点 E,表示有稳定化合物 C 生成,E 点对应的温度 t_E 就是这个化合物的熔点。该系统的相图可以近似看成是由两个简单的低共熔相图组成的:一个是间甲酚与稳定化合物 C,另一个是稳定化合物 C 与对甲酚。当不同组成的溶液冷却时,它的特点和简单相图一样。对于间甲酚-对甲酚二组分系统,由于生成稳定化合物 C 给分离带来了困难,若混合甲酚中含对甲酚 45%(摩尔分数),它正好落在两个低共熔点之间,因而单纯冷却不能得到纯间甲酚或纯对甲酚。

工业上采用加成结晶法分离间甲酚和对甲酚,即加入联苯胺,它与间甲酚、对甲酚均形成化合物,与对甲酚形成的化合物的熔点为 130 ℃,与间甲酚形成的化合物的熔点约 80 ℃,由于扩大了熔点的差异,因此只要适当控制联苯胺的浓度,就可以把两个化合物分离出来。分离出的化合物再经过加热分解和精馏就可得到纯间甲酚和对甲酚。

在有些系统中,两种物质能形成几种稳定化合物。如图 6.3.22 所示的水和硫酸能形成三种化合物:$H_2SO_4 \cdot 4H_2O$,其结晶温度为 −24.4 ℃;$H_2SO_4 \cdot 2H_2O$,其结晶温度为 −39.6 ℃;

$H_2SO_4 \cdot H_2O$,其结晶温度为 8.1 ℃。因此,把其相图看成是由四个简单的二组分相图组成的,它共有三个化合物和四个最低共熔点。利用这张相图,可以根据不同气温调整各种商品硫酸的浓度,以避免其在运输和储藏过程中发生冷冻结晶。例如,98%(质量分数)的浓硫酸的结晶温度为 0.1 ℃(在冬季,这种硫酸在运输和储藏过程中都极易发生冷冻结晶,若改为 92.5%(质量分数)的硫酸,它的凝固点约为 −35 ℃,因此冬季运输和储藏的硫酸的质量分数都在 93% 左右。

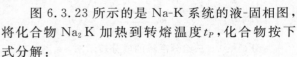

图 6.3.22 水和硫酸的相图
1—$H_2SO_4 \cdot 4H_2O$;2—$H_2SO_4 \cdot 2H_2O$;3—$H_2SO_4 \cdot H_2O$

2. 生成不稳定化合物的系统

在有些情况下,两组分间生成的化合物是不稳定的。当加热化合物时,在没有达到熔点前它就分解而产生一个新的固相和一个与原来固相组成不同的液相。由于形成的液相组成与化合物的组成不同,故称此化合物为具有不相合熔点的化合物或不稳定化合物,并称此分解反应为转熔反应或相反应。由于在转熔反应时有两个固相和一个液相共存,因此系统的条件自由度为零(压力已固定),因此,系统的温度以及各相的组成都不能变更,此时在步冷曲线上应出现一水平段。Na_2SO_4-H_2O、SiO_2-Al_2O_3、CaF_2-$CaCl_2$、Na-K 等均属于这种系统。

图 6.3.23 所示的是 Na-K 系统的液-固相图,将化合物 Na_2K 加热到转熔温度 t_P,化合物按下式分解:

$$Na_2K \longrightarrow Na(s) + 液相$$

高于转熔温度,液相只与固态 Na 平衡共存。将组成为 x 的熔体 a 冷却到 M 点,开始从液体中分离出固体 Na,此时液相中所含的 K 将增多。继续冷却,液相组成沿 MP 曲线变化。当温度达到 t_P 时,组成为 P 的溶液与固体 Na 发生转熔反应而生成化合物 Na_2K。如果将组成为 y 的熔体 c 冷却,则到 t_P 时发生转熔反应生成 Na_2K。若进一步降低温度,则将有固体 Na_2K 析出,而溶液的组成沿着 PE 曲线变化,当温度达到 t_2 时,溶液组成为 e,这时

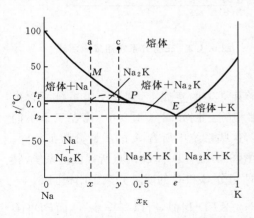

图 6.3.23 Na-K 系统的固-液相图

Na_2K 和 K 同时析出。

*6.4 三组分系统的相图及其应用

6.4.1 等边三角形坐标表示法

对于三组分系统 $C=3$,$f+\Phi=5$,由于系统至少存在一个相,因而系统最多可有四个自由度(温度、压力和两个浓度项),用三维空间的立体图已不足以表示这种相图。若保持压力不变,$f'+\Phi=4$,f' 最多等于 3,其相图就可用立体图形来表示。若压力、温度同时固定,则

$f''+\Phi=3$，f''最多为 2，可用平面图来表示。

    通常在平面图上是用等边三角形来表示（对于水盐系统也可用直角坐标）各组分的质量分数的。如图6.4.1所示，等边三角形的三个顶点分别代表纯组分 A、B 和 C 构成的单组分系统。AB 线上的点代表 A 和 B 所形成的二组分系统，BC 线上的点、AC 线上的点分别代表 B 和 C，A 和 C 所形成的二组分系统。三角形内任一点都代表三组分系统。将三角形的每一边分为10份。通过三角形内任一点 O，引平行于各边的平行线，根据几何学的知识可知，长度 a、b 及 c 之和应等于三角形一边之长，即 $a+b+c=\overline{AB}=\overline{BC}=\overline{CA}=1$，或 $a'+b'+c'=$ 任一边的长度 $=1$。因此 O 点的组成可由这些平行线在各边上的截距 a'、b'、c' 来表示。通常是沿着逆时针方向（但也有用顺时针方向）在三角形的三边上标出 A、B、C 三个组分的质量分数（即从 O 点作 BC 的平行线，在 AC 线上得长度 a'，即为 A 的质量分数；从 O 点作 AC 的平行线，在 AB 线上得长度 b'，即为 B 的质量分数；从 O 点作 AB 的平行线，在 BC 线上得长度 c'，即为 C 的质量分数）。

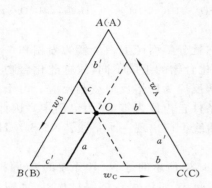

图 6.4.1　三组分系统的成分表示法

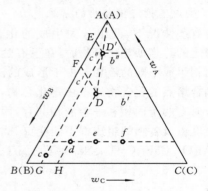

图 6.4.2　三组分系统组成表示法

    采用等边三角形表示组成有几个特点。

    （1）如果有一组系统，其组成位于平行于三角形某一边的直线上，则这一组系统所含由平行线对应顶角的顶点所代表的组分的质量分数都相等。例如图 6.4.2 中，代表三个不同的系统的 d、e、f 三点都位于平行于底边 BC 的线上，这些系统中所含 A 的质量分数都相同。

    （2）凡位于通过顶点 A 的任一直线上的系统，如图 6.4.2 中 D 和 D' 两点所代表的系统，其中 A 的质量分数不同（D 中含 A 比 D' 中少），但其他两组分 B 和 C 的质量分数之比相同。

    这可由简单的几何关系来证明。图中 $\triangle AED'$ 与 $\triangle AFD$ 相似，所以 $\dfrac{\overline{AE}}{\overline{AF}}=\dfrac{c''}{c'}$，而 $ED'GB$ 和 $FDHB$ 均为等腰梯形。所以 $\dfrac{\overline{AE}}{\overline{AF}}=\dfrac{\overline{BG}}{\overline{BH}}$ 或 $\dfrac{\overline{AE}}{\overline{BG}}=\dfrac{\overline{AF}}{\overline{BH}}$，即由 D' 和 D 两点所代表的系统中，组分 B 和 C 的质量分数之比相同。

    （3）如果有两个三组分系统 D 与 E（见图 6.4.3）所构成的新系统，其物系点必位于 D、E 两点之间的连线上。E 的量越多，则代表新系统的物系点 O 的位置越接近 E 点。杠杆规则在这里仍可应用，即 $W_1\,\overline{OD}=W_2\,\overline{OE}$。可证明如下：

    设 O、D、E 三点所代表的系统的物质的量分别为 W、W_1、W_2，则

$$W=W_1+W_2$$

系统中 C 的总的物质的量等于 W_1 和 W_2 中所含 C 的物质的量之和，即

$$W\,\overline{Bd}=W_1\,\overline{Bb}+W_2\,\overline{Bf}$$

或
$$(W_1 + W_2)\overline{Bd} = W_1\overline{Bb} + W_2\overline{Bf}$$

移项整理后得
$$W_1(\overline{Bd} - \overline{Bb}) = W_2(\overline{Bf} - \overline{Bd})$$

$$\frac{W_1}{W_2} = \frac{\overline{df}}{\overline{bd}} = \frac{\overline{OE}}{\overline{OD}}$$

所以
$$W_1\overline{OD} = W_2\overline{OE}$$

（4）由三个三组分系统 D、E、F（见图 6.4.4）混合而成的混合物，其物系点可通过下法求得。先依杠杆规则求出 D 和 E 两个三组分系统所形成混合物的物系点 G，然后再依杠杆规则求出 G 和 F 所形成系统的物系点 H，H 点就是 D、E、F 三个三组分系统所构成的混合物的物系点。

（5）设 S 为三组分液相系统，如果从液相 S 中析出纯组分 A 的晶体（见图6.4.3），则剩余液相的组成将沿 AS 的延长线变化。假定在结晶过程中，液相的浓度变化到 g 点，则此时晶体 A 的量与剩余液体量之比等于 $\overline{gS}$ 与 $\overline{SA}$ 之比，仍满足杠杆规则。反之，倘若加入组分 A，则物系点将沿 $\overline{gA}$ 的连线向接近 A 的方向移动。

对于三组分系统，仅讨论几种比较简单的类型。以下所讨论的平面图均为等温等压下的相图。

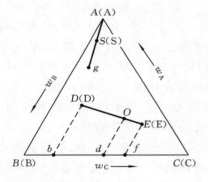
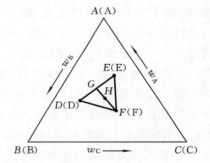

图 6.4.3　三组分系统的杠杆规则　　　　　图 6.4.4　三组分系统的重心规则

6.4.2　部分互溶的三液系

下面以乙酸乙酯-乙醇-水的三液体组分为例，说明三组分系统液-液相图的绘制及各相区的含义。图 6.4.5 表明，乙醇和水可按任意比例互溶，乙醇和乙酸乙酯也可按任意比例互溶，而水和乙酸乙酯是部分互溶。由图看出，水和乙酸乙酯的质量分数在 bC 和 Ba 之间，可以完全互溶成单一相溶液。而水和乙酸乙酯的质量分数在 a、b 之间，则彼此不互溶。例如 d 点处，系统分为两层，一层是乙酸乙酯在水中的饱和溶液（a 点），称为水相；另一层是水在乙酸乙酯中的饱和溶液（b 点），称为有机相。图中 aob 是其溶解度曲线，作法如下：在一系列不同浓度的乙醇-水溶液中，分别缓缓加入乙酸乙酯，并同时进行剧烈振荡，当滴加到溶液开始出现混浊，即表明溶液已达饱和，由此饱和溶液的组成可得溶解

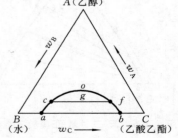

图 6.4.5　乙酸乙酯-乙醇-水三组分系统
相图（20 ℃，101.325 kPa）

度。由此得到的一系列溶解度数据可作出 aob 曲线的左边部分；反之在另一系列不同浓度的乙醇-乙酸乙酯溶液中如上法滴加水，求出溶解度后即得曲线的右边部分。

由此可见，在 aob 曲线上各点的溶液均是饱和溶液，曲线之外的各点均是单相不饱和溶液，而在曲线内的任一点（例如 g 点）均为两层饱和溶液。分析此两层饱和溶液的组成就可以在 aob 曲线上找到两点，譬如 c 点和 f 点。连接 c 点和 f 点，得直线 cf，此直线为连接线。连接线是根据实验结果绘制的，一般情况下，连接线与三角形底边不平行。显然，此两层饱和溶液的相对数量也可通过杠杆规则求得，其表达式为

$$\frac{水相的质量(c)}{有机相的质量(f)} = \frac{\overline{gf}}{\overline{gc}}$$

由上述讨论可知，图中 aob 曲线外面的点代表一相，而曲线内的点代表两相，萃取一定要在两相区，即在 aob 曲线内进行，因曲线外是一个不饱和溶液的单相区。

现用三组分系统相图说明工业上的连续多级萃取过程，实际过程的原理与此相同。如经铂重整后的重整油就是一种芳烃和烷烃混合物分离的例子。已知该重整油内含芳烃（$C_6 \sim C_8$）约 30%（质量分数），烷烃（$C_6 \sim C_9$）约 70%（质量分数）。一般用 92%（质量分数）的二甘醇加 8%（质量分数）的水为萃取剂将芳烃和烷烃进行分离。为简便起见，把二甘醇作为萃取剂，以苯代表芳烃，以正庚烷代表烷烃。

图 6.4.6 是苯-二甘醇-正庚烷三组分系统在 125 ℃时的液-液平衡相图。由图可见，苯与正庚烷，苯与二甘醇都是完全互溶的，二甘醇与正庚烷则是部分互溶。互相平衡的两个饱和液相的组成分别是 x 与 y，组成为 x 的是正庚烷溶解在二甘醇中的饱和溶液，组成为 y 的则是二甘醇溶解在正庚烷中的饱和溶液。由前面的讨论可知，当两个液相达到平衡时，每个相均含有三种物质，例如，总组成为 O_1 的系统，就分成组成分别为 x_1 和 y_1 两个液相，组成为 x_1 的液相中二甘醇多一些，组成为 y_1 的液相中则是正庚烷多一些，苯则在两相中均有，在组成为 y 的液相中所含的苯比组成为 x 的液相中所含的苯多。图中连线 x_1y_1、x_2y_2、x_3y_3 等分别表示含苯量由低到高时两液相组成，当含苯量足够高时，由于苯的影响，正庚烷与二甘醇相互溶解度增大，以致组成为 x 的液相与组成为 y 的液相趋于一致，成为完全互溶的单相，这点 K 称为临界点。在 xKy 曲线以外，是一个不饱和的液相，在曲线内是互为平衡的两液相。

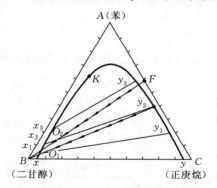

图 6.4.6　苯-二甘醇-正庚烷三组分系统
相图及萃取过程示意图

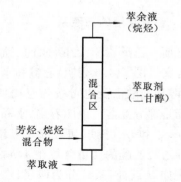

图 6.4.7　芳烃与烷烃分离示意图

工业上的萃取过程是在萃取塔中进行的。芳烃与烷烃的混合物自塔的中部进入（见图6.4.7），萃取剂（二甘醇）则从顶部附近送入，萃取剂在下降时与上升的液相充分混合，芳烃就不断溶解在二甘醇中，在塔底作为萃取液排出，被脱除了芳烃的烷烃则作为萃余液从塔顶

出来。这里进行的是一个连续过程,实际上是一个多级萃取过程,这个多级萃取过程可用三角形相图表示(见图 6.4.6)。设有一个原始组成为 F 的料液,加入二甘醇后总组成沿 FB 线移动,因为在这条线上,苯与正庚烷的比例不变,当物系点由 F 越接近 B,表示二甘醇越多。当总组成为 O_2,二甘醇与料液的摩尔分数比为 $\overline{O_2F} : \overline{O_2B}$,这时系统成为组成分别为 x_2 和 y_2 的两相,然后在组成为 y_2 的相中加入一定量的二甘醇,总组成沿 y_2B 线移动至 O_1,则又成为组成分别为 x_1 和 y_1 的两相,组成为 y_1 的相中苯已经减少了,如再加入二甘醇,反复多次,则萃余相组成逐渐趋于 y,即基本上不含苯的正庚烷,因而实现了分离的目的。

6.4.3　二固体和一液体的水盐系统

属于此类的系统很多,这里只讨论简单的类型,且只讨论在两种盐之中有一个共同离子的情况,否则由于交互作用可形成多于三个物种的系统(例如 $NaNO_2$ 与 KCl,可以生成 $NaCl$ 和 KNO_3,这种系统又称为三元交互系统)。

(1) 固态是组分 B、C 者。如图 6.4.8 所示,D 和 E 表示该温度下纯 B(固体盐)和纯 C(固体盐)在水中的溶解度。若在已经饱和了 B 的水溶液中加入组分 C,则饱和溶液的浓度沿 DF 线改变。同样,若在已经饱和了 C 的水溶液中加入纯 B,则饱和溶液的浓度沿 EF 线改变。

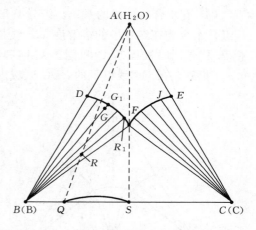

图 6.4.8　从溶液中析出纯 C 和纯 B 的相图

DF 线是 B 在含有 C 的水溶液中的溶解度曲线。EF 线是 C 在含有 B 的水溶液中的溶解度曲线。F 点是三相点,代表同时饱和了固态 B 和固态 C 时饱和溶液的组成。$DFEA$ 的区域是不饱和溶液的单相区。

在 BDF 区域内固态纯 B 和其饱和溶液两相平衡。设系统的物系点为 G,作 BG 连线与 DF 交于 G_1,G_1 点表示饱和溶液的组成,BG_1 线称为连接线。

在 CEF 区域内纯 C 和其饱和溶液两相平衡。BFC 区域内固态的纯 B、纯 C 和组成为 F 的饱和溶液三相共存(此时溶液同时被 B 和 C 所饱和)。

相图属于这一类型的系统还有 NH_4Cl-NH_4NO_3-H_2O,KNO_3-$NaNO_3$-H_2O、$NaCl$-$NaNO_3$-H_2O、NH_4Cl-$(NH_4)_2SO_4$-H_2O 等。

利用这些相图,可以初步讨论有关盐纯化方面的问题。例如有固态 B 和固态 C 的混合物,其组成相当于图 6.4.8 中的 Q 点,今欲从其中把纯 B 分离出来。为此,可以加水使系统的总组成(即物系点)沿 QA 线改变,当物系点进入 BDF 区后(例如 R 点),C 完全溶解,余下固态的纯 B 与饱和溶液两相共存。过滤并冲洗晶体,然后使之干燥就得到固态的纯 B。根据杠杆规则,在加水溶解或稀释的过程中,当物系点进入 BDF 区后,物系点越是接近 BF 线,则所得到的固体 B 的量越多。如果起初物系点在 AS 线(连接 AF,并延长直到与 BC 线相交于 S 点)之右,则无论用稀释或浓缩法,只能得到纯 C。同理,若物系点在 AS 线之左,则只能得到纯 B。有时为了要改变物系点的位置,除了稀释、蒸发之外,还可以加入一种盐或含盐的溶液,以改变物系点的位置。

这是水盐系统中最简单的相图,在下面讨论的几类图中常常包含有此类相图。

（2）有复盐生成的系统。B、C 两种盐能化合成复盐（$B_m C_n$），如图 6.4.9 中，用 D 点表示。FG 线为复盐在水溶液中的溶解度曲线，GH 线为 C 在水溶液中的溶解度曲线。F 点和 G 点是三相点，前者是溶液被固态的 B 和复盐饱和时饱和溶液的组成，后者是溶液被固态的 C 和复盐饱和时饱和溶液的组成。BFD 区和 CGD 区是三相平衡区。$AEFGH$ 是不饱和溶液的单相区。关于连接线的说明与前相同。如连接 DA，把 $\triangle ABC$ 分成两半，每一半都相当于一个简单的如图 6.4.8 所示的相图。

如果复盐的组成落在 IJ 之间（I 点、J 点分别是 AF 线和 AG 线的延长线与底边的交点），则当系统加水后，物系点沿 DA 的连线上升，可以得到稳定的复盐溶液。如果代表复盐组成的 D 点在 B 点和 I 点（或 J 点和 C 点）之间，则当系统逐渐加水，在没有进入不饱和区以前，必将与 BF 线（或 GC 线）相遇，复盐发生分解。

相图属于这一类型的三组分系统如 NH_4NO_3-$AgNO_3$-H_2O，所生成的复盐为 $NH_4NO_3 \cdot AgNO_3$；Na_2SO_4-K_2SO_4-H_2O，所生成的复盐为 $3K_2SO_4 \cdot Na_2SO_4$（又称为硫酸钾石）。

（3）有水合物生成的系统。组分 B 形成水合物。图 6.4.10 中 D 点表示水合物的组成，E 点是水合物在纯水中的溶解度，EF 线是水合物在含有 C 的溶液中的溶解度曲线，F 是三相点，代表同时被固态 D 和固态 C 饱和时饱和溶液的组成。在 DC 线以上，其图形与图 6.4.8 相似。在 DC 线以下的 BDC 区域内固态 D、固态 B、固态 C 同时共存。

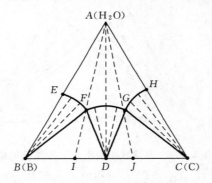

图 6.4.9 有复盐生成的系统

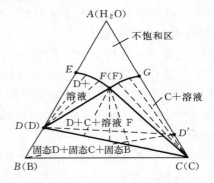

图 6.4.10 有水合物生成的系统

相图属于这一类型的系统有 Na_2SO_4-$NaCl$-H_2O（水合物为 $Na_2SO_4 \cdot 10H_2O$）。

如果组分 C 也形成水合物，则 FGC 区的连接线在 GC 之间的某一点相交，例如假定是 D' 点，作 DD' 线以上相图，类似于图 6.4.8。DD' 线以下，则得到四边形 $DD'CB$，该四边形可以用对角线 BD' 或 DC 分成两个三角形。究竟哪一条对角线是稳定的，只有通过实验来确定。属于这样的系统有 $MgCl_2$-$CaCl_2$-H_2O，它在 273.15 K 时所形成的水合物为 $MgCl_2 \cdot 6H_2O$ 和 $CaCl_2 \cdot 6H_2O$。

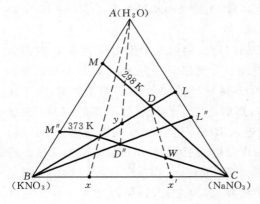

图 6.4.11 KNO_3-$NaNO_3$-H_2O 的相图

以上已经讲过了相图的一些应用，现在再以 $NaNO_3$-KNO_3-H_2O 的相图为例，利用不同温度下的相图逐步进行循环以达到分离的目的。图 6.4.11 是 298 K 和 373 K 时上述系统的相图。可分为两种情况来讨论:一种是系统中含 KNO_3 较多的情况;另一种是系统中含 KNO_3 较少的情况。

(1) 系统中含 KNO_3 较多的情况。设图中 x 点的组成(摩尔分数,下同)为 75% KNO_3 和 25% $NaNO_3$。在 298 K 时加水使之溶解,物系点沿 xA 线向 A 点移动。加入足够的水后,使物系点进入 $M''D''$ 线以上的 MDB 区。此时 $NaNO_3$ 全部溶解,剩余的固体是 KNO_3,但其中可能混有不溶性杂质(如泥沙等)。这时加热到 373 K,在该温度时,物系点位于液相区,在高温下滤去杂质,再把滤液冷却到298 K,即有 KNO_3 的晶体析出。

(2) 系统中含 KNO_3 较少的情况。例如图中 x' 点的组成为 30% KNO_3 和 70% $NaNO_3$。加水不能使物系点进入 KNO_3 的结晶区。但可以设法先去掉一些 $NaNO_3$,以获得含钾较丰富的溶液。其方法是:加水并升温至 373 K,使物系点恰进入该温度的 $NaNO_3$ 结晶区($L''D''C$),在图中设用 W 点表示(实际上 W 点应稍高于 $D''C$ 线),此时 KNO_3 全部溶解,剩余的固体则为 $NaNO_3$。在 373 K 时滤去 $NaNO_3$,得到组成为 D'' 的溶液,其中含 KNO_3 较原来多,但是在冷却后,因 D'' 是在 298 K 的三相区,仍得不到纯 KNO_3,所以需要再加水使物系点进入 298 K 的 KNO_3 结晶区,设为 y 点(实际上 y 点应稍高于 BD 线),然后冷却到 298 K 就有 KNO_3 析出,所余母液的组成为 D。

经上述两个步骤,初步分离了一部分 KNO_3 和 $NaNO_3$,剩下的组成为 D 的母液可以再循环使用。

用组成为 D 的母液来溶解原料(即组成为 30% KNO_3 和 70% $NaNO_3$ 的混合物),使物系点移到 W 点,然后加热到 373 K 以除去固态 $NaNO_3$,此时溶液的组成为 D''。以后的操作与上述相同。这就构成一个沿 $WD''yD$ 的循环,每循环一次就用掉一些原料,得到一些固体的 KNO_3 和 $NaNO_3$ 以及组成为 D 的母液。

在上述的循环操作中,实际上少量的其他可溶性杂质可能聚积在母液里,故循环到一定程度,必须对母液加以处理。

总之,在分离或提纯盐的过程中,总是希望使物系点进入所需要的区域。常用的方法如蒸发(去水)、稀释(加水)、加入一种盐或盐溶液和改变温度等。

习 题

1. 在抽空密闭容器中加热 $NH_4Cl(s)$,部分分解成 $NH_3(g)$ 和 $HCl(g)$,当平衡时,其独立组分数 C、自由度数 f 为多少?

2. $Ag_2O(s)$ 分解的反应方程式为 $Ag_2O(s) \longrightarrow 2Ag(s) + \dfrac{1}{2}O_2(g)$。当用 $Ag_2O(s)$ 进行分解达到平衡时,系统的组分数、自由度和可能平衡共存的最大相数各为多少?

3. 在制备水煤气的过程中,有五种物质:$C(s)$、$CO(g)$、$CO_2(g)$、$O_2(g)$ 和 $H_2O(g)$,建立如下三个平衡,试求该系统的独立组分数。

$$C(s) + H_2O(g) \Longrightarrow H_2(g) + CO(g) \tag{1}$$

$$CO_2(g) + H_2(g) \Longrightarrow H_2O(g) + CO(g) \tag{2}$$

$$CO_2(g) + C(s) \Longrightarrow 2CO(g) \tag{3}$$

4. 指出下列系统的独立组分数 C、相数 Φ 和自由度数 f:

(1) $NH_4HS(s)$ 和任意量的 $NH_3(g)$ 及 $H_2S(g)$ 达到平衡。

(2) 在 101 325 Pa 的压力下,I_2 在液态水和 CCl_4 中达到分配平衡(无固态碘存在)。

(3) 常温下 CO(g)和 O$_2$(g)的混合物。

(4) KCl 和 K$_2$SO$_4$ 的水溶液。

(5) $p^\ominus$ 下乙醇与其蒸气达到平衡。

(6) BaCO$_3$(s)、BaO(s)和 CO$_2$(g)达到平衡。

5. 固体 CO$_2$ 的蒸气压与温度间的经验式为

$$\ln(p/\text{Pa}) = -3\,116\ \text{K}/T + 27.537$$

已知:熔化焓 $\Delta_{fus}H_m = 8\,326\ \text{J·mol}^{-1}$,三相点的温度为 217 K。试求出液体 CO$_2$ 的蒸气压与温度的经验关系式。

6. 某有机物与水不互溶,在标准压力下用水蒸气蒸馏时,于 90 ℃沸腾,馏出物中水的质量分数为 24.0%,已知 90 ℃ 时水的蒸气压为 70.13 kPa,请估算该有机物的摩尔质量。

7. 通常在大气压为 101.3 kPa 时,水的沸点为 373 K,而在海拔很高的高原上,当大气压力降为 66.9 kPa 时,这时水的沸点为多少?已知水的标准摩尔汽化焓为 40.67 kJ·mol^{-1},并设其与温度无关。

8. 某种溜冰鞋下面冰刀与冰的接触面为长 7.62 cm,宽 2.45×10^{-3} cm。若某个运动员的体重为 60 kg。

(1) 试求运动员施加于冰面的总压力。

(2) 试求在该压力下冰的熔点。

已知冰刀的标准摩尔熔化焓为 6.01 kJ·mol^{-1},冰的正常熔点为 273.16 K,冰和水的密度分别为 920 kg·m^{-3}和 1000 kg·m^{-3}。

9. 已知甲苯、苯在 90 ℃下纯液体的饱和蒸气压分别为 54.22 kPa 和 136.12 kPa。两者可形成理想液态混合物。

取 200.0 g 甲苯和 200.0 g 苯置于带活塞的导热容器中,始态为一定压力下 90 ℃的液态混合物。在恒温 90 ℃下逐渐降低压力。

(1) 压力降到多少时,开始产生气相,此气相的组成如何?

(2) 压力降到多少时,液相开始消失,最后一滴液相的组成如何?

(3) 压力为 92.00 kPa 时,系统内气、液两相平衡,两相的组成如何? 两相的物质的量各为多少?

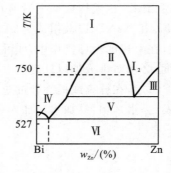

10. Bi-Zn 相图如右图所示,由相图说明:

(1) 各相区存在的相态;

(2) 527 K 时,固相 Bi 与 13%Zn 的熔液达平衡,若以纯固态 Bi 为标准状态,计算熔液中 Bi 的活度;

(3) 750 K 时,35%Zn 与 86%Zn 的熔液达平衡,若以纯液态 Bi 为标准状态,两种熔液中 Bi 的活度应有什么关系?

11. 25 ℃丙醇(A)-水(B)系统气、液两相平衡时两组分蒸气分压与液相组成的关系如下表所示。

x_B	0	0.1	0.2	0.4	0.6	0.8	0.95	0.98	1.0
p_A/kPa	2.90	2.59	2.37	2.07	1.89	1.81	1.44	0.67	0
p_B/kPa	0	1.08	1.79	2.65	2.89	2.91	3.09	3.13	3.17

(1) 画出完整的压力-组成图(包括蒸气分压及总压,液相线及气相线)。

(2) 组成为 $x_{B,0} = 0.3$ 的系统在平衡压力 $p = 4.16$ kPa 下,气、液两相平衡,求平衡时气相组成 y_B 及液相组成 x_B。

(3) 上述系统 5 mol,在 $p = 4.16$ kPa 下达到平衡时,气、液的物质的量各为多少?气相中含丙醇和水的物质的量各为多少?

(4) 上述系统 10 kg,在 $p = 4.16$ kPa 下达到平衡时,气、液的质量各为多少?

12. NaCl-H$_2$O 所组成的二组分系统。在 −21 ℃ 时有一个低共熔点。此时,冰、NaCl·2H$_2$O(s)和浓度为 22.3%(质量分数)的 NaCl 水溶液平衡共存。在 −9 ℃时不稳定化合物(NaCl·2H$_2$O)分解,生成无水 NaCl 和 27％ 的 NaCl 水溶液。已知无水 NaCl 在水中的溶解度受温度的影响不大（当温度升高时,溶解度略有增加）。

(1) 试绘出相图,并指出各部分存在的相态。

(2) 若有 1000 g 28％的 NaCl 溶液,由 160 ℃冷却至−10 ℃,此过程中能析出多少纯 NaCl?

(3) 以海水（含 2.5％ NaCl）制取淡水,冷到何温度时析出淡水最多?

13. 101.325 kPa 下水(A)-醋酸(B)系统的气-液平衡数据如下表所示。

$t/℃$	100.0	102.1	104.4	107.5	113.8	118.3
x_B	0	0.300	0.500	0.700	0.900	1.000
y_B	0	0.185	0.374	0.575	0.833	1.000

(1) 画出气-液平衡的温度-组成图。

(2) 从图上找出组成为 $x_B=0.800$ 液相的泡点。

(3) 从图上找出组成为 $y_B=0.800$ 气相的露点。

(4) 在 105.0 ℃时,气-液平衡两相的组成是多少?

(5) 9 kg 水与 30 kg 醋酸组成的系统在 105.0 ℃达到平衡时,气、液两相的质量各为多少?

14. 已知水-苯酚系统在 30 ℃液-液平衡时共轭溶液的组成 $w_{苯酚}$ 为:L₁(苯酚溶于水),8.75％;L₂(水溶于苯酚),69.9％。

(1) 在 30 ℃,100 g 苯酚和 200 g 水形成的系统达液-液平衡时,两液相的质量各为多少?

(2) 在上述系统中若再加入 100 g 苯酚又达到相平衡时,两液相的质量各变到多少?

15. 在标准压力 100 kPa 下,乙醇(A)和乙酸乙酯(B)二元液相系统的组成与温度的关系如下表所示:

T/K	351.5	349.6	346.0	344.8	345.2	348.2	350.3
x_B	0	0.058	0.290	0.538	0.640	0.900	1.000
y_B	0	0.120	0.400	0.538	0.602	0.836	1.000

乙醇和乙酸乙酯的二元液相系统有一个最低恒沸点。请根据表中数据:

(1) 画出乙醇和乙酸乙酯二元液相系统的 T-$x(y)$图。

(2) 将纯的乙醇和纯的乙酸乙酯混合后加到精馏塔中,经过足够多的塔板,在精馏塔的顶部和底部分别得到什么产品?

16. 为了将含非挥发性杂质的甲苯提纯,在 86.0 kPa 压力下用水蒸气蒸馏。已知在此压力下该系统的共沸点为 80 ℃,80 ℃时水的饱和蒸气压为 47.3 kPa。

(1) 试求气相的组成(含甲苯的摩尔分数)。

(2) 欲蒸出 100 kg 纯甲苯,需要消耗水蒸气多少千克?

17. 根据下表数据作出完全互溶物质 A 和 B 的液-固相图。如果有 1.00 kg 组成为 $x_B=0.50$ 的溶液,刚熔化时,与它呈平衡的液相的组成为多少?

$t/℃$	60	70	80	90	100
液体的 x_B	0.00	0.19	0.42	0.65	1.00
固体的 x_B	0.00	0.58	0.78	0.90	1.00

18. 硝基苯和水组成了完全不互溶的二组分体系,在 101.32 kPa 时,其沸点为 99.0 ℃,该温度下水的饱和蒸气压为 97.7 kPa。若将此混合物进行水蒸气蒸馏,试计算馏出物中硝基苯的质量分数。

19. 利用下列数据,粗略地描绘出 Mg-Cu 二组分凝聚系统相图,并标出各区的稳定相。Mg 与 Cu 的熔点分别为 648 ℃、1085 ℃。两者可形成两种稳定化合物 Mg_2Cu、$MgCu_2$,其熔点依次为 580 ℃、800 ℃。两种金属与两种化合物四者之间形成三种低共熔混合物。低共熔混合物的组成 w_{Cu} 及低共熔点对应为 35％,380 ℃;66％,560 ℃;90.6％,680 ℃。

20. 已知活泼的轻金属 Na(A)和 K(B)的熔点分别为 372.7 K 和 336.9 K,两者可以形成一个不稳定化合物 Na$_2$K(S),该化合物在 280 K 时分解为纯金属 Na(s)和含 K 的摩尔分数为 x_B＝0.42 的熔化物。在 258 K 时,Na(s)和 K(s)有一个低共熔化合物,这时含 K 的摩尔分数为 x_B＝0.68。试画出 Na(s)和 K(s)二组分低共熔相图,并分析各点、线、和面的相态和自由度。

21. 定压下某 A-B 二组分凝聚系统相图如下图所示:

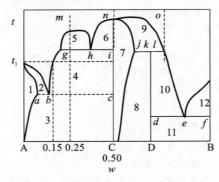

(1) 写出图中标号的相区的平衡相态和条件自由度;

(2) 指出图中的三相线,由哪三相组成?

(3) C 和 D 分别是什么性质的化合物?

(4) 分别绘出样品从 m、n、o 点冷却的冷却曲线。

(5) 将 5 kg 处于 m 点的样品冷却至 t_1,系统中液态物质与所析出固态物质的质量分别为多少?

22. 有 D、E 两个三组分体系所构成的新体系 O,O 点必位于 D、E 两点的连线上(如下图),试证明杠杆规则在这里仍适用。

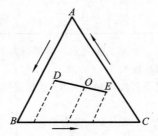

23. 在 298.15 K 时,H$_2$O-C$_2$H$_5$OH-C$_6$H$_6$ 在一定浓度范围内部分互溶而分为两层,其相图如下:今有 0.025 kg 含乙醇的质量分数为 46% 的水溶液,拟用苯萃取其中的乙醇,若用 0.10 kg 苯一次萃取,能从水溶液中萃取出多少乙醇?

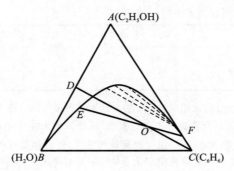

第 7 章 电 化 学

本章基本要求

1. 了解电解质溶液的导电机理;理解离子迁移数的概念;了解法拉第电解定律。

2. 理解表征电解质溶液导电能力的物理量(电导率、摩尔电导率);掌握电导的测定及其应用;理解离子独立运动定律。

3. 理解电解质活度和离子平均活度系数的概念;了解离子氛的概念;掌握离子强度的概念;掌握德拜-休克尔极限公式。

4. 理解原电池电动势与热力学函数的关系;掌握能斯特方程及其应用。

5. 掌握各种类型电极的特征和其电动势测定的主要应用;掌握可逆电池和不可逆电池电动势的符号及电池的标记、可逆电池的电动势与电池反应中反应物活度的关系、可逆电池电动势与平衡常数的关系。

6. 理解电解和极化现象;了解电解池的极化曲线及化学电源的极化曲线;了解理论分解电压及实际分解电压的概念;掌握电解时的电解反应。

    电化学是物理化学中一门重要的分支学科,它主要研究电能和化学能的相互转化以及与这个过程有关的规律。电化学的应用十分广泛,包括化学电源、电解、电镀、电化学分析、电化学合成、光电化学、生物电化学、腐蚀与保护等领域。一般条件下进行的化学反应通常伴随着热的吸收和放出(即反应热效应),并不涉及电能,而电化学所讨论的是在消耗外电能的情况下进行的化学反应或通过化学反应给出电能的过程,这一类化学反应称为电化学反应。电化学反应的进行需要借助相应的装置。其中,将电能转化为化学能的装置称为电解池,将化学能转化为电能的装置称为原电池。大多数电解池(或原电池)包含电解质溶液,或者说电解质溶液是电解池(或原电池)的重要组成部分,因而本章将首先讨论电解质溶液的性质。

7.1 电解质溶液的导电现象

7.1.1 第二类导体的导电机理

    能导电的物质称为导体。导体大致分为两类:第一类导体是电子导体,依靠自由电子的定向运动而导电,如金属、石墨及某些金属化合物等,这类导体在导电过程中本身不发生任何化学变化;第二类导体是离子导体,依靠离子的定向运动导电,如电解质溶液及熔融电解质等,在导电过程中电极与溶液界面上会发生化学变化。下面通过如图 7.1.1 所示的例子来说明第二类导体的导电机理。

    图 7.1.1(a)所示是一电解池,它由与外电源相连接的两个铂电极插入 $CuCl_2$ 溶液构成。当有电流通过电解质溶液时,溶液中的 Cu^{2+} 在电场作用下向着与外电源负极相连接的铂电极移动,Cl^- 向着与外电源正极相连接的铂电极移动。当外加电势足够高时,Cu^{2+} 与负极上的电子相结合发生还原反应,生成金属 Cu,即

$$Cu^{2+} + 2e^- \longrightarrow Cu$$

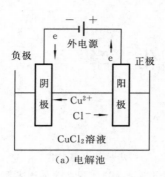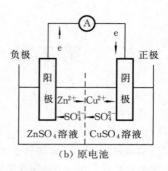

（a）电解池　　　　　　　（b）原电池

图 7.1.1　电解池和原电池示意图

同时在正极上 Cl^- 给出电子发生氧化反应，放出氯气，即

$$2Cl^- \longrightarrow Cl_2 + 2e^-$$

两电极上发生的氧化还原反应，分别放出或消耗了电子，其结果相当于在负极有电子进入溶液，然后通过溶液中离子的运动到达正极。因此，离子的定向运动和电极反应的总结果便是电解质的导电过程。此即电解质溶液的导电机理。

电化学中通常规定：发生氧化反应的电极为阳极，发生还原反应的电极为阴极；电势高者为正极，电势低者为负极。故对电解池而言，阳极即正极，阴极即负极；若对原电池（见图 7.1.1(b)）而言，则相反，即原电池的阳极为负极，阴极则为正极。

7.1.2　法拉第定律

1833 年，英国科学家法拉第（Faraday）在研究电解时，从实验结果归纳出如下规律：电极上发生化学反应的物质的量与通过的电量成正比。这就是法拉第定律。如电极反应表示为

$$氧化态 + ze^- \Longrightarrow 还原态$$

或

$$还原态 \Longrightarrow 氧化态 + ze^-$$

则法拉第定律可表示为

$$Q = zF\xi \tag{7.1.1}$$

式中：Q 为通过的电量，单位为库仑（C）；z 为电极反应式中的电子计量数；F 为法拉第常数，其值是 96 485 $C \cdot mol^{-1}$；ξ 为电极反应的反应进度，单位为 mol。

若通入任意电量 Q，则生成的还原态的物质的量 n 和质量 m 分别为

$$n = \frac{Q}{zF}, \quad m = \frac{QM}{zF}$$

这里 M 为物质的摩尔质量，上式是法拉第定律的另一数学表达式。

法拉第定律虽然是在电解实验的基础上总结出来的，但它对原电池放电过程的电极反应也是适用的。

7.1.3　离子的电迁移

1. 离子的电迁移率

在电场的作用下，溶液中的正、负离子分别向阴极和阳极的运动称为离子的电迁移。离子在溶液中的迁移速率 v 除与离子的本性（离子半径、离子水化程度、所带电荷等）、溶剂性质以及温度有关外，还与电场强度 E 成正比。单位电场强度下离子 B 的迁移速率称为离子的电迁移率，用符号 u_B 表示，即

$$u_{\mathrm{B}} = \frac{v_{\mathrm{B}}}{E} \qquad\qquad (7.1.2)$$

由于 v_{B} 与 E 的单位分别为 $\mathrm{m \cdot s^{-1}}$ 与 $\mathrm{V \cdot m^{-1}}$，因此 u_{B} 的单位为 $\mathrm{m^2 \cdot V^{-1} \cdot s^{-1}}$。

表 7.1.1 列出了 25 ℃时无限稀释水溶液中几种离子的电迁移率。

表 7.1.1　25 ℃时无限稀释水溶液中离子的电迁移率

正离子	$u^{\infty}/(\mathrm{m^2 \cdot V^{-1} \cdot s^{-1}})$	负离子	$u^{\infty}/(\mathrm{m^2 \cdot V^{-1} \cdot s^{-1}})$
H^+	3.63×10^{-7}	OH^-	2.052×10^{-7}
K^+	7.62×10^{-8}	SO_4^{2-}	8.27×10^{-8}
Ba^{2+}	6.59×10^{-8}	Cl^-	7.91×10^{-8}
Na^+	5.19×10^{-8}	NO_3^-	7.40×10^{-8}
Li^+	4.01×10^{-8}	HCO_3^-	4.61×10^{-8}

2. 离子迁移数

电迁移的存在是电解质溶液导电的必要条件。电解质溶液的导电任务是由溶液中的正、负离子共同承担的，但它们在迁移时所分担的电量不同。下面将通过分析离子的电迁移过程来讨论此问题。

在两个惰性电极之间充满了 1-1 价型电解质溶液，现以两个假想平面 AA' 和 BB' 将电解质溶液分为阴极区、中间区和阳极区三个部分，如图 7.1.2 所示。假定在通电前，三个区域均含有 5 mol 正、负离子，今有 4 mol 的总电量通过电解池，根据法拉第定律，在阳极上有 4 mol 的负离子发生氧化反应，同时在阴极上有 4 mol 的正离子发生还原反应，与此同时溶液中的离子发生了电迁移，正、负离子共同承担导电任务，每种离子所传导的电量随其迁移速率的不同而不同。下面分两种情况讨论。

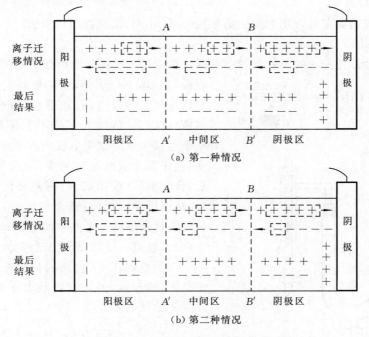

(a) 第一种情况

(b) 第二种情况

图 7.1.2　离子的电迁移现象

（1）设正、负离子的迁移速率相等，则正、负离子各承担一半的导电任务，即在阴极区和阳极区各有 2 mol 正、负离子在假想平面 AA' 和 BB' 上同时逆向通过（见图 7.1.2(a)），通电完毕后，中间区溶液浓度无变化，而阴、阳两极区离子与原溶液相比各少了 2 mol。

　　（2）设正离子的迁移速率是负离子的 3 倍，则正离子承担的导电任务是负离子的 3 倍（见图 7.1.2(b)），通电完毕后，中间区溶液浓度保持不变，但阴、阳两极区浓度与原溶液相比均有所下降，但降低的程度不同，即阴极区减少了 1 mol，阳极区减少了 3 mol。

　　从上面的讨论可以归纳出以下规律。

　　（1）向阴、阳两极方向迁移的正、负离子的物质的量的总和恰等于通过溶液的总电量。

　　（2）两极区物质的量的变化与相应离子所传导的电量成正比，与相应离子的迁移速率也成正比，即

$$\frac{\text{阳极区物质的量的减少}}{\text{阴极区物质的量的减少}} = \frac{\text{正离子所传导的电量}(Q_+)}{\text{负离子所传导的电量}(Q_-)} = \frac{\text{正离子的迁移速率}}{\text{负离子的迁移速率}}$$

　　从以上结果可以看出，由于正、负离子的迁移速率不同，因此它们在迁移时所分担的电量也不同。为此，将溶液中某种离子 B 所传导的电量与通过溶液的总电量之比称为该离子 B 的迁移数，用符号 t_B 表示，其定义式为

$$t_B \stackrel{\text{def}}{=\!=\!=} \frac{I_B}{I} \tag{7.1.3}$$

当溶液中只有正、负两种离子时，则有

$$t_+ + t_- = 1 \tag{7.1.4}$$

根据迁移数的定义，显然有

$$t_+ = \frac{u_+}{u_+ + u_-}, \quad t_- = \frac{u_-}{u_+ + u_-} \tag{7.1.5}$$

3. 迁移数的测定

迁移数的实验测定最常用的方法是希托夫（Hittorf）法和界面移动法。

　　（1）希托夫法。

　　图 7.1.3 是希托夫法的实验装置示意图。在希托夫法迁移管内装有已知浓度的电解质溶液，如 $Cu(NO_3)_2$ 溶液，阳极是 Cu 电极，阴极是惰性电极。接通电源，让很小的电流通过电解质溶液，这时正、负离子分别向阴、阳极迁移，同时在电极上发生反应致使电极附近的溶液浓度不断改变，而中部溶液的浓度基本不变。通电一段时间后，将阴极区（或阳极区）溶液放出进行称量和分析，从而根据阴极区（或阳极区）溶液中电解质含量的变化及串联在电路中的电量计测出的通过的总电量，就可以计算离子的迁移数。

　　在阴极区，Cu^{2+} 物质的量的变化一方面是由于 Cu^{2+} 的迁入，另一方面是由于 Cu^{2+} 在阴极上发生还原反应

$$\frac{1}{2}Cu^{2+} + e^- \longrightarrow \frac{1}{2}Cu$$

Cu^{2+} 物质的量的变化为

$$n_{\text{终了}} = n_{\text{起始}} + n_{\text{迁移}} - n_{\text{电解}}$$

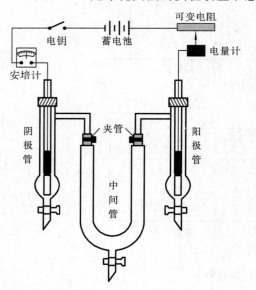

图 7.1.3　希托夫法测定迁移数的装置

$n_{起始}$ 和 $n_{终了}$ 可用化学方法分析出,$n_{电解}$ 可根据电量计测出的通过的总电量用法拉第定律求出,故

$$n_{迁移} = n_{终了} + n_{电解} - n_{起始}$$

则
$$t_+ = n_{迁移}/n_{电解}, \quad t_- = 1 - t_+$$

如果先考虑阴极区 NO_3^- 的物质的量的变化,先求 t_-,则结果也是一样的。阴极区 NO_3^- 的物质的量的变化仅是由于 NO_3^- 的迁出造成的,故 NO_3^- 的物质的量的变化为

$$n_{终了} = n_{起始} - n_{迁移}$$

则
$$n_{迁移} = n_{起始} - n_{终了}$$
$$t_- = n_{迁移}/n_{电解}, \quad t_+ = 1 - t_-$$

希托夫法分析过程烦琐,溶液浓度常受对流、扩散、振动的影响,所以不易获得准确的结果。另外在计算时没有考虑水分子随离子的迁移情况,这样得到的迁移数常称为表观迁移数或希托夫迁移数。

（2）界面移动法。

界面移动法测迁移数的原理如图 7.1.4 所示。此法的原理是把含有一种共同离子的两种电解质（如 HCl 和 $CdCl_2$）溶液小心地放入细长迁移管中,使两种溶液之间形成一明显的 aa' 界面。在通电过程中,Cd 从阳极溶解下来,$H_2(g)$ 从阴极释放出,由于 Cd^{2+} 的电迁移率比 H^+ 小,因此 Cd^{2+} 总是跟在 H^+ 后面向阴极迁移而不会产生新的界面。通电一段时间后,aa' 界面上移至 bb'。根据迁移管的截面面积、在通电时间内界面移动的距离及通过该电解池的电量可求出离子的迁移数。

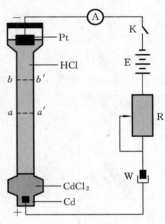

图 7.1.4 界面移动法原理

例 7.1.1 用 $0.010 \ mol \cdot L^{-1}$ LiCl 做界面移动实验,所用迁移管的截面面积为 $1.25 \times 10^{-5} \ m^2$,当以 1.80×10^{-3} A 的电流通电 1 490 s 后,界面移动了 7.30×10^{-2} m。试求 Li^+ 的迁移数。

解 在 $aa'bb'$ 区间内的 Li^+ 均通过 bb' 界面而上移,设这个区间的体积为 V,通过 bb' 界面的 Li^+ 物质的量 n 等于 cV,它所传导的电量为

$$nF = Z_+ cVF$$

经历时间 t 后通入的总电量为 It,根据迁移数的定义有

$$t_{Li^+} = \frac{Li^+ \ 所迁移的电量}{通过的总电量} = \frac{Z_+ cVF}{It}$$
$$= \frac{1 \times 0.010 \times 1 \ 000 \times 1.25 \times 10^{-5} \times 7.30 \times 10^{-2} \times 96 \ 485}{1.80 \times 10^{-3} \times 1 \ 490} = 0.328$$

7.1.4 电解质溶液的电导

1. 电导、电导率和摩尔电导率

导体的导电能力可用电导 G 来表示,它定义为电阻 R 的倒数,即

$$G \overset{def}{=\!=} \frac{1}{R} \tag{7.1.6}$$

其单位用 S（西门子）,1 S＝1 Ω^{-1}。

导体的电阻与其长度 l 成正比,而与其截面面积 A 成反比,用公式表示为

$$R = \rho \frac{l}{A} \tag{7.1.7}$$

式中：比例系数 ρ 称为电阻率，是指长为 1 m、截面面积为 1 m² 的导体所具有的电阻，单位是 $\Omega \cdot m$。电阻率的倒数就是电导率 κ。

$$\kappa = \frac{1}{\rho} = \frac{1}{R}\frac{l}{A} = G\frac{l}{A} \tag{7.1.8}$$

式中：κ 是指长为 1 m，截面面积为 1 m² 的导体的电导，其单位是 $S \cdot m^{-1}$。对电解质溶液而言，其电导率则为相距 1 m、面积为 1 m² 的两个平行电极间充满电解质溶液时的电导。电解质溶液的电导率大小与电解质溶液的种类及浓度有关。

摩尔电导率表示在两个相距 1 m 的平行电极间，含 1 mol 电解质的溶液所具有的电导。用公式表示为

$$\Lambda_m \overset{\text{def}}{=\!=} \frac{\kappa}{c} \tag{7.1.9}$$

式中：Λ_m 为摩尔电导率，其单位是 $S \cdot m^2 \cdot mol^{-1}$；$c$ 为物质的量浓度，其单位是 $mol \cdot m^{-3}$。

2. 电导的测定

测量电解质溶液的电导，实际上是测量其电阻。当直流电通过电解质溶液时，电解使电极附近溶液的黏度改变，并在电极上析出产物而改变电极的性质。因此为了消除这些影响，应用适当频率的交流惠斯顿(Wheatstone)电桥来进行测量，如图 7.1.5 所示。

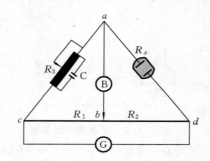

图中 G 为交流电源(交流电源的频率一般采用 1 000 Hz)，R_x 是电导池中待测溶液的未知电阻，cd 为一均匀的滑线电阻，R_1、R_2 分别为 cb 段、bd 段的电阻，R_3 为可调电阻器，B 为检零器，C 为用以抵消电导池电容的可变电容器。测定时，接通电源，选择一定的电阻 R_3，移动接触点 b，直至 B 上指示为零，即 ab 间的电流趋于零，这时电桥处于平衡态，$\dfrac{R_3}{R_x} = \dfrac{R_1}{R_2}$，故溶液的电导为

图 7.1.5 交流电桥法测溶液的电阻

$$G_x = \frac{1}{R_x} = \frac{R_1}{R_2}\frac{1}{R_3}$$

根据式(7.1.7)知，待测溶液的电导率为

$$\kappa = G_x\frac{l}{A} = \frac{1}{R_x}\frac{l}{A} = \frac{1}{R_x}K_{cell} \tag{7.1.10}$$

对于一个确定的电导池，l 和 A 都是定值，故 $\dfrac{l}{A}$ 为一常数，此常数称为电导池常数，用符号 K_{cell} 表示，单位是 m^{-1}。由于两极间距离 l 和电极面积 A 的值是难以精确测量的，因此实际测量时常应用比较法求出 K_{cell}，即选用一种电导率已知的标准溶液(通常用 KCl 溶液，其精确的电导率数据列于表 7.1.2 中)注入该电导池中，测定其电阻，根据式(7.1.10)求出 K_{cell} 的值。再将待测溶液置于该电导池中测其电阻，即可根据式(7.1.10)计算待测溶液的电导率 κ，再根据式(7.1.9)计算其摩尔电导率 Λ_m。

表 7.1.2　298.15 K 时 KCl 溶液的电导率

$c /(mol \cdot L^{-1})$	1.0	0.1	0.01	0.001	0.000 1
$\kappa/(S \cdot m^{-1})$	11.17	1.289	0.141 3	0.014 69	0.001 489

例 7.1.2　用同一个电导池在 298.15 K 时测得标准 KCl 溶液(0.01 mol·L⁻¹)的电阻为 1 064 Ω，

HAc 溶液(0.01 mol·L⁻¹)的电阻为 9 256 Ω。试求此 HAc 溶液的摩尔电导率。

解 查表 7.1.2 得 298.15 K 时,0.01 mol·L⁻¹ KCl 溶液的 $\kappa = 0.141\ 3\ \text{S·m}^{-1}$,则该电导池常数为

$$\frac{l}{A} = \kappa R = 0.141\ 3 \times 1\ 064\ \text{m}^{-1} = 150\ \text{m}^{-1}$$

则 0.01 mol·L⁻¹ HAc 溶液的电导率为

$$\kappa = \frac{l}{A}\frac{1}{R_x} = 150 \times \frac{1}{9\ 256}\ \text{S·m}^{-1} = 0.016\ 2\ \text{S·m}^{-1}$$

摩尔电导率为

$$\Lambda_{\text{m}} = \frac{\kappa}{c} = \frac{0.016\ 2}{0.01 \times 10^3}\ \text{S·m}^2·\text{mol}^{-1} = 0.001\ 62\ \text{S·m}^2·\text{mol}^{-1}$$

3. 电导率、摩尔电导率与浓度的关系

电解质溶液的电导率和摩尔电导率均随溶液的浓度变化而变化,但强、弱电解质的变化规律不尽相同。强电解质稀溶液的电导率随浓度增大而增大,当浓度达到一定值后,因离子之间的相互作用增强,离子运动受到影响,电导率逐渐下降。弱电解质随浓度增大其解离度减小,离子数目变化不大,其电导率随浓度的变化不明显。一些电解质的水溶液的电导率与浓度的关系见图 7.1.6。几种电解质的摩尔电导率与浓度的关系见图 7.1.7。由图 7.1.7 可知,无论是强电解质还是弱电解质,其摩尔电导率均因溶液的稀释而增大。

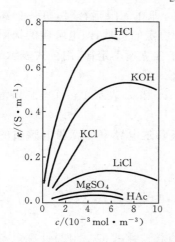

图 7.1.6 一些电解质的电导率与浓度的关系

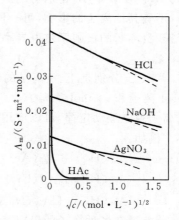

图 7.1.7 一些电解质的摩尔电导率与浓度的关系

对强电解质而言,溶液浓度降低,摩尔电导率增大,这是因为随着溶液浓度的降低,离子间作用力减小,离子运动速率增加,故摩尔电导率增大。对弱电解质来说,溶液浓度降低时,摩尔电导率也增加。在溶液极稀时,随着溶液浓度的降低,摩尔电导率急剧增加。因为弱电解质的解离度随溶液的稀释而增加,因此,浓度越低,离子越多,摩尔电导率越大。

科尔劳乌施(Kohlrausch)从大量实验数据发现:在很稀的溶液中,强电解质的摩尔电导率与其浓度的平方根之间呈线性关系,即

$$\Lambda_{\text{m}} = \Lambda_{\text{m}}^{\infty} - A\sqrt{c} \tag{7.1.11}$$

式中:A 是一个经验常数;$\Lambda_{\text{m}}^{\infty}$ 是溶液在无限稀释情况下的摩尔电导率,又称极限摩尔电导率。极限摩尔电导率是电解质溶液的一个十分重要的参数,它的大小反映了离子之间没有

作用力时电解质所具有的导电能力。强电解质的 Λ_m^∞ 可用作图外推法求出。对于弱电解质，在溶液较稀的范围内，很难用外推法求出确定的 Λ_m^∞ 值。科尔劳乌施的离子独立运动定律解决了这一问题。

7.1.5　离子独立运动定律

科尔劳乌施从大量的实验数据中发现：具有共同离子的一对电解质的 Λ_m^∞ 差值几乎总是常数，见表 7.1.3。

表 7.1.3　在 298.15 K 时一些电解质溶液的极限摩尔电导率 Λ_m^∞

电解质	$\Lambda_m^\infty/(S \cdot m^2 \cdot mol^{-1})$	差　值	电解质	$\Lambda_m^\infty/(S \cdot m^2 \cdot mol^{-1})$	差　值
HCl	0.042 62		KCl	0.014 99	
HNO$_3$	0.042 13	4.9×10^{-4}	LiCl	0.011 50	3.49×10^{-3}
KCl	0.014 99		KNO$_3$	0.014 50	
KNO$_3$	0.014 50	4.9×10^{-4}	LiNO$_3$	0.011 01	3.49×10^{-3}
LiCl	0.011 50		KOH	0.027 15	
LiNO$_3$	0.011 01	4.9×10^{-4}	LiOH	0.023 67	3.48×10^{-3}

根据大量的实验事实，科尔劳乌施总结出一条规律，即在无限稀释时，每一种离子是独立运动的，不受其他离子的影响，每一种离子对 Λ_m^∞ 都有恒定的贡献，即电解质的极限摩尔电导率等于正、负离子的极限摩尔电导率之和，这就是离子独立运动定律，用公式表示为

$$\Lambda_m^\infty = \nu_+ \Lambda_{m,+}^\infty + \nu_- \Lambda_{m,-}^\infty \tag{7.1.12}$$

式中：$\Lambda_{m,+}^\infty$ 和 $\Lambda_{m,-}^\infty$ 分别是正、负离子的极限摩尔电导率；ν_+ 和 ν_- 表示 1 mol 电解质溶液中含有 ν_+ mol 正离子和 ν_- mol 负离子。

根据离子独立运动定律，可以应用强电解质的极限摩尔电导率计算弱电解质的极限摩尔电导率。例如：

$$\begin{aligned}\Lambda_m^\infty(HAc) &= \Lambda_m^\infty(H^+) + \Lambda_m^\infty(Ac^-)\\ &= \Lambda_m^\infty(H^+) + \Lambda_m^\infty(Cl^-) + \Lambda_m^\infty(Na^+) + \Lambda_m^\infty(Ac^-) - \Lambda_m^\infty(Na^+) - \Lambda_m^\infty(Cl^-)\\ &= \Lambda_m^\infty(HCl) + \Lambda_m^\infty(NaAc) - \Lambda_m^\infty(NaCl)\end{aligned}$$

显然，若能得知各种离子的极限摩尔电导率，则可直接应用式（7.1.12）计算电解质的极限摩尔电导率。

7.1.6　离子极限摩尔电导率

电解质的极限摩尔电导率是正、负离子的极限摩尔电导率贡献的总和，所以离子的迁移数也可以看做某种离子的极限摩尔电导率占电解质的极限摩尔电导率的分数，即

$$t_+ = \frac{\nu_+ \Lambda_{m,+}^\infty}{\Lambda_m^\infty}, \quad t_- = \frac{\nu_- \Lambda_{m,-}^\infty}{\Lambda_m^\infty} \tag{7.1.13}$$

式中：t_+、t_- 和 Λ_m^∞ 的值都可由实验测得，从而就可求出离子的极限摩尔电导率。

在使用离子极限摩尔电导率时，必须指明涉及的基本单元，例如，$\Lambda_m^\infty(Na^+)$、$\Lambda_m^\infty(Cl^-)$、$\Lambda_m^\infty(Ca^{2+})$、$\Lambda_m^\infty\left(\frac{1}{2}Ca^{2+}\right)$、$\Lambda_m^\infty(SO_4^{2-})$、$\Lambda_m^\infty\left(\frac{1}{2}SO_4^{2-}\right)$ 等，显然

$$\Lambda_m^\infty(Ca^{2+}) = 2\Lambda_m^\infty\left(\frac{1}{2}Ca^{2+}\right), \quad \Lambda_m^\infty(SO_4^{2-}) = 2\Lambda_m^\infty\left(\frac{1}{2}SO_4^{2-}\right)$$

表 7.1.4 列出了某些离子在 298.15 K 时的极限摩尔电导率。

表 7.1.4　在 298.15 K 时某些离子的极限摩尔电导率

正　离　子	$\Lambda_m^\infty/(S \cdot m^2 \cdot mol^{-1})$	负　离　子	$\Lambda_m^\infty/(S \cdot m^2 \cdot mol^{-1})$
H^+	349.82×10^{-4}	OH^-	198.0×10^{-4}
Li^+	38.69×10^{-4}	Cl^-	76.34×10^{-4}
Na^+	50.11×10^{-4}	Br^-	78.4×10^{-4}
K^+	73.52×10^{-4}	I^-	76.8×10^{-4}
NH_4^+	73.4×10^{-4}	NO_3^-	71.44×10^{-4}
Ag^+	61.92×10^{-4}	Ac^-	40.9×10^{-4}
$\frac{1}{2}Ca^{2+}$	59.50×10^{-4}	ClO_4^-	68.0×10^{-4}
$\frac{1}{2}Ba^{2+}$	63.64×10^{-4}	$\frac{1}{2}SO_4^{2-}$	79.8×10^{-4}
$\frac{1}{2}Sr^{2+}$	59.46×10^{-4}		
$\frac{1}{2}Mg^{2+}$	53.06×10^{-4}		
$\frac{1}{3}La^{3+}$	69.6×10^{-4}		

7.1.7　电导测定的应用

1. 计算弱电解质的解离度 α 和解离常数

根据阿仑尼乌斯的解离理论,弱电解质仅部分解离,离子与未解离的分子之间存在着动态平衡。例如,浓度为 c 的乙酸-水溶液,乙酸部分解离,解离度为 α,则

$$HAc \rightleftharpoons H^+ + Ac$$

解离前　　　　　　　c　　　　　　0　　　0

解离平衡时　　　　$c(1-\alpha)$　　　$c\alpha$　　$c\alpha$

解离常数 $K^\ominus$ 与乙酸的浓度和解离度的关系为

$$K^\ominus = \frac{(\alpha c/c^\ominus)^2}{(1-\alpha)c/c^\ominus} = \frac{\alpha^2}{1-\alpha}\frac{c}{c^\ominus} \tag{7.1.14}$$

因弱电解质部分解离,故对电导有贡献的仅仅是已解离的部分。而在无限稀释情况下,可认为弱电解质是完全解离的,离子间的相互作用可忽略不计,此时溶液的极限摩尔电导率 Λ_m^∞ 可由离子独立运动定律求得。如果由实验测得了弱电解质浓度为 c 时的摩尔电导率 Λ_m,则摩尔电导率 Λ_m、极限摩尔电导率 Λ_m^∞ 和解离度 α 三者的关系可近似表示为

$$\alpha = \frac{\Lambda_m}{\Lambda_m^\infty} \tag{7.1.15}$$

有了 α,即可由式(7.1.14)计算弱电解质的解离常数 $K^\ominus$。

2. 计算难溶盐的溶解度

某些难溶盐(如 $AgCl$、$BaSO_4$ 等)在水中溶解度极小,用化学分析方法直接测定较为困难,而借助测定电导的方法则能很方便地测出。可先测定难溶盐饱和溶液的电导率 κ,再从中减去纯水的电导率,便可得难溶盐的电导率,即

$$\kappa_{\text{盐}} = \kappa_{\text{溶液}} - \kappa_{H_2O}$$

由于浓度很小,可以近似认为难溶盐饱和溶液的 $\Lambda_m \approx \Lambda_m^\infty$,因此根据式(7.1.9)可得

$$c = \frac{\kappa_{盐}}{\Lambda_m^\infty}$$

例 7.1.3 25 ℃时测得氯化银饱和溶液及配制此饱和溶液所用纯水的电导率分别为 3.41×10^{-4} S·m^{-1} 和 1.60×10^{-4} S·m^{-1}。试计算 25 ℃时氯化银的溶解度。

解

$$\kappa_{AgCl} = \kappa_{AgCl溶液} - \kappa_{H_2O}$$
$$= (3.41 \times 10^{-4} - 1.60 \times 10^{-4}) \text{ S·m}^{-1} = 1.81 \times 10^{-4} \text{ S·m}^{-1}$$

由表 7.1.4 可知

$$\Lambda_m^\infty(Ag^+) = 61.92 \times 10^{-4} \text{ S·m}^2\text{·mol}^{-1}$$
$$\Lambda_m^\infty(Cl^-) = 76.34 \times 10^{-4} \text{ S·m}^2\text{·mol}^{-1}$$
$$\Lambda_m(AgCl) \approx \Lambda_m^\infty(AgCl) = \Lambda_m^\infty(Ag^+) + \Lambda_m^\infty(Cl^-)$$
$$= 138.26 \times 10^{-4} \text{ S·m}^2\text{·mol}^{-1}$$

由式(7.1.9)知 $\Lambda_m = \dfrac{\kappa}{c}$,即可计算出氯化银的溶解度。

$$c = \frac{\kappa}{\Lambda_m} = \frac{1.81 \times 10^{-4}}{138.26 \times 10^{-4}} \text{ mol·m}^{-3} = 1.31 \times 10^{-2} \text{ mol·m}^{-3}$$

3. 电导滴定

利用滴定过程中溶液电导变化来确定滴定终点的方法称为电导滴定。当溶液混浊或有颜色而不能应用指示剂时,这个方法就显得尤为有用。例如,用 NaOH 溶液滴定 HCl 溶液时,溶液中电导率很大的 H^+ 被电导率较小的 Na^+ 代替,因此溶液的电导率随着 NaOH 溶液的加入而减小。当 HCl 被中和后,再加入 NaOH 溶液,则相当于单纯增加了溶液中的 Na^+ 和 OH^-,且由于 OH^- 的离子电导率也很大,因此溶液的电导率又增加了。如果将电导率对所加 NaOH 溶液的体积作图,则可得 AB 和 BC 两条直线,它们的交点 B 就是滴定终点,如图 7.1.8 所示。

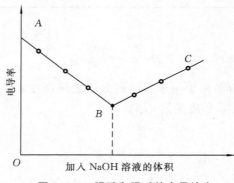

图 7.1.8　强酸和强碱的电导滴定

除了上述应用外,电导测定还可用来检验水的纯度、求水的离子积常数和液体接界电势等。

7.2　电解质的平均活度与平均活度系数

7.2.1　平均离子活度与平均离子活度系数

对于电解质溶液,由于其能解离出正、负离子,且离子间存在静电引力作用,因此,即使溶液很稀,也显示出较大的非理想性。于是,在讨论电解质溶液的化学势时,要用活度代替浓度。在电解质溶液中独立运动的粒子是离子,因此用正、负离子的活度来表示相应离子的化学势,即

$$\mu_+ = \mu_+^\ominus + RT\ln a_+, \quad \mu_- = \mu_-^\ominus + RT\ln a_- \tag{7.2.1}$$

其中正、负离子的活度分别为

$$a_+ = \frac{\gamma_+ b_+}{b^\ominus}, \quad a_- = \frac{\gamma_- b_-}{b^\ominus} \tag{7.2.2}$$

式中:a_+、a_- 分别为正、负离子的活度;γ_+、γ_- 分别为正、负离子的活度系数;b_+、b_- 分别为正、负离子的质量摩尔浓度。由于电解质溶液中正、负离子是同时存在的,因此用实验方法难以测得单个离子的活度,而只能测得正、负离子所表现出来的平均活度。整体电解质的活度 a 与离子的活度 a_+、a_- 及平均离子活度 $a_\pm$ 的关系可由其化学势的关系导出。

任意强电解质 $M_{\nu_+} A_{\nu_-}$ 完全解离时,有

$$M_{\nu_+} A_{\nu_-} \longrightarrow \nu_+ M^{z+} + \nu_- A^{z-}$$

式中:z_+、z_- 分别代表正、负离子的价数。因整体电解质的化学势为正、负离子化学势之和,故有

$$\mu = \nu_+ \mu_+ + \nu_- \mu_- \tag{7.2.3}$$

令

$$\mu^\ominus = \nu_+ \mu_+^\ominus + \nu_- \mu_-^\ominus \tag{7.2.4}$$

于是有

$$\mu^\ominus + RT\ln a = \nu_+(\mu_+^\ominus + RT\ln a_+) + \nu_-(\mu_-^\ominus + RT\ln a_-)$$

$$\mu^\ominus + RT\ln a = (\nu_+ \mu_+^\ominus + \nu_- \mu_-^\ominus) + RT\ln(a_+^{\nu_+} a_-^{\nu_-})$$

即

$$a = a_+^{\nu_+} a_-^{\nu_-} \tag{7.2.5}$$

现引入电解质溶液的平均离子活度 $a_\pm$、平均离子活度系数 $\gamma_\pm$ 和平均离子质量摩尔浓度 $b_\pm$,分别定义为

$$a_\pm \xlongequal{\text{def}} (a_+^{\nu_+} a_-^{\nu_-})^{1/\nu} \tag{7.2.6}$$

$$\gamma_\pm \xlongequal{\text{def}} (\gamma_+^{\nu_+} \gamma_-^{\nu_-})^{1/\nu} \tag{7.2.7}$$

$$b_\pm \xlongequal{\text{def}} (b_+^{\nu_+} b_-^{\nu_-})^{1/\nu} \tag{7.2.8}$$

其中 $\nu = \nu_+ + \nu_-$,则

$$a_\pm = \frac{\gamma_\pm b_\pm}{b^\ominus} \tag{7.2.9}$$

$$a = a_+^{\nu_+} a_-^{\nu_-} = a_\pm^\nu \tag{7.2.10}$$

以上各式中,$b^\ominus = 1.0 \text{ mol} \cdot \text{kg}^{-1}$ 称为标准质量摩尔浓度;ν_+、ν_- 可由电解质的类型 $M_{\nu_+} A_{\nu_-}$ 确定;$b_\pm$ 可根据 b 和 ν_+、ν_- 计算;$\gamma_\pm$ 可由实验测定或用德拜-休克尔极限公式进行计算。

例 7.2.1 现有 $0.1 \text{ mol} \cdot \text{kg}^{-1}$ K_2SO_4 溶液,试求其平均离子质量摩尔浓度 $b_\pm$。

解 因为 $\nu_+ = 2$,$\nu_- = 1$,$b = 0.1 \text{ mol} \cdot \text{kg}^{-1}$,所以

$$\nu = \nu_+ + \nu_- = 3$$

$$b_\pm = (b_+^{\nu_+} b_-^{\nu_-})^{1/\nu} = [(\nu_+ b)^{\nu_+} (\nu_- b)^{\nu_-}]^{1/\nu} = [(2b)^2 b]^{1/3} = 4^{1/3} b = 0.158\ 7 \text{ mol} \cdot \text{kg}^{-1}$$

7.2.2 离子强度

表 7.2.1 列出了在 298.15 K 时水溶液中一些电解质的平均离子活度系数。

表 7.2.1 在 298.15 K 时水溶液中一些电解质的平均离子活度系数

电解质	质量摩尔浓度 $b/(\text{mol} \cdot \text{kg}^{-1})$								
	0.001	0.005	0.01	0.05	0.10	0.50	1.0	2.0	4.0
HCl	0.965	0.928	0.904	0.830	0.796	0.757	0.809	1.009	1.762
NaCl	0.966	0.929	0.904	0.823	0.778	0.682	0.658	0.671	0.783
KCl	0.965	0.927	0.901	0.815	0.769	0.650	0.605	0.575	0.582
HNO₃	0.965	0.927	0.902	0.823	0.785	0.715	0.720	0.783	0.982

电解质	质量摩尔浓度 $b/(mol \cdot kg^{-1})$								
	0.001	0.005	0.01	0.05	0.10	0.50	1.0	2.0	4.0
NaOH			0.899	0.818	0.766	0.693	0.679	0.700	0.890
$CaCl_2$	0.887	0.783	0.724	0.574	0.518	0.448	0.500	0.792	2.934
$BaCl_2$	0.88	0.77	0.72	0.56	0.49	0.39	0.39		
$CdCl_2$	0.819	0.623	0.524	0.304	0.228	0.100	0.066	0.044	
K_2SO_4	0.89	0.78	0.71	0.52	0.43				
H_2SO_4	0.830	0.639	0.544	0.340	0.265	0.154	0.130	0.124	0.171
$ZnSO_4$	0.734	0.477	0.387	0.202	0.148	0.063	0.043	0.035	

从表 7.2.1 可以得出以下规律。

(1) 稀溶液平均离子活度系数的值随质量摩尔浓度的减小而增大(无限稀释时达到极限值1)。一般情况下 $\gamma_\pm$ 总是小于1,但当浓度增大到一定程度时,$\gamma_\pm$ 可能随浓度的增大而变大,甚至大于1。这是由于离子的溶剂化作用使自由的溶剂分子相应减少,而离子的有效浓度相应增大造成的。

(2) 在稀溶液中,对相同价型的电解质来说,当质量摩尔浓度相等时,其平均离子活度系数 $\gamma_\pm$ 几乎相等。而对不同价型的电解质,当质量摩尔浓度相等时,阴、阳离子价数的乘积越高,$\gamma_\pm$ 偏离1的程度越大。

上述事实说明在稀溶液中,影响平均离子活度系数 $\gamma_\pm$ 的主要因素是离子的浓度和价数。据此,路易斯(Lewis)于1921年提出了离子强度 I 这个概念,其定义为

$$I \xlongequal{\text{def}} \frac{1}{2} \sum b_B z_B^2 \tag{7.2.11}$$

式中:b_B 是溶液中离子 B 的质量摩尔浓度;z_B 为其电荷数。

路易斯根据实验进一步指出,活度系数和离子强度的关系在稀溶液的范围内符合如下的经验式。

$$\lg \gamma_\pm = -\text{常数} \times \sqrt{I} \tag{7.2.12}$$

该经验式与后来根据德拜-休克尔理论所导出的计算 $\gamma_\pm$ 的德拜-休克尔极限公式一致。

例 7.2.2　分别计算质量摩尔浓度 $b=0.1$ mol $\cdot$ kg^{-1} 的 KCl、K_2SO_4、$K_4[Fe(CN)_6]$ 溶液的离子强度。

解　(1) KCl 溶液:

$$I = \frac{1}{2} \sum b_B z_B^2 = \frac{1}{2} \times [0.1 \times 1^2 + 0.1 \times (-1)^2] \text{ mol} \cdot \text{kg}^{-1} = 0.1 \text{ mol} \cdot \text{kg}^{-1}$$

(2) K_2SO_4 溶液:

$$I = \frac{1}{2} \sum b_B z_B^2 = \frac{1}{2} \times [2 \times 0.1 \times 1^2 + 0.1 \times (-2)^2] \text{ mol} \cdot \text{kg}^{-1} = 0.3 \text{ mol} \cdot \text{kg}^{-1}$$

(3) $K_4[Fe(CN)_6]$ 溶液:

$$I = \frac{1}{2} \sum b_B z_B^2 = \frac{1}{2} \times [4 \times 0.1 \times 1^2 + 0.1 \times (-4)^2] \text{ mol} \cdot \text{kg}^{-1} = 1.0 \text{ mol} \cdot \text{kg}^{-1}$$

7.2.3　强电解质溶液的离子互吸理论

1. 离子氛模型

1923年,德拜(Debye)和休克尔(Hückel)提出了强电解质溶液的离子互吸理论。该理论认为,强电解质在稀溶液中是完全解离的,强电解质溶液与理想溶液的偏差主要是由于离

子间的静电引力所引起的。

德拜和休克尔根据离子间的静电引力与离子的热运动这一对矛盾,提出了离子氛模型,如图 7.2.1 所示。溶液中的正、负离子在静电引力的影响下,趋向于如同离子晶体那样有规则地排列,而离子的热运动又使离子无序分布。两者相互作用的结果,使得在一定的时间间隔里,每一个离子的周围,异性离子的平均密度大于同性离子的平均密度。中心离子就像是被一层异号电荷所包围,这层异号电荷的总电荷在数值上等于中心离子的电荷,因此将它们作为一个整体来看是电中性的。从统计上看,这层异号电荷是球形对称的。这层电荷所构成

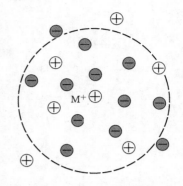

图 7.2.1 离子氛模型示意图

的球体称为离子氛。溶液中每一个离子均是中心离子,同时又是其他异性离子的离子氛的组成部分。此外,由于离子处于不断的热运动之中,因此原有离子氛不断消失,而新的离子氛不断形成,因而离子氛在不断地改组与变化。

德拜和休克尔通过离子氛模型形象地把电解质溶液众多离子间复杂的相互作用完全归结为中心离子与离子氛之间的作用,从而将所研究的问题及理论推导简单化了。

2. 德拜-休克尔极限公式

德拜和休克尔正是通过上述的简单化处理,并借助玻尔兹曼(Boltzmann)分布定律和泊松(Poisson)方程,成功导出了离子活度系数公式,即

$$\lg\gamma_B = -Az_B^2\sqrt{I} \qquad (7.2.13)$$

式中:A 为与溶剂性质、温度等有关的常数。

在 298.15 K 的水溶液中,有

$$A = 0.509\ (\text{mol}^{-1}\cdot\text{kg})^{\frac{1}{2}}$$

因为单个离子的活度系数是无法直接由实验来测定的,因此还需要把它变成平均活度系数的形式,即

$$\lg\gamma_\pm = -Az_+\mid z_-\mid\sqrt{I} \qquad (7.2.14)$$

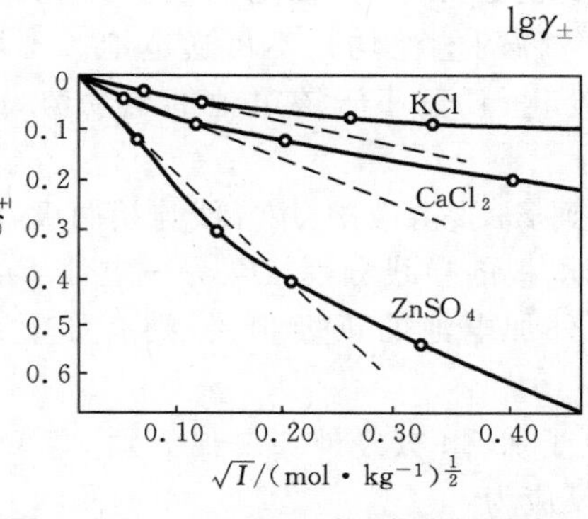

式(7.2.13)和式(7.2.14)均被称为德拜-休克尔(Debye-Hückel)极限公式,它们仅适用于强电解质稀溶液(离子强度约为 0.01 mol·kg^{-1} 以下)。它们定量表示了平均离子活度系数、离子强度、离子价数和溶剂介电常数的关系,公式形式完全和路易斯经验式一致。

按照德拜-休克尔极限公式,$\lg\gamma_\pm$ 与 $\sqrt{I}$ 应呈直线关系,并且直线斜率应等于 $-Az_+\mid z_-\mid$,如图 7.2.2所示。

图 7.2.2 298.15 K 时一些电解质的 $\lg\gamma_\pm$ 与 $\sqrt{I}$ 的关系

从图中可以看出,当溶液趋向于无限稀释(即 $\sqrt{I}\to0$)时,实验结果趋近于理论曲线,这也进一步从实验上验证了德拜-休克尔极限公式的正确性。

例 7.2.3 应用德拜-休克尔极限公式计算 25 ℃时 $0.001\ mol \cdot kg^{-1} K_3 Fe(CN)_6$ 溶液的离子平均活度系数。

解 $I = \frac{1}{2}\sum b_B z_B^2$

$$= \frac{1}{2} \times [0.001 \times 3 \times 1^2 + 0.001 \times 1 \times (-3)^2]\ mol \cdot kg^{-1} = 0.006\ mol \cdot kg^{-1}$$

$$\lg\gamma_\pm = -Az_+ \mid z_- \mid \sqrt{I} = -0.509 \times 1 \times 3 \times \sqrt{0.006} = -0.118\ 3$$

$$\gamma_\pm = 0.762$$

7.3 可逆电池的电动势

7.3.1 可逆电池

可将化学能转化为电能的装置称为原电池,简称电池。若此转化是以热力学可逆方式进行的,则称为可逆电池。在可逆电池中,系统吉布斯函数的降低 $-(\Delta_r G_m)_{T,p}$ 等于系统对外所做的最大电功 $-W'_r$,此时电池两电极间的电势差达最大值,称为该电池的电动势 E,即

$$-(\Delta_r G_m)_{T,p} = -W'_r = zFE \tag{7.3.1}$$

根据热力学可逆过程的定义,可逆电池必须同时满足下面两个条件。

(1) 电池在充、放电时的化学反应必须为逆反应。若将电池与一个外加电动势 $E_外$ 并联,当电池电动势 E 稍大于外加电动势时,电池中将发生化学反应而放电;当外加电动势稍大于电池电动势时,电池将获得电能而被充电,这时电池中的化学反应将完全逆向进行,即可逆电池放电时的反应与充电时的反应必须互为逆反应。

(2) 电池充、放电时,所通过的电流必须为无限小,以使电池在接近平衡态下工作。此时,若作为原电池它能做出最大电功,若作为电解池它消耗的电能最小。换言之,如果能把电池放电时所放出的能量全部储存起来,则用这些能量充电,就恰好可以使系统和环境均恢复原状。

只有同时满足上述两个条件的电池才是可逆电池,即可逆电池在充电和放电时不仅物质转变是可逆的(即总反应可逆),而且能量的转变也是可逆的(即电极上的正、反向反应是在平衡态下进行的)。不能同时满足上述两个条件的电池均是不可逆电池。不可逆电池两电极之间的电势差 E' 将随具体工作条件而变化,且恒小于该电池的电动势,此时 $-(\Delta_r G_m)_{T,p} < zFE$。

例如,以 $Zn(s)$ 和 $Ag(s)+AgCl(s)$ 为电极,插到 $ZnCl_2$ 溶液中,用导线连接两极,则将有电子自 Zn 极经导线流向 $Ag+AgCl$ 极。今若将两电极的导线分别接至另一电池 $E_外$,使电池的负极与外加电池的负极相接,电池的正极与外加电池的正极相接,则有如下几种情况。

(1) 若 $E > E_外$,且 $E - E_外 = \delta E$(电流 I 很小),电子从 Zn 极经外加电池流到 $Ag(s)+AgCl(s)$ 极,若有 1 mol 元电荷的电量通过,则电极反应为

负极(Zn 极,阳极) $\qquad \frac{1}{2}Zn(s) \longrightarrow \frac{1}{2}Zn^{2+} + e^-$

正极($Ag+AgCl$ 极,阴极) $\quad AgCl(s) + e^- \longrightarrow Ag(s) + Cl^-$

总反应 $\qquad \frac{1}{2}Zn(s) + AgCl(s) \longrightarrow \frac{1}{2}Zn^{2+} + Cl^- + Ag(s)$

（2）若 $E_外 > E$，且 $E_外 - E = \delta E$，电池内的反应恰好逆向进行，有电子自外界流入 Zn 极（成为电解池），则电极反应为

阴极（Zn 极，负极）　　　$\dfrac{1}{2}Zn^{2+} + e^- \longrightarrow \dfrac{1}{2}Zn(s)$

阳极（Ag＋AgCl 极，正极）　$Ag(s) + Cl^- \longrightarrow AgCl(s) + e^-$

总反应　　　$\dfrac{1}{2}Zn^{2+} + Ag(s) + Cl^- \longrightarrow \dfrac{1}{2}Zn(s) + AgCl(s)$

由于以上两个总反应互为逆反应，且在充、放电时电流均很小，所以为一可逆电池。

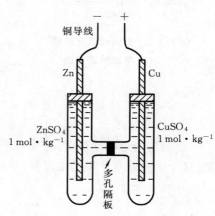

图 7.3.1　丹尼尔电池简图

又如，对于丹尼尔电池（见图 7.3.1），其电极为

正极　Cu 电极（电解液：$CuSO_4$）

负极　Zn 电极（电解液：$ZnSO_4$）

作为原电池 $E > E_外$（电池放电），其电极反应为

负极（Zn 极）　　$Zn - 2e^- \longrightarrow Zn^{2+}$

正极（Cu 极）　　$Cu^{2+} + 2e^- \longrightarrow Cu$

总反应　　$Zn + Cu^{2+} \longrightarrow Zn^{2+} + Cu$

同时，在两溶液接界处还会发生 Zn^{2+} 向 $CuSO_4$ 溶液的扩散。

作为电解池 $E < E_外$（电池充电），其电极反应为

阴极（Zn）　　　$Zn^{2+} + 2e^- \longrightarrow Zn$

阳极（Cu）　　　$Cu - 2e^- \longrightarrow Cu^{2+}$

总反应　　　$Zn^{2+} + Cu \longrightarrow Zn + Cu^{2+}$

同时，在两极界面上是 Cu^{2+} 向 $ZnSO_4$ 溶液的迁移。

因此，整个电池的反应实际上不可逆的。但若在两电解液间插入盐桥（其构造与作用见后），则可近似作为可逆电池处理。

研究可逆电池十分重要，因为从热力学来看，可逆电池所做的最大有用功是化学能转变为电能的最高极限，这就为改善电池性能提供了一个理论依据。另一方面，在研究可逆电池电动势的同时，也为解决热力学问题提供了电化学的手段和方法。

7.3.2　电动势的测定及标准电池

1. 电动势的测定

可逆电池的电动势是几乎无电流通过时两极间的电势差，它不能直接用伏特计来测量。这是因为把伏特计与电池接通后，必须有适量的电流通过，伏特计才能显示待测电池的电动势。这适量可以观察到的电流就违背了热力学可逆的原则，不符合可逆电池的工作条件，所以不能直接用伏特计来测量可逆电池的电动势。因此，一定要在几乎没有电流通过的条件下测定可逆电池的电动势。为了达到这个目的，在外电路上加一个方向相反而电动势几乎相同的电池，以对抗原电池的电动势，使外电路中基本上没有电流通过。根据上述原理来测定电池电动势的方法称为对消法或补偿法。

图 7.3.2 是对消法测定电池电动势的简图。AB 为均匀的电阻。工作电池经 AB 构成一个通路，在均匀电阻 AB 上产生均匀的电势差。待测电池的正极连接电钥，经过检流计和

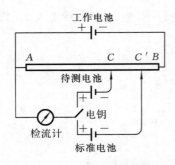

图 7.3.2 对消法测定电池电动势的简图

工作电池的正极相连；负极连接到一个滑动接触点 C 上。这样，就在待测电池的外电路中加了一个方向相反的电势差，它的大小由滑动接触点的位置决定。改变滑动接触点的位置，找到 C 点，若电钥闭合时，检流计中无电流通过，则待测电池的电动势恰与 AC 段的电势差完全抵消。

为了求得 AC 段的电势差，可换用标准电池与电钥相连。标准电池的电动势 E_s 是已知的，而且保持恒定。用同样方法可以找出检流计中无电流通过的另一点 C'。AC' 段的电势差就等于 E_s。因电势差与电阻线的长度成正比，故待测电池的电动势为

$$E_x = E_s \frac{\overline{AC}}{\overline{AC'}}$$

2. 标准电池

在测定电池电动势时，需要一个电动势已知且稳定不变的原电池作为电动势的量度标准，这个电池就是常用的韦斯顿(Weston)标准电池。韦斯顿标准电池如图 7.3.3 所示。

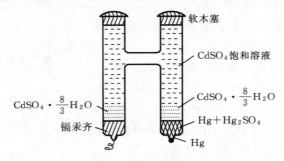

图 7.3.3 韦斯顿标准电池简图

韦斯顿电池的负极为镉汞齐(Cd（Hg)，Cd 的质量分数为 $5\% \sim 14\%$)，正极是 Hg 与 Hg_2SO_4 的糊状体，在糊状体和镉汞齐上均放有 $CdSO_4 \cdot \frac{8}{3} H_2O$ 的晶体及其饱和溶液，糊状体下面放少许水银。电极反应为

负极（Cd 极）　　　　　　$Cd(汞齐) \longrightarrow Cd^{2+} + 2e^-$

正极（Hg 极）　　　　$Hg_2SO_4(s) + 2e^- \longrightarrow 2Hg(l) + SO_4^{2-}$

电池反应　$Cd(Hg) + Hg_2SO_4(s) + \frac{8}{3} H_2O(l) \Longleftrightarrow 2Hg(l) + CdSO_4 \cdot \frac{8}{3} H_2O(s)$

该电池反应可逆，且电动势稳定，随温度改变很小。

3. 电池表示法

要表达一个电池的组成和结构，若都画出来，未免过于费事。因此，有必要为书写电池规定一些方便而科学的表达方式。通常规定如下：

（1）电池中的负极写在左边，正极写在右边；

（2）以"|"表示不同物相的界面，包括电极与溶液的界面、一种溶液与另一种溶液的界面或同一溶液但两种不同浓度间的界面等；

（3）"‖"表示盐桥，表示溶液与溶液之间的接界电势通过盐桥已降低到可以忽略不计

的程度；

（4）以化学式表示电池中各种物质的组成，并须分别注明物态（g、l、s 等）。对气体注明压力，对溶液注明活度或浓度。还须标明温度和压力（如不写出，一般指 298.15 K 和 $p^\ominus$）。

在电池的表示式中各物质排列的顺序是：放电时应有电流自左向右通过电池中的每一个界面，即负极（阳极）按"电极|溶液"的顺序写在左面，正极（阴极）按"溶液|电极"的顺序写在右面。例如，如图 7.3.1 所示的丹尼尔电池可表示为

$$Zn(s)\,|\,ZnSO_4(1\ mol \cdot kg^{-1})\,\|\,CuSO_4(1\ mol \cdot kg^{-1})\,|\,Cu(s)$$

而如图 7.3.3 所示的韦斯顿标准电池可表示为

$$Cd(Hg)(w_{Cd}=0.125)\,|\,CdSO_4 \cdot \frac{8}{3}H_2O(s)\,|\,CdSO_4 饱和溶液\,|\,Hg_2SO_4(s)\,|\,Hg$$

7.3.3　能斯特方程

可逆电池电动势的大小与参加电池反应的各物质活度之间的关系可通过热力学的方法获得。设在恒温恒压下，在可逆电池中发生的化学反应为

$$yY + zZ \Longrightarrow gG + hH$$

根据化学反应等温式，有

$$\Delta_r G_m(T) = \Delta_r G_m^\ominus(T) + RT \ln \prod a_B^{\nu_B}$$

将 $(\Delta_r G_m)_{T,p} = -zFE$，$\Delta_r G_m^\ominus = -zFE^\ominus$ 代入，得

$$-zFE = -zFE^\ominus + RT \ln \prod a_B^{\nu_B}$$

式中：z 为电极反应中电子的计量数；$E^\ominus$ 为所有组分都处于标准状态时的电动势。

则可逆电池的电动势为

$$E = E^\ominus - \frac{RT}{zF} \ln \prod a_B^{\nu_B} \tag{7.3.2}$$

$E^\ominus$ 在给定温度下有定值，式（7.3.2）表明了 E 与参加电池反应的各物质活度间的关系，称为电池反应的能斯特（Nernst）方程。

在 25 ℃时，有

$$\frac{RT}{F} \ln 10 = \frac{8.314 \times 298.15}{96\ 485} \times 2.302\ 6\ V = 0.059\ 16\ V$$

于是式（7.3.2）可写成

$$E = E^\ominus - \frac{0.059\ 16}{z} \lg \prod a_B^{\nu_B} \tag{7.3.3}$$

由能斯特方程可以看出，E 既与参加反应各物质的活度等于 1 时的 $E^\ominus$ 有关，又与参加反应各物质的活度有关。$E^\ominus$ 值与温度有关，T 不同，$E^\ominus$ 值也不同，故 $\frac{RT}{zF}$ 中的 T 应与 $E^\ominus$ 所在的 T 一致，不能误用。

7.3.4　可逆电池标准电动势与平衡常数的关系

若电池反应中各参加反应的物质均处于标准状态，则

$$\Delta_r G_m^\ominus = -zFE^\ominus$$

又知

$$\Delta_r G_m^\ominus = -RT \ln K_a^\ominus$$

合并以上两式,得

$$E^{\ominus} = \frac{RT}{zF}\ln K_a^{\ominus}$$

(7.3.4)

$E^{\ominus}$ 可通过电极电势求得,故可由 $E^{\ominus}$ 计算反应的平衡常数 $K_a^{\ominus}$。

7.3.5 电动势及其温度系数与 $\Delta_r H_m$ 和 $\Delta_r S_m$ 的关系

根据热力学关系,$\left(\dfrac{\partial \Delta_r G_m}{\partial T}\right)_p = -\Delta_r S_m$,将式(7.3.1)代入此式得

$$\Delta_r S_m = zF\left(\frac{\partial E}{\partial T}\right)_p$$

(7.3.5)

式中:$\left(\dfrac{\partial E}{\partial T}\right)_p$ 称为电池电动势的温度系数,它表示压力恒定时电动势随温度的变化率,其值可由实验测定。由式(7.3.5)可计算电池反应的摩尔熵变 $\Delta_r S_m$。

在恒温条件下,反应的可逆热效应 $Q_r = T\Delta_r S_m$,故

$$Q_r = T\Delta_r S_m = zFT\left(\frac{\partial E}{\partial T}\right)_p$$

(7.3.6)

由式(7.3.6)可知,在恒温下,电池可逆放电时,有

若 $\left(\dfrac{\partial E}{\partial T}\right)_p = 0$,则 $Q_r = 0$,表明电池既不吸热也不放热;

若 $\left(\dfrac{\partial E}{\partial T}\right)_p < 0$,则 $Q_r < 0$,表明电池向环境放热;

若 $\left(\dfrac{\partial E}{\partial T}\right)_p > 0$,则 $Q_r > 0$,表明电池从环境吸热。

从热力学第二定律的基本公式知

$$\Delta_r G_m = \Delta_r H_m - T\Delta_r S_m$$

将式(7.3.1)、式(7.3.5)代入,得

$$-zFE = \Delta_r H_m - zFT\left(\frac{\partial E}{\partial T}\right)_p$$

即

$$\Delta_r H_m = -zFE + zFT\left(\frac{\partial E}{\partial T}\right)_p$$

(7.3.7)

式中:$\Delta_r H_m$ 为电池反应在不做非体积功的情况下进行时的恒压反应热,即该反应在烧杯中直接进行时释放的化学能。

7.4 电 极 电 势

前面所提及的原电池电动势实际上等于构成电池的各相界面上所产生的电势差的代数和。例如,用 Cu 作导线的丹尼尔电池为

$$Cu \mid Zn(s) \mid ZnSO_4(a_1) \parallel CuSO_4(a_2) \mid Cu(s)$$

$$\Delta\varphi_1 \qquad \Delta\varphi_2 \qquad\quad \Delta\varphi_3 \qquad\qquad \Delta\varphi_4$$

有

$$E = \Delta\varphi_1 + \Delta\varphi_2 + \Delta\varphi_3 + \Delta\varphi_4$$

式中:$\Delta\varphi_1$ 为金属接触电势,即金属 Zn 与 Cu 之间的电势差;$\Delta\varphi_2$ 为阳极电势差,即 Zn 与 $ZnSO_4$ 溶液间的电势差;$\Delta\varphi_3$ 为液体接界电势,即 $ZnSO_4$ 溶液与 $CuSO_4$ 溶液间的电势差,也称

为扩散电势；$\Delta\varphi_4$ 为阴极电势差，即 Cu 与 $CuSO_4$ 溶液间的电势差。

下面讨论单个电极的电势差和液体接界电势。

7.4.1 双电层

把锌片（或其他金属片）插入水中，极性很大的水分子与构成晶格的 Zn^{2+} 相互吸引而发生水合作用，使部分 Zn^{2+} 离开金属进入水中（溶解过程）。金属因失去 Zn^{2+} 而带负电荷，溶液则带正电荷。这两种相反的电荷相互吸引，使溶液中 Zn^{2+} 密集于锌片附近形成双电层结构。由于带负电的金属的吸引与周围正离子的排斥，Zn^{2+} 也能回到金属表面（沉积过程）。当溶解过程与沉积过程的速度相等时，金属与水溶液两相间 Zn^{2+} 净转移数为零，金属与溶液两相间的双电层结构产生的平衡电势差就是金属与溶液界面的电势差。实际上，双电层结构的溶液一侧，由于离子的热运动而呈现一种梯次分布，即形成扩散双电层结构（见图 7.4.1）。

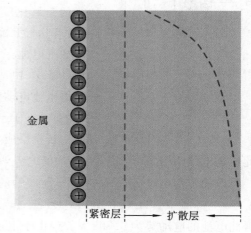

图 7.4.1 双电层结构示意图

将金属浸入含有该金属离子的水溶液中时也会发生相同的作用，只不过因为溶液中原来就有金属离子 M^{z+}，因而当建立相间双电层平衡结构时，金属与溶液界面的电势差与纯水中不同，甚至会发生溶液中金属离子向金属中的净转移，而使达到平衡时金属表面带正电荷，与金属接界的溶液一侧带负电荷。

金属与溶液界面的电势差与界面的构造有关，温度（T）、金属本性及溶液中金属离子 M^{z+} 的活度也都影响其值。

7.4.2 电极电势

单个电极的电势差的绝对值、单个相界面上所产生的电势差的绝对值都无法直接测量，但电池电动势是可以精确测量的。而实际应用时需要了解的是电势差，不是电极电势的绝对值。因此，只要以某个电极为相对标准就可确定其他电极的相对电极电势了。

1953 年国际纯粹和应用化学联合会（IUPAC）建议，采用标准氢电极作为标准电极。这个建议已被接受和承认，并作为正式的规定。根据此规定，电极电势就是所给电极与同温度下的标准氢电极所组成的电池的电动势。

氢电极的结构（见图 7.4.2）是：将镀铂黑的铂片插入含 H^+ 的溶液中，并不断用 H_2 冲打铂片。当氢电极在一定的温度下作用时，若 H_2 在气相中的分压为 $p^\ominus$，$a_{H^+}=1$，$b_{H^+}=1.0$ mol·kg^{-1}，$\gamma_{H^+}=1$，则这样的氢电极就作为标准氢电极，标准氢电极的电极电势为零，即 $\varphi^\ominus(H^+/H_2(g))=0$。其他电极的电势均是相对于标准氢电极而得到的数值。

将标准氢电极作为发生氧化作用的负极，而将待定电极作为发生还原作用的正极，组成如下电池：

$$Pt \mid H_2(g, 100\ kPa) \mid H^+(a_{H^+}=1) \parallel 待定电极$$

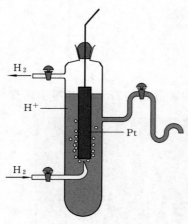

图 7.4.2　氢电极的结构

该电池电动势的数值和符号,就是待定电极电势的数值和符号。

这里 φ 实际是指还原电势,当 φ 为正值时,表示该电极的还原倾向大于标准氢电极的还原倾向。若给定电极实际上进行的反应是还原反应,则 φ 为正值;若该电极实际上进行的是氧化反应,则 φ 为负值。

例如,要确定铜电极 $Cu|Cu^{2+}(a_{Cu^{2+}}=0.1)$ 的电势,可组成如下电池:

$$Pt|H_2(g,100\ kPa)|H^+(a_{H^+}=1)\parallel Cu^{2+}(a_{Cu^{2+}}=0.1)|Cu\ (s)$$

测得电池电动势为 0.342 V。此电池对应的化学反应

$$H_2(p^{\ominus})+Cu^{2+}(a_{Cu^{2+}}=0.1)\longrightarrow Cu+2H^+(a_{H^+}=1)$$

为一自发反应,$\Delta_r G_m<0$,所以电池电动势应为正值,即 $E>0$,因此给定电极 $Cu|Cu^{2+}(a_{Cu^{2+}}=0.1)$ 的电势 $\varphi(Cu^{2+}/Cu)=+0.342\ V$。

再以确定锌电极 $Zn|Zn^{2+}(a_{Zn^{2+}}=0.1)$ 的电势为例,可组成如下电池:

$$Pt|H_2(g,100\ kPa)|H^+(a_{H^+}=1)\parallel Zn^{2+}(a_{Zn^{2+}}=0.1)|Zn$$

测得此电池的电动势为 0.792 V。但由于上述电池对应的化学反应为

$$H_2(p^{\ominus})+Zn^{2+}(a_{Zn^{2+}}=0.1)\longrightarrow Zn+2H^+(a_{H^+}=1)$$

该反应不是自发的,$\Delta_r G_m>0$,故上述电池的电动势应为负值,即 $E=-0.792\ V$。因此,该锌电极 $Zn|Zn^{2+}(a_{Zn^{2+}}=0.1)$ 的电势 $\varphi(Zn^{2+}/Zn)=-0.792\ V$。

7.4.3　电极电势与反应物活度的关系

如上所测电极电势是相对值,其实质是一特定电池的电动势。因此,能斯特方程依然适用于电极电势。例如电池:

$$Pt|H_2(g,100\ kPa)|H^+(a_{H^+}=1)\parallel Cu^{2+}(a_{Cu^{2+}})|Cu\ (s)$$

其电池反应为

$$H_2(p^{\ominus})+Cu^{2+}(a_{Cu^{2+}})=\!=\!=Cu\ (s)+2H^+(a_{H^+}=1)$$

其电池电动势的能斯特方程为

$$E=E^{\ominus}-\frac{RT}{2F}\ln\frac{a_{H^+}^2 a_{Cu}}{\dfrac{p_{H_2}}{p^{\ominus}}a_{Cu^{2+}}}$$

因 $p_{H_2}=p^{\ominus}$,$a_{H^+}=1$,按规定此电池的电动势 E 即为铜电极的电极电势 $\varphi(Cu^{2+}/Cu)$,电池的标准电动势 $E^{\ominus}$ 即为铜电极的标准电极电势 $\varphi^{\ominus}(Cu^{2+}/Cu)$。于是可写成

$$\varphi(Cu^{2+}/Cu)=\varphi^{\ominus}(Cu^{2+}/Cu)-\frac{RT}{2F}\ln\frac{a_{Cu}}{a_{Cu^{2+}}}$$

一般来说,任一电极的电极反应可用以下通式表示为

$$氧化态+ze^-=\!=\!=还原态$$

其电极电势的通式为

$$\varphi=\varphi^{\ominus}-\frac{RT}{zF}\ln\prod a_B^{\nu_B} \tag{7.4.1}$$

式中：a_B 为电极发生还原反应时物质 B（电极）的活度；ν_B 为其化学计量数；z 为电极反应的转移电子数；$\varphi^\ominus$ 为电极反应中各物质活度均为 1 时的电极电势，称为标准电极电势。例如：

$$AgBr(s) + e^- \longrightarrow Ag(s) + Br^-$$

$$\varphi(AgBr/Ag) = \varphi^\ominus(AgBr/Ag) - \frac{RT}{F}\ln\frac{a_{Ag}a_{Br^-}}{a_{AgBr}} = \varphi^\ominus(AgBr/Ag) - \frac{RT}{F}\ln a_{Br^-}$$

又如：

$$Cr_2O_7^{2-} + 14H^+ + 6e^- \longrightarrow 2Cr^{3+} + 7H_2O$$

$$\varphi(Cr_2O_7^{2-}/Cr^{3+}) = \varphi^\ominus(Cr_2O_7^{2-}/Cr^{3+}) - \frac{RT}{6F}\ln\frac{a_{Cr^{3+}}^2 a_{H_2O}^7}{a_{Cr_2O_7^{2-}} a_{H^+}^{14}}$$

在稀溶液中可近似认为 $a_{H_2O} \approx 1$。

式(7.4.1)称为电极电势的能斯特方程。该式说明标准电极电势 $\varphi^\ominus$ 仅与电极的本性及温度有关，与参加电极反应的各物质的活度无关；而电极电势 φ 除了与电极的本性、温度有关外，还与参加电极反应的各物质的活度有关。

常用电极在 298.15 K 时的标准电极电势见表 7.4.1。

表 7.4.1　在 298.15 K 时水溶液中常用电极的标准电极电势

电　极	电　极　反　应	$\varphi^\ominus$/V
Li^+/Li	$Li^+ + e^- \longrightarrow Li$	-3.045
K^+/K	$K^+ + e^- \longrightarrow K$	-2.925
Ba^{2+}/Ba	$Ba^{2+} + 2e^- \longrightarrow Ba$	-2.90
Ca^{2+}/Ca	$Ca^{2+} + 2e^- \longrightarrow Ca$	-2.76
Na^+/Na	$Na^+ + e^- \longrightarrow Na$	$-2.711\ 1$
Mg^{2+}/Mg	$Mg^{2+} + 2e^- \longrightarrow Mg$	-2.375
$H_2O, OH^-/H_2(g)/Pt$	$2H_2O + 2e^- \longrightarrow H_2(g) + 2OH^-$	$-0.827\ 7$
Zn^{2+}/Zn	$Zn^{2+} + 2e^- \longrightarrow Zn$	$-0.763\ 0$
Cr^{3+}/Cr	$Cr^{3+} + 3e^- \longrightarrow Cr$	-0.74
$Cr^{3+}, Cr^{2+}/Pt$	$Cr^{3+} + e^- \longrightarrow Cr^{2+}$	-0.41
Cd^{2+}/Cd	$Cd^{2+} + 2e^- \longrightarrow Cd$	$-0.402\ 8$
$SO_4^{2-}/PbSO_4(s)/Pb$	$PbSO_4(s) + 2e^- \longrightarrow Pb + SO_4^{2-}$	-0.325
Co^{2+}/Co	$Co^{2+} + 2e^- \longrightarrow Co$	-0.28
Ni^{2+}/Ni	$Ni^{2+} + 2e^- \longrightarrow Ni$	-0.23
$I^-/AgI(s)/Ag$	$AgI(s) + e^- \longrightarrow Ag + I^-$	$-0.152\ 1$
Sn^{2+}/Sn	$Sn^{2+} + 2e^- \longrightarrow Sn$	$-0.136\ 6$
Pb^{2+}/Pb	$Pb^{2+} + 2e^- \longrightarrow Pb$	$-0.126\ 5$
Fe^{3+}/Fe	$Fe^{3+} + 3e^- \longrightarrow Fe$	-0.036
$H^+/H_2(g)$	$2H^+ + 2e^- \longrightarrow H_2(g)$	$0.000\ 0$
$Br^-/AgBr(s)/Ag$	$AgBr(s) + e^- \longrightarrow Ag + Br^-$	$+0.071\ 1$
$Sn^{4+}, Sn^{2+}/Pt$	$Sn^{4+} + 2e^- \longrightarrow Sn^{2+}$	$+0.15$
$Cu^{2+}, Cu^+/Pt$	$Cu^{2+} + e^- \longrightarrow Cu^+$	$+0.158$
$Cl^-/AgCl(s)/Ag$	$AgCl(s) + e^- \longrightarrow Ag + Cl^-$	$+0.222\ 1$
Cu^{2+}/Cu	$Cu^{2+} + 2e^- \longrightarrow Cu$	$+0.340\ 0$

电　　极	电 极 反 应	$\varphi^{\ominus}/V$
$H_2O, OH^-/O_2(g)/Pt$	$O_2(g) + 2H_2O + 4e^- \longrightarrow 4OH^-$	$+0.401$
Cu^+/Cu	$Cu^+ + e^- \longrightarrow Cu$	$+0.522$
$I^-/I_2(s)/Pt$	$I_2(s) + 2e^- \longrightarrow 2I^-$	$+0.535$
$Fe^{3+}, Fe^{2+}/Pt$	$Fe^{3+} + e^- \longrightarrow Fe^{2+}$	$+0.770$
Hg_2^{2+}/Hg	$Hg_2^{2+} + 2e^- \longrightarrow 2Hg$	$+0.795\,9$
Ag^+/Ag	$Ag^+ + e^- \longrightarrow Ag$	$+0.799\,4$
Hg^{2+}/Hg	$Hg^{2+} + 2e^- \longrightarrow Hg$	$+0.851$
$Br^-/Br_2(l)/Pt$	$Br_2(l) + 2e^- \longrightarrow 2Br^-$	$+1.065$
$H_2O, H^+/O_2(g)/Pt$	$O_2(g) + 4H^+ + 4e^- \longrightarrow 2H_2O$	$+1.229$
$Tl^{3+}, Tl^+/Pt$	$Tl^{3+} + 2e^- \longrightarrow Tl^+$	$+1.247$
$Cl^-/Cl_2(g)/Pt$	$Cl_2(g) + 2e^- \longrightarrow 2Cl^-$	$+1.358$
$Ce^{4+}, Ce^{3+}/Pt$	$Ce^{4+} + e^- \longrightarrow Ce^{3+}$	$+1.61$
Au^+/Au	$Au^+ + e^- \longrightarrow Au$	$+1.68$
$Co^{3+}, Co^{2+}/Pt$	$Co^{3+} + e^- \longrightarrow Co^{2+}$	$+1.808$
$F^-/F_2(g)/Pt$	$F_2(g) + 2e^- \longrightarrow 2F^-$	$+2.87$

　　显然,由任意两个电极构成的电池,其电动势 E 等于正极(阴极)电极电势 $\varphi_{右}$ 与负极(阳极)电极电势 $\varphi_{左}$ 之差,即

$$E = \varphi_{右} - \varphi_{左} \tag{7.4.2}$$

同样有

$$E^{\ominus} = \varphi_{右}^{\ominus} - \varphi_{左}^{\ominus} \tag{7.4.3}$$

这样计算出的 E 若为正值,则表示在该条件下电池反应能自发进行。

　　可利用标准电极电势 $\varphi^{\ominus}$ 的数据和能斯特方程计算电池的电动势。

例 7.4.1 写出下述电池的电极反应和电池反应,并计算 25 ℃时电池的电动势。

$$Pt \mid H_2(g, 90\ kPa) \mid H^+(a_{H^+} = 0.01) \parallel Ag^+(a_{Ag^+} = 0.1) \mid Ag$$

解 负极　　　　　　　$H_2(g, 90\ kPa) \Longrightarrow 2H^+(a_{H^+} = 0.01) + 2e^-$

　　正极　　　　　　　$2Ag^+(a_{Ag^+} = 0.1) + 2e^- \Longrightarrow 2Ag$

电池反应　　　$H_2(g, 90\ kPa) + 2Ag^+(a_{Ag^+} = 0.1) \Longrightarrow 2Ag + 2H^+(a_{H^+} = 0.01)$

从表 7.4.1 查得　　　　　$\varphi^{\ominus}(Ag^+/Ag) = 0.799\,4\ V$,　　　$\varphi^{\ominus}(H^+/H_2) = 0\ V$

方法一

$$E = \varphi_{右} - \varphi_{左}$$

$$= \left[\varphi^{\ominus}(Ag^+/Ag) - \frac{RT}{F} \ln \frac{a_{Ag}}{a_{Ag^+}} \right] - \left[\varphi^{\ominus}(H^+/H_2) - \frac{RT}{2F} \ln \frac{p_{H_2}/p^{\ominus}}{a_{H^+}^2} \right]$$

$$= \left[\left(0.799\,4 - \frac{0.059\,16}{1} \lg \frac{1}{0.1} \right) - \left(0 - \frac{0.059\,16}{2} \lg \frac{90/100}{0.01^2} \right) \right] V$$

$$= 0.857\,2\ V$$

方法二

$$E = E^{\ominus} - \frac{RT}{zF} \ln \prod a_B^{\nu_B}$$

$$= \left[\varphi^{\ominus}(Ag^+/Ag) - \varphi^{\ominus}(H^+/H_2) \right] - \frac{RT}{2F} \ln \frac{a_{H^+}^2}{a_{Ag^+}^2 \, p_{H_2}/p^{\ominus}}$$

$$= \left[(0.779\ 4 - 0) - \frac{0.059\ 16}{2} \lg \frac{0.01^2}{0.1^2 \times 90/100} \right] V = 0.857\ 2\ V$$

7.4.4 液体接界电势

当两种不同电解质溶液或同一种电解质但浓度不同的溶液接触时,由于溶液中离子的迁移速率不同,在界面两侧形成双电层而产生电势差,称为液体接界电势。如在两种活度不同的 HCl 溶液界面上,必有 H^+、Cl^- 从高活度的一侧向低活度的一侧扩散。由于 $v_{H^+} > v_{Cl^-}$,因此在低活度溶液一侧将出现过剩的 H^+ 而带正电荷,在高活度溶液一侧将出现过剩的 Cl^- 而带负电荷,所以在两溶液界面的两侧就产生了电势差。这一电势差的存在使 H^+ 的扩散速率减慢,Cl^- 的扩散速率加快。当两种离子以同样的速率扩散时,两相间不再出现某种带电粒子的净转移,此时两液相间建立的平衡电势差就是液体接界电势。

液体接界电势的值不是太小,在较精确的测量中不可忽略,因此必须设法消除。通常可以用盐桥来消除液体接界电势,这是因为制作盐桥的饱和 KCl 溶液中的 K^+ 和 Cl^- 的迁移速率几乎相同。但应注意,盐桥不能与原溶液发生作用,例如对 $AgNO_3$ 溶液来说,就不能用 KCl 溶液制作盐桥,而必须改用其他合适的电解质溶液,如 NH_4NO_3 溶液。

7.5 可逆电极的种类和原电池设计

7.5.1 可逆电极的种类

构成可逆电池的电极必须是可逆电极。根据反应的特点不同,可逆电极分为以下三类。

1. 第一类电极

将金属或吸附了某种气体的惰性金属浸在含有该元素离子的溶液中所构成的电极称为第一类电极,包括金属电极、氢电极、氧电极和卤素电极等。

如 $Zn(s)$ 插在 $ZnSO_4$ 溶液中,可表示为

$$Zn | Zn^{2+} (作负极) \quad 或 \quad Zn^{2+} | Zn (作正极)$$

其电极反应为

$$Zn(s) \longrightarrow Zn^{2+} + 2e^- \quad (当 Zn(s) 作负极时,氧化反应)$$
$$Zn^{2+} + 2e^- \longrightarrow Zn(s) \quad (当 Zn(s) 作正极时,还原反应)$$

氢电极、氧电极和氯电极,分别是将被 H_2、O_2 和 Cl_2 冲击着的铂片浸入含有 H^+、OH^- 和 Cl^- 的溶液中构成的,可用符号表示为

$$Pt | H_2 | H^+ (酸性溶液中) \quad 或 \quad Pt | H_2 | OH^- (碱性溶液中)$$
$$Pt | O_2 | OH^- (碱性溶液中) \quad 或 \quad Pt | O_2 | H_2O, H^+ (酸性溶液中)$$
$$Pt | Cl_2 | Cl^-$$

其电极反应分别为

$$2H^+ + 2e^- \longrightarrow H_2 \quad 或 \quad 2H_2O + 2e^- \longrightarrow H_2 + 2OH^-$$
$$O_2 + 2H_2O + 4e^- \longrightarrow 4OH^- \quad 或 \quad O_2 + 4H^+ + 4e^- \longrightarrow 2H_2O$$
$$Cl_2 + 2e^- \longrightarrow 2Cl^-$$

2. 第二类电极

将一种金属及其相应的难溶盐浸入含有该难溶盐的负离子的溶液中所构成的电极称为

第二类电极（也称为难溶盐电极），包括难溶盐电极和难溶氧化物电极。

（1）难溶盐电极。

最常用的难溶盐电极有甘汞电极和银-氯化银电极。

甘汞电极中，金属为 Hg，难溶盐为 $Hg_2Cl_2(s)$，易溶盐溶液为 KCl 溶液。该电极用符号表示为 $Cl^-(a_-)|Hg_2Cl_2(s)|Hg(l)$。

电极反应　　　　　　　　　$Hg_2Cl_2(s)+2e^- \longrightarrow 2Hg+2Cl^-$

其能斯特方程为

$$\varphi(Hg_2Cl_2/Hg)=\varphi^{\ominus}(Hg_2Cl_2/Hg)-\frac{RT}{2F}\ln a_{Cl^-}^2$$

甘汞电极的电极电势在温度恒定下只与 Cl^- 的活度有关，按 KCl 溶液浓度的不同，常用的甘汞电极有三种，见表 7.5.1。

表 7.5.1　不同浓度甘汞电极的电极电势

KCl 溶液浓度	φ_t/V	$\varphi(298.15\ K)/V$
0.1 mol · L^{-1}	$0.333\ 5-7\times15^{-5}(t/℃-25)$	0.333 5
1 mol · L^{-1}	$0.279\ 9-2.4\times10^{-4}(t/℃-25)$	0.279 9
饱和	$0.241\ 0-7.6\times10^{-4}(t/℃-25)$	0.241 0

甘汞电极易于制备，使用方便，且电极电势稳定。在测量电池电动势时，常用甘汞电极作为参比电极。

（2）难溶氧化物电极。

难溶氧化物电极是在金属表面覆盖一薄层该金属的氧化物，然后浸在含有 H^+ 或 OH^- 的溶液中构成的。以银-氧化银电极为例，该电极用符号表示为

　　　　$OH^-(a_-)|Ag(s)+Ag_2O(s)$　或　$H^+(a_+)|Ag(s)+Ag_2O(s)$

相应的电极反应分别为

$$Ag_2O(s)+H_2O+2e^- \Longrightarrow 2Ag(s)+2OH^-(a_-)$$
$$Ag_2O(s)+2H^+(a_+)+2e^- \Longrightarrow 2Ag(s)+H_2O$$

在电化学中，第二类电极有较重要的意义，因为有许多负离子，如 SO_4^{2-}、$C_2O_4^{2-}$ 等，没有对应的第一类电极存在，但可形成对应的第二类电极；还有一些负离子，如 Cl^- 和 OH^-，虽有对应的第一类电极，也常制成第二类电极，因第二类电极较易制备且使用方便。

3. 氧化还原电极

由惰性金属（如铂片）插入含有某种离子的不同氧化态的溶液中所构成的电极为氧化还原电极。

任何电极上发生的反应都是氧化或还原反应，这里的氧化还原电极是专指不同价态的离子之间的相互转化，即氧化还原反应在溶液中进行，金属只起导电作用。在电极上参加反应的可以是阳离子、阴离子，也可以是中性分子。

例如：　　　　　$Pt|Fe^{3+}(a_1),Fe^{2+}(a_2)$ 和 $Pt|MnO_4^-,Mn^{2+},H^+,H_2O$

电极反应分别为

$$Fe^{3+}(a_1)+e^- \longrightarrow Fe^{2+}(a_2)$$
$$MnO_4^-+8H^++5e^- \longrightarrow Mn^{2+}+4H_2O$$

类似的还有 Sn^{4+} 与 Sn^{2+}、$[Fe(CN)_6]^{3-}$ 与 $[Fe(CN)_6]^{4-}$ 等，醌-氢醌电极也属于这一类。这类电极的特点是其氧化态和还原态物质的活度可以改变。

7.5.2 原电池设计

将一个化学反应设计成原电池的方法是将给定的反应分解成两个电极反应,使两个电极反应的总和等于该反应。然后按顺序从左到右依次列出负极板至正极板间各个相,相与相之间用垂线隔开,若为双液电池,在两溶液间用双垂线表示盐桥。

例 7.5.1 将下列反应设计成原电池。

(1) $Zn(s) + Ni^{2+} \longrightarrow Zn^{2+} + Ni(s)$

(2) $Pb(s) + HgO(s) \longrightarrow Hg(l) + PbO(s)$

(3) $H^+ + OH^- \longrightarrow H_2O(l)$

(4) $H_2(g) + \dfrac{1}{2}O_2(g) \longrightarrow H_2O(l)$

解 (1)该反应中 Zn 被氧化成 Zn^{2+},Ni^{2+} 被还原成 Ni,因此 Zn 极为负极,Ni 极为正极,设计电池为

$$Zn(s) \mid Zn^{2+} \parallel Ni^{2+} \mid Ni(s)$$

负极　　　　　　　　　　　$Zn - 2e^- \longrightarrow Zn^{2+}$

正极　　　　　　　　　　　$Ni^{2+} + 2e^- \longrightarrow Ni$

电池反应　　　　　　　　　$Zn(s) + Ni^{2+} \longrightarrow Zn^{2+} + Ni(s)$

与给定反应一致。

(2)该反应中没有离子,但有金属及其氧化物,故可选择微溶氧化物电极。反应中 Pb 被氧化,Hg 被还原,故 PbO 电极为负极,HgO 电极为正极。这类电极均对 OH^- 可逆,因此设计电池为

$$Pb(s)\text{-}PbO(s) \mid OH^- \mid HgO(s)\text{-}Hg(l)$$

负极　　　　　　　　　$Pb + 2OH^- - 2e^- \longrightarrow PbO + H_2O$

正极　　　　　　　　　$HgO + H_2O + 2e^- \longrightarrow Hg + 2OH^-$

电池反应　　　　　　　$Pb(s) + HgO(s) \longrightarrow PbO(s) + Hg(l)$

与给定反应一致。

(3)该反应有离子,电解质溶液比较明确,但反应中没有氧化还原变化,故电极选择不明显。氢电极对 H^+ 和 OH^- 均可逆,故设计电池为

$$(Pt)H_2(g) \mid OH^- \parallel H^+ \mid H_2(g)(Pt)$$

负极　　　　　　　　　　$\dfrac{1}{2}H_2 + OH^- - e^- \longrightarrow H_2O$

正极　　　　　　　　　　$H^+ + e^- \longrightarrow \dfrac{1}{2}H_2$

电池反应　　　　　　　　$H^+ + OH^- \longrightarrow H_2O(l)$

与给定反应一致。对于不是氧化还原的给定反应,复核尤其重要。

(4)对于该反应显然宜选择气体电极。由于 H_2 被氧化应为负极,O_2 被还原应为正极,两电极均对 OH^- 和 H^+ 可逆,故可设计电池为

负极　　　　　　　　　　$H_2 + 2OH^- - 2e^- \longrightarrow 2H_2O$

正极　　　　　　　　　　$\dfrac{1}{2}O_2 + H_2O + 2e^- \longrightarrow 2OH^-$

电池反应　　　　　　　　$H_2(g) + \dfrac{1}{2}O_2(g) \longrightarrow H_2O(l)$

与给定反应一致。

例 7.5.2 将下列扩散过程设计成电池,并写出其电动势的能斯特方程。

(1) $H_2(g, p_1) \longrightarrow H_2(g, p_2)$ 　　　　$(p_1 > p_2)$

(2) $Cu^{2+}(a_1) \longrightarrow Cu^{2+}(a_2)$ 　　　　$(a_1 > a_2)$

解 (1) 负极　　　　　　　$H_2(g, p_1) \longrightarrow 2H^+(a) + 2e^-$

正极　　　　　　　$2H^+(a) + 2e^- \longrightarrow H_2(g, p_2)$

两个电极所用 H^+ 的活度应一致,否则两电极反应相加后该项无法消掉,为此两个电极可共用同一种酸溶液,组成的单液电池为

$$\text{Pt} \mid H_2(g, p_1) \mid H^+(a) \mid H_2(g, p_2) \mid \text{Pt}$$

其能斯特方程为

$$E = -\frac{RT}{2F} \ln \frac{p_2}{p_1}$$

当 $p_1 > p_2$ 时,$E > 0$,扩散过程能自发进行。

(2) 负极　　　　　　　　　　$Cu \longrightarrow Cu^{2+}(a_2) + 2e^-$

　　　正极　　　　　　　　　　$Cu^{2+}(a_1) + 2e^- \longrightarrow Cu$

　　　电池为　　　　　　　　　$Cu \mid Cu^{2+}(a_2) \parallel Cu^{2+}(a_1) \mid Cu$

其能斯特方程为

$$E = -\frac{RT}{2F} \ln \frac{a_2}{a_1}$$

当 $a_1 > a_2$ 时,$E > 0$,扩散过程能自发进行。

以上两个电池均是利用阴、阳两极反应物浓度(或气体压力)的差别来工作的,称为浓差电池。前者是电极材料的种类相同,而浓度不同,称为电极浓差电池;后者是电极相同,但电解质浓度不同,称为电解质浓差电池。浓差电池的 $E^{\ominus} = 0$。

7.6　电动势测定的应用

在电化学中,标准电极电势 $\varphi^{\ominus}$ 是重要的物理量,有关手册中已收集许多 $\varphi^{\ominus}$ 的数据。运用 $\varphi^{\ominus}$ 的数据和测定电池电动势的方法,可以解决许多化学中的实际问题,例如通过测定 E、$E^{\ominus}$ 和电动势的温度系数等可计算电池反应的各种热力学参数(如 $\Delta_r G_m$、$\Delta_r H_m$、$\Delta_r S_m$)和平衡常数 $K^{\ominus}$ 等,借助能斯特方程所计算的电极电势和电池电动势还可以判别氧化还原反应可能进行的方向等。

7.6.1　计算电池反应的 $\Delta_r G_m$、$\Delta_r H_m$、$\Delta_r S_m$ 及 $Q_{r,m}$

例 7.6.1　已知电池为

$$\text{Hg}(l) \mid Hg_2 Br_2(s) \mid Br^-(aq) \mid AgBr(s) \mid Ag$$

在 $p^{\ominus}$ 和 25 ℃ 附近时,该电池电动势与温度的关系为

$$E = [0.068\,04 + 3.12 \times 10^{-4} \times (T/K - 298.15)] \text{ V}$$

(1) 写出通过电量为 $1F$ 时的电极反应和电池反应;

(2) 计算在 $p^{\ominus}$ 和 298.15 K 时该反应的 $\Delta_r G_m$、$\Delta_r S_m$、$\Delta_r H_m$ 及 $Q_{r,m}$;

(3) 若通过电量为 $2F$,电池做功为多少?

解　(1) 负极　　　　　　　　$Hg + Br^- \Longrightarrow \frac{1}{2} Hg_2 Br_2 + e^-$

　　　　正极　　　　　　　　　$AgBr + e^- \Longrightarrow Ag + Br^-$

　　　　电池反应　　　　　　　$Hg + AgBr \Longrightarrow \frac{1}{2} Hg_2 Br_2 + Ag$

(2) 298.15 K 时,$E = [0.068\,04 + 3.12 \times 10^{-4} \times (298.15 - 298.15)] \text{ V} = 0.068\,04 \text{ V}$

$$\left(\frac{\partial E}{\partial T}\right)_p = 3.12 \times 10^{-4} \text{ V} \cdot \text{K}^{-1}, \quad z = 1$$

故　　　　$\Delta_r G_m = -zFE = -1 \times 96\,485 \times 0.068\,04 \text{ J} \cdot \text{mol}^{-1} = -6\,565 \text{ J} \cdot \text{mol}^{-1}$

$$\Delta_r S_m = zF\left(\frac{\partial E}{\partial T}\right)_p = 1 \times 96\,485 \times 3.12 \times 10^{-4} \text{ J} \cdot \text{K}^{-1} \cdot \text{mol}^{-1} = 30.1 \text{ J} \cdot \text{K}^{-1} \cdot \text{mol}^{-1}$$

$$\Delta_r H_m = \Delta_r G_m + T\Delta_r S_m = (-6\,565 + 298.15 \times 30.1) \text{ J} \cdot \text{mol}^{-1} = 2\,409 \text{ J} \cdot \text{mol}^{-1}$$

$$Q_{r,m} = T\Delta_r S_m = 298.15 \times 30.1 \text{ J} \cdot \text{mol}^{-1} = 8\,974 \text{ J} \cdot \text{mol}^{-1}$$

（3）通过电量为 $2F$ 时，即 $z=2$，有

$$W'_r = \Delta_r G_m = -zFE = -2 \times 96\,485 \times 0.068\,04 \text{ J} \cdot \text{mol}^{-1} = -1.313 \times 10^4 \text{ J} \cdot \text{mol}^{-1}$$

7.6.2　计算电池反应的标准平衡常数

由式（7.3.4）$E^\ominus = \dfrac{RT}{zF}\ln K_a^\ominus$ 可知，通过实验测定或从标准电极电势数据计算出电池的标准电动势 $E^\ominus$，便可求出电池反应的标准平衡常数。

例 7.6.2　试求 298.15 K 时，反应 $Cd(s) + Cl_2(g) = CdCl_2(aq)$ 的标准平衡常数。

解　该反应对应的电池为

$$Cd \,|\, CdCl_2(a) \,|\, Cl_2(g,p) \,|\, Pt$$

查表 7.4.1 可得 298.15 K 时

$$\varphi^\ominus(Cd^{2+}/Cd) = -0.402\,8 \text{ V}, \quad \varphi^\ominus[Cl_2(g)/Cl^-] = +1.358 \text{ V}$$

因此　　$E^\ominus = \varphi^\ominus[Cl_2(g)/Cl^-] - \varphi^\ominus(Cd^{2+}/Cd) = [1.358 - (-0.402\,8)] \text{ V} = 1.760\,8 \text{ V}$

由式（7.3.4）得

$$\ln K^\ominus = \frac{zFE^\ominus}{RT} = \frac{2 \times 96\,485 \times 1.760\,8}{8.314 \times 298.15} = 137.1$$

$$K^\ominus = 3.49 \times 10^{59}$$

7.6.3　测定平均离子活度系数

实验测定一电池的电动势 E，再由 $\varphi^\ominus$ 求得 $E^\ominus$ 后，可依据能斯特方程求该电池电解质溶液中的平均离子活度 $a_\pm$ 及平均离子活度系数 $\gamma_\pm$。

例 7.6.3　298.15 K 时，电池 $Pt \,|\, H_2(p^\ominus) \,|\, HCl(0.1 \text{ mol} \cdot \text{kg}^{-1}) \,|\, AgCl(s) \,|\, Ag$ 的电动势 $E = 0.352\,4 \text{ V}$。求该 HCl 溶液中的平均离子活度系数 $\gamma_\pm$。

解　查表 7.4.1 可知 25 ℃时

$$\varphi^\ominus[AgCl(s)/Ag] = 0.222\,1 \text{ V}$$

$$E^\ominus = \varphi^\ominus[AgCl(s)/Ag] - \varphi^\ominus[H^+/H_2(g)] = (0.222\,1 - 0) \text{ V} = 0.222\,1 \text{ V}$$

该电池反应为

$$\frac{1}{2}H_2(p^\ominus) + AgCl(s) \longrightarrow HCl(0.1 \text{ mol} \cdot \text{kg}^{-1}) + Ag(s)$$

由能斯特方程得

$$E = E^\ominus - \frac{RT}{F}\ln\frac{a_{HCl}\,a_{Ag}}{(p_{H_2}/p^\ominus)^{1/2}\,a_{AgCl}}$$

由于 $a_{Ag}=1$，$a_{AgCl}=1$，$\dfrac{p_{H_2}}{p^\ominus}=1$，而 $a_{HCl}=a_\pm^2$，故

$$E = E^\ominus - \frac{RT}{F}\ln a_\pm^2$$

即　　$\ln a_\pm = \dfrac{F}{2RT}(E^\ominus - E) = \dfrac{96\,485}{2 \times 8.314 \times 298.15} \times (0.222\,1 - 0.352\,4) = -2.536$

$$a_\pm = 0.079\,2, \quad \gamma_\pm = a_\pm\frac{b^\ominus}{b_\pm} = 0.079\,2 \times \frac{1}{0.1} = 0.792$$

7.6.4　测定难溶盐的溶度积

难溶盐的溶度积 K_{sp} 实质就是难溶盐溶解过程的平衡常数，它也是一种平衡常数，是量纲为 1 的量。如果将难溶盐溶解形成离子的变化设计成电池，则可利用两电极的标准电极

电势值求出 $E^{\ominus}$,从而可求出难溶盐的溶度积。

例 7.6.4 利用表 7.4.1 的数据,求 298.15 K AgCl(s)在水中的溶度积。

解 溶解过程表示为

$$AgCl(s) \rightleftharpoons Ag^+ + Cl^-$$

阳极
$$Ag \rightleftharpoons Ag^+ + e^-$$

阴极
$$AgCl(s) + e^- \rightleftharpoons Ag + Cl^-$$

溶解过程对应的电池为

$$Ag(s)|Ag^+ \parallel Cl^-|AgCl(s)|Ag(s)$$

其电动势为

$$E = E^{\ominus} - \frac{RT}{F}\ln\frac{a_{Ag^+}\,a_{Cl^-}}{a_{AgCl,s}}$$

其中
$$E^{\ominus} = \varphi^{\ominus}[AgCl(s)/Ag] - \varphi^{\ominus}(Ag^+/Ag)$$

查表 7.4.1 可知,298.15 K 时 $E^{\ominus}[AgCl(s)/Ag]=0.222\,1\ V$,$E^{\ominus}(Ag^+/Ag)=0.799\,4\ V$。因 AgCl(s) 为纯固体,$a_{AgCl,s}=1$。在电池反应达平衡时,$a_{Ag^+}\,a_{Cl^-}=K_{sp}$,故有

$$E^{\ominus} = \frac{RT}{F}\ln K_{sp}$$

298.15 K 时,有

$$0.222\,1 - 0.799\,4 = 0.059\,16\ \lg K_{sp}$$

故得
$$K_{sp} = 1.74 \times 10^{-10}$$

7.6.5 测定溶液的 pH 值

按定义,溶液的 pH 值是其氢离子活度的负对数,即 $pH = -\lg a_{H^+}$。要用电动势法测量溶液的 pH 值,组成电池时必须有一个电极是已知电极电势的参比电极,通常用甘汞电极;另一个电极是对 H^+ 可逆的电极,常用的有氢电极和玻璃电极等。

例 7.6.5 已知 298.15 K 时,下列电池的电动势 $E=0.740\,9\ V$。试计算待测溶液的 pH 值。

$$Pt|H_2(g,100\ kPa)|待测溶液 \parallel KCl(0.1\ mol \cdot kg^{-1})|Hg_2Cl_2(s)|Hg$$

解 负极
$$H_2(g) \longrightarrow 2H^+ + 2e^-$$

故
$$\varphi_{左} = \varphi(H^+/H_2) = \varphi^{\ominus}(H^+/H_2) - \frac{RT}{2F}\ln\frac{p_{H_2}/p^{\ominus}}{a_{H^+}^2}$$

因
$$\varphi^{\ominus}(H^+/H_2)=0, \quad \frac{p_{H_2}}{p^{\ominus}}=1$$

故
$$\varphi_{左} = -0.059\,16\ pH$$

查表 7.5.1 知,$\varphi_{右}=\varphi_{甘汞}=0.333\,5\ V$,由式(7.4.2)知 $E=\varphi_{右}-\varphi_{左}$,已知 $E=0.740\,9\ V$,代入得

$$0.740\,9 = 0.333\,5 + 0.059\,16\ pH$$

解得
$$pH = 6.896$$

7.7 电解和极化现象

7.7.1 分解电压

将电能转变成化学能的装置称为电解池。当直流电通过电解质溶液时,正离子向阴极迁移,负离子向阳极迁移,并分别在电极上发生还原反应和氧化反应,从而获得还原产物和氧化产物。若外加一电压在一个电池上,逐渐增加电压直至使电池中的化学反应发生,这就

是电解。

实验表明,对任一电解槽进行电解时,随着外加电压的改变,通过该电解槽的电流也随之变化。例如使用两个铂电极电解 HCl 溶液时,如图 7.7.1 所示的线路装置,改变可变电阻,记录伏特计和安培计的读数,则可测量电解槽两端电势差与电流的关系曲线(见图7.7.2)。

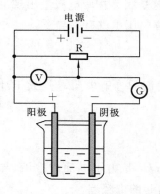

图 7.7.1　分解电压的测定装置

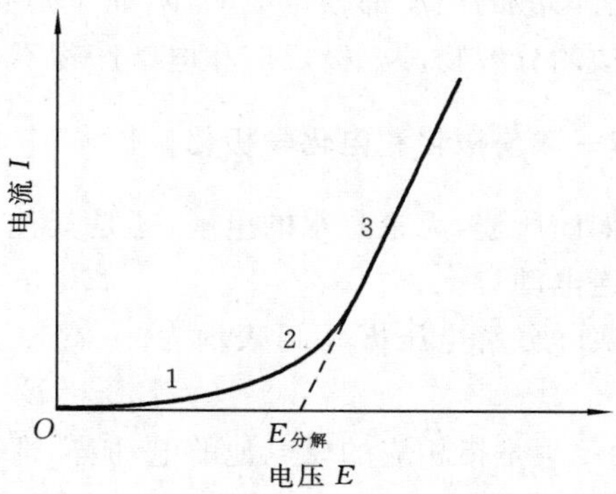

图 7.7.2　测定分解电压时的 $I\text{-}E$ 曲线

开始时,外加电压很小,几乎没有电流通过电解槽,电压增加,电流略有增加;当电流增加到某一点后,电流随电压增大而急剧上升,同时电极上有连续的气泡逸出。在两电极上的反应可表示为

阴极　　　　　　　　$2H^+(a_{H^+}) + 2e^- \longrightarrow H_2(g, p)$

阳极　　　　　　　　$2Cl^-(a_{Cl^-}) \longrightarrow Cl_2(g, p) + 2e^-$

当电极上有气泡逸出时,H_2 和 Cl_2 的压力等于大气压力。

当开始加外加电压时,还没有 H_2 和 Cl_2 生成,它们的压力几乎为零,稍稍增大外加电压,电极表面上产生少量的 H_2 和 Cl_2,压力虽小,但构成了一个原电池,并自发进行的反应为

负极　　　　　　　　$H_2(g, p) \longrightarrow 2H^+ + 2e^-$

正极　　　　　　　　$Cl_2(g, p) + 2e^- \longrightarrow 2Cl^-$

此时,电极上进行的反应的方向正好与电解所进行的反应的方向相反。它产生了一个与外加电压方向相反的电动势 E_b。由于电极上的产物扩散到溶液中,需要通过极微小的电流使电极产物得到补充。继续增大外加电压,电极上就有 H_2 和 Cl_2 继续产生并向溶液中扩散,因而电流也有少许增加,相当于图 7.7.2 中 $I\text{-}E$ 曲线上的 1～2 段。此时由于 p_{H_2} 和 p_{Cl_2} 不断增加,对应于外加电压的电动势也不断增加,直至气体压力增至等于外界大气压力时,电极上就开始有气泡逸出,此时电动势 E_b 达到最大值 $E_{b,max}$。若继续增加外加电压,只能增加溶液中的电势差 $(E_外 - E_b) = IR$,从而使电流剧增,即相当于 $I\text{-}E$ 曲线中 2～3 段的直线部分。将直线部分外延到 $I = 0$ 处所得的电压就是 $E_{b,max}$,这是使电解能连续不断发生时所必需的最小外加电压,称为分解电压。

从理论上讲 $E_{b,max}$ 应等于原电池的 $E_{可逆}$,但实际上 $E_{b,max}$ 大于 $E_{可逆}$,这是由两方面的原因引起的。一是由于电解液、导线和接触点都有一定的电阻,欲使电流通过,必须用一部分电压来克服电势差 IR,这相当于把 $I^2 R$ 的电能转化为热。二是由于电解实际是由两个电极上进行的不可逆电极过程引起的。要使正离子在阴极析出,外加的阴极电势一定要比可逆电极电势更低一些;要使负离子在阳极析出,外加的阳极电势一定要比可逆电势更高一些。我们把由于电流通过电极时,电极电势偏离可逆电极电势的现象称为极化现象,也称为电极的极化。

电解质的分解电压与电极反应有关。例如一些酸、碱在光滑铂电极上的分解电压都在 1.7 V 左右。它们的分解电压基本上和电解质的种类无关，这是因为这些酸、碱的电解产物均是 H_2（阴极）和 O_2（阳极）。它们的理论分解电压都是 1.23 V，由此可见，即使在铂电极上，H_2 和 O_2 都有相当大的极化作用发生。

氢卤酸的电压都较 1.7 V 小，而且其数值各不相同，这是因为在两电极上出现的产物是氢卤酸的分解物。电极反应和电解产物不一样，自然，分解电压也就有差异了。

7.7.2　浓差极化和电化学极化

如前所述，无论是水的电解，还是其他物质的电解，它们的分解电压总是大于计算得到的可逆电动势。

实际分解电压 $E_{分解}$ 可表示为

$$E_{分解} = E_{可逆} + \Delta E_{不可逆} + IR$$

式中：$E_{可逆}$ 是指相应的原电池的电动势，即理论分解电压；IR 是由于电池内溶液、导线和接触点等电阻所引起的电势差；$\Delta E_{不可逆}$ 则是由于电极极化引起的电势差。

$$\Delta E_{不可逆} = \eta_{阴} + \eta_{阳}$$

式中：$\eta_{阴}$ 和 $\eta_{阳}$ 分别表示阴、阳极上的超电势。

当电极上无电流通过时，电极处于平衡态，此时的电势为 $\varphi_{平}$（平衡电势），随着电极上电流密度（$J = I/S$）的增加，电极的不可逆程度越来越大，其电势值对 $\varphi_{平}$ 的偏差也越大，通常可用极化曲线（即描述电流密度与电极电势间关系的曲线）来描述这种偏离程度。

为了明确地表示出电极极化的状况，常把某一电流密度下的 $\varphi_{不可逆}$ 与 $\varphi_{平}$ 之间的差值称为超电势 η。由于超电势的存在，在实际电解时要使正离子在阴极上析出，外加于阴极的电势须低于可逆电极电势，要使负离子在阳极析出，外加于阳极的电势要比可逆电极电势更高一些。

为了使超电势都是正值，阳极的超电势 $\eta_{阳}$ 和阴极的超电势 $\eta_{阴}$ 分别定义为

$$\eta_{阴} \stackrel{def}{=\!=} \varphi_{阴,平} - \varphi_{阴} \tag{7.7.1}$$

$$\eta_{阳} \stackrel{def}{=\!=} \varphi_{阳} - \varphi_{阳,平} \tag{7.7.2}$$

下面将讨论引起电极极化的原因。

按照极化产生的原因不同，通常可简单地把极化分为两类：浓差极化和电化学极化。将与之对应的超电势称为浓差超电势和电化学超电势（活化超电势）。

1. 浓差极化

当有电流通过电极时，若在电极-溶液界面处化学反应的速率较快，而离子在溶液中的扩散速率较慢，则在电极表面附近有关离子的浓度将会与远离电极的本体溶液中有所不同。

现以 $Ag^+ | Ag$ 为例进行讨论。

将两个银电极插到浓度为 c 的 $AgNO_3$ 溶液中进行电解，阴极附近的 Ag^+ 沉积到电极上去（$Ag^+ + e^- \longrightarrow Ag$），使得该处溶液中的 Ag^+ 浓度不断地降低。若本体溶液中的 Ag^+ 扩散到该处进行补充的速率赶不上沉积的速率，则在阴极附近（电极与溶液之间的界面区域）Ag^+ 的浓度 c_e 将低于溶液本体浓度 c。在一定的电流密度下，达稳定状态后，溶液有一定的浓度梯度，此时 c_e 具有一定的稳定值，就好像电极浸入一个浓度较小的溶液中一样。

当无电流通过时,电极的可逆电势由溶液本体浓度 c 所决定;当有电流通过时,若设电流密度为 J,电极附近的浓度为 c_e,则电极电势由 c_e 决定。两电极电势之差即为阴极浓差超电势。由此可见,阴极上浓差极化的结果是使阴极的电极电势变得比可逆时更低一些。同理可以证明阳极上浓差极化的结果是使阳极电势变得比可逆时更高一些。

浓差超电势的大小反映电极浓差极化的程度,其值取决于电极表面离子浓度与本体溶液中离子浓度的差值。因此,凡能影响这一浓差大小的因素(如搅拌情况、电流密度等),都能影响浓差电势的数值。例如,需要减小浓差超电势时,可将溶液强烈搅拌或升高温度,以加快离子的扩散;而需要产生浓差超电势时,则应避免对溶液的扰动并保持不太高的温度。

离子扩散的速率与离子的种类以及离子的浓度密切相关。因此,在同等条件下,不同离子的浓差极化程度不同,同一种离子在不同浓度时的浓差极化程度也不同。极谱分析就是基于这一原理而建立起来的一种电化学分析方法,可用于对溶液中的多种金属离子进行定性和定量分析。

2. 电化学极化

假定溶液已搅拌得非常均匀或者已设法使浓差极化降低至可以忽略不计的程度,同时又假定溶液的内阻以及各部分的接触电阻很小,均不予考虑,则从理论上讲,要使电解质溶液发生电解,外加的电压只要略微大于因电解而产生的原电池的电动势就行了。但是实际上有些电解池并不如此。要使这些电解池的电解顺利进行,所加的电压还必须比该电池的电动势大才行,特别是当电极上析出气体的时候。以电极 $H^+ \mid H_2(g)(Pt)$ 为例,作为阴极发生还原作用时,由于 H^+ 被还原成 H_2 的速率不够快,则在有电流通过时,到达阴极的电子不能被及时消耗掉,致使电极比可逆情况下带有更多的负电荷,从而使电极电势变得比可逆时要低。这种由于电化学反应本身的迟缓性而引起的极化称为电化学极化(活化极化)。

可见,电化学极化的结果也是使阴极电极电势变得更低,阳极电极电势变得更高。

与电化学极化相对应的超电势称为活化超电势。活化超电势的大小反映电化学极化的程度。

实验表明,在电解过程中,除了 Fe、Co、Ni 等一些过渡元素的离子之外,一般金属离子在阴极上被还原成金属时,活化超电势的数值都比较小。但有气体析出时,例如在阴极上析出 H_2、在阳极上析出 O_2 或 Cl_2 时,活化超电势的数值都相当大。

1905 年,塔菲尔(Tafel)曾提出一个经验式,表明氢超电势 η 与电流密度 J 的关系,称为塔菲尔公式。其表达式为

$$\eta = a + b\lg J \tag{7.7.3}$$

式中:a 和 b 为经验常数。

7.7.3 极化曲线的测定

测定超电势实际上就是测定在有电流通过电极时的极化电极电势的值。超电势的大小和通过电极的电流密度的大小密切相关。因此,通常由实验测得不同电流密度下的电极电势,作出极化曲线,即可求得某电极在指定电流密度下的超电势。

测定电极的超电势,一般采用如图 7.7.3 所示的装置。

电极1:研究电极(待测电极)。

电极2:辅助电极(一般用Pt片)。

甘汞电极:参比电极(通常将电极的支管的尖端拉成直径约1 mm的毛细管,靠近研究电极表面,以减少溶液中的电势差。参比电极应根据研究溶液的性质而定,常用饱和甘汞电极)。

电解池中面积已知的待测电极1和辅助电极2,经一可变电阻与直流电源构成回路,即为极化回路,内有安培计以测量回路中的电流。改变电阻可调节回路中电流的大小,从而调节通过待测电极的电流密度J。

将待测电极与电势较稳定的甘汞电极组成一个原电池,接到电势差计上,组成一测量回路,采用对消法测量该电池的电动势。

这种控制电流密度J,使其分别恒定在不同的数值,然后测定相应的电极电势φ的方法称为恒电流法。在图上,把测得的一系列不同电流密度下的电势连成曲线,即得极化曲线(见图7.7.4)。

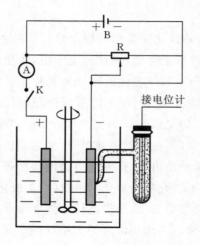

图7.7.3 测定超电势的装置

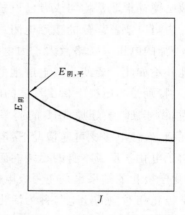

图7.7.4 阴极极化曲线示意图

7.7.4 电解池与原电池极化的差别

对于电解池,因阳极是正极,阴极是负极,所以阳极电势高于阴极电势,外加电压(即分解电压)与电流密度的关系如图7.7.5(a)所示。

由图7.7.5(a)可知,电解池工作时,所通过的电流密度越大,即不可逆程度越高,超电势越大,则外加电压也要增大,所消耗的电功也越多。

$$E_{分解} = E_{可逆} + \Delta E_{不可逆} = E_{可逆} + \eta_{阳} + \eta_{阴}$$

对于原电池,控制其放电电流,同样可以在其放电过程中,分别测定两个电极的极化曲线,如图7.7.5(b)所示。因阴极是正极,阳极是负极,所以阴极电势高于阳极电势,随电流密度增大,由于极化作用,负极(阳极)的电极电势值越来越大(与可逆电势相比),正极(阴极)的电极电势值越来越小(与可逆电势相比),两条曲线有相互靠近的趋势,原电池的电动势逐渐减少,所做电功则逐渐减小。

$$E_{不可逆} = E_{可逆} - \eta_{阳} - \eta_{阴}$$

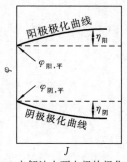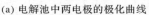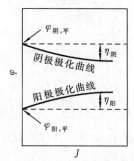

(a) 电解池中两电极的极化曲线　　　(b) 原电池中两电极的极化曲线

图 7.7.5　电流密度与电极电势的关系

从能量消耗的角度看,无论是原电池还是电解池,极化作用的存在都是不利的。为了使电极的极化减小,必须供给电极适当的反应物,由于这种物质比较容易在电极上反应,可以使电极上的极化减少或限制在一定程度内,这种作用称为去极化作用,这种外加的物质则称为去极化剂。

7.8　电解时电极上的反应

对电解质的水溶液进行电解时,需要施加多大的分解电压,以及在阳极(正极)、阴极(负极)上各得到哪种电解产物,是电解时需要考虑的首要问题。

当电解池上的外加电压由小到大逐渐变化时,其阳极电势随之逐渐升高,同时阴极电势逐渐降低。对整个电解池来说,只要外加电压加大到分解电压的数值,电解反应即开始进行;对各个电极来说,只要电极电势达到对应离子的"析出电势",则电解的电极反应即开始进行。各种离子的析出电势按下式计算:

$$\varphi_{\text{阴,析出}} = \varphi_{\text{阴,平}} - \eta_{\text{阴}}$$

$$\varphi_{\text{阳,析出}} = \varphi_{\text{阳,平}} + \eta_{\text{阳}}$$

下面分别讨论电解时的阴极反应和阳极反应。

7.8.1　阴极反应

当电解金属盐的水溶液时,在阴极发生的是还原反应,即金属离子被还原成金属或 H^+ 被还原成 H_2。究竟发生什么反应,则不仅要考虑它们的平衡电极电势,还要考虑在一定电流密度下的超电势,即视其离子析出电势的大小而定。各电极反应中,离子的析出电势越高,越易获得电子而优先被还原。

例如,用铜电极电解 $1\ \text{mol} \cdot \text{L}^{-1}$ HCl 溶液时,阴极只能是 H^+ 被还原成 H_2 析出;但若上述 HCl 溶液中还含有 $1\ \text{mol} \cdot \text{L}^{-1}$ $CuCl_2$,阴极上的反应则不是 H^+ 被还原成 H_2,而是 Cu^{2+} 被还原成 Cu。这是因为后一反应的电极电势高于前一反应的电极电势。

例 7.8.1　298.15 K 时,某溶液中含有 Ag^+($a_{Ag^+} = 0.5$)、Ni^{2+}($a_{Ni^{2+}} = 0.1$)、H^+($a_{H^+} = 0.01$)。已知 H_2 在 Ag、Ni 上的超电势分别为 0.20 V、0.24 V。用 Ag 作阴极,当外加电压从零开始增大时,通过计算判断物质在阴极上的析出次序。

解　各种金属析出的超电势一般很小,可近似用平衡电极电势代替其析出电势。查表7.4.1得

$$\varphi^{\ominus}(Ag^+/Ag) = 0.799\ 4\ \text{V}, \quad \varphi^{\ominus}(Ni^{2+}/Ni) = -0.23\ \text{V}$$

故
$$\varphi(\mathrm{Ag^+/Ag}) = \varphi^{\ominus}(\mathrm{Ag^+/Ag}) + \frac{0.059\,16}{1}\lg a_{\mathrm{Ag^+}}$$
$$= (0.799\,4 + 0.059\,16\lg0.5)\,\mathrm{V} = 0.781\,6\,\mathrm{V}$$
$$\varphi(\mathrm{Ni^{2+}/Ni}) = \varphi^{\ominus}(\mathrm{Ni^{2+}/Ni}) + \frac{0.059\,16}{2}\lg a_{\mathrm{Ni^{2+}}}$$
$$= \left(-0.23 + \frac{0.059\,16}{2}\lg0.1\right)\,\mathrm{V} = -0.259\,6\,\mathrm{V}$$

常压下,氢气在阴极上析出时 $p_{\mathrm{H_2}} = 101.325\,\mathrm{kPa}$,其平衡电极电势为

$$\varphi(\mathrm{H^+/H_2}) = \varphi^{\ominus}(\mathrm{H^+/H_2}) + \frac{0.059\,16}{2}\lg\frac{a_{\mathrm{H^+}}^2}{p_{\mathrm{H_2}}/p^{\ominus}}$$
$$= \left(0 + \frac{0.059\,16}{2}\lg\frac{0.01^2}{101.325/100}\right)\,\mathrm{V} = -0.118\,5\,\mathrm{V}$$

考虑到氢气在 Ag 电极上的超电势 $\eta_{\text{阴}} = 0.20\,\mathrm{V}$,故氢气的析出电势为

$$\varphi(\mathrm{H_2},\text{析出}) = \varphi(\mathrm{H^+/H_2},\text{平}) - \eta_{\text{阴}} = (-0.118\,5 - 0.20)\,\mathrm{V} = -0.318\,5\,\mathrm{V}$$

因为 $\varphi(\mathrm{Ag^+/Ag}) > \varphi(\mathrm{Ni^{2+}/Ni}) > \varphi(\mathrm{H_2},\text{析出})$,所以依次析出的是 Ag、Ni、$\mathrm{H_2}$。

7.8.2　阳极反应

电解时,阴极上的反应不限于金属离子的析出,任何能从阴极上获得电子的还原反应都可能在阴极上进行。同样,在阳极上也并不限于阴离子的析出或阳极的溶解,任何放出电子的氧化反应都能在阳极上进行。离子析出电势越低,越易在阳极上放出电子而被氧化。

如果阳极材料是 Pt 等惰性金属,则电解时的阳极反应为负离子放电反应,如 $\mathrm{Cl^-}$、$\mathrm{Br^-}$、$\mathrm{I^-}$、$\mathrm{OH^-}$ 等被氧化成 $\mathrm{Cl_2}$、$\mathrm{Br_2}$、$\mathrm{I_2}$ 和 $\mathrm{O_2}$。含氧酸根离子(如 $\mathrm{SO_4^{2-}}$、$\mathrm{PO_4^{3-}}$、$\mathrm{NO_3^-}$ 等)因析出电势很高,在水溶液中一般是不可能在阳极上放电的。

如果阳极材料是 Zn、Cu 等较为活泼的金属,则电解时的阳极反应既可能是电极溶解为金属离子,也可能是 $\mathrm{OH^-}$ 等负离子放电。哪种物质的析出电势低,就优先进行放电。

例 7.8.2　298.15 K 时,用 Pt 作电极电解 $0.01\,\mathrm{mol \cdot kg^{-1}}$ 的 NaOH 溶液。若 $\mathrm{H_2(g)}$ 和 $\mathrm{O_2(g)}$ 在 Pt 电极上的超电势分别为 0.29 V 和 1.28 V。在该条件下,在两个电极上首先发生什么反应?此时外加电压为多少?(设活度系数为 1)。

解　查表 7.4.1 得 $\varphi^{\ominus}(\mathrm{Na^+/Na}) = -2.711\,1\,\mathrm{V}$,$\varphi^{\ominus}(\mathrm{O_2/OH^-}) = 0.401\,0\,\mathrm{V}$

可能在阴极上获得电子的离子为 $\mathrm{Na^+}$ 和 $\mathrm{H^+}$,因其析出电势分别为

$$\varphi(\mathrm{Na^+/Na}) = \varphi^{\ominus}(\mathrm{Na^+/Na}) + 0.059\,16\lg a_{\mathrm{Na^+}}$$
$$= (-2.711\,1 + 0.059\,16\lg0.01)\,\mathrm{V} = -2.829\,\mathrm{V}$$
$$\varphi(\mathrm{H_2},\text{析出}) = \varphi(\mathrm{H^+/H_2},\text{平}) - \eta_{\text{阴}} = \frac{0.059\,16}{2}\lg\frac{a_{\mathrm{H^+}}^2}{p_{\mathrm{H_2}}/p^{\ominus}} - \eta_{\text{阴}}$$

因
$$a_{\mathrm{H^+}} = \frac{K_{\mathrm{w}}}{a_{\mathrm{OH^-}}} = \frac{1\times10^{-14}}{0.01} = 1\times10^{-12}$$

得
$$\varphi(\mathrm{H_2},\text{析出}) = \varphi(\mathrm{H^+/H_2},\text{平}) - \eta_{\text{阴}} = \frac{0.059\,16}{2}\lg\frac{a_{\mathrm{H^+}}^2}{p_{\mathrm{H_2}}/p^{\ominus}} - \eta_{\text{阴}}$$
$$= \left[\frac{0.059\,16}{2}\lg\frac{(1\times10^{-12})^2}{101.325/100} - 0.29\right]\,\mathrm{V} = -1.00\,\mathrm{V}$$

$\varphi(\mathrm{H_2},\text{析出}) > \varphi(\mathrm{Na^+/Na})$,故阴极上首先发生的反应为

$$2\mathrm{H^+} + 2\mathrm{e^-} \longrightarrow \mathrm{H_2(g)}$$

在阳极上放电的物质只有 $\mathrm{OH^-}$,其电极反应为

$$4\mathrm{OH^-} - 4\mathrm{e^-} \longrightarrow \mathrm{O_2(g)} + 2\mathrm{H_2O}$$

其析出电势为

$$\varphi(O_2, \text{析出}) = \varphi(O_2, \text{平}) + \eta_{\text{阳}} = \varphi^{\ominus}(O_2/OH^-) - \frac{0.059\,16}{4}\lg\frac{a_{OH^-}^4}{p_{O_2}/p^{\ominus}} + \eta_{\text{阳}}$$

$$= \left(0.401\,0 - \frac{0.059\,16}{4}\lg\frac{0.01^4}{101.325/100} + 1.28\right)\text{V} = 1.799\ \text{V}$$

此时的外加电压为

$$E_{\text{分解}} = E_{\text{可逆}} + \eta_{\text{阳}} + \eta_{\text{阴}} = \varphi_{\text{阳,析出}} - \varphi_{\text{阴,析出}}$$

$$= [1.799 - (-1.0)]\text{V} = 2.799\ \text{V}$$

*7.9 金属的腐蚀与防腐

金属因其表面与周围介质发生化学作用而遭受破坏的现象称为金属腐蚀。金属腐蚀与防腐问题既与我们的日常生活相关(如常见到的钢铁生锈、电池的点蚀等问题),也与当前新能源、新材料等领域密切相关。可以说,金属腐蚀与防腐问题存在于国民经济和科学技术的各个领域,不断提出的新问题促使金属腐蚀与防腐成为一门迅速发展的综合性边缘学科。

7.9.1 金属腐蚀的分类

金属的腐蚀,就其反应特性而论,一般可分为化学腐蚀、生物化学腐蚀和电化学腐蚀三类。化学腐蚀是氧化剂直接与金属表面接触,发生化学反应而引起的。化学腐蚀作用进行时没有电流产生。金属的生物化学腐蚀是由各种微生物的生命活动引起的,例如某些微生物以金属为培养基,或者以其排泄物侵蚀金属。一定组成的土壤、污水和某些有机物能加速生物化学腐蚀。电化学腐蚀是金属在介质(如潮湿空气、电解质溶液等)中,因形成微电池而发生电化学作用引起的。由于电化学腐蚀现象最为普遍,造成的危害最严重,因此本节仅讨论金属的电化学腐蚀原因及防腐的方法。

7.9.2 电化学腐蚀的机理

当两种金属或者两种不同的金属制成的物体相接触,同时又与其他介质(如潮湿空气、其他潮湿气体、水或电解质溶液等)相接触时,就形成了一个原电池,并进行原电池的电化学反应。例如,在一铜板上有一些铁的铆钉,如长期暴露在潮湿的空气中,有铆钉的部位就特别容易生锈。这是因为铜板暴露在潮湿空气中时,表面上会凝结一层薄薄的水膜,空气里的 CO_2、工厂区的 SO_2、沿海地区潮湿空气中的 NaCl 都能溶解到这一薄层水膜中形成电解质溶液,原电池就这样形成了。其中铁是阳极(负极),铜是阴极(正极)。在阳极上发生的一般是金属的溶解(即金属被腐蚀),如 Fe 发生氧化作用的反应式如下:

$$\text{Fe(s)} \longrightarrow \text{Fe}^{2+} + 2e^-$$

在阴极上,由于条件不同可能发生不同的反应。如在阴极(Cu)上可发生以下反应。

(1)氢离子被还原成 $H_2(g)$析出(也称为析氢腐蚀)。

$$2H^+ + 2e^- \longrightarrow H_2(g)$$

$$\varphi_1 = -\frac{RT}{2F}\ln\frac{c_{H_2}}{a_{H^+}^2}$$

(2)大气中的氧气在阴极上取得电子,发生还原反应(也称为吸氧腐蚀)。

$$O_2(g) + 4H^+ + 4e^- \longrightarrow 2H_2O$$

$$\varphi_2 = \varphi^{\ominus}(O_2, H_2O) - \frac{RT}{4F}\ln\frac{1}{a_{O_2}a_{H^+}^4}$$

$\varphi^{\ominus}(O_2,H_2O)=1.229$ V，在空气中 $p_{O_2}\approx21$ kPa，显然 φ_2 比 φ_1 大得多，即反应（2）比反应（1）容易发生，也就是说当有氧气存在时，Fe 变成 Fe^{2+} 而进入溶液，多余的电子移向铜极，在铜极上氧气和氢离子被消耗掉，生成水，Fe^{2+} 就与溶液中的 OH^- 结合，生成氢氧化亚铁，氢氧化亚铁又和潮湿空气中的水分和氧发生作用，最后生成铁锈（铁的各种氧化物和氢氧化物的混合物），结果铁就受到了腐蚀。

$$4Fe(OH)_2+2H_2O+O_2\longrightarrow4Fe(OH)_3$$

工业上使用的金属不可能完全是纯净的，经常存在一些杂质。在金属表面上，金属的电势和杂质的电势不尽相同，这就构成了以金属和杂质为电极的许许多多原电池，通常称之为微电池。微电池作用是造成金属腐蚀的重要原因。此外，在金属表面上形成浓差电池也能构成电化学腐蚀。例如，一根铁管插入深水中，常常是下部比上部腐蚀严重，这是由水中含氧量的差异造成的。

7.9.3　金属的防腐

常用的金属防腐有下列几种方法。

1. 非金属涂层

在材料表面涂覆耐腐蚀的非金属保护层，诸如油漆、喷漆、搪瓷、陶瓷、玻璃、沥青和高分子材料（如塑料、橡胶、聚酯等），将金属与腐蚀介质隔开，当这些保护层完整时能起保护的作用。

2. 电镀

采用电镀的方法，将耐腐蚀较强的金属或合金覆盖在被保护的金属表面可分别形成阳极保护层或阴极保护层，例如用锌的标准电极电势较低（-0.763 V）的特点来保护金属（如 Fe）是一种阳极镀层，而把锡镀到铁上则形成阴极镀层（锡为阴极，铁为阳极）。后者的缺点在于，当保护层受到破坏，锡与铁就会形成局部电池，而阳极铁腐蚀会加速。

3. 电化学保护

电化学保护的方法分为阳极保护和阴极保护两种。

（1）阳极保护。

凡是在某些化学介质中，通过一定的阳极电流，能够引起钝化的金属，原则上都可以采用阳极保护法防止金属的腐蚀。例如铁在稀硝酸中溶解得很快，但在浓硝酸中溶解得非常缓慢，即铁在硝酸浓度提高时反而变得更稳定了。铁在浓硝酸中的这种状态称为钝化状态（或钝态）。铁、镍、铬及其他一些金属经过各种氧化剂处理后，都能转变为钝态。由于金属表面状态的变化，使阳极溶解（氧化）过程的超电势升高，金属的溶解速率急剧下降的作用称为钝化。可以在氧化剂的作用下使金属钝化，也可以在外电流的作用下使金属钝化。下面用阳极极化曲线来说明金属钝化的情况。有一些金属的阳极极化曲线具有如图 7.9.1 所示的形式。曲线的

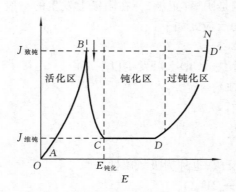

图 7.9.1　一些金属的阳极极化（钝化）曲线

AB 段是金属的正常溶解段,这时金属处于活化态;BC 段是由活化态转变为钝化的过程,金属处于钝化过渡区;到达 C 点后,金属已完全钝化,在 CD 段金属处于比较稳定的钝态,电流不随电势的增加而变化;过 D 点以后称为过钝化区,电流又随电势的增加而上升。在过钝化区,电流的增大是因为溶液中析出了 O_2,反应为

$$4OH^- \longrightarrow O_2 + 2H_2O + 4e^-$$

或是由于金属以高价形式溶解,例如不锈钢中,铬以六价的形式溶解,反应为

$$Cr_2O_3 + 5H_2O \longrightarrow 2CrO_4^{2-} + 10H^+ + 6e^-$$

对应于 B 点的电流称为致钝电流 $J_{致钝}$,对应于 CD 段的电流称为维钝电流 $J_{维钝}$。如果把能够钝化的金属放在某些电解质溶液中,再放入一辅助阴极,则构成一电解池。如果接入直流电源,并将电源的正极与能钝化的金属连接,此时该金属为电解池的阳极,电源的负极与辅助阴极连接。如果通以致钝电流,使该金属的电势进入钝化区(CD 段),再用维钝电流保持其钝态,则该金属的腐蚀速率就会大大降低,这就是阳极保护能防止金属腐蚀的基本原理。

我国化肥厂在碳铵生产中的碳化塔已较普遍地采用了阳极保护法,取得了良好的效果,有效地保护了碳化塔和塔内的冷却水箱。使用此法时,应注意钝化区的电势范围不能过窄,否则容易因控制不当而使阳极电势处于活化区,不但不能保护金属,反将促使金属溶解,加速金属的腐蚀。

(2)阴极保护。

阴极保护是在要保护的金属构件上外加阳极,这样构件本身就成为阴极而受到保护。阴极保护可用两种方法来实现。

① 牺牲阳极保护法。它是在腐蚀金属系统上连接电势更低的金属,即更容易进行阳极溶解的金属(例如在铁容器外加一锌块),作为更有效的阳极(称为"保护器")。这时,"保护器"的溶解基本上代替了原来腐蚀系统中阳极的溶解,从而保护了原有的金属。此法的缺点是用作"保护器"的阳极消耗较多。

② 外加电流的阴极保护法。目前在保护闸门、地下金属结构(如地下储槽、输油管、电缆等)、受海水及淡水腐蚀的设备、化工设备的结晶槽、蒸发罐等时多采用这种方法,它是目前公认的最经济、最有效的防金属腐蚀方法之一。该法是将被保护金属与外电源的负极相连,并在系统中引入另一辅助阳极(与外电源的正极相连)。电流由辅助阳极(由金属或非金属导体组成)进入腐蚀电池的阴极和阳极区,再回到直流电源。当腐蚀电池中的阴极区被外部电流极化,腐蚀电池中阳极达到开路电势时,所有的金属表面将处于同一电势,腐蚀电流消失。因此,只要维持一定的外电流,金属就可不再被腐蚀。

4. 加缓蚀剂保护

把少量的缓蚀剂加到腐蚀性介质中,就可使金属腐蚀的速率显著地减慢。这种用缓蚀剂来防止金属腐蚀的方法是防止金属腐蚀中应用得最广泛的方法之一。

缓蚀剂的种类繁多,属于无机类缓蚀剂的有亚硝酸盐、铬酸盐、重铬酸盐、磷酸盐等,属于有机类缓蚀剂的有胺类、醛类、杂环化合物、咪唑啉类等。具体使用时,须根据要保护的金属种类和腐蚀介质等条件通过筛选试验来确定。

金属的腐蚀与防腐关系到国计民生,值得研究的问题很多。本书限于学时和篇幅,不能详细叙述,有兴趣的读者可参阅有关专著和文献。

*7.10 化 学 电 源

将自发反应的化学能转变成电能作为电能来源的装置称为化学电源。化学电源品种繁多,按其使用的特点大体可分为如下几类。①燃料电池:又称连续电池,一般以天然燃料或其他可燃物质(如氢、甲醇、煤气等)作为负极的反应物,以空气中的氧或纯氧作为正极的反应物,如氢-氧燃料电池。②蓄电池:凡是可以多次反复使用,放电后可以充电使活性物质复原,以便再重新放电的电池称为蓄电池或者二次电池。③一次电池,即电池中的反应物在进行一次电化学反应放电之后就不能再次使用了的电池,如干电池、锌-空气电池等。

7.10.1 燃料电池

只要不断地供给燃料电池燃料,就如往炉膛里添加煤和油一样,它便能连续地输出电能。一次电池或二次电池与环境只有能量交换而没有物质交换,是一个封闭的电化学系统;

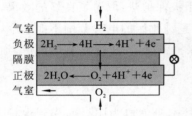

图 7.10.1 氢氧燃料电池原理示意图

而燃料电池却是一个敞开的电化学系统,与环境既有能量交换,又有物质交换。因此它在化学电源中占有特殊的地位。

燃料电池的负极由一惰性电极和燃料组成,燃料可为煤、煤气、氢气、甲烷、乙烷、天然气及其他碳氢化合物;正极是一惰性电极和氧气(或空气)。以氢-氧燃料电池为例,它的原理如图7.10.1所示。

电池表示为

$$\text{Pt (s)} \mid H_2(g) \mid KOH(aq) \mid O_2(g) \mid \text{Pt(s)}$$

电极反应为

负极
$$H_2 + 2OH^- \longrightarrow 2H_2O + 2e^-$$

正极
$$\frac{1}{2}O_2 + H_2O + 2e^- \longrightarrow 2OH^-$$

电池反应
$$H_2 + \frac{1}{2}O_2 =\!=\!= H_2O(l)$$

该电池的电动势与氢气和氧气的分压有关。目前其开路电压已达到 1.12 V。

燃料电池的电解质可分为酸性和碱性的,因此,燃料电池的氢负极的电极反应为

$$H_2 + 2H_2O \longrightarrow 2H_3O^+ + 2e^- \quad \text{(酸性溶液中)}$$

$$H_2 + 2OH^- \longrightarrow 2H_2O + 2e^- \quad \text{(碱性溶液中)}$$

而燃料电池的氧正极的还原反应为

$$O_2 + 4H^+ + 4e^- \longrightarrow 2H_2O \quad \text{(酸性溶液中)}$$

$$O_2 + 2H_2O + 4e^- \longrightarrow 4OH^- \quad \text{(碱性溶液中)}$$

由于燃料电池将化学能转化为电能的效率高,而且又是十分清洁的发电装置,因此将被推广使用。

7.10.2 二次电池

二次电池放电后可以通过充电使活性物质基本复原,可以重复多次利用,如常见的铅酸

蓄电池、锂离子电池和其他可充电电池等。以下电池只给出放电时的电极反应和电池反应，而充电时的电极反应和电池反应是这些反应的逆反应。

1. 铅酸蓄电池

铅酸蓄电池的生产已有一百多年的历史，其特点在于电池电动势较高、结构简单、使用温度范围大，电容量也大，还具有原料来源丰富、价格低廉等优点，但也存在比较笨重、防震性差、自放电较强、有 H_2 放出、如不注意易引进爆炸等缺点。铅酸蓄电池主要用于汽车启动电源、拖拉机、小型运输车和实验室中。

铅酸蓄电池的构成为

$$Pb(s) \mid H_2SO_4(aq, b) \mid PbO_2(s) \mid Pb(s)$$

电极反应为

负极 $\qquad Pb + HSO_4^- \longrightarrow PbSO_4 + H^+ + 2e^-$

正极 $\qquad PbO_2 + 3H^+ + HSO_4^- + 2e^- \longrightarrow PbSO_4 + 2H_2O$

电池反应 $\qquad Pb + PbO_2 + 2H^+ + 2HSO_4^- \Longrightarrow 2PbSO_4 + 2H_2O$

据能斯特方程可得

$$E = E^{\ominus} - \frac{RT}{2F} \ln \frac{a_{H_2O}^2}{a_{H_2SO_4}^2}$$

铅酸蓄电池的电动势与硫酸的密度（或浓度）有关。例如：硫酸密度为 $1.20\ g \cdot cm^{-3}$ 时，电池的电动势约为 $2.05\ V$；当硫酸密度降至约 $1.05\ g \cdot cm^{-3}$ 时，电池的电动势降至约 $1.9\ V$，此时应对电池充电，不能继续放电，否则将会损坏电池。

2. 镉镍电池

镉镍电池的研究虽然比铅酸蓄电池晚，但它有许多较铅酸蓄电池优越之处，如寿命长、自放电小、低温性能好、耐充放电能力强。特别是维护简单，而且采用密闭式的方式，可以以任何放置方式加以使用，无须维护。其缺点是价格较贵、有污染。

镉镍电池是使用最广泛的化学电源之一。小至电子手表、电子计算器、电动玩具、电动工具的使用，以及高级计算机中的金属氧化物半导体（MOS）器件和信息储存器的电压保持（不间断电源）等，大至矿灯、航标灯，乃至行星探测器、大型逆变器等方面，都需要使用镉镍电池。

镉镍电池的构成为

$$Pb(s) \mid Cd(OH)_2(s) \mid KOH(aq) \mid Ni(OH)_2(s) \mid NiOOH(s)$$

电极反应为

负极 $\qquad Cd + 2OH^- \longrightarrow Cd(OH)_2 + 2e^-$

正极 $\qquad 2NiOOH + 2H_2O + 2e^- \longrightarrow 2\beta\text{-}Ni(OH)_2 + 2OH^-$

电池反应 $\qquad 2NiOOH + Cd + 2H_2O \Longrightarrow 2Ni(OH)_2 + Cd(OH)_2$

该电池的标准电动势 $E^{\ominus} = 1.299\ V$。

3. 锂离子电池

锂离子电池（lithium ion battery，LIB）目前有液态锂离子电池和聚合物锂离子电池两类。常见锂离子电池的形状为纽扣式、圆柱式、平板式、方形软包式等，其内部核心组件的构成基本相同。如图 7.10.2 所示，锂离子电池由正极、负极、隔膜和电解液四部分构成。聚合物锂离子电池的正极和负极与液态锂离子电池相同，只是原来的液态电解质改为含有锂盐的凝胶聚合物电解质。液态锂离子电池采用高电位可逆性存储和释放锂离子的含锂化合物

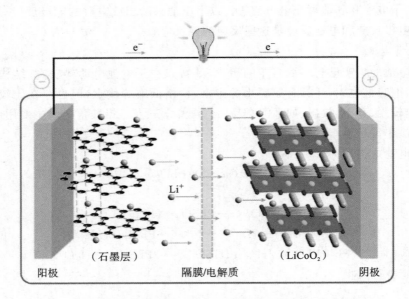

图 7.10.2　锂离子电池($LiCoO_2$/Li^+电解质/石墨)的示意图

作为正极,如 $LiCoO_2$ 或 $LiMn_2O_4$,$LiFePO_4$,三元氧化物 $LiNi_xCo_yMn_{1-x-y}O_2$(NCM)、$LiNi_xCo_yAl_{1-x-y}O_2$(NCA)等。负极采用低电位可逆性嵌入和脱出锂离子的碳材料(石墨或活性炭等)。隔膜为可传输锂离子而不传导电子的绝缘层,如微孔的聚烯烃类薄膜等。电解液是将导电锂盐(如 $LiPF_6$、$LiAsF_6$等)溶解在以碳酸乙烯酯为基础的二元或三元的混合溶剂中制成的,这些溶剂一般为有机碳酸酯系列,包括碳酸二乙酯(DEC)、碳酸二甲酯(DMC)、碳酸丙烯酯(PC)等的混合物。充电时,电池的正极上有锂离子生成,生成的锂离子经过电解液运动到呈层状结构的碳负极,嵌入碳层的微孔中,嵌入的锂离子越多,充电容量越高;放电时则相反,嵌在负极碳层中的锂离子脱出,经电解质又回到正极,回到正极的锂离子越多,放电容量越高。通常所说的电池容量指的就是放电容量。在锂离子电池的充、放电过程中,锂离子在正、负极之间往复运动。

正极反应:$Li_{1-x}CoO_2 + xLi^+ + xe^- \longrightarrow LiCoO_2$

负极反应:$Li_xC_6 \longrightarrow 6C + xLi^+ + xe^-$

电池反应:$Li_{1-x}CoO_2 + Li_xC_6 \longrightarrow LiCoO_2 + 6C$

电池符号:$C \mid LiPF_6(1\ mol \cdot L^{-1}) + DEC + DEC \mid LiCoO_2$

锂离子电池的主要特点是具有较高的质量能量密度,平稳的放电电压为 3.6 V,锂离子电池的工作温度范围为 $-10 \sim 45℃$(充电)、$-30 \sim 55℃$(放电),无记忆效应,自放电率低。

4. 其他二次电池

老一代镉镍高容量可充式电池已处于被淘汰阶段,因为镉有毒,废电池处理复杂,发达国家已禁止使用。因此氢镍电池,特别是金属氢化物作为负极,正极仍为 NiOOH 的氢镍电池发展迅速,其电池反应为

$$NiOOH + \frac{1}{2}H_2 \Longequal Ni(OH)_2$$

如以 $LaNi_5$ 作电极材料,则放电时从 $LaNi_5$ 放出氢,充电时则反之。这样的储氢材料主要是某些过渡金属、合金、金属间化合物,由于它们具有特殊的晶格结构(氢原子比较容易进入金属晶格的四面体或八面体间隙位中,并形成金属氢化物),这类材料可以储存比自身体

积大 1 000～1 300 倍的氢。可供发展氢镍电池为二次电池的储氢材料,除 $LaNi_5$ 外,还有其一系列取代和改性化合物(如 $LaNiAl$、$LaNiMn$、$LaNiFe$),以及富镧混合稀土化合物。据报道,最高储氢量可达 260 $cm^3 \cdot g^{-1}$,其放电量一般可比镉镍电池高 1.8 倍,可充放电 1 000 次以上。这类电池在宇航、笔记本电脑、移动电话、电动汽车等方面将得到广泛应用。

应该指出,尚在大力研发阶段的碳纳米管被看成理想的储氢材料,自从 1991 年被人类发现以来,就一直被誉为未来的材料。50 000 个碳纳米管并排起来才有人的一根头发丝宽,它实际上是一种长度和直径之比很高的纤维。它韧性极高,兼具金属性和半导体性,强度比钢高 100 倍,密度只有钢的六分之一,其潜在用途十分诱人。

7.10.3 一次电池

锌银电池主要用于电子、航空、航天、舰艇、轻工等领域。扣式锌银电池早已为人们所熟悉,广泛应用于石英手表、照相机、助听器等小型、微型用电器具。锌银电池与普通和碱性锌锰电池比较有较高的质量比能量(见表 7.10.1)并且放电电压比较平稳,使用温度范围广,重负荷性能好。锌银电池的特点还在于自放电小,储存寿命长。

表 7.10.1 一次电池质量比能量的比较

电 池	质量比能量/($W \cdot h \cdot kg^{-1}$)	体积比能量/($W \cdot h \cdot L^{-1}$)
普通锌锰电池	251.3	50～180
碱性锌锰电池	274.0	150～250
锌银电池	487.5	300～500

锌银电池的主要缺点是使用了昂贵的银作为电极材料,因而成本高;其次,锌电极易变形和下沉,特别是锌枝晶的生长穿透隔膜而造成短路;锌银电池也可以做成二次电池,但其充放电次数(最高 150 次)不高。这些都限制了锌银电池的发展。

锌银电池的构成为
$$Zn(s) \mid Zn(OH)_2(s) \mid KOH(40\%) + K_2ZnO_2(饱和溶液) \mid Ag_2O(s) \mid Ag(s)$$
或写成
$$Zn(s) \mid ZnO(s) \mid KOH(40\%) \mid Ag_2O(s) \mid Ag(s)$$

电极反应为

负极
$$Zn + 2OH^- \longrightarrow Zn(OH)_2 + 2e^-$$

正极
$$Ag_2O + H_2O + 2e^- \longrightarrow 2Ag + 2OH^-$$

电池反应
$$Zn + Ag_2O \longrightarrow ZnO + 2Ag$$

该电池反应的标准电动势为
$$E^\ominus = 1.594 \text{ V}$$

习 题

1. 用 5 A 的直流电通过 $CuSO_4$ 溶液 30 min,试计算析出 Cu 的质量。

2. 用银电极电解 $AgNO_3$ 溶液。通电一定时间后,阴极上析出 0.078 g 的 Ag,而阳极区溶液中 Ag^+ 的总量增加了 0.065 0 g。求 $AgNO_3$ 溶液中的 t_{Ag^+} 和 $t_{NO_3^-}$。

3. 用 Pb 电极电解 $Pb(NO_3)_2$ 溶液。电解前 100 g $Pb(NO_3)_2$ 溶液中含有 $Pb(NO_3)_2$ 1.664 g。通电一段时间后,与电解池串联的银电量计中有 0.165 8 g 银沉积,并测知阳极区域溶液为 62.50 g,其中含 $Pb(NO_3)_2$ 1.123 g。试计算 $t_{Pb^{2+}}$ 和 $t_{NO_3^-}$。

4. 用界面移动法测定 25 ℃时 0.033 27 mol·L^{-1} GdCl$_3$ 溶液中离子的迁移数,LiCl 作为跟随溶液。电流恒定在 5.594 mA,通电 4 406 s 后界面移动的距离相当于 1.111 cm^3 溶液在电解管中所占的长度。试求 $t_{Gd^{3+}}$ 和 t_{Cl^-}。

5. 某电导池内有两个直径为 0.04 m 并互相平行的圆形银电极,两极之间的距离为 0.12 m。若在电导池内盛满浓度为 0.1 mol·L^{-1} 的 AgNO$_3$ 溶液,施以 20 V 的电压,则所得的电流为 0.197 6 A。试计算:

(1) 电导池常数;

(2) AgNO$_3$ 溶液的电导率;

(3) AgNO$_3$ 溶液的摩尔电导率。

6. 在 25 ℃时,LiCl 的极限摩尔电导率 Λ_m^∞ 为 115×10^{-4} S·m^2·mol^{-1},$t_{Cl^-}^\infty = 0.663$。试计算 Li$^+$ 和 Cl$^-$ 的极限摩尔电导率 Λ_m^∞。

7. 25 ℃时,将浓度为 15.81 mol·m^{-3} 的乙酸溶液注入电导池,测得电阻为 655 Ω。已知电导池常数 K_{cell} 为 13.7 m^{-1},$\Lambda_m^\infty(H^+) = 349.82 \times 10^{-4}$ S·m^2·mol^{-1},$\Lambda_m^\infty(Ac^-) = 40.9 \times 10^{-4}$ S·m^2·mol^{-1}。求此时乙酸的解离度和解离常数。

8. 在 25 ℃时,BaSO$_4$ 的饱和水溶液的电导率是 4.58×10^{-4} S·m^{-1},所用水的电导率是 1.52×10^{-4} S·m^{-1}。求 BaSO$_4$(s) 在水中的溶度积 K_{sp}。已知 25 ℃时,$\frac{1}{2}$Ba^{2+} 和 $\frac{1}{2}$SO$_4^{2-}$ 的极限摩尔电导率分别为 6.364×10^{-3} S·m^2·mol^{-1} 和 7.98×10^{-3} S·m^2·mol^{-1}。

9. 试计算下列各溶液的离子强度:

(1) 0.025 mol·kg^{-1} 的 NaCl 溶液;

(2) 0.025 mol·kg^{-1} 的 CuSO$_4$ 溶液;

(3) 0.025 mol·kg^{-1} 的 LaCl$_3$ 溶液。

10. 应用德拜-休克尔极限公式计算 25 ℃时 0.002 mol·kg^{-1} ZnSO$_4$ 溶液的 $\gamma_{Zn^{2+}}$、$\gamma_{SO_4^{2-}}$ 和 $\gamma_\pm$。

11. 应用德拜-休克尔极限公式计算 25 ℃时强电解质 AB、AB$_2$ 和 AB$_3$ 在浓度为 0.001 mol·kg^{-1} 时的平均离子活度系数 $\gamma_\pm$。

12. 电池 Pt|H$_2$(100 kPa)|H$_2$SO$_4$(0.01 mol·kg^{-1})|Hg$_2$SO$_4$|Hg 在 25 ℃的电动势为 0.798 V,电动势的温度系数为 7.772×10^{-5} V·K^{-1}。

(1) 写出电极反应和电池反应;

(2) 计算电池在 25 ℃可逆放电 2 F 时的 $\Delta_r G_m$、$\Delta_r S_m$、$\Delta_r H_m$ 和 $Q_{r,m}$。

13. 电池 Pt|H$_2$(g,100 kPa)|HCl(0.1 mol·kg^{-1})|Hg$_2$Cl$_2$(s)|Hg 的电动势与温度的关系为

$$E/V = 0.069\,4 + 1.881 \times 10^{-3}(T/K) - 2.9 \times 10^{-6}(T/K)^2$$

(1) 写出电极反应和电池反应;

(2) 计算 25 ℃时该反应的 $\Delta_r G_m$、$\Delta_r S_m$、$\Delta_r H_m$ 和 $Q_{r,m}$。

14. 298 K 时电池 Pt|H$_2$(g,100 kPa)|H$_2$SO$_4$(0.01 mol·kg^{-1})|O$_2$(g,100 kPa)|Pt 的电动势为 1.228 V。已知 H$_2$O(l) 的摩尔生成热为 -286.1 kJ·mol^{-1}。试求:

(1) 该电池的温度系数;

(2) 该电池在 273 K 时的电动势(该反应热在该温度区间内为常数)。

15. 在电池 Cd(s)|CdI$_2$ 溶液($a_{CdI_2} = 1$)|I$_2$(s)|Pt 中,进行如下两个电池反应。

(1) Cd(s) + I$_2$(s) === CdI$_2$($a_{CdI_2} = 1$)

(2) $\frac{1}{2}$Cd(s) + $\frac{1}{2}$I$_2$(s) = $\frac{1}{2}$CdI$_2$($a_{CdI_2} = 1$)

计算两个电池反应的 $E^\ominus$、$\Delta_r G_m^\ominus$ 和 $K^\ominus$。

16. 在 25 ℃时,试从标准摩尔生成吉布斯函数计算下述电池的电动势。

$$Ag(s)|AgCl(s)|NaCl(a=1)|Hg_2Cl_2(s)|Hg(l)$$

已知 $AgCl(s)$ 和 $Hg_2Cl_2(s)$ 的标准摩尔生成吉布斯函数分别为 $-109.57\ kJ \cdot mol^{-1}$ 和 $-210.35\ kJ \cdot mol^{-1}$。

17. 写出下列电池的电极反应、电池反应和电动势的表达式。

$$Ag(s)|AgI(s)|HI(a_1)\ \|\ HI(a_2)|AgI(s)|Ag(s)$$

18. 在 25 ℃时,计算电池 $Ag(s)|AgCl(s)|CdCl_2(a=0.058)|Cd(s)$ 的电动势。

19. 分别写出下列电池的电极反应、电池反应和电动势的表达式。

(1) $Ag(s)|AgI(s)|I^-(a_1)\ \|\ Ag^+(a_2)|Ag(s)$

(2) $Pt|H_2(g,100\ kPa)|KOH(0.1\ mol \cdot kg^{-1})\ \|\ H_2SO_4(0.1\ mol \cdot kg^{-1})|O_2(g,100\ kPa)|Pt$

(3) $Pt|Sn^{4+}(a_{Sn^{4+}}),Sn^{2+}(a_{Sn^{2+}})\ \|\ Ti^{3+}(a_{Ti^{3+}}),Ti^{2+}(a_{Ti^{2+}})|Pt$

(4) $Hg(l)|HgO(s)|KOH(0.5\ mol \cdot kg^{-1})|K(Hg)(a_{Hg})$

20. 试将下述化学反应设计成电池。

(1) $AgCl \Longrightarrow Ag^+ + Cl^-$

(2) $AgCl + I^- \Longrightarrow AgI + Cl^-$

(3) $H_2 + HgO \Longrightarrow Hg + H_2O$

(4) $Fe^{2+} + Ag^+ \Longrightarrow Fe^{3+} + Ag$

(5) $H_2 + \dfrac{1}{2}O_2 \Longrightarrow H_2O$

(6) $Cl_2 + 2I^- \Longrightarrow I_2 + 2Cl^-$

21. 25 ℃时 AgI 的溶度积 $K_{sp} = 8.2 \times 10^{-17}$,试求 $Ag|AgI$ 的标准电极电势。

22. 在 298.15 K 时,电极 $Ag|Ag^+$ 和 $Ag|AgBr(s)|Br^-$ 的标准电极电势分别为 0.779 4 V 和 0.071 1 V,试计算:

(1) $AgBr$ 的溶度积;

(2) 该活度下 $AgBr$ 在纯水中的溶解度。

23. 25 ℃时,电池 $Cd(s)|CdCl_2(0.01\ mol \cdot kg^{-1})\ \|\ AgCl(s)|Ag(s)$ 的电动势为 0.758 8 V,标准电动势为 0.573 2 V。试计算 $CdCl_2$ 溶液的平均离子活度系数。

24. 在 25 ℃时,电池 $Pt|H_2(g,100\ kPa)|H_2SO_4(b)|Ag_2SO_4(s)|Ag(s)$ 的标准电动势 $E^\ominus = 0.653\ V$,$E(Ag^+/Ag) = 0.799\ 4\ V$。试计算:

(1) 电池反应的 $\Delta_r G_m^\ominus$ 和 $K^\ominus$;

(2) 在 25 ℃时,实验测得 H_2SO_4 溶液质量摩尔浓度 $b = 1.960\ mol \cdot kg^{-1}$ 时的电动势 $E = 0.623\ V$。求该 H_2SO_4 溶液的平均离子活度系数 $\gamma_\pm$。

25. 已知电池 $Pt|H_2(g,p^\ominus)|$ 待测溶液 $|KCl(1\ mol \cdot L^{-1})|Hg_2Cl_2(s)|Hg$,在 25 ℃时测得电动势 $E = 0.664\ V$。试计算待测溶液的 pH 值。

26. 在锌电极上析出氢气的塔菲尔公式为 $\eta = 0.72 + 0.116\ lgJ$。在 298.15 K 时,用 Zn 作阴极,惰性物质作阳极,电解质量摩尔浓度为 $0.1\ mol \cdot kg^{-1}$ 的 $ZnSO_4$ 溶液,设溶液 pH 值为 7.0,如何使 H_2 不和 Zn 同时析出?

27. 在 25 ℃时,当电流密度为 $0.1\ A \cdot cm^{-2}$ 时,H_2 和 O_2 在银电极上的超电势分别为 0.87 V 和 0.98 V。今用银电极插入 $0.01\ mol \cdot kg^{-1}$ 的 $NaOH$ 溶液中进行电解,在该条件下在两个银电极上首先发生什么反应?此时外加电压为多少?(设活度系数为 1)

第8章 化学动力学基础

本章基本要求

1. 明确反应分子数与反应级数的区别与联系;理解基元反应、复合反应,以及它们之间的关系。

2. 熟悉反应速率表示法以及简单反应的浓度与时间的关系式;掌握一级反应和二级反应的特征、速率方程及其应用;了解其他级数反应的速率方程。

3. 了解反应级数的实验测定法;掌握利用实验数据获得动力学特征参数的积分法和微分法。

4. 了解反应速率与温度的一般关系;掌握阿仑尼乌斯方程的各种形式及其应用;理解指前因子 A、活化能 E_a 的定义。

5. 理解基本类型的复合反应(对行、平行、连串反应)的定义;理解对行反应、平行反应的速率方程及其应用;了解连串反应 c-t 曲线的特征;了解反应速率控制步骤的概念。

6. 了解复合反应速率方程的近似处理方法(控制步骤法、稳态近似法和平衡态近似法)的原理,并掌握其应用。

7. 了解链反应的特征与爆炸反应的机理;了解链反应的分类;了解链爆炸、热爆炸、爆炸界限等概念。

8. 了解碰撞理论与过渡态理论的基本论点。

9. 了解光化学反应的基本规律。

10. 明确有关催化反应的一些术语(如均相催化、多相催化、催化剂及其活性、载体、催化剂中毒等)的意义;掌握催化作用的分类和共同特征;掌握催化机理。

11. 了解溶液中反应速率方程的特点;明确扩散控制与反应控制的区别;了解多相反应的步骤。

化学动力学的主要任务是研究反应速率及其所遵循的规律,以及各种因素对反应速率的影响,从而给人们提供化学反应的条件;研究物质的结构、性质与反应性能的关系;探讨能够解释反应速率规律的可能机理,为最优地控制反应提供理论依据;找出决定反应速率的关键所在,使反应按照所需要的方向进行,并得到人们所希望的产品。

从某种意义上说,化学动力学比化学热力学更重要,这是因为它不仅讨论化学反应的可能性,而且研究需要多长的时间才能达到预期的目标,即如何使可能性变为现实。但是,它的理论远没有化学热力学那么完善。化学动力学和化学热力学既有联系又有区别。化学热力学研究的是物质变化过程的能量效应及过程的方向与限度,即有关平衡的规律;它不研究完成该过程所需要的时间以及实现这一过程的具体步骤,即不研究有关速率的规律。而解决这后一问题的科学正是化学动力学。当人们想要以某些物质为原料合成新的化学制品时,首先要对该过程进行热力学分析计算,判定在给定条件可以发生反应的前提下再来进行化学动力学的研究,否则将是徒劳的。

化学动力学的研究采取宏观与微观并用的方法。化学动力学应用的宏观方法是通过实验测定化学反应系统的浓度、温度、时间等宏观量间的关系,并研究基元反应和复合反应的速率;化学动力学应用的微观方法是利用激光、分子束等实验技术考察微观的物质特性,如分子尺寸、几何构型,以及分子的平动、转动、振动和电子的运动,并研究基元反应的速率。

目前得到应用的主要是宏观化学动力学,其主要内容是研究反应速率与浓度、温度的关系,即反应速率方程。反应速率方程具有多种形式:有基元反应的,而更多是复合反应的;有零级、一级、二级或分数级数的幂函数型的,也有非幂函数型的;有单一反应的,也有对行、平行、连串等更复杂的情况。它们具有不同的特征或规律。另一方面,速率方程中包含一些动力学特征参数,如级数、速率常数、活化能和指前因子等,它们是不同反应的特性,需要用实验、半经验或理论的方法获得。

8.1　化学反应速率的定义

对于一个已知计量数的化学反应 $y\mathrm{Y}+z\mathrm{Z} \longrightarrow g\mathrm{G}+h\mathrm{H}$ 或 $0 = \sum \nu_\mathrm{B}\mathrm{B}$,根据 IUPAC 的推荐,该反应的反应进度(extent of reaction)ξ、转化速率(rate of conversion)$\dot{\xi}$ 和反应速率(rate of reaction)r 的定义为

$$\xi \overset{\mathrm{def}}{=\!=\!=} \frac{n_\mathrm{B}(\xi) - n_\mathrm{B}(0)}{\nu_\mathrm{B}} \tag{8.1.1}$$

$$\dot{\xi} \overset{\mathrm{def}}{=\!=\!=} \frac{\mathrm{d}\xi}{\mathrm{d}t} = \frac{1}{\nu_\mathrm{B}} \frac{\mathrm{d}n_\mathrm{B}(\xi)}{\mathrm{d}t} \tag{8.1.2}$$

$$r \overset{\mathrm{def}}{=\!=\!=} \frac{\dot{\xi}}{V} = \frac{1}{\nu_\mathrm{B}V} \frac{\mathrm{d}n_\mathrm{B}}{\mathrm{d}t} \tag{8.1.3}$$

式中:ξ 为反应进度;n_B 为物质 B 的物质的量;t 为反应时间;V 为反应系统的体积。如果反应系统的体积 V 保持不变或其变化可以忽略,则

$$r = \frac{1}{\nu_\mathrm{B}} \frac{\mathrm{d}}{\mathrm{d}t}\left(\frac{n_\mathrm{B}}{V}\right) = \frac{1}{\nu_\mathrm{B}} \frac{\mathrm{d}[\mathrm{B}]}{\mathrm{d}t} = \frac{1}{\nu_\mathrm{B}} \frac{\mathrm{d}c_\mathrm{B}}{\mathrm{d}t} \tag{8.1.4}$$

式中:$[\mathrm{B}]$代表参加反应的各物质的浓度 c_B;r 为等容条件下的反应速率,单位为 $\mathrm{mol \cdot m^{-3} \cdot s^{-1}}$。

对于任意反应

$$y\mathrm{Y} + z\mathrm{Z} =\!=\!= g\mathrm{G} + h\mathrm{H}$$

有

$$r = -\frac{1}{y}\frac{\mathrm{d}c_\mathrm{Y}}{\mathrm{d}t} = -\frac{1}{z}\frac{\mathrm{d}c_\mathrm{Z}}{\mathrm{d}t} = \frac{1}{g}\frac{\mathrm{d}c_\mathrm{G}}{\mathrm{d}t} = \frac{1}{h}\frac{\mathrm{d}c_\mathrm{H}}{\mathrm{d}t} \tag{8.1.5}$$

要注意,用反应物或产物等不同组分表示反应速率时,其速率常数的值一般是不同的。现以合成氨的气相等容反应为例来说明。该反应式为

$$\mathrm{N_2 + 3H_2 =\!=\!= 2NH_3}$$

$$r = \frac{\mathrm{d}c_\mathrm{B}}{\nu_\mathrm{B}\mathrm{d}t} = -\frac{\mathrm{d}c_\mathrm{N_2}}{\mathrm{d}t} = -\frac{1}{3}\frac{\mathrm{d}c_\mathrm{H_2}}{\mathrm{d}t} = \frac{1}{2}\frac{\mathrm{d}c_\mathrm{NH_3}}{\mathrm{d}t}$$

而

$$r_\mathrm{N_2} = -\frac{\mathrm{d}c_\mathrm{N_2}}{\mathrm{d}t}, \quad r_\mathrm{H_2} = -\frac{\mathrm{d}c_\mathrm{H_2}}{\mathrm{d}t}, \quad r_\mathrm{NH_3} = \frac{\mathrm{d}c_\mathrm{NH_3}}{\mathrm{d}t}$$

应注意反应速率为一标量(代数量),而不是向量(几何量);凡提到反应速率时,必须指明反应的计量方程式;反应速率 r 是反应时间 t 的函数,代表反应的瞬时速率,其值不仅与反应的本性和条件有关,而且与物质的浓度单位有关。

对于气相反应,若以各物质的分压来表示浓度,则

$$r_p = \frac{1}{\nu_\mathrm{B}} \frac{\mathrm{d}p_\mathrm{B}}{\mathrm{d}t} \quad (\text{恒容}) \tag{8.1.6}$$

显然,反应速率 r_p 与 r 的单位不同。

　　同样对于反应

$$gG + hH \longrightarrow yY + zZ \qquad (8.1.7)$$

$$r_p = -\frac{\mathrm{d}p_G}{g\mathrm{d}t} = -\frac{\mathrm{d}p_H}{h\mathrm{d}t} = \frac{\mathrm{d}p_Y}{y\mathrm{d}t} = \frac{\mathrm{d}p_Z}{z\mathrm{d}t}$$

因

$$p_B = \frac{n_B RT}{V} = c_B RT, \quad \mathrm{d}p_B = RT\mathrm{d}c_B$$

故有

$$r_p = rRT \qquad (8.1.8)$$

8.2 化学反应的速率方程

　　大量的实验事实表明,除参加反应各物质本身固有的特性外,有很多因素可影响反应速率。主要因素有:反应物、产物、催化剂等的浓度,系统的温度、压力以及反应环境(包括溶剂性质、离子强度等)。这些因素对反应速率的影响方式、大小各不相同,但最基本的是浓度与温度。化学动力学主要考虑这两个因素影响反应速率的规律,其他因素的影响方式一般比较复杂,在后面讨论各种系统中的动力学规律时会分别有所涉及。

8.2.1　基元反应和非基元反应及反应机理

　　一个化学反应,可能是一步完成,也可能是分几步完成的。大多数化学反应是经过一系列的步骤而完成的。凡反应物分子、原子、离子、自由基等直接碰撞,一步实现的反应称为基元反应(elementary reaction)。

　　由两个或两个以上的基元反应组成的化学反应称为非基元反应或复合反应。组合的方式或先后次序称为反应机理(reaction mechanism),或称为反应历程。在研究化学反应速率时,常常需要了解反应机理,即需要了解在化学反应过程中从反应物变为产物所经历的具体途径。

　　例如人们熟知的化学反应 $O_2 + 2NO \longrightarrow 2NO_2$,此反应式表示的是一个宏观的总反应。实际上,该反应并不是一步完成的,而是经历了如下三个步骤(历程)。

　　① $2NO \longrightarrow N_2O_2$ 　快

　　② $N_2O_2 \longrightarrow 2NO$ 　快

　　③ $N_2O_2 + O_2 \longrightarrow 2NO_2$ 　慢

　　上述三个步骤的每一步的产物都是由反应物一步就直接转化而成的,以上各步均为基元反应。

　　又如反应 $H_2 + Br_2 =\!=\!= 2HBr$,并非指 1 个 H_2 分子与 1 个 Br_2 分子一次性碰撞生成 2 个 HBr 分子。实验证明 H_2 与 Br_2 的反应是通过如下一系列反应步骤完成的。

　　① $Br_2 + M^0 \longrightarrow 2Br\cdot + M_0$

　　② $Br\cdot + H_2 \longrightarrow HBr + H\cdot$

　　③ $H\cdot + Br_2 \longrightarrow HBr + Br\cdot$

　　④ $H\cdot + HBr \longrightarrow H_2 + Br\cdot$

　　⑤ $Br\cdot + Br\cdot + M_0 \longrightarrow Br_2 + M^0$

其中,M 为 H_2 和 Br_2 分子,M^0 为高能分子,M_0 为低能分子。以上各步均为基元反应。

　　像 $H_2 + Br_2 =\!=\!= 2HBr$ 这样一类反应机理中至少包含两个基元反应步骤的反应称为复

合反应。但也确有少数化学方程式既可表达反应的计量关系,同时也可表达一个一次性化学反应过程(基元反应),如 $NO_2 + CO \Longrightarrow NO + CO_2$,这类由 1 个基元反应组成的总反应称为简单反应。基元反应分为三类:单分子(分解、异构化)反应、双分子反应(占绝大多数)、三分子反应。

8.2.2　质量作用定律和反应分子数

基元反应中反应物的微粒个数称为该反应的反应分子数(molecularity of reaction)。

经过碰撞而活化的单分子分解反应或异构化反应称为单分子反应。例如:

$$A \longrightarrow G + H + \cdots$$

因为是一个活化分子独立进行的反应,所以

$$-\frac{dc_A}{dt} \propto c_A, \quad -\frac{dc_A}{dt} = kc_A$$

双分子反应可分为异类分子间的反应与同类分子间的反应。

异类分子间的反应:

$$A + G \longrightarrow 产物$$

A 与 G 碰撞发生反应,单位体积、单位时间内含 A、G 越多,越易于反应,即

$$-\frac{dc_A}{dt} \propto c_A c_G, \quad -\frac{dc_A}{dt} = kc_A c_G$$

同类分子间的反应:

$$A + A \longrightarrow 产物$$

同理

$$-\frac{dc_A}{dt} = kc_A^2$$

以此类推,对于基元反应

$$gG + hH \longrightarrow lL + mM$$

有

$$-\frac{dc_G}{dt} \propto c_G^g c_H^h, \quad -\frac{dc_G}{dt} = kc_G^g c_H^h \tag{8.2.1}$$

即对于基元反应,它的反应速率与基元反应中各反应物浓度的幂乘积成正比,其中各反应物浓度的幂指数为基元反应方程中各反应物的系数。这一规律称为基元反应的质量作用定律(law of mass action)。

质量作用定律仅适用于基元反应。对于非基元反应,必须知道反应机理中属于定速步骤的基元反应,才能正确写出化学反应的质量作用定律表示式。因此,仅知道化学方程式,并不能确定化学反应速率与浓度的关系。反应速率方程必须以实验为根据。值得注意的是,符合质量作用定律的反应不一定是基元反应。

反应分子数是指在基元反应中反应物(分子、原子、离子、自由基等)的数目。反应分子数是人们为了说明反应机理而引出的概念。根据反应分子数可将反应分为单分子反应、双分子反应和三分子反应。

三分子以上的反应目前还未发现。三分子反应也是很少见的,因为三个分子在同一时间、同一空间碰撞而发生反应的几率是很小的,如

$$2I \cdot + H_2 \longrightarrow 2HI$$

8.2.3　反应速率的一般形式和反应级数

对于反应 $yY + zZ \Longrightarrow gG + hH$,其反应速率与反应物的物质的量浓度的关系可通过实

验测定得到。

$$-\frac{dc_Y}{dt} = kc_Y^{n_Y} c_Z^{n_Z} \cdots \tag{8.2.2}$$

式(8.2.2)为化学反应的速率方程(rate equation)或动力学方程(kinetic equation)，是一个经验方程。

式中：$n_Y, n_Z, \cdots$ 称为物质 Y，Z，$\cdots$ 的分级数，由实验确定的所有分级数之和称为反应的总级数，又称反应级数(order of reaction)，以 n 表示，即

$$n = n_Y + n_Z + \cdots$$

反应级数是反应速率方程中反应物的物质的量浓度的幂指数，它的大小表示反应物的物质的量浓度对反应速率影响的程度，级数越高，表明浓度对反应速率影响越强烈。

反应级数可以为整数（正整数、零、负整数）和分数，这都是由实验测定的。所以，反应级数由速率方程决定，而速率方程又是由实验确定的，决不能由计量方程直接写出速率方程。

速率方程中 k 称为速率常数(rate constant)或速率系数(rate coefficient)，它是指定温度下各有关浓度都为单位量时的反应速率，也是速率方程的比例常数。速率常数不仅与反应系统的本性有关，还与反应温度、反应介质（溶剂）、催化剂等有关，甚至会因反应器的形状、性质而异。k 的单位为 $[浓度]^{1-n} \cdot [时间]^{-1}$，浓度可用 $mol \cdot m^{-3}$ 或 $mol \cdot L^{-1}$，时间可用秒(s)、分(min)、小时(h)、天(d)或年(a)表示。

要注意用反应物（或产物）等不同组分表示反应速率时，其速率常数的值一般是不一样的。

必须指出：反应分子数和反应级数是属于不同范畴的两个概念，前者为理论的概念，而后者为实验的概念，必须明确地加以区别。

反应级数是根据实验得出的反应速率与反应物浓度的依赖关系而导出的概念，即使不知道反应机理，也可以测出反应级数。反应分子数是人们为了说明反应机理引出的概念，它表明每个基元反应中参加反应的分子数目。但这是两个不同的概念（见表8.2.1），只是在某些特定情况下，两者在数值上可能相等。

表 8.2.1　反应级数与反应分子数的差别

项目	概念所属范围	定义或意义	允许值	对指定反应是否有固定值	是否肯定存在
反应级数	宏观的总反应	反应的宏观速率对浓度的依赖关系	整数（正整数、零、负整数）和分数	可依反应条件不同而有所不同	对速率方程不能纳入 $r = kc_A^n c_G^n \cdots$ 的反应，级数无意义
反应分子数	微观的基元反应	参加该反应的反应物微粒数目	只可能是1、2、3	为固定值	必然存在

8.2.4　用气体组成分压表示的速率方程

对于反应
$$a A(g) \longrightarrow y Y(g)$$

由于
$$p_A = \frac{n_A RT}{V} = c_A RT, \quad r_{A,c} = -\frac{dc_A}{dt} = k_{A,c} c_A^n$$

于是
$$r_{A,p} = -\frac{dp_A}{dt} = -\frac{d(c_A RT)}{dt} = -RT \frac{dc_A}{dt} = RT k_{A,c} c_A^n$$

所以
$$k_{A,p} p_A^n = RTk_{A,c} c_A^n$$

故得
$$k_{A,p} = k_{A,c}(RT)^{1-n} \tag{8.2.3}$$

式中：$k_{A,p}$、$k_{A,c}$ 分别为反应物 A 的组成用分压及物质的量浓度表示时的速率方程中的反应速率常数。

8.3　速率方程的积分式

上述讨论的速率方程为微分方程形式，这种形式便于理论分析，而在实际应用时，为了便于定量计算，或者找出反应过程的浓度与时间的关系，需将微分方程转化为积分方程的形式。对反应速率方程的微分式积分得

$$c = f(t)$$

上式为速率方程的积分式，也称动力学方程，它表示反应物的浓度与反应时间的关系。动力学方程除了可通过速率方程的数学处理获得外，还可通过实测的浓度和时间的数据归纳出来。利用动力学方程可以确定反应级数、反应组分浓度及反应时间等。下面分别考虑简单级数反应和复合反应的动力学方程。

8.3.1　零级反应

对于反应 A ——→产物，若反应速率与反应物 A 的浓度的零次方成正比，该反应就是零级反应（zeroth order reation）。

许多表面催化反应属零级反应，如：氨气在钨丝上的分解反应 $2NH_3 \longrightarrow N_2 + 3H_2$；氧化亚氮在铝丝上的分解反应 $2N_2O \longrightarrow 2N_2 + O_2$。这类零级反应大多是在催化剂表面上发生的，在给定的气体浓度（分压）下，催化剂表面已被反应物气体分子所饱和，再增加气相浓度（分压），并不能改变催化剂表面上反应物的浓度，当表面反应为速率控制步骤时，总的反应速率并不再依赖于反应物在气相的浓度，这样，反应在宏观上必然遵循零级反应的规律。

零级反应的速率方程为

$$-\frac{dc_A}{dt} = k_A c_A^0 = k_A \tag{8.3.1}$$

则
$$\int_{c_{A,0}}^{c_A} -dc_A = \int_0^t k_A dt$$

得到
$$c_{A,0} - c_A = k_A t \tag{8.3.2}$$

零级反应的特征：

（1）反应掉的物质的量（$c_{A,0} - c_A$）与时间 t 呈线性关系（见图 8.3.1），斜率为 k_A；

（2）k_A 的单位为 $mol \cdot L^{-1} \cdot s^{-1}$ 或 $mol \cdot m^{-3} \cdot min^{-1}$；

（3）半衰期（half-life time）为反应物反应掉一半所需的时间，用 $t_{1/2}$ 表示，可根据半衰期来确定速率方程。零级反应的半衰期为

$$t_{1/2} = \frac{c_{A,0} - \frac{1}{2}c_{A,0}}{k_A} = \frac{c_{A,0}}{2k_A} \tag{8.3.3}$$

由式（8.3.3）可知，对于零级反应，$t_{1/2}$ 与 $c_{A,0}$ 成正

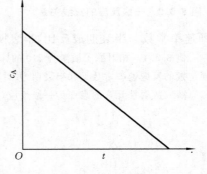

图 8.3.1　零级反应的直线关系

比,与 k_A 成反比。

8.3.2　一级反应

对于反应 A ——→ 产物,若反应速率与反应物 A 的浓度的一次方成正比,该反应就是一级反应(first order reaction)。

其微分速率方程为

$$-\frac{\mathrm{d}c_A}{\mathrm{d}t} = k_A c_A \qquad (8.3.4)$$

属于一级反应的有:大多数热分解反应、放射元素的蜕变反应、分子重排反应、水解反应,如镭的放射性蜕变反应 $_{88}\mathrm{Ra}^{226}$ ——→ $_{86}\mathrm{Rn}^{222} + _2\mathrm{He}^4$ 和碘的热分解反应 I_2 ——→ 2I。

将式(8.3.4)分离变量,得

$$-\frac{\mathrm{d}c_A}{c_A} = k_A \mathrm{d}t$$

时间由 $0 \rightarrow t$,相应组分 A 的浓度由 $c_{A,0} \rightarrow c_A$,积分则有

$$-\int_{c_{A,0}}^{c_A} \frac{\mathrm{d}c_A}{c_A} = \int_0^t k_A \mathrm{d}t$$

因 k_A 为常数,积分后得

$$\ln\frac{c_{A,0}}{c_A} = k_A t \qquad (8.3.5)$$

即

$$\ln c_A = -k_A t + \ln c_{A,0} \qquad (8.3.6)$$

或

$$c_A = c_{A,0}\exp(-k_A t) \qquad (8.3.7)$$

式中:k 为反应速率常数。

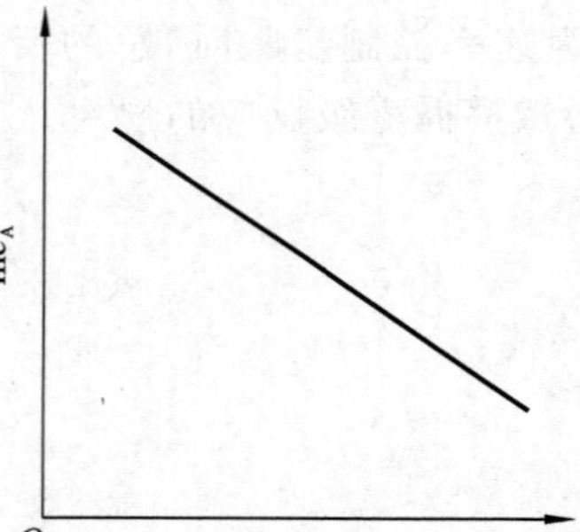

一级反应的特征:

(1) $\ln c_A$ 与 t 呈线性关系(见图 8.3.2),从式(8.3.6)可看出 $\ln c_A$ 与 t 呈线性关系;

(2) 一级反应的 k_A 的单位可以是 s^{-1}、min^{-1}、h^{-1} 等;

(3) 半衰期为

$$t_{1/2} = \frac{\ln 2}{k_A} \qquad (8.3.8)$$

将 $c_A = \dfrac{c_{A,0}}{2}$ 代入式(8.3.5),可得

图 8.3.2　一级反应的直线关系

$$k_A = \frac{\ln 2}{t_{1/2}} \quad \text{或} \quad t_{1/2} = \frac{0.693}{k_A}$$

即速率常数与半衰期成反比,半衰期与反应物的起始浓度无关。

例 8.3.1　相对原子质量为 210 的钋同位素进行 β 放射,经 14 d 后同位素的活性降低 6.85%。试求此同位素的反应速率常数 k 和半衰期,并计算多长时间才分解 90%。

解　放射性元素的衰变为一级反应,由一级反应公式

$$\ln\frac{c_{A,0}}{c_A} = k_A t$$

得

$$\ln\frac{100}{100 - 6.85} = k_A \times 14$$

故

$$k_A = 0.005\ 07\ \mathrm{d}^{-1}$$

$$t_{1/2} = \frac{0.693}{k_A} = \frac{0.693}{0.005\ 07}\ \mathrm{d} = 137\ \mathrm{d}$$

分解 90% 的时间为

$$t = \frac{1}{k_A}\ln\frac{c_{A,0}}{c_A} = \frac{1}{0.005\ 07} \times \ln\frac{100}{100-90}\ \mathrm{d} = 454\ \mathrm{d}$$

例 8.3.2　25 ℃时,酸催化蔗糖的转化反应为

$$C_{12}H_{22}O_{11}(\text{蔗糖}) + H_2O \longrightarrow C_6H_{12}O_6(\text{葡萄糖}) + C_6H_{12}O_6(\text{果糖})$$

其动力学数据如下表(蔗糖的初始浓度 $c_{A,0}$ 为 1.002 3 $\mathrm{mol \cdot L^{-1}}$,时刻 t 的浓度为 c_A)。

t/min	0	30	60	90	130	180
$(c_{A,0}-c_A)/(\mathrm{mol \cdot L^{-1}})$	0	0.100 1	0.194 6	0.277 0	0.372 6	0.467 6

使用作图法证明此反应为一级反应。试求其速率常数及半衰期,并计算蔗糖转化 95% 需多长时间。

解　如蔗糖水解是一级反应,就应符合 $\ln\dfrac{c_A}{c_{A,0}} = -k_A t$,即 $\ln(c_A/c_{A,0})\text{-}t$ 为一直线。

计算数据如下表。

t/min	0	30	60	90	130	180
$c_A/(\mathrm{mol \cdot L^{-1}})$	1.002 3	0.902 2	0.807 7	0.725 3	0.629 7	0.534 7
$\ln(c_A/c_{A,0})$	0	−0.105 2	−0.215 9	−0.323 5	−0.464 8	−0.628 3

利用数据作图如图 8.3.3 所示。

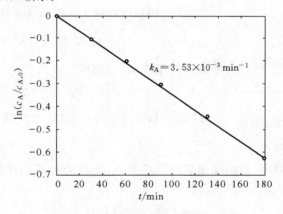

图 8.3.3　作图法判断反应级数示意图

因 $\ln(c_A/c_{A,0})\text{-}t$ 为一直线,可判断该反应为一级反应。

直线斜率　　　　　　　　　　　　$k_A = 3.53 \times 10^{-3}\ \mathrm{min^{-1}}$

$$t_{1/2} = \frac{\ln 2}{k_A} = 196.4\ \mathrm{min}$$

蔗糖转化 95% 需时为

$$t = \frac{1}{k_A}\ln\frac{c_{A,0}}{c_A} = \frac{1}{3.53 \times 10^{-3}} \times \ln\frac{1}{1-0.95}\ \mathrm{min} = -\frac{\ln 0.05}{3.53 \times 10^{-3}}\ \mathrm{min} = 849.6\ \mathrm{min}$$

8.3.3　二级反应

凡是反应速率与反应物浓度的二次方成正比的,就称为二级反应(second order reaction)。二级反应是最常见的反应。例如,碘化氢的加热分解,氢和碘蒸气的化合,乙烯、丙烯和异丁烯的二聚作用,以及乙酸乙酯和碱的皂化反应等,都是二级反应。

二级反应的形式有两种：一是只有一种反应物的形式；二是有两种反应物的形式。

1. 只有一种反应物的形式

若实验确定，反应物 A 的消耗速率与反应物 A 的物质的量浓度的二次方成正比，则总反应级数为二级。

$$aA \longrightarrow D + \cdots$$

其微分速率方程为

$$-\frac{dc_A}{dt} = k_A c_A^2 \quad (n = 2) \tag{8.3.9}$$

积分式为

$$-\int_{c_{A,0}}^{c_A} \frac{dc_A}{c_A^2} = k_A \int_0^t dt$$

积分整理得

$$\frac{1}{c_A} - \frac{1}{c_{A,0}} = k_A t \tag{8.3.10}$$

将 $c_A = \dfrac{c_{A,0}}{2}$ 代入式(8.3.10)，可得半衰期

$$t_{1/2} = \frac{1}{k_A c_{A,0}} \tag{8.3.11}$$

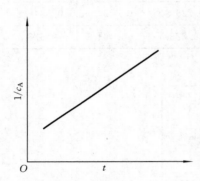

图 8.3.4　二级反应的直线关系

式中：k_A 为反应速率常数。式(8.3.10)为只有一种反应物时的二级反应的积分速率方程。

该类二级反应的特征：

(1) 二级反应的速率常数 k_A 的单位为 $m^3 \cdot mol^{-1} \cdot s^{-1}$；

(2) $t_{1/2} = \dfrac{1}{c_{A,0} k_A}$，即二级反应的半衰期与反应物 A 的初始物质的量浓度 $c_{A,0}$ 成反比；

(3) $1/c_A$ 与 t 呈线性关系(见图 8.3.4)，式(8.3.10)为一直线方程，即 $\dfrac{1}{c_A}$-t 为一直线，由直线的斜率可求得 k_A。

2. 有两种反应物的形式

若实验确定，反应物 A 的消耗速率与反应物 A 及 E 的物质的量浓度的一次方成正比，则总反应级数为混二级。

$$aA + eE \longrightarrow D + \cdots$$

其微分速率方程可表述为

$$-\frac{dc_A}{dt} = kc_A c_E \tag{8.3.12}$$

积分可有下列几种情况。

(1) $a = e$ 时，若 $c_{A,0} = c_{E,0}$，则由于反应物 A 和 E 在任一时刻 $c_A = c_E$。于是有

$$-\frac{dc_A}{dt} = k_A c_A^2$$

积分结果同式(8.3.9)，则

$$\frac{1}{c_A} - \frac{1}{c_{A,0}} = k_A t$$

(2) $a \neq e$ 时，若 $\dfrac{c_{A,0}}{c_{E,0}} = \dfrac{a}{e}$，则由于反应物 A 和 E 在任一时刻均应按计量数的比例反应，

从而 $\dfrac{c_A}{c_E}=\dfrac{a}{e}$，于是式(8.3.12)可化简为

$$-\frac{dc_A}{dt}=kc_Ac_E=kc_A\left(c_A\frac{e}{a}\right)=k'c_A^2$$

式中：$k'=k\dfrac{e}{a}$。积分结果同式(8.3.10)，则

$$\frac{1}{c_A}-\frac{1}{c_{A,0}}=k't$$

但求得的是反应级数而非分级数。

(3) $a=e$ 时，若 $\dfrac{c_{A,0}}{c_{E,0}}\neq\dfrac{a}{e}$，经反应时间 t 后，浓度消耗为 y，积分得

$$\frac{1}{c_{A,0}-c_{E,0}}\ln\frac{c_{E,0}(c_{A,0}-y)}{c_{A,0}(c_{E,0}-y)}=k_2t \qquad\qquad (8.3.13)$$

具体推导过程为

$$-\frac{dc_A}{dt}=k_2(c_{A,0}-y)(c_{E,0}-y)$$

即

$$-\frac{d(c_{A,0}-y)}{dt}=\frac{dy}{dt}=k_2(c_{A,0}-y)$$

$$\int_0^y\frac{dy}{(c_{A,0}-y)(c_{E,0}-y)}=\int_0^yk_2t$$

$$\int_0^y\frac{1}{c_{A,0}-c_{E,0}}\left(\frac{dy}{c_{E,0}-y}-\frac{dy}{c_{A,0}-y}\right)=\frac{1}{c_{A,0}-c_{E,0}}\left(\int_0^y\frac{dy}{c_{E,0}-y}-\int_0^y\frac{dy}{c_{A,0}-y}\right)$$

$$=\frac{1}{c_{A,0}-c_{E,0}}\ln\frac{c_{E,0}(c_{A,0}-y)}{c_{A,0}(c_{E,0}-y)}=k_2t$$

例 8.3.3　在抽空的刚性容器内，引入一定量的纯 A 气体，发生的反应为

$$A(g)\longrightarrow E(g)+2C(g)$$

设反应能进行完全，经恒温到 323 K 时开始计时，测定系统总压随时间的变化关系如下表。

$t/\min$	0	30	50	∞
$p_{总}/kPa$	53.33	73.33	80.00	106.66

求该反应的级数及速率常数。

解　　　　　$A(g)\longrightarrow$　　$E(g)$　　+　　$2C(g)$

$t=0$　　　p_0　　　　p'　　　　　$2p'$　　　　$p_{总}(0)$

$t=t$　　　p　　　p_0-p+p'　　$2(p_0-p+p')$　　$p_{总}(t)$

$t=\infty$　　　0　　　p_0+p'　　　$2(p_0+p')$　　　$p_{总}(\infty)$

$$p_{总}(0)=p_0+3p'=53.33\ kPa \qquad\qquad ①$$

$$p_{总}(t)=3(p_0+p')-2p \qquad\qquad ②$$

$$p_{总}(\infty)=3(p_0+p')=106.66\ kPa \qquad\qquad ③$$

由方程①、方程③解得

$$p'=8.89\ kPa,\quad p_0=26.66\ kPa$$

由方程②解得

$$t=30\ min,\quad p_{总}=73.33\ kPa\ 时，\ p=16.67\ kPa$$

$$t=50\ min,\quad p_{总}=80.00\ kPa\ 时，\ p=13.33\ kPa$$

代入二级反应的速率方程

$$\frac{1}{p} - \frac{1}{p_0} = k_p t$$

得 $t = 30$ min 时

$$\frac{1}{16.67} - \frac{1}{26.66} = k_p \times 30, \quad k_p = 7.5 \times 10^{-4} (\mathrm{kPa})^{-1} \cdot \mathrm{min}^{-1}$$

$t = 50$ min 时

$$\frac{1}{13.33} - \frac{1}{26.66} = k_p \times 50, \quad k_p = 7.5 \times 10^{-4} (\mathrm{kPa})^{-1} \cdot \mathrm{min}^{-1}$$

k_p 为一常数，所以该反应为二级反应，k_p 为 $7.5 \times 10^{-4} (\mathrm{kPa})^{-1} \cdot \mathrm{min}^{-1}$。

例 8.3.4　乙酸乙酯的皂化反应为

$$\underset{\text{A}}{CH_3COOC_2H_5} + \underset{\text{E}}{NaOH} \longrightarrow \underset{\text{C}}{CH_3COONa} + \underset{\text{D}}{C_2H_5OH}$$

该反应为二级反应，开始时，A、E 的浓度都为 $0.02 \ \mathrm{mol} \cdot \mathrm{L}^{-1}$，在 21 ℃反应 25 min 后，取出样品并中止反应进行定量分析，测得溶液中剩余的 NaOH 为 $0.529 \times 10^{-2} \ \mathrm{mol} \cdot \mathrm{L}^{-1}$。

（1）试求反应转化率达 90% 所需的时间；

（2）如果 $c_{A,0} = c_{E,0} = 0.01 \ \mathrm{mol} \cdot \mathrm{L}^{-1}$，试求达到同样转化率需要的时间。

解　在进行动力学计算以前，应先选定适合此反应的速率方程，并求出速率常数 k。按题给条件，这个反应为二级反应，则速率方程为

$$kt = \frac{1}{c_A} - \frac{1}{c_{A,0}}$$

$$k = \frac{1}{t}\left(\frac{1}{c_A} - \frac{1}{c_{A,0}}\right) = \frac{1}{25} \times \left(\frac{1}{0.529 \times 10^{-2}} - \frac{1}{0.02}\right) = 5.56 \ \mathrm{mol}^{-1} \cdot \mathrm{L} \cdot \mathrm{min}^{-1}$$

由于 $c_{A,0} = c_{E,0}$ 则 $c_A = c_E$。

（1）$c_{A,0} = 0.02 \ \mathrm{mol} \cdot \mathrm{L}^{-1}$，$x_A = 0.9$，则

$$t = \frac{1}{k}\left[\frac{1}{c_{A,0}(1-x_A)} - \frac{1}{c_{A,0}}\right] = \frac{1}{kc_{A,0}}\left(\frac{1}{1-x_A} - 1\right)$$

$$t = \frac{x_A}{kc_{A,0}(1-x_A)} = \frac{0.9}{5.56 \times 0.02 \times (1-0.9)} \ \mathrm{min} = 80.9 \ \mathrm{min}$$

（2）$c_{A,0} = 0.01 \ \mathrm{mol} \cdot \mathrm{L}^{-1}$，$x_A = 0.9$，则

$$t = \frac{x_A}{kc_{A,0}(1-x_A)} = \frac{0.9}{5.56 \times 0.01 \times (1-0.9)} \ \mathrm{min} = 161.8 \ \mathrm{min}$$

对于相同的转化率，如果初始浓度减半，则时间加倍。这是二级反应的特征。

8.3.4　n 级反应

对于已知计量数的反应

$$a\mathrm{A} + e\mathrm{E} \longrightarrow 产物$$

其微分速率方程可表述为

$$-\frac{\mathrm{d}c_A}{\mathrm{d}t} = k_A c_A^n \tag{8.3.14}$$

当 $n \neq 1$ 时，$-\int_{c_{A,0}}^{c_A} \frac{\mathrm{d}c_A}{c_A^n} = k_A \int_0^t \mathrm{d}t$，积分得

$$\frac{1}{n-1}\left(\frac{1}{c_A^{n-1}} - \frac{1}{c_{A,0}^{n-1}}\right) = k_A t \tag{8.3.15}$$

式（8.3.15）是速率方程积分式的通式，适用于 $n \neq 1$ 的所有情况，n 可为整数也可为分数。

当反应条件满足以下之一者，皆符合上述通式。

（1）只有一种反应物的反应，即 A $\longrightarrow$ 产物。

（2）除一种反应物外，其余组分保持大量过剩的反应，在反应中可以看成浓度不变。

$$aA + eE + dD + \cdots \longrightarrow 产物$$

那么，反应速率就只与这一种物质的浓度的 n 次方成正比，而"准 n 级反应"可近似作为 n 级反应处理。

（3）各组分初浓度与计量数成比例，即

$$\frac{c_{A,0}}{a} = \frac{c_{E,0}}{e} = \cdots$$

n 级反应的特征：

（1）$\dfrac{1}{c_A^{n-1}}$-t 呈线性关系；

（2）半衰期为

$$t_{1/2} = \frac{1}{(n-1)k_A}\left[\frac{1}{\left(\frac{1}{2}c_{A,0}\right)^{n-1}} - \frac{1}{c_{A,0}^{n-1}}\right] = \frac{2^{n-1}-1}{(n-1)k_A c_{A,0}^{n-1}}$$

即 $t_{1/2} = kc_{A,0}^{1-n}$，$t_{1/2}$ 与 $c_{A,0}^{1-n}$ 成正比；

（3）k_A 的单位为 $[\text{mol} \cdot \text{m}^{-3}]^{1-n} \cdot [\text{s}]^{-1}$。

现将具有简单级数反应的速率方程的讨论结果进行归纳，列于表 8.3.1 中。

表 8.3.1　各级反应速率方程及其特征

级数	速率方程		特征	
	微分式	积分式	直线关系	$t_{1/2}$
0	$-\dfrac{dc_A}{dt} = k_A$	$t = \dfrac{c_{A,0} - c_A}{k_A}$	c_A-t	$t_{1/2} = \dfrac{c_{A,0}}{2k_A}$
1	$-\dfrac{dc_A}{dt} = k_A c_A$	$t = \dfrac{1}{k_A}\ln\dfrac{c_{A,0}}{c_A}$	$\ln c_A$-t	$t_{1/2} = \dfrac{0.693}{k_A}$
2	$-\dfrac{dc_A}{dt} = k_A c_A^2$	$t = \dfrac{1}{k_A}\left(\dfrac{1}{c_A} - \dfrac{1}{c_{A,0}}\right)$	$\dfrac{1}{c_A}$-t	$t_{1/2} = \dfrac{1}{c_{A,0}k_A}$
n	$-\dfrac{dc_A}{dt} = k_A c_A^n$	$t = \dfrac{1}{k_A}\dfrac{1}{n-1}\left(\dfrac{1}{c_A^{n-1}} - \dfrac{1}{c_{A,0}^{n-1}}\right)$	$\dfrac{1}{c_A^{n-1}}$-t	$t_{1/2} = \dfrac{2^{n-1}-1}{(n-1)k_A c_{A,0}^{n-1}}$

例 8.3.5　在某反应 $A \longrightarrow E + D$ 中，反应物 A 的初始浓度 $c_{A,0}$ 为 $1\ \text{mol} \cdot \text{L}^{-1}$，初始速率 $r_{A,0}$ 为 0.01 $\text{mol} \cdot \text{L}^{-1} \cdot \text{s}^{-1}$，假定反应为：①零级反应；②一级反应；③二级反应；④2.5 级反应，试分别求 k、$t_{1/2}$ 及达到 $c_A = 0.1\ \text{mol} \cdot \text{L}^{-1}$ 所需要的时间。

解　已知 $t=0$ 时，$c_{A,0} = 1\ \text{mol} \cdot \text{L}^{-1}$，$r_{A,0} = 0.01\ \text{mol} \cdot \text{L}^{-1} \cdot \text{s}^{-1}$。

① 零级反应。

$r_A = k_A = $ 常数，r_A 与 c_A 无关，为一常数。

$t=0$ 时　　　　　　　　$r_A = r_{A,0} = k_A = 0.01\ \text{mol} \cdot \text{L}^{-1} \cdot \text{s}^{-1}$

而　　　　　　　　$t_{1/2} = \dfrac{c_{A,0}}{2k_A} = \dfrac{1}{2 \times 0.01}\ \text{s} = 50\ \text{s}$

若反应到 $c_A = 0.1\ \text{mol} \cdot \text{L}^{-1}$ 所需时间为 t，则

$$t = \frac{c_{A,0} - c_A}{k_A} = \frac{1 - 0.1}{0.01} \text{ s} = 90 \text{ s}$$

② 一级反应。

$$r_A = k_A c_A$$

$t = 0$ 时,$r_A = r_{A,0} = k_A c_{A,0}$,则

$$k_A = \frac{r_{A,0}}{c_{A,0}} = \frac{0.01}{1} \text{ s}^{-1} = 0.01 \text{ s}^{-1}$$

$$t_{1/2} = \frac{\ln 2}{k_A} = \frac{0.693}{0.01} \text{ s} = 69.3 \text{ s}$$

$$t = \frac{1}{k_A} \ln \frac{c_{A,0}}{c_A} = \frac{1}{0.01} \times \ln \frac{1}{0.1} \text{ s} = 230.3 \text{ s}$$

③ 二级反应。

$$r_A = k_A c_A^2$$

$t = 0$ 时,$r_A = r_{A,0} = k_A c_{A,0}^2$,则

$$k_A = \frac{r_{A,0}}{c_{A,0}^2} = \frac{0.01}{1^2} \text{ mol}^{-1} \cdot \text{L} \cdot \text{s}^{-1} = 0.01 \text{ mol}^{-1} \cdot \text{L} \cdot \text{s}^{-1}$$

$$t_{1/2} = \frac{1}{k_A c_{A,0}} = \frac{1}{0.01 \times 1} \text{ s} = 100 \text{ s}$$

积分式为

$$t = \frac{1}{k_A} \left(\frac{1}{c_A} - \frac{1}{c_{A,0}} \right) = \frac{1}{0.01} \times \left(\frac{1}{0.1} - \frac{1}{1} \right) \text{ s} = 900 \text{ s}$$

④ 2.5级反应。

$$r_A = k_A c_{A,0}^{2.5}$$

$t = 0$ 时,$r_A = r_{A,0} = k_A c_{A,0}^{2.5}$,则

$$k_A = \frac{r_{A,0}}{c_{A,0}^{2.5}} = \frac{0.01}{1^{2.5}} \text{ mol}^{-1} \cdot \text{L}^{1.5} \cdot \text{s}^{-1} = 0.01 \text{ mol}^{-1} \cdot \text{L}^{1.5} \cdot \text{s}^{-1}$$

积分式为

$$t_{1/2} = \frac{1}{k_A(n-1)} \left(\frac{1}{c_A^{n-1}} - \frac{1}{c_{A,0}^{n-1}} \right)$$

$$= \frac{1}{1.5 \times 0.01} \times \left(\frac{1}{0.5^{1.5} c_{A,0}^{1.5}} - \frac{1}{c_{A,0}^{1.5}} \right) = 121.9 \text{ s}$$

$$t = \frac{1}{1.5 \times 0.01} \times \left(\frac{1}{0.1^{1.5}} - \frac{1}{1^{1.5}} \right) \text{ s} = 2\,041.5 \text{ s}$$

由以上分析可知:当反应级数由零级变到 2.5 级时,$t_{1/2}$ 由 50 s 变到 121.9 s,t 由 900 s 变到 2 041.5 s。这说明当初始浓度相同时,级数越大,速率随浓度下降得越快,因而差别越明显。

8.4　反应速率的实验测定原理与方法

　　复合反应包含若干个基元反应步骤,通常所写的化学方程式并不代表反应的真正机理,而仅是代表各基元反应的总结果。讨论温度、浓度对复合反应速率的影响,说到底也就是这两者对该复合反应中各基元步骤影响的总结果。复合反应速率方程是设计工业反应器的依据,并可为拟定反应机理提供数据。因此,建立复合反应经验速率方程是动力学研究的重要任务。通过实验可找到各种因素对总反应速率产生影响的速率方程。

8.4.1　物质的动力学实验数据的测定

1. c_A-t 曲线与反应速率

　　在一定温度下,随着化学反应的进行,反应物的物质的量浓度不断降低,产物的物质的

量浓度不断升高。通过实验可测得 c_A 与 t 的相关数据,并作 c_A-t 图(见图8.4.1)。

由图 8.4.1 中的 c_A-t 曲线在某时刻切线的斜率,可确定该时刻反应的瞬时速率为

$$r_A = -\frac{dc_A}{dt}$$

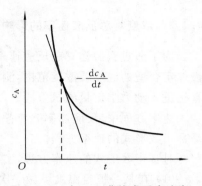

图 8.4.1　由 c_A-t 曲线求反应速率

2. 测定反应速率的静态法和流动态法

在实验室里测定反应速率,根据化学反应的具体情况,可以采用静态法,也可采用流动态法。对同一反应不论采用什么方法,所得动力学结果(如反应级数及活化能等)是一致的。

静态法是指反应器装置采用间歇式反应器(如反应烧瓶或小型高压反应釜),反应物一次加入,产物也一次取出的方法。流动态法是指反应器装置采用连续式反应器(连续管式反应器或连续槽式反应器),反应物连续不断地由反应器入口引入,而产物从出口不断流出的方法。在多相催化反应的动力学研究中,连续管式反应器的应用最为普遍。应用这样的反应器,控制反应的转化率较小(一般在 5% 以下)时,称为微分反应器;而控制反应的转化率较大(一般超过 5%)时,则称为积分反应器。

3. 温度的控制

在确定化学反应速率时,常常离不开温度的控制、浓度的测量和时间的记录。温度对反应速率影响强烈,温度每升高 10 ℃,反应速率会增加到原来的 2~4 倍。若温度带来 ±1% 的误差,可给反应速率带来 ±10% 的误差。所以在研究反应速率与浓度的关系时,必须将温度固定,并要求较高的温控精确度,如将间歇式反应器放置在高精度恒温槽内,对连续式反应器采取有效的保温措施等。

4. 反应物(或产物)浓度的监测

要确立一个反应的速率,就必须测定不同时刻的反应物(或产物)的浓度。反应过程中对反应物(或产物)浓度的监测,通常用化学法或物理法。

化学法通常是传统的定量分析法或较先进的仪器分析法。取样分析时要终止样品中的反应,常用的方法有骤冷、冲稀、酸碱中和法、加入负催化剂或除去催化剂等。究竟选用哪一种方法,视情况而定。

化学法的优点是能直接得出不同时刻浓度的绝对值,设备简单,获取结果直接;缺点是费时、费事,难以控制。

物理法通常是选定反应物(或产物)的某种物理性质并对其进行监测。所选定的物理性质一般与反应物(或产物)的浓度呈线性关系。如密度、气体的体积(或总压)、折射率、电导率、电动势、黏度、介电常数、吸收光谱、旋光度等。物理法的优点是快速方便,可以连续测定,便于自动记录,获取结果简捷;缺点是设备复杂,过于灵敏。

物理法较化学法迅速、方便,并可制成自动连续记录的装置,以记录某物理性质在反应中的变化。但此法不能直接测量浓度,所以要找出浓度与被测物理量之间的关系曲线(工作曲线)。

8.4.2　浓度对总反应速率的影响——实验安排

为了通过实验建立起反应速率方程,从实验安排的角度看,首先要做大量准备实验,以便选定合适的温度及浓度范围,测量出物质的浓度对反应速率的影响程度(反应级数),才能真正进入动力学定量测试阶段。

速率方程中,反应速率 r 与各组分浓度 c_B 之间函数关系的表达式多种多样,而最常用的是幂指数形式的速率方程。

对幂指数形式的速率方程,实验安排通常有两种方式。

(1) 在某一恒定温度下做一次实验,跟踪测定在整个反应过程中(反应最低进行 50% 以上)不同时刻反应物(或产物)的瞬时浓度,得到一组时间-浓度(t-c_B)数据。利用这种方法得到的反应级数称为时间级数。

(2) 初速率法。在某一恒定温度下做多次实验,用反应物不同的起始浓度,测定反应初期(反应只进行 1% 或者 2%)浓度随时间的改变率,从而得到一组不同初始浓度下的初速率数据 $\{r_0, c_{A,0}, c_{B,0}, \cdots\}$。由这一组数据确定经验速率方程,所确定的级数称为浓度级数。

对同一反应系统,浓度级数与时间级数在一些情况下可能不相等。因为在实际反应过程中,产物、逆反应、副反应等都对速率有影响。

1. 浓度法(时间级数)

该法是使影响反应速率的多个反应物浓度在整个反应期间保持恒定的比例关系的方法。

对于反应 $a\text{A} + b\text{B} \longrightarrow g\text{G} + h\text{H}$,有

$$-\frac{\mathrm{d}c_A}{\mathrm{d}t} = k c_A^{n_A} c_B^{n_B} \tag{8.4.1}$$

如取 $c_{B,0} = \dfrac{b}{a} c_{A,0}$,则任一时刻均有 $c_B = \dfrac{b}{a} c_A$,代入式(8.4.1)得

$$-\frac{\mathrm{d}c_A}{\mathrm{d}t} = k c_A^{n_A} c_B^{n_B} = k c_A^{n_A} \left(\frac{b}{a} c_A \right)^{n_B} = k' c_A^{n} \tag{8.4.2}$$

其中 $k' = k\left(\dfrac{b}{a} \right)^{n_B}$, $n = n_A + n_B$。

如取 $c_{A,0} = \dfrac{a}{b} c_{B,0}$,同理有

$$-\frac{\mathrm{d}c_A}{\mathrm{d}t} = k'' c_B^{n} \tag{8.4.3}$$

这种方法使速率方程获得数学形式的简化,便于获得总反应级数。但是该方法不适用于产物浓度影响反应速率的情况。

2. 隔离法(时间级数)

隔离法(孤立法)是在一次实验中,只让其中一个组分的浓度在反应过程中随时间改变,而其他组分浓度有效地保持恒定的方法。

对有两种反应物的反应,如 $a\text{A} + b\text{B} \longrightarrow g\text{G} + h\text{H}$,若其微分速率方程为

$$-\frac{\mathrm{d}c_A}{\mathrm{d}t} = k c_A^{n_A} c_B^{n_B}$$

先确定 n_A,可在实验时使 $c_{B,0} \gg c_{A,0}$,于是反应过程中 c_B 为一常数,则反应的微分速率方

程变为

$$-\frac{\mathrm{d}c_A}{\mathrm{d}t} = k'_A c_A^{n_A} \tag{8.4.4}$$

其中 $k' = k_A c_B^{n_B}$，采用一组时间-浓度数据便可确定级数 n_A。

再确定 n_B，同理，实验时再使 $c_{A,0} \gg c_{B,0}$，于是反应过程中 c_A 为一常数，则反应的微分速率方程变为

$$-\frac{\mathrm{d}c_A}{\mathrm{d}t} = k''_A c_B^{n_B} \tag{8.4.5}$$

其中 $k'' = k_A c_A^{n_A}$，采用一组时间-浓度数据便可确定级数 n_B。

3. 初浓度-初速率（浓度级数）

测定反应浓度级数所采用的初速率法是动力学研究中最普遍有用的方法。该方法较好地排除了产物、副反应和逆向过程等对反应速率的影响，测量极短时间（反应进行不到 1%）内浓度（或某物理性质 Z）的变化率。

使用该方法时，为了求出动力学参数 k、n_A 及 n_B，对于有一种反应物的反应，至少要做 2 次实验；对于有两种反应物的反应，至少要做 3 次实验；对于有 S 种反应物的反应，至少要做 $S+1$ 次实验。

8.4.3　浓度对总反应速率的影响——数据处理

对于反应 $a\mathrm{A}+b\mathrm{B} \longrightarrow g\mathrm{G}+h\mathrm{H}$，在动力学研究中，要建立此反应的动力学方程，关键在于确定此反应的级数。常见的动力学方程的形式为

$$-\frac{\mathrm{d}c_A}{\mathrm{d}t} = k c_A^{n_A} c_B^{n_B} \cdots$$

如何由实验测得不同时刻的浓度，确定反应级数，对于建立动力学方程是至关重要的一步。下面，介绍几种常用的确定反应级数的方法。

1. 积分法

（1）图解法。

图解法的步骤是：先根据实验数据，将不同时刻测出的反应物浓度分别用 1 级、2 级……反应速率方程的积分式中的浓度函数对 t 作图，再利用各级反应所特有的线性关系来确定反应级数。若得到的某个图形是直线，表示与该图相应的反应级数即是实验反应级数，且可从相应的直线斜率确定速率常数。例如：$\ln c_A$-t 图为一直线，为一级反应；$\frac{1}{c_A}$-t 图为一直线，为二级反应。

例 8.4.1　在 298.15 K 时，测定乙酸乙酯皂化反应速率。反应开始时，溶液中碱和酯的浓度均为 0.01 mol·L^{-1}，每隔一定时间，用标准酸溶液滴定其中的含碱量，以下是实验结果。

t/min	3	5	7	10	15	21	25
$c_{OH^-} \times 10^3/(\mathrm{mol \cdot L^{-1}})$	7.40	6.34	5.50	4.64	3.63	2.88	2.54

证明该反应为二级反应，并求速率常数 k。

解　由二级反应公式知 $\frac{1}{c}$-t 应为直线，作图如图 8.4.2 所示。

由图 8.4.2 知 $\frac{1}{c}$-t 确为直线，故反应级数 $n=2$。

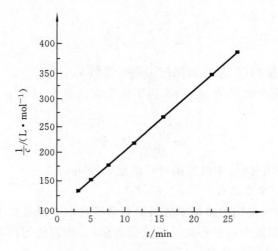

图 8.4.2 $\dfrac{1}{c}$-t 数据线性关系图

选择直线上两点$(3,135.1)$和$(25,393.2)$，则该直线的斜率 k 为

$$k = \frac{393.2 - 135.1}{25 - 3}\ \mathrm{mol^{-1} \cdot L \cdot min^{-1}} = 11.73\ \mathrm{mol^{-1} \cdot L \cdot min^{-1}}$$

（2）解析法（尝试法）。

解析法的步骤是：先根据实验数据，将不同时刻测出的反应物浓度分别代入 1 级、2 级……反应速率方程的积分式计算 k 值，再确定从哪个式子求得的 k 值是常数，则该式的级数即为所求的级数。

这种方法的主要优点是只要一组实验数据就能进行尝试。但该法有时不够灵敏，若实验浓度范围不够大，就很难区分究竟是哪一级反应。如果所有的简单积分式中的 k 值都不是常数，则这个反应没有简单级数。

2. 微分法

对于非整数级次的反应，积分法无法确定其反应级数，而微分法可以。

若速率方程的微分式为

$$r = -\frac{\mathrm{d}c_A}{\mathrm{d}t} = kc_A^n$$

应用上式求反应级数的方法，即为微分法。将上式取对数得

$$n = \frac{\ln\left(-\dfrac{\mathrm{d}c_{A,1}}{\mathrm{d}t}\right) - \ln\left(-\dfrac{\mathrm{d}c_{A,i}}{\mathrm{d}t}\right)}{\ln c_{A,1} - \ln c_{A,i}}$$

$$\ln\left(-\frac{\mathrm{d}c_A}{\mathrm{d}t}\right) = \ln k + n\ln c_A \tag{8.4.6}$$

微分法的步骤是：先根据实验数据，作出浓度随时间的变化曲线（见图8.4.3），再在不同时刻，用作图法画出曲线的切线，得出切点的曲线斜率$\dfrac{\mathrm{d}c_A}{\mathrm{d}t}$，即该时刻的反应速率 r_i。也可以利用计算机处理，由实验点的拟合曲线，得出曲线方程$c_A = f(t)$。再求得不同时刻的$\dfrac{\mathrm{d}c_A}{\mathrm{d}t}$，即该时刻的反应速率 r_i。若再以 $\ln(\mathrm{d}c_A/\mathrm{d}t)$对$\ln c_A$作图，由直线斜率可确定级数 n。

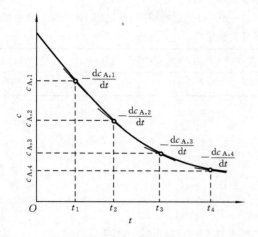

图 8.4.3 不同时刻,由时间-浓度(t-c_A)关系图求反应速率　　**图 8.4.4** 不同起始浓度下,由时间-浓度(t-c_A)关系图求反应速率

有时产物对反应速率也有影响,为了排除产物的干扰,常从不同的起始浓度开始,测量开始一段时间的浓度变化,作出浓度随时间的变化曲线(见图 8.4.4),再在不同的起始浓度测量不同的起始速率(相当于图 8.4.4 中各曲线在 $t=0$ 时的斜率),然后以 $\ln(dc_{A,0}/dt)$ 对 $\ln c_{A,0}$ 作图得一条直线,由直线斜率便可求出 n。

$$\ln\left(-\frac{dc_{A,0}}{dt}\right) = \ln k + n\ln c_{A,0}$$

因为起始速率不受产物和其他因素的影响,所以由这种方法求得的级数较为可靠,相当于无干扰因素的级数。

若有两种或两种以上物质参与反应,且各反应物起始浓度不相等,其速率方程为

$$r = -\frac{dc_A}{dt} = kc_A^{n_A}c_B^{n_B}$$

仍可采用微分法,分别求得级数 n_A、n_B 等。实验中,先使物质 B 等大大过量,或在各次实验中使用相同浓度的其他物质,而只改变物质 A 的起始浓度,得到不同起始浓度的瞬时速率。对组分 A 的两个不同起始浓度各做一次实验(同时维持 $c_{B,0} \gg c_{A,0}$),可得

$$r_0' = k(c_{A,0}')^{n_A}(c_{B,0}')^{n_B}$$
$$r_0'' = k(c_{A,0}'')^{n_A}(c_{B,0}')^{n_B}$$

两式相除,取对数并移项整理得

$$n_A = \frac{\lg(r_0'/r_0'')}{\lg(c_{A,0}'/c_{A,0}'')}$$

依次改变每个组分的起始浓度,并维持其他组分的起始浓度远大于该组分的起始浓度,便可得到相应于每个组分的分级数。速率常数可由任何一次实验数据求算得出。

3. 半衰期法

用半衰期法可以求除一级反应以外的其他反应的级数。半衰期法的步骤是:先根据 n 级反应的半衰期通式,取两个不同起始浓度 $c_{A,0,1}$、$c_{A,0,2}$ 做实验,再分别测定其半衰期 $t_{1/2,1}$ 和 $t_{1/2,2}$。因同一反应的速率常数 k_A 相同,故反应级数 n 为

$$n = 1 + \frac{\ln t_{1/2,2} - \ln t_{1/2,1}}{\ln c_{A,0,1} - \ln c_{A,0,2}}$$

例 8.4.2　对反应 $2NO(g) + 2H_2(g) \longrightarrow N_2(g) + 2H_2O(l)$ 进行研究,起始时 NO 与 H_2 的物质的量相等。采用不同的起始压力时有不同的半衰期,以下是实验结果。

p_0/kPa	50.9	45.40	38.40	33.46	26.93
$t_{1/2}/min$	81	102	140	180	224

求该反应级数。

解　已知半衰期的表示式为

$$t_{1/2} = \frac{2^{n-1} - 1}{(n-1)k_A c_{A,0}^{n-1}}$$

$$t_{1/2} = \frac{2^{n-1} - 1}{c_{A,0}^{n-1} k(n-1)} = A c_{A,0}^{1-n}$$

$$\ln t_{1/2} = \ln A + (1-n)\ln c_{A,0}$$

以 $\ln t_{1/2}$ 对 $\ln c_{A,0}$ 作图,得一条直线,斜率为 $1-n$,求得 $n \approx 3$。或用以下公式

$$n = 1 + \frac{\ln(t_{1/2}/t'_{1/2})}{\ln(c'_{A,0}/c_{A,0})}$$

代入各组数据,求出 n 值,然后取平均值得 $\bar{n} = 3$。

8.5　温度对反应速率的影响

前面讨论反应速率方程,主要研究温度恒定时浓度对反应速率的影响。但实验证明温度对反应速率也是有影响的,并且比浓度对反应速率的影响更显著。它的主要作用是改变速率常数。

1884 年,范特霍夫根据温度对反应速率影响的实验,归纳出一个近似规则:温度每升高 10 K,一般反应的速率增加 2~4 倍。这个规则称为范特霍夫规则。

$$\frac{k_{T+10}}{k_T} = 2 \sim 4$$

范特霍夫规则是一个近似的经验规则,在不需要精确数据或缺少完整数据时,可以用于粗略估计温度对反应速率的影响。但它不能说明为什么升高同样的温度,不同反应的反应速率增大的程度不同。温度对化学反应的影响,较为准确的关系式是阿仑尼乌斯公式。

阿仑尼乌斯(Arrhenius)在 1889 年根据大量实验数据,总结出了反应速率随温度变化的经验公式,用来表示反应速率常数 k 与温度 T 的关系。

$$\frac{d(\ln k)}{dT} = \frac{E_a}{RT^2} \tag{8.5.1}$$

上式为阿仑尼乌斯公式的微分式,式中:R 为摩尔气体常数;T 为热力学温度;E_a 为反应的活化能。

$$E_a \stackrel{def}{=\!=} RT^2 \frac{d(\ln k)}{dT} \tag{8.5.2}$$

从式(8.5.1)可以得出:E_a 越大,$\dfrac{d(\ln k)}{dT}$ 越大,故对于活化能大的反应,升高温度使反应速率增加得更为明显,也就是说,升高温度有利于活化能大的反应的进行。

在温度范围不太宽时,阿仑尼乌斯公式适用于基元反应和许多非基元反应,也常应用于一些非均相反应。阿仑尼乌斯因这一贡献荣获 1903 年的诺贝尔化学奖。

若温度为 T_1 和 T_2 时,反应的速率系数分别为 k_1 和 k_2,式(8.5.1)的定积分式为

$$\ln \frac{k_2}{k_1} = \frac{E_a}{R} \left(\frac{1}{T_1} - \frac{1}{T_2} \right) \tag{8.5.3}$$

此式常用于由一个温度下的速率常数计算另一个温度下的速率常数。

实验表明,对于一般化学反应,在温度差不超过 100 K 的情况下,阿仑尼乌斯公式能较好地符合实际情况。当温度差进一步增大时,开始出现偏差。当温度差超过 500 K 时,公式不再适用。

阿仑尼乌斯公式的不定积分式为

$$\ln k = -\frac{E_a}{RT} + \ln A \tag{8.5.4}$$

或

$$k = A\exp\left(-\frac{E_a}{RT}\right) \tag{8.5.5}$$

式中:A 为指前因子或称为频率因子,是反应的特征常数,其数值与反应物分子间的碰撞有关而与浓度无关,与反应温度关系不大。

从式(8.5.4)可以得出:因为一般基元反应的 E_a 值均为正值,所以以 $\ln k$ 对$1/T$作图所得直线的斜率是负值,因此一般基元反应的反应速率随温度的升高而加快。对于不同的反应来说,其 E_a 值不同。以 $\ln k$ 对 $1/T$ 作图所得直线越陡,则说明反应的 E_a 值越大。

一般以 $\ln k$ 对 $1/T$ 作图求出 A 和 E_a。对于基元反应,E_a 代表能发生反应的分子的平均能量 E^* 与反应物分子的平均能量 E 之差,即

$$E_a = E^* - E$$

由式(8.5.1)可知,活化能 E_a 的单位与 R 有关,采用 J·mol^{-1} 或 kJ·mol^{-1} 为单位,这里的每摩尔是指反应进度 $\xi = 1$ mol,而 A 与 k 有相同的量纲,它可以认为是高温时 k 的极限值。E_a 和 A 以及前面讨论过的 n 和 k 通称为反应的动力学参量。

由式(8.5.5)可知,E_a 位于指数项中,所以其大小对反应速率的影响很大,归纳起来主要有下列三点:

(1) 在指定温度下,活化能越小的反应,其反应速率越大;

(2) 对于一个给定的反应,其在低温区反应速率随温度变化比在高温区要敏感得多;

(3) 对于两个活化能不同的反应,升温有利于活化能大的反应的进行。

下面通过求适宜的反应温度来加以阐述。

对于复合反应中的平行反应和连串反应,可根据高温有利于活化能高的反应的进行,低温有利于活化能低的反应的进行这个原则确定适宜的反应温度。

对于连串反应 $A \xrightarrow[E_{a,1}]{k_1} B \xrightarrow[E_{a,2}]{k_2} C$,若 B 为目的物,则所选温度应使 $\frac{k_1}{k_2}$ 越大越好。因此,若 $E_{a,1} > E_{a,2}$,宜选高温;若 $E_{a,1} < E_{a,2}$,则宜选低温。

下面说明阿仑尼乌斯公式的适用范围。

(1) 阿仑尼乌斯公式定量地反映了基元反应速率受温度的影响。复合反应动力学中使用该公式只是借用其形式描述反应速率与温度的关系。阿仑尼乌斯公式及式中 E_a、A 的含义都只适用于基元反应。

(2) 由于在阿仑尼乌斯公式中用速率常数代替反应速率,因此要求在公式适用的温度范围内反应速率方程的形式不能改变(即质量作用定律有效)。

(3) 作为经验关系的阿仑尼乌斯公式并不是非常精确的。例如理论和精密的实验都表明指前因子 A 是与温度有关的,但在一般实验精度范围内认为 A 是与温度无关的常数,不

会引起大的偏差。因此,积分式只适用于 $\ln k$-$1/T$ 图的直线区域,而微分式所定义的阿仑尼乌斯活化能 E_a 则不受此限制。

根据经验,升高温度可以使反应速率加快,但也不完全是,各种化学反应的速率与温度的关系相当复杂,目前已知的有五种类型(见图 8.5.1)。

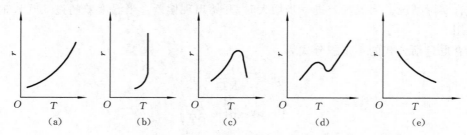

图 8.5.1　反应速率与温度关系的各种类型

图 8.5.1(a)为一般关系,阿仑尼乌斯公式就是反映这种情况的;图 8.5.1(b)为爆炸反应,温度到达燃点时,反应速率突然增大;图 8.5.1(c)为酶催化反应,温度太高、太低都不利于生物酶的活性;图 8.5.1(d)为碳的氧化反应,温度升高,副反应影响较大;图 8.5.1(e)如一氧化氮被氧化成二氧化氮的反应,温度升高,反应速率反而下降。

例 8.5.1　$CO(CH_2COOH)_2$ 在水溶液中的分解反应的速率常数在 10 ℃ 和 60 ℃ 时分别为 $1.080\times10^{-4}\ s^{-1}$ 和 $5.484\times10^{-2}\ s^{-1}$。求该反应的活化能及 30 ℃ 时的速率常数。

解　将已知数据代入 $\ln\dfrac{k_2}{k_1}=\dfrac{E_a(T_2-T_1)}{RT_2T_1}$,得

$$\ln\frac{5.484\times10^{-2}}{1.080\times10^{-4}}=\frac{E_a\times(333.15-283.15)}{8.314\times283.15\times333.15}$$

故　　　　　　　　　　　　　　$E_a=97\ 721\ J\cdot mol^{-1}$

由于已求得 E_a,故可由 10 ℃ 时的速率常数 k_1 求得 30 ℃ 时的速率常数 k_3,即

$$\ln\frac{k_3}{1.080\times10^{-4}}=\frac{97\ 721\times(303.15-283.15)}{8.314\times283.15\times333.15}$$

解得　　　　　　　　　　　　　$k_3=1.31\times10^{-3}\ s^{-1}$

例 8.5.2　某一气相反应为

$$A(g)\underset{k_2}{\overset{k_1}{\rightleftharpoons}}B(g)+C(g)$$

已知在 298.15 K 时,$k_1=0.21\ s^{-1}$,$k_2=5\times10^{-9}\ Pa^{-1}\cdot s^{-1}$,当温度升至 310 K 时,$k_1$ 和 k_2 均增加 1 倍。试求:

(1) 298.15 K 时的平衡常数 K_p;

(2) 正、逆反应的实验活化能;

(3) 反应的 $\Delta_r H_m$;

(4) 在 298.15 K 时,A 的起始压力为 101.325 kPa,若使总压力达到 151.99 kPa,需要多长时间?

解　(1)　　　　　　　$K_p=\dfrac{k_1}{k_2}=\dfrac{0.21}{5\times10^{-9}}\ Pa=4.2\times10^7\ Pa$

(2)　　　　$E_{a,正}=E_{a,逆}=R\ln\dfrac{k_{T_2}}{k_{T_1}}\cdot\dfrac{T_1T_2}{T_2-T_1}$

$$=8.314\times\ln2\times\frac{298.15\times310.15}{310.15-298.15}\ J\cdot mol^{-1}=44.4\ kJ\cdot mol^{-1}$$

(3)　　　　　　　　　　　　$\dfrac{d(\ln K_p)}{dT}=\dfrac{\Delta_r H_m}{RT^2}$

因为 $\dfrac{d(\ln K_p)}{dT}=0$，所以 $\Delta_r H_m=0$。

(4)
$$A(g) \underset{k_2}{\overset{k_1}{\rightleftharpoons}} B(g)+C(g)$$

$t=0$　　　　　　　　　　　　　$p^\ominus$　　　0　　　0

$t=t$　　　　　　　　　　　　$p^\ominus-x$　　x　　x

$$p_{总} = p^\ominus + x = 151.99\ \text{kPa}, \quad x = 50.66\ \text{kPa}$$

$$\frac{dx}{dt} = k_1(p^\ominus-x) - k_2 x^2 \approx k_1(p^\ominus-x) \quad (因\ k_1 \ll k_2)$$

$$\int_0^x \frac{dx}{p^\ominus-x} = \int_0^t k_1\,dt, \quad \ln \frac{p^\ominus}{p^\ominus-x} = k_1 t$$

$$t = \frac{1}{k_1}\ln \frac{p^\ominus}{p^\ominus-x} = \frac{1}{0.21}\ln \frac{p^\ominus}{p^\ominus-50.66}\ \text{s} = 3.3\ \text{s}$$

8.6　活　化　能

阿仑尼乌斯公式中活化能这个经验常数的大小对反应速率的影响是很大的，如两个反应的活化能之差 $E_{a,2}-E_{a,1}=5\ \text{kJ}\cdot\text{mol}^{-1}$，在 300 K 时，将数据代入公式 $k=A\exp\left(-\dfrac{E_a}{RT}\right)$ 得

$$\frac{k_2}{k_1} = \exp\left(-\frac{5\,000}{8.314 \times 300}\right) = \frac{1}{7.4}$$

若两个反应在 300 K 时，活化能之差 $E_{a,2}-E_{a,1}=10\ \text{kJ}\cdot\text{mol}^{-1}$，同理得

$$\frac{k_2}{k_1} = \exp\left(-\frac{10\,000}{8.314 \times 300}\right) = \frac{1}{50}$$

可见，反应的活化能大小对反应速率的影响是非常显著的。

8.6.1　基元反应的活化能

首先来看这样一个现象：火柴盒立着放时若不去动它，它永远会立着，若想使它倒着放，就必须给它一个作用力，克服某种阻力才能使它倒下。必须施加的作用力越大，说明这个过程的阻力越大。推倒火柴盒的过程是：首先对它施加一个外力，即火柴盒首先得到能量，使其重心升高，势能增大，达到最高点，然后才能重心下降，最后倒下。这个过程需克服能峰，这个能峰就是最高势能与原势能之差，能峰越高，过程就越难进行。

同样，要使化学反应能发生，首先反应物分子必须发生碰撞，并在碰撞中使反应物分子中的化学键断裂，同时形成新的化学键。因此两个相碰撞的分子必须具有足够大的能量，否则就不能使旧键断裂，新键形成，因而就不能发生化学反应。例如对于反应

$$2HI \longrightarrow H_2 + I_2$$

两个 HI 分子发生反应，总是首先发生碰撞。碰撞中两个 HI 分子中的 H 原子互相趋近，生成 H_2，这就要克服来自两方面的阻力：①H—I 键断裂需克服其键能阻力；②两个 H 原子相互靠近结合具有一定的斥力，也需依靠一定的能量去克服。只有使两个 HI 分子碰撞时的能量大于以上需克服的阻力，反应才能发生。

阿仑尼乌斯在对其经验公式的理论解释中，提出了活化能的概念，并沿用至今。他指出：为了能发生化学反应，普通分子（具有平均能量的分子）必须吸收足够能量先变成活化分

子,在此变化过程中所要吸收的最小能量称为活化能 E_a。活化能的单位是 $J \cdot mol^{-1}$。在一定温度下,活化能越大,反应就越慢。对于一定的反应,活化能一定,若温度越高,反应就越快。

　　能引起化学反应的碰撞称为有效碰撞,发生有效碰撞时形成的中间活化物分子称为活化分子,活化分子的平均能量 E^* 与反应物分子的平均能量 E 之差称为化学反应的活化能 E_a

$$A+B \longrightarrow (A \cdots B)^* \longrightarrow C$$

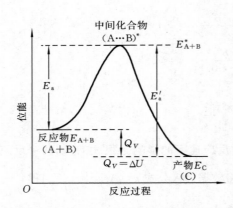

**图 8.6.1　正、逆反应活化能与反应热
的关系示意图**

　　从图 8.6.1 可知,反应物的平均能量 E_{A+B} 比产物的平均能量 E_C 高,但不能直接从 A+B 变为 C。必须获得 E_a 的能量,使 A+B 由普通能量 E_{A+B} 变为 $E_{A \cdots B}^*$,才能发生化学反应。

　　反应形成活化分子的物质称为活化配合物,形成活化配合物的状态称为活化状态,它处于能量示意图的峰顶位置,是不稳定状态。基元反应的活化能越小,反应越容易进行,反之,活化能越大,反应越不容易进行。因此,活化能是决定化学反应速率的一个主要因素。一般化学反应的活化能在 $60 \sim 250$ $kJ \cdot mol^{-1}$ 之间,活化能小于 40 $kJ \cdot mol^{-1}$ 的反应速率很快,一般方法不能测定其反应速率,活化能大于 400 $kJ \cdot mol^{-1}$ 的反应速率就相当慢。

8.6.2　活化能与反应热的关系

　　为了进一步理解活化能的意义,可用一个可逆反应进行讨论。

$$A+B \underset{k_{-1}}{\overset{k_1}{\rightleftharpoons}} C$$

　　设在温度 T 时,k_1 为正反应的速率常数,k_{-1} 为逆反应的速率常数,E_1 为正反应的活化能,E_{-1} 为逆反应的活化能。根据式(8.5.1),可分别写为

$$\frac{d(\ln k_1)}{dT} = \frac{E_1}{RT^2} \tag{8.6.1}$$

$$\frac{d(\ln k_{-1})}{dT} = \frac{E_{-1}}{RT^2} \tag{8.6.2}$$

　　将式(8.6.1)和式(8.6.2)两式相减,且因 $\frac{k_1}{k_{-1}} = K$,即平衡常数,故得

$$\frac{d(\ln K)}{dT} = \frac{E_1 - E_{-1}}{RT^2} \tag{8.6.3}$$

　　将式(8.6.3)与化学反应的范特霍夫方程

$$\frac{d(\ln K)}{dT} = \frac{\Delta U}{RT^2}$$

相比较,可得

$$E_1 - E_{-1} = \Delta U \tag{8.6.4}$$

式中:ΔU 为 A+B $\Longrightarrow$ C 时的摩尔热力学能变,在恒容时 $Q_V = \Delta U$,故在数值上等于摩尔恒

容反应热。

$$Q_V = \Delta U$$

由此可见,反应的热效应等于正反应的活化能与逆反应的活化能之差。正、逆反应活化能与反应热的关系见图 8.6.1。

8.6.3 活化能的实验测定

若系统内只有一个反应,可通过实验测定 E_a,若有副反应时,实验测定会受到干扰。故先通过实验测定不同温度时的速率常数 k,再求出 E_a,主要有以下两种方法。

1. 作图法

$$\ln k = \ln A - \frac{E_a}{RT}$$

如图 8.6.2,以 $\ln k$ 对 $\frac{1}{T}$ 作图,斜率为 $-\frac{E_a}{R}$,故可求得 E_a。

2. 计算法

$$\ln \frac{k_2}{k_1} = \frac{E_a}{R}\left(\frac{1}{T_1} - \frac{1}{T_2}\right)$$

由两组已知的 (k_1, T_1)、(k_2, T_2) 数据可计算 E_a。

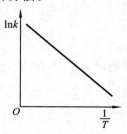

图 8.6.2 $\ln k$-$\frac{1}{T}$ 关系图

8.7 典型的复合反应

由两个或两个以上的基元反应可以构成非基元反应,也称复合反应。复合反应最基本的组合方式有三类:对行反应、平行反应、连串反应。这些复合反应还可以进一步组成形式更为复杂的反应。

8.7.1 对行反应

在正、逆两个方向上都能进行的反应称为对行反应或对峙反应(opposing reaction),也称可逆反应。从理论上说所有化学反应都是对行反应。若化学反应的平衡常数很大(即正向反应速率常数远远大于逆向反应速率常数),反应达到平衡时,反应物几乎完全转化为产物,则逆向反应可以忽略不计而直接当做单向反应处理。前面所讨论的简单级数反应就是属于这种情况。

对行反应中正向反应和逆向反应可能级数相同,也可能级数不同。下面以正向、逆向都是一级反应的对行反应(简称 1-1 级对行反应)为例,分析对行反应的特征与一般规律。设反应为

$$A \underset{k_{-1}}{\overset{k_1}{\rightleftharpoons}} B$$

	A	B
$t=0$ 时	$c_{A,0}$	0
$t=t$ 时	c_A	$c_{A,0} - c_A$
$t=\infty$ 时	$c_{A,e}$	$c_{A,0} - c_{A,e}$

正向反应 A 的消耗速率 $= k_1 c_A$

逆向反应 A 的生成速率 $= k_{-1} c_B = k_{-1}(c_{A,0} - c_A)$

正向反应消耗物质 A,逆向反应生成物质 A,因此物质 A 的净消耗速率(即总反应速率)

为

$$-\frac{dc_A}{dt} = k_1 c_A - k_{-1}(c_{A,0} - c_A) \tag{8.7.1}$$

反应达到平衡时正、逆反应速率应相等,A 的净速率等于零,即

$$-\frac{dc_{A,e}}{dt} = k_1 c_{A,e} - k_{-1}(c_{A,0} - c_{A,e}) = 0 \tag{8.7.2}$$

$$\frac{c_{B,e}}{c_{A,e}} = \frac{c_{A,0} - c_{A,e}}{c_{A,e}} = \frac{k_1}{k_{-1}} = K_c \tag{8.7.3}$$

式(8.7.1)减去式(8.7.2)得

$$-\frac{dc_A}{dt} = k_1(c_A - c_{A,e}) + k_{-1}(c_A - c_{A,e}) = (k_1 + k_{-1})(c_A - c_{A,e})$$

平衡时 $c_{A,e}$ 为一常数,由上式可得

$$-\frac{d(c_A - c_{A,e})}{dt} = (k_1 + k_{-1})(c_A - c_{A,e}) \tag{8.7.4}$$

$$\Delta c_A = c_A - c_{A,e}$$

代入式(8.7.4)得

$$-\frac{d(\Delta c_A)}{dt} = (k_1 + k_{-1})\Delta c_A$$

这就是 1-1 级对行反应速率方程的微分式。对式(8.7.4)定积分得

$$-\int_{c_{A,0}}^{c_A} \frac{d(c_A - c_{A,e})}{(c_A - c_{A,e})} = \int_0^t (k_1 + k_{-1})dt$$

$$\ln\frac{c_{A,0} - c_{A,e}}{c_A - c_{A,e}} = (k_1 + k_{-1})t \tag{8.7.5}$$

式(8.7.5)表明以 $\ln(c_A - c_{A,e})$ 对 t 作图应为一条直线,其斜率等于 $-(k_1 + k_{-1})$。

把正、逆反应的速率常数之间的关系与平衡常数或平衡浓度相联系(见式(8.7.3)),再与积分式中两个速率常数的表示式联立(见式(8.7.5)),就可求得正、逆反应的速率常数之值。

与前述单向一级反应的半衰期相类似,当对行一级反应的反应物浓度达到起始浓度与平衡浓度差的一半时,即

$$(c_A - c_{A,e}) = \frac{1}{2}(c_{A,0} - c_{A,e})$$

$$c_A = \frac{1}{2}(c_{A,0} - c_{A,e}) + c_{A,e} = \frac{1}{2}(c_{A,0} + c_{A,e})$$

则 $t_{1/2} = \dfrac{\ln 2}{k_1 + k_{-1}}$,而与初始浓度 $c_{A,0}$ 无关。

一级对行反应的 c-t 关系如图 8.7.1 所示。

对行反应的特征:

(1)净速率等于正、逆反应速率的差值;

(2)达到平衡时,反应净速率等于零;

(3)正、逆反应速率常数之比等于平衡常数;

(4)在 c-t 图上,达到平衡后,反应物和产物的浓度不再随时间改变而变化。

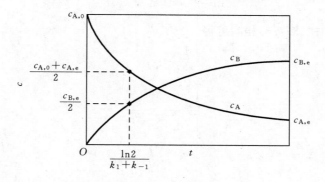

图 8.7.1　一级对行反应 c-t 图

8.7.2　平行反应

反应系统中有相同反应物（A）的几个不同的基元反应称为平行反应（parallel reaction）。

这种情况在有机反应中较多,通常将生成期望产物的一个反应称为主反应,其余为副反应。

$$A \longrightarrow \begin{matrix} P_1 & r_1 = k_1 c_A \\ P_2 & r_2 = k_2 c_A \\ \vdots & \vdots \\ P_n & r_n = k_n c_A \end{matrix} \qquad r = -\frac{dc_A}{dt} = \sum_{i=1}^{n} k_i c_A \qquad (8.7.6)$$

总反应速率等于所有平行反应速率之和。以由两个单分子反应组合成的一级平行反应为例,设有

$$A \begin{matrix} \overset{k_1}{\longrightarrow} & B（主产物） \\ \underset{k_2}{\longrightarrow} & C（副产物） \end{matrix}$$

式中:k_1、k_2 分别为主、副反应的微观速率常数（对基元反应而言）,按质量作用定律,则

$$\frac{dc_B}{dt} = k_1 c_A \qquad (8.7.7)$$

$$\frac{dc_C}{dt} = k_2 c_A \qquad (8.7.8)$$

若反应开始时,$c_{B,0} = c_{C,0} = 0$,则按计量关系可知

$$c_A + c_B + c_C = c_{A,0}$$

对 t 取导数得

$$\frac{dc_A}{dt} + \frac{dc_B}{dt} + \frac{dc_C}{dt} = 0, \qquad -\frac{dc_A}{dt} = \frac{dc_B}{dt} + \frac{dc_C}{dt} = k_1 c_A + k_2 c_A$$

反应速率方程（A 的消耗速率）的微分式为

$$-\frac{dc_A}{dt} = (k_1 + k_2) c_A$$

按一级反应动力学的方法积分求出动力学方程

$$-\int_{c_{A,0}}^{c_A} \frac{dc_A}{c_A} = \int_0^t (k_1 + k_2) dt$$

$$\ln \frac{c_{A,0}}{c_A} = (k_1 + k_2)t \qquad (8.7.9)$$

将式(8.7.7)和式(8.7.8)相除可得

$$\frac{dc_B}{dc_C} = \frac{k_1}{k_2}$$

积分可得

$$\frac{\int_0^{c_B} dc_B}{\int_0^{c_C} dc_C} = \frac{k_1}{k_2}$$

$$\frac{c_B}{c_C} = \frac{k_1}{k_2} \qquad (8.7.10)$$

在反应过程中,产物 B 和产物 C 的浓度始终保持式(8.7.10)的关系。

式(8.7.10)表明,由反应分子数相同的两基元反应(或级数已知并相同的反应)组合而成的平行反应,其主、副反应产物浓度之比等于其速率常数之比。只要两基元反应的分子数相同(或非基元反应的级数相同),这个结论总是成立的。由此可知,可以通过改变温度或选用不同催化剂以改变速率常数 k_1、k_2,从而达到改变主、副反应产物浓度之比的目的。

加入选择性催化剂可以改变 k_1/k_2 的值,使反应向主要所需产品的方向进行。也可以根据各个平行反应的实验活化能不同,用改变温度的方法来改变速率常数之间的比值。一级平行反应的 c-t 关系如图 8.7.2 所示。

平行反应的特征:

(1) 平行反应的总速率等于各平行反应速率之和;

(2) 速率方程的微分式和积分式与同级的简单反应的速率方程相似,只是速率常数为各个反应速率常数的和;

(3) 当各产物的起始浓度为零时,在任一瞬间,各产物浓度之比等于速率常数之比,即

$$\frac{k_1}{k_2} = \frac{c_B}{c_C}$$

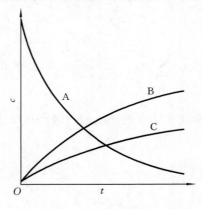

图 8.7.2　一级平行反应 c-t 关系

(4) 当平行反应中某一个基元反应的速率常数比其他基元反应的速率常数大很多时,总反应速率取决于该基元反应,通常称此反应为主反应,其他为副反应。

8.7.3　连串反应

有些化学反应,前一步的产物就是下一步的反应物,如此依次连续进行,这种反应称为连串反应或称连续反应(consecutive reaction)。连串反应在有机化学中是常见的,如苯的氯代反应。

设有一由两个单分子反应(或两个一级的总反应)组合成的连串反应为

$$A \xrightarrow{\;k_1\;} B \xrightarrow{\;k_2\;} C$$

	A	B	C
$t=0$	$c_{A,0}$	0	0
$t=t$	c_A	c_B	c_C

式中：A 为反应物；B 为中间产物；C 为产物；k_1、k_2 分别为两个单分子反应的速率常数。由质量作用定律，对于两个基元反应，A 的消耗速率为

$$\frac{\mathrm{d}c_A}{\mathrm{d}t} = -k_1 c_A$$

积分后得

$$\ln\frac{c_{A,0}}{c_A} = k_1 t \quad 或 \quad c_A = c_{A,0}\exp(-k_1 t) \tag{8.7.11}$$

中间产物 B 由第一步反应生成，由第二步反应消耗，所以 B 的增长速率为

$$\frac{\mathrm{d}c_B}{\mathrm{d}t} = k_1 c_A - k_2 c_B \tag{8.7.12}$$

将式(8.7.11)代入式(8.7.12)得

$$\frac{\mathrm{d}c_B}{\mathrm{d}t} = k_1 c_{A,0}\exp(-k_1 t) - k_2 c_B \tag{8.7.13}$$

积分后得

$$c_B = \frac{k_1 c_{A,0}}{k_2 - k_1}\left[\exp(-k_1 t) - \exp(-k_2 t)\right] \tag{8.7.14}$$

因 $c_A + c_B + c_C = c_{A,0}$，则

$$c_C = c_{A,0} - c_A - c_B$$

将式(8.7.11)和式(8.7.14)代入上式得

$$c_C = c_{A,0}\left[1 - \frac{k_2}{k_2 - k_1}\exp(-k_1 t) + \frac{k_1}{k_2 - k_1}\exp(-k_2 t)\right]$$

$$= c_{A,0}\left\{1 - \frac{1}{k_2 - k_1}\left[k_2\exp(-k_1 t) - k_1\exp(-k_2 t)\right]\right\} \tag{8.7.15}$$

连串反应对 k_1、k_2 相对大小的影响表现在如下几个方面。

（1）当 k_1、k_2 相近（不能相等）时，将 A、B、C 的浓度对时间作图可得如图8.7.3所示的情形。

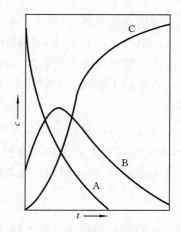

$$c_{B,\max} = c_{A,0}\left(\frac{k_2}{k_1}\right)^{\frac{k_2}{k_1 - k_2}}$$

$$t_{\max} = \frac{\ln k_2 - \ln k_1}{k_2 - k_1}$$

（2）若 $k_1 \gg k_2$，则

$$c_B \approx c_{A,0}\exp(-k_2 t)$$

$$c_C \approx c_{A,0}[1 - \exp(-k_2 t)]$$

反应为

$$B \xrightarrow{k_2} C$$

图 8.7.3　一级连串反应 c-t 关系

（3）若 $k_1 \ll k_2$，则

$$c_C \approx c_{A,0}[1 - \exp(-k_1 t)]$$

$$c_A = c_{A,0}\exp(-k_1 t)$$

反应为

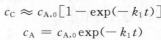

$$A \xrightarrow{k_1} C$$

总反应的表观动力学特征实际上取决于反应速率常数最小的那一步基元反应的速率规律。一般将此连串反应中最难进行的一步称之为决速步骤或速率控制步骤。

8.8　复合反应速率的近似处理方法

在依据反应机理寻找总反应动力学规律时，虽然可以按质量作用定律写出一系列基元反应的微分方程，但是由于反应机理的复杂性，想通过解这一组微分方程获得简单解析式的速率方程还是很困难的。同时在所拟定的反应机理中，常涉及一些活性很高的自由基，它们只要碰上任何分子或其他自由基都将立即反应，故在反应过程中它们的浓度很低，寿命很短，用一般的实验方法无法测定它们的浓度，而一般速率方程中出现的都是实验可测量的量。为了达到这个目的，常采用近似方法来处理，得出速率方程。常用的近似方法有控制步骤法、稳态近似法和平衡态近似法，下面分别介绍。

8.8.1　控制步骤法

平行反应的总速率为各反应速率之和，而连串反应的总速率则等于最慢一步的速率。这最慢的一步就称为反应速率的控制步骤。控制步骤与其他各串联步骤的速率相差倍数越多，则此规律就越准确。这时，要想使反应加速进行，关键就在于提高控制步骤的速率。

利用控制步骤法，可以使复合反应的动力学方程推导步骤简化。

例如反应 $A + B \xrightarrow[\text{慢}]{k_1} C \xrightarrow[\text{快}]{k_2} D \xrightarrow[\text{快}]{k_3} E$，其总速率为 $-\dfrac{dc_A}{dt} = k_1 c_A c_B$。慢步骤后面的快步骤可以不考虑。

8.8.2　稳态近似法

大多数复合反应（特别是气相反应）中常出现自由基或激发态分子，这些都是反应性非常强的物质。一般由分子分裂产生自由基的反应活化能都有几百千焦，而自由基进一步反应的活化能都很低或接近零，最大也不过几十千焦，这种情况下，自由基的消耗速率常常是生成速率的上亿倍。对涉及这样一些活泼中间产物的动力学过程，处理时常采用稳态近似法。

对一个反应系统 $A \xrightarrow{k_1} B \xrightarrow{k_2} C$ 而言，中间产物 B 为自由基或激发态分子活性中间产物，在反应过程中它一般不会积聚起来，与反应物或产物的浓度相比，中间产物 B 的浓度 c_B 是很小的，所以可近似地看做不随时间而变，用数学式表达为

$$\frac{dc_B}{dt} = 0$$

人们把中间产物浓度不随时间而变的阶段称为稳态。假定反应进行一段时间后，系统基本上处于稳态，这时各中间产物的浓度可认为保持不变，这种近似处理的方法称为稳态近似法。一般活泼的中间产物可以采用稳态近似法处理。

以下述复合反应为例：

$$A \underset{k_{-1}}{\overset{k_1}{\rightleftharpoons}} B \qquad\qquad\qquad\qquad \text{快速平衡}$$

$$B \xrightarrow{k_2} Y \qquad\qquad\qquad\qquad\qquad \text{慢}$$

反应中间产物 B 为活性中间产物，浓度 c_B 很小，假设反应在等温等容条件下进行。根据基元反应的质量作用定律，可得

$$\frac{\mathrm{d}c_B}{\mathrm{d}t} = k_1 c_A - (k_{-1} + k_2)c_B = 0 \tag{8.8.1}$$

则

$$c_B = \frac{k_1 c_A}{(k_{-1} + k_2)} \tag{8.8.2}$$

A 的消耗速率为

$$-\frac{\mathrm{d}c_A}{\mathrm{d}t} = k_1 c_A - k_{-1} c_B \tag{8.8.3}$$

将式(8.8.2)代入微分方程(8.8.3),得

$$-\frac{\mathrm{d}c_A}{\mathrm{d}t} = \left(k_1 - \frac{k_1 k_{-1}}{k_{-1} + k_2}\right)c_A \tag{8.8.4}$$

Y 的增长速率为

$$\frac{\mathrm{d}c_Y}{\mathrm{d}t} = k_2 c_B \tag{8.8.5}$$

将式(8.8.2)代入微分方程(8.8.5),得

$$\frac{\mathrm{d}c_Y}{\mathrm{d}t} = \frac{k_1 k_2}{k_{-1} + k_2} c_A \tag{8.8.6}$$

可见,不但消除了微分方程中的中间产物浓度 c_B,而且也使得到的结果比解微分方程得到的结果大大简化。

该方法的要点如下:

(1) 在反应过程中有多少个高活性中间产物,根据稳态近似法就可列出多少个其浓度随时间变化率等于零的代数方程;

(2) 解这些代数方程,求出中间产物的稳态近似浓度表达式;

(3) 代入总反应速率的表达式中,使这些中间产物的浓度不出现在最终的速率方程中,最后得出表观的速率方程。

例 8.8.1 对于反应 $N_2O_5 \rightleftharpoons 2NO_2 + \frac{1}{2}O_2$,根据实验事实,其反应机理为

① $N_2O_5 \underset{k_{-1}}{\overset{k_1}{\rightleftharpoons}} NO_2 + NO_3$

② $NO_2 + NO_3 \xrightarrow{k_2} NO_2 + O_2 + NO$

③ $NO + NO_3 \xrightarrow{k_3} 2NO_2$

实验速率方程为 $r = k c_{N_2O_5}$,试按机理推导速率方程。

解 将质量作用定律分别应用于各基元反应,求得总反应速率为

$$r = -\frac{\mathrm{d}c_{N_2O_5}}{\mathrm{d}t} = k_1 c_{N_2O_5} - k_{-1} c_{NO_2} c_{NO_3}$$

利用稳态近似法处理中间产物,得

$$\frac{\mathrm{d}c_{NO}}{\mathrm{d}t} = k_2 c_{NO_2} c_{NO_3} - k_3 c_{NO} c_{NO_3} = 0$$

$$\frac{\mathrm{d}c_{NO_3}}{\mathrm{d}t} = k_1 c_{N_2O_5} - k_{-1} c_{NO_2} c_{NO_3} - k_2 c_{NO_2} c_{NO_3} - k_3 c_{NO} c_{NO_3} = 0$$

两式相减,得

$$k_1 c_{N_2O_5} - (k_{-1} + 2k_2) c_{NO_2} c_{NO_3} = 0$$

$$c_{NO_3} = \frac{k_1 c_{N_2O_5}}{(k_{-1} + 2k_2) c_{NO_2}}$$

将 c_{NO_3} 代入总反应速率表达式,得

$$r = -\frac{dc_{N_2O_5}}{dt} = k_1 c_{N_2O_5} - k_{-1} c_{NO_2} \frac{k_1 c_{N_2O_5}}{(k_{-1} + 2k_2) c_{NO_2}} = \frac{2k_1 k_2 c_{N_2O_5}}{(k_{-1} + 2k_2)} = k c_{N_2O_5}$$

其中 $k = \frac{2k_1 k_2}{k_{-1} + 2k_2}$,与实验结果一致。由此例可知:从实验上得到的具体简单级数的宏观动力学规律的反应,并不一定是单一过程的简单反应;反应机理的可靠性还要依赖于大量的其他实验来证明。

8.8.3　平衡态近似法

考虑如下的由一对行反应与一连串反应组合而成的更为复杂的复合反应:

$$A \underset{k_{-1}}{\overset{k_1}{\rightleftharpoons}} B \qquad\qquad\qquad 快速平衡$$

$$B \xrightarrow{k_2} Y \qquad\qquad\qquad 慢$$

假设 $k_1 \gg k_2$ 及 $k_{-1} \gg k_2$,即在给定的复合反应中假定 $B \xrightarrow{k_2} Y$ 为速率控制步骤,在此步骤之前的对行反应可预先较快地达成平衡,从而有

$$\frac{c_B}{c_A} = K_c \tag{8.8.7}$$

而 $B \xrightarrow{k_2} Y$ 为速率控制步骤,所以总反应速率表达式为

$$\frac{dc_Y}{dt} = k_2 c_B \tag{8.8.8}$$

将式(8.8.7)代入微分方程(8.8.8)得

$$\frac{dc_Y}{dt} = K_c k_2 c_A = \frac{k_1 k_2}{k_{-1}} c_A \tag{8.8.9}$$

令 $k = \frac{k_1 k_2}{k_{-1}}$,则总反应速率为

$$\frac{dc_Y}{dt} = k c_A \tag{8.8.10}$$

对于含有对行反应步骤的复合反应,对行反应步骤是快速反应,可以用平衡态近似法处理。该方法使用要点如下:

(1) 总反应速率取决于速率控制步骤的反应速率;

(2) 前面的对行反应处于快速平衡,可用平衡常数 K_c 导出中间产物与反应物的浓度关系式;

(3) 速率控制步骤之后的基元步骤对总反应速率不产生影响。

8.8.4　稳态近似法与平衡态近似法的比较

就两种方法的应用条件来说,稳态近似法应用于 $k_1 \ll (k_{-1} + k_2)$ 的情况;而平衡态近似法应用于 $k_1 \gg k_2$,$k_{-1} \gg k_2$ 的情况。

稳态近似法的主要优点是:所得最终动力学方程中包含了复合反应中的全部动力学参数(k_1,k_{-1},k_2);而平衡态近似法所得最终动力学方程中只有一个动力学参数(k)。所以实验进行动力学测定,应用稳态近似法可以得到更多的动力学信息。从两种方法所得动力学方程的最终形式来看,平衡态近似法比稳态近似法要简单一些,这是平衡态近似法的优点。究竟用何种近似法处理更为合理? 这要根据条件及目的而定。

8.8.5　复合反应的表观活化能

对于反应　　　　　　　　　　　　$A \underset{k_{-1}}{\overset{k_1}{\rightleftharpoons}} B$　　　　　　　　　　快速平衡

　　　　　　　　　　　　　　　$B \overset{k_2}{\longrightarrow} Y$　　　　　　　　　　　　慢

由式(8.8.9)和式(8.8.10)已得到

$$\frac{dc_Y}{dt} = K_c k_2 c_A = \frac{k_1 k_2}{k_{-1}} c_A = k c_A$$

式中：k 为复合反应的表观速率常数，即

$$k = \frac{k_1 k_2}{k_{-1}}$$

将表观速率常数取对数，得

$$\ln k = \ln k_1 + \ln k_2 - \ln k_{-1}$$

再对温度 T 微分，有

$$\frac{d(\ln k)}{dT} = \frac{d(\ln k_1)}{dT} + \frac{d(\ln k_2)}{dT} - \frac{d(\ln k_{-1})}{dT}$$

由阿仑尼乌斯方程 $\dfrac{d(\ln k)}{dT} = \dfrac{E_a}{RT^2}$，则

$$\frac{E_a}{RT^2} = \frac{E_1}{RT^2} + \frac{E_2}{RT^2} - \frac{E_{-1}}{RT^2}$$

即　　　　　　　　　　$E_a = E_1 + E_2 - E_{-1}$　　　　　　　　　　　　(8.8.11)

式中：E_1、E_2、E_{-1} 分别为前述复合反应中每个基元反应的活化能，即

$$A \underset{k_{-1}, E_{-1}}{\overset{k_1, E_1}{\rightleftharpoons}} B \overset{k_2, E_2}{\longrightarrow} Y$$

E_a 即为上述复合反应的表观活化能。但式(8.8.11)并不是普遍适用的方程。表观活化能 E_a 与各基元反应的活化能的关系视具体的复合反应而定。

8.9　链　反　应

用光、热等方法使反应开始进行，通过活性粒子(自由基或原子)使一系列反应相继连续发生，像链条一样自动发展下去，这类反应称为链反应(chain reaction)。链反应也是一种常见的复合反应，橡胶的合成、塑料的制备、石油的裂解、碳氢化合物的氧化等都与链反应有关。链反应的反应规律与其他反应不同，研究其规律有很大的实际价值。

8.9.1　链反应的共同步骤

已经证明，链反应是由在热、辐射或其他作用下产生的某些自由基引发并传递的。自由基是带有未成对电子的原子或原子团，如 H·、Cl·、OH· 等。自由基在反应中有两个重要作用：一是它们非常活泼，极不稳定，可引起其他稳定分子发生反应；二是自由基与稳定分子起反应时经常又产生新的自由基。所有的链反应都包含以下三个基本步骤。

1. 链的引发(chain initiation)

链的引发是由反应物分子生成最初链载体的过程。此过程一般有光化作用、高能电磁

辐射或微量活性物质的引入等。常用的引发方式有均相引发、多相引发和链载体的注入三种。

（1）均相引发。

用催化剂、光、放射粒子等来引发。例如，在大多数光氯化反应时，作为链载体的氯原子就是由波长小于 478.5 nm 的紫外光使氯分子直接解离而形成的。

$$Cl_2 \xrightarrow{h\nu} 2Cl\cdot$$

又如含氯的链反应也都被钠蒸气催化引发。

$$Na\cdot + Cl_2 \longrightarrow NaCl + Cl\cdot$$

（2）多相引发。

用表面性质来吸附分子引发自由基。例如：用以引发氢、氧反应的原子态氢可采用氢气吹过钨电弧的方法而注入系统。

链引发需要断裂分子中的化学键，所需活化能较高，与断裂该化学键所需的能量是同一个数量级。因此，链的引发反应往往是链反应中最为困难的步骤。

2. 链的增长（chain propagation）

链的增长是自由基与反应物分子相互作用的交替过程。在这一过程中，旧的自由基不断消亡，新的自由基不断生成；如果不加控制，就可以发生一系列的连串反应，使反应自动进行下去。如：

$$Cl\cdot + H_2 \longrightarrow HCl + H\cdot$$
$$H\cdot + Cl_2 \longrightarrow HCl + Cl\cdot$$
$$\cdots\cdots$$

每一个反应就构成反应链的一个环节，每一环节均生成产物 HCl，上述反应往复循环，自由基 Cl· 和 H· 交替消失又再生，反应链持续增长，产物 HCl 不断增加，故这些自由基称为链载体。

这一步骤的特点：一是链载体的活性很高，反应能力强，所需活化能很小；二是链载体不会减少。一个旧链载体消亡，同时产生一个新链载体，此过程称为链传递。

3. 链的终止（chain termination）

当自由基被消除时链就终止。断链的方式一般有两种：一种是体相终止，即自由基在反应系统中与第三者接触，结合成惰性分子并放出能量；另一种是器壁终止，即自由基与反应容器壁接触，放出能量而失活。例如：

$$Cl\cdot + Cl\cdot + M \longrightarrow Cl_2 + M$$
$$H\cdot + Cl\cdot + M \longrightarrow HCl + M$$
$$Cl\cdot + 器壁 \longrightarrow 断链$$

这一步骤的特点是：反应不需要活化能，相反由于自由基结合为分子时放出大量的热，因而需要第三者（系统中的杂质和器壁）参加反应，以带走反应产生的能量。

8.9.2　直链反应

根据链的传递方式，链反应分为直链反应和支链反应，在链传递阶段，如果一个链载体消失，只产生一个新的链载体，就称为直链反应（straight chain reaction）。

氢与氯在光的作用下合成氯化氢的反应为

$$H_2 + Cl_2 \xrightarrow{h\nu} 2HCl$$

实验测得
$$\frac{dc_{HCl}}{dt} = kc_{H_2} c_{Cl_2}^{1/2} \tag{8.9.1}$$

实验证明,它的机理为

① $Cl_2 + M \xrightarrow{k_1} 2Cl\cdot + M$　　　　链的引发(开始)

② $Cl\cdot + H_2 \xrightarrow{k_2} HCl + H\cdot$　　　　链的传递

③ $H\cdot + Cl_2 \xrightarrow{k_3} HCl + Cl\cdot$　　　　链的传递

④ $2Cl\cdot + M \xrightarrow{k_4} Cl_2 + M$　　　　链的终止

式中:M 为能量的授受体。可以是引发剂、光子、高能量分子作为能量的授予体;也可以是稳定分子或容器壁作为能量的接受体。

HCl 与反应②和反应③有关,根据质量作用定律,有
$$\frac{dc_{HCl}}{dt} = k_2 c_{Cl\cdot} c_{H_2} + k_3 c_{H\cdot} c_{Cl_2} \tag{8.9.2}$$

H· 与反应②和反应③有关,H· 为反应过程中生成的中间产物,其浓度可用稳态近似法求出。

由
$$\frac{dc_{H\cdot}}{dt} = k_2 c_{Cl\cdot} c_{H_2} - k_3 c_{H\cdot} c_{Cl_2} = 0 \tag{8.9.3}$$

得
$$k_2 c_{Cl\cdot} c_{H_2} = k_3 c_{H\cdot} c_{Cl_2}$$

则
$$\frac{dc_{HCl}}{dt} = 2k_2 c_{Cl\cdot} c_{H_2} \tag{8.9.4}$$

又因 Cl· 与反应①、反应②、反应③和反应④有关,Cl· 为反应过程中生成的中间产物,其浓度可应用稳态近似法求出。因为
$$\frac{dc_{Cl\cdot}}{dt} = k_1 c_{Cl_2} c_M - k_2 c_{Cl\cdot} c_{H_2} + k_3 c_{H\cdot} c_{Cl_2} - k_4 c_{Cl\cdot}^2 c_M = 0 \tag{8.9.5}$$

则
$$k_1 c_{Cl_2} = k_4 c_{Cl\cdot}^2$$

故
$$c_{Cl\cdot} = (k_1/k_4)^{1/2} c_{Cl_2}^{1/2} \tag{8.9.6}$$

于是得
$$\frac{dc_{HCl}}{dt} = 2k_2 (k_1/k_4)^{1/2} c_{H_2} c_{Cl_2}^{1/2} = kc_{H_2} c_{Cl_2}^{1/2} \tag{8.9.7}$$

其中 $k = 2k_2 (k_1/k_4)^{1/2}$,与实验结果一致。这表明上述机理可能是合理的,但不是绝对的,还要结合实验现象或其他证据进一步验证。上述机理不是凭空想出的,而是根据一些实验事实推测出来的。例如,H_2 和 Cl_2 在暗处反应很慢,光照后反应速率加快可考虑是光的引发。链反应有自由基存在,可以在反应系统中加入一些固态粉末,捕获自由基,若速率迅速减慢,证明为链反应,另外从活化能的角度也可说明此机理的合理性。

8.9.3　支链反应

如果一个链载体消失,产生两个以上新的链载体,该类反应称为支链反应(chain-branching reaction)。支链反应也有链引发过程,所产生的活性质点一部分按直链方式传递下去,还有一部分每消耗一个活性质点,同时产生两个或两个以上的新活性质点,使反应以树枝状支链的形式迅速传递下去。如果反应速率急剧加快,会引起支链爆炸。如果产生的

活性质点过多,也可能相互碰撞而失去活性,使反应终止。

化学反应导致的爆炸有以下两种类型。

(1) 热爆炸。

热爆炸是由于反应放出的热无法散开,使温度骤然上升,反应速率按指数规律加快,以致瞬时发生爆炸。

(2) 支链爆炸。

在支链反应中,链分支使自由基数目以几何级数的方式增加,反应链迅猛分支发展而导致爆炸,称为支链爆炸。H_2 和 O_2 混合气体的爆炸就属于支链爆炸。

链爆炸反应的温度、压力、组成通常都有一定的爆炸区间,称为爆炸界限。

以 $H_2 + \frac{1}{2}O_2 \longrightarrow H_2O$ 为例,它是一个支链反应,其可能机理为

① $H_2 + O_2 \longrightarrow 2OH\cdot$ 　　　　　　　　　　　　　　　　链的引发

　　　　　　　↘

　　　　　　　　　$H\cdot + HO_2\cdot$

② $H_2 + M \longrightarrow 2H\cdot + M$

③ $O_2 + O_2 \longrightarrow O_3 + O\cdot$

④ $OH\cdot + H_2 \longrightarrow H\cdot + H_2O$ 　　　　　　　　　　　链的传递

⑤ $H\cdot + O_2 \longrightarrow OH\cdot + O\cdot$ 　　　　　　　　　　　链的支化

⑥ $O\cdot + H_2 \longrightarrow OH\cdot + O\cdot$

⑦ $H\cdot \longrightarrow$ 器壁 　　　　　　　　　　　　　　　　　链的终止

⑧ $OH\cdot \longrightarrow$ 器壁

⑨ $HO_2\cdot \longrightarrow$ 器壁

⑩ $H\cdot + O_2 + M \longrightarrow HO_2\cdot + M$（$HO_2\cdot$ 不如其他自由基活泼,故列为终止反应）

⑪ $HO_2\cdot + H_2 \longrightarrow H_2O_2 + H\cdot$ 　　　　　　　　　慢速传递

⑫ $HO_2\cdot + H_2O \longrightarrow H_2O_2 + OH\cdot$

其中反应⑤、反应⑥是 $\alpha = 2$ 的支化反应,这个反应是否会发生爆炸,主要取决于系统的温度、压力和组成。

如在内径 7.4 cm 的反应器中,按物质的量比 2:1 放入 H_2 和 O_2,反应器壁涂 KCl,图 8.9.1 表示出在不同温度、压力下的实验结果。图中曲线右侧区域中以爆炸方式进行反应称为爆炸区;左侧区域中反应缓和地进行,称为非爆炸区,此分界曲线即为爆炸界限,其所包围的爆炸区,犹如一个半岛,故称为"爆炸半岛"。

当系统处于 800 K 时,压力沿纵轴增大与曲线分别相交于 p_1、p_2 和 p_3,压力低于 p_1 时反应平稳进行;压力升至 p_1 即发生爆炸,p_1 为第一爆炸极限,跨进爆炸区直到第二爆炸极限 p_2,在此压力范围内均会爆炸,压力在 p_2 与 p_3 之间为平稳反应区,到达 p_3 则又会爆炸。上述现象可用支链反应中自由基的消长来说明。

(1) 压力界限。

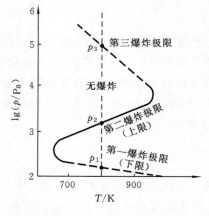

图 8.9.1　总压力为 p 时氢-氧混合系统的爆炸极限

800 K 时,若 $p < p_1$(0.2 kPa),不爆炸。原因是在低压下,系统中的自由基比较容易扩散到器壁上而销毁,减少了链的传递者,反应可平稳进行。随着压力逐渐增加,$p > p_1$,但小于 p_2(6.67 kPa),此时发生爆炸,原因是气体密度增加,分子的有效碰撞的机会增加,链的分支大大加快,而导致爆炸。压力超过 p_2 时,反应变得平稳,不爆炸,因为系统中分子的浓度很高,自由基容易发生三分子碰撞而消失。当压力超过 p_3(40 kPa)又会爆炸,p_3 为第三爆炸极限。第三爆炸极限以上一般认为是热爆炸,由于反应放热,当热的释放速率超过由于传递、对流与辐射损失热的速率时,就会陷入自加热的循环中而引起热爆炸。

(2)温度界限。

爆炸区还有一定的温度界限:约在 650 K 以下的任何压力都不会爆炸;而大约在 920 K 以上的任何压力都将发生爆炸。这是因为链分支步骤是一个吸热过程,在 650 K 以下链分支反应难以进行,故任何压力下均不爆炸,而在 920 K 以上,链分支始终占优势,故任何压力下均导致爆炸。

(3)组成界限。

必须指出,在一般手册中都会提到另一类爆炸极限,这类爆炸极限是指如果混合物各组分的体积比在所列低限、高限之间就会发生爆炸,而在限外就不会发生爆炸。

例如,氢气在空气中的爆炸低限(体积分数)为 4%,高限(体积分数)为 74%,体积分数在这两者之间遇到火种则会发生爆炸。实验室中常见的一些可燃气体的爆炸极限(体积分数)为 C_2H_6(3.2%~12.5%),C_6H_6(1.4%~6.7%),CH_3OH(7.3%~36%) ,C_2H_5OH(4.3%~19%),$(C_2H_5)_2O$(1.9%~48%)。这些数据仅供参考,在实际操作中必须留有余地,防止发生意外。在空气中各种可燃气体都有一定的爆炸极限,了解它们对化工生产和实验室安全操作十分重要。

若分析恒温下反应速率 r 随压力 p 的变化可得如图 8.9.2 所示的结果。低压下反应缓和,当压力上升到 p_1 与 p_2 之间反应依爆炸方式进行,而再升到 p_2 与 p_3 之间反应又缓和地进行,直到压力大于 p_3 以后反应才又按爆炸方式进行,而 p_1、p_2 与 p_3 分别称为该温度下的第一、第二与第三爆炸极限或称为爆炸下限、上限与热界限,显然它们都是温度的函数。

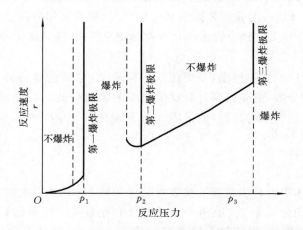

图 8.9.2 温度(500 ℃)和组成不变时,支链反应速率与压力的关系

图 8.9.2 中的虚线说明了惰性缓冲气体对第一和第二爆炸极限的影响。

8.10　反应速率理论简介

在基元反应中,原子和分子是如何发生反应的,如何从分子的性质用理论的方法求得基元反应的速率常数,这将是本节要研究的内容。

质量作用定律和阿仑尼乌斯公式都是从实际经验中总结出来的。为了从理论上阐述基元反应的动力学特征,并对反应速率进行定量计算,科学家们提出了一系列关于基元反应速率的理论。本章将介绍碰撞理论和过渡态理论。前者是在分子运动论的基础上形成的,后者是在统计力学和量子力学的基础上建立的。

8.10.1　简单碰撞理论

1916—1923 年,英国的沃·路易斯(Lewis)等人接受阿仑尼乌斯关于"活化状态"和"活化能"的概念,并在比较完善的分子运动理论基础上建立了碰撞理论。该理论以气体分子运动论为基础,把气相中的双分子反应看成两个分子碰撞的结果。通过计算碰撞频率,得出反应速率常数的表示式。这种碰撞理论也称为简单碰撞理论(simple collision theory,略写为SCT)。碰撞理论基于一种合理的思想,即反应之所以能够发生,是因为反应物之间发生碰撞。然而假如所有碰撞都有效,那么任何反应都将在瞬间完成。实际上只有那些具有很高能量的反应物分子(或原子)的碰撞才有可能发生反应。这种能够导致反应发生的碰撞称为有效碰撞,能够发生有效碰撞的分子称为活化分子。

1. 碰撞理论的基本假设

以双分子基元反应 A+B ⟶ P 为例,气体反应碰撞理论的基本假设如下:

(1)反应物分子可被看做简单的刚球,无内部结构;

(2)分子必须通过碰撞才能发生反应,因此,反应速率(单位时间、单位体积内发生反应的分子数)与单位时间、单位体积内分子 A 和分子 B 的碰撞频率 Z_{AB} 成正比例关系;

(3)碰撞分子对的能量超过某一定值 ε_c 时,反应才能发生,这样的碰撞称为活化碰撞;不是所有的碰撞都能导致化学反应的发生,只有那些足够激烈的、沿两个碰撞分子的连心线上的相对平动能 ε 大于阈能 ε_c 的碰撞才能引起化学反应,阈能又称临界能;

(4)在反应过程中,反应分子的速率分布遵循麦克斯韦-玻尔兹曼分布定律。

2. 理论推导

根据以上化学反应的碰撞模型,只要能求出分子 A 与 B 的碰撞频率,再求出有效碰撞次数占总碰撞次数的分数,就能得到计算反应速率的定量公式。反应速率由碰撞频率 Z_{AB}、有效碰撞次数占总碰撞次数的分数(能量因子)q 和碰撞的方位因子 P 决定。

$$r = \frac{Z_{AB}qP}{L} \tag{8.10.1}$$

(1)碰撞频率 Z_{AB}。

单位时间、单位体积内分子碰撞的次数称为碰撞频率(或碰撞次数)。假设分子 A 和 B 都为硬球,其半径分别为 r_A 和 r_B,则两个分子的质心在碰撞时所能达到的最短距离为 $r_A + r_B$,该距离称为有效碰撞直径(或称有效直径),用 d_{AB} 表示。设分子 A 不动,分子 B 以平均相对速度 u_r 运动,如果分子 B 与分子 A"擦肩而过"(即相接触)也算是碰撞,则 1 个分子 B 在单位时间内与分子 A 碰撞的次数相当于以 d_{AB} 为半径,以 u_r 为柱长的圆柱中分子 A 的数目。如图 8.10.1 所示。

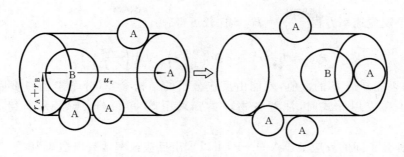

图 8.10.1　碰撞截面示意图

由图 8.10.1 可见，分子 B 能碰到质心在圆柱内的分子 A，该圆柱的截面面积 $\pi(r_A + r_B)^2$ 为碰撞截面面积。设单位体积中分子 A 的分子数为 N_A，则 1 个分子 B 在单位时间内与分子 A 的碰撞频率为

$$Z_{AB} = \pi(r_A + r_B)^2 u_r N_A \tag{8.10.2}$$

因气体分子 A 与 B 的平均相对速率为

$$u_r = \sqrt{\frac{8kT}{\pi\mu}} \tag{8.10.3}$$

设单位体积内 B 的分子数为 N_B，则碰撞频率为

$$Z_{AB} = \pi(r_A + r_B)^2 \left(\frac{8kT}{\pi\mu}\right)^{1/2} N_A N_B \tag{8.10.4}$$

式中：k 为玻尔兹曼常数；μ 为折合质量，$\mu = \dfrac{m_A m_B}{m_A + m_B}$；$m_A$ 和 m_B 分别为分子 A 和 B 的质量。

（2）有效碰撞概率 q。

根据碰撞理论的假设，碰撞是否导致反应发生还与分子的能量有关，只有那些碰撞时相对平动能在质心连线方向的分量大于某能量阈值 ε_c 的分子对才能发生反应。因此 ε_c 是该反应发生所必需的能量，称为阈能或临界能（见图 8.10.2）。根据玻尔兹曼分布定律，能量大于阈能（即 $\varepsilon \geqslant \varepsilon_c$）的活化分子所占的分数为

$$q = \exp\left(-\frac{\varepsilon_c}{kT}\right) = \exp\left(-\frac{E_c}{RT}\right) \tag{8.10.5}$$

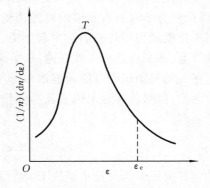

图 8.10.2　临界能示意图

式中：$E_c = L\varepsilon_c$，即摩尔阈能；q（实际上就是玻尔兹曼因子）为有效碰撞概率。

单位时间、单位体积内分子 A 与 B 的有效碰撞频率为

$$Z'_{AB} = \pi(r_A + r_B)^2 \left(\frac{8kT}{\pi\mu}\right)^{1/2} \exp\left(-\frac{E_c}{RT}\right) N_A N_B \tag{8.10.6}$$

（3）反应速率常数。

根据以上推导可知，有效碰撞频率 Z'_{AB} 可以表示反应速率，但这种速率是指单位时间、单位体积反应的分子数，即 $-\dfrac{dN_B}{dt}$，而通常反应速率是以浓度表示的，即 $-\dfrac{dc_B}{dt}$。由于 $N_B = Lc_B$，故有

$$-\frac{dc_B}{dt} = L\pi(r_A + r_B)^2 \left(\frac{8kT}{\pi\mu}\right)^{1/2} \exp\left(-\frac{E_c}{RT}\right) c_A c_B$$

与双分子反应速率方程 $-\dfrac{dc_B}{dt} = kc_A c_B$ 比较可得

$$k_{AB} = L\pi(r_A + r_B)^2 \left(\frac{8kT}{\pi\mu}\right)^{1/2} \exp\left(-\frac{E_c}{RT}\right) \tag{8.10.7}$$

这样,如果能知道 E_c 的数值,就能由反应分子的结构参数(分子半径和质量)计算反应速率常数。但在应用此式时,注意各物理量皆采用 SI 单位(m,kg,s),所得 k 的单位应为 $m^3 \cdot mol^{-1} \cdot s^{-1}$。

如是同种分子间的反应 $A + A \longrightarrow P$,可以求出反应速率常数表达式为

$$k_{AA} = 8L\pi r_A^2 \left(\frac{RT}{\pi M_A}\right)^{1/2} \exp\left(-\frac{E_c}{RT}\right) \tag{8.10.8}$$

(4) 方位因子 P。

对一些双分子气体反应,按简单碰撞理论指前因子 A 的计算结果与由实验测定的结果相比较,仅有个别反应两者较为吻合。然而多数反应的 A 的理论计算值比实验值偏高好几个数量级,甚至高到 10^7 倍。这主要是由于理论分析时,将反应物分子假设为简单硬球,处理方法过于粗糙造成的。首先,按此硬球处理,反应物分子是各向同性的,这样在反应物分子间碰撞时只需在连线方向的相对平动能达到一定数值就能进行反应。然而,真实分子一般会有复杂的内部结构,并不是在任何方位上的碰撞都会引起反应。例如反应

$$O_2N-C_6H_4-Br + OH^- \longrightarrow O_2N-C_6H_4-OH + Br^-$$

OH^- 必须碰撞到溴代硝基苯上的 Br 原子端才可能发生反应。这种因素通常称为方位因素。其次,硬球分子间发生碰撞时,能量可立即传递而不必考虑接触时间。而真实分子发生碰撞时传递能量需要一定时间,如果相对速度过大,碰撞时因接触时间过短而来不及传递能量,即便分子对具有足够的碰撞动能也会造成无效碰撞。另外,具有较高能量的真实分子还需要把能量传到待断的键才起反应。如果能量未传到而又发生另一次碰撞,则能量可能又被传递,从而也造成无效碰撞,以上两点归结为能量传递速率因素。还有复杂分子待断键附近存在的基团也有可能起阻挡和排斥作用,这种屏蔽作用也会降低反应的概率。因此,把方位因素、能量传递速率因素及屏蔽作用综合在一起,将式(8.10.7)乘上一个因子 P(方位因子),即

$$k_{AB} = PL\pi(r_A + r_B)^2 \left(\frac{8kT}{\pi\mu}\right)^{1/2} \exp\left(-\frac{E_c}{RT}\right) \tag{8.10.9}$$

目前还未从理论上解决 P 的计算问题。该理论也未解决 E_c 的计算,仅对 A(阿仑尼乌斯公式中的指前因子)的物理意义有了较为清晰的解释,即

$$A = PL\pi(r_A + r_B)^2 \left(\frac{8kTe}{\pi\mu}\right)^{1/2} \tag{8.10.10}$$

简单碰撞理论虽然较为粗糙,但它在反应速率理论发展中所起的作用不能低估。该理论的基本思想和一些基本概念仍十分有用,为速率理论的进一步发展奠定了基础。

3. 理论的成功与不足

简单碰撞理论的成功之处在于:简单碰撞理论物理图像清晰、直观易懂,突出了反应过程必须经过反应物分子的有效碰撞这一特点。简单碰撞理论初步阐明了基元反应的机理,定量地解释了基元反应的质量作用定律以及阿仑尼乌斯公式中指前因子与活化能的物理意义,指出这两者并非与温度完全无关。简单碰撞理论得到的反应速率常数表达式与阿仑尼乌斯公式的形式相同,但它比几乎完全是经验总结的阿仑尼乌斯公式大大向前了一步。

　　简单碰撞理论的不足也是很明显的,过于简单的刚球碰撞模型与真实分子间反应的情况相距太远,加上理论本身无法确定 E_c 及方位因子 P,必须依靠实验数据,所以简单碰撞理论实际并未彻底解决活化能与指前因子的计算问题,因此该理论只是半经验性的,而且简单碰撞理论只是就气相双分子反应提出的速率理论,对单分子反应、三分子反应及溶液中的反应都需要引入新的假定或模型。

8.10.2　过渡态理论

　　过渡态理论是 1935 年后由埃林(Eyring)、鲍兰尼(Polanyi)等人在统计力学和量子力学发展的基础上提出来的,下面对此作简单介绍。

　　1. 过渡态理论基本假设

　　(1) 相互碰撞的分子间势能是分子相对位置的函数。

　　(2) 在由反应物生成产物的过程中,分子要经历一个价键重排的过渡阶段。处于这一过渡阶段的分子称为活化配合物或过渡态物质。

　　(3) 活化配合物的势能高于反应物或产物的势能,此势能是反应进行时必须克服的能垒,但它又较其他任何可能的中间态的势能低。

　　(4) 活化配合物与反应物分子处于某种平衡态,总反应速率取决于活化配合物的分解速率。

　　2. 过渡态理论的内容

　　过渡态理论又称活化配合物理论或绝对反应速率理论。该理论认为反应物在相互接近的过程中,先形成一种介于反应物和产物之间的以一定的构型存在的过渡态——活化配合物;形成这个过渡态需要一定的活化能,活化配合物与反应物分子之间建立化学平衡,总反应的速率由活化配合物转化成产物的速率决定。

　　这个理论还认为反应物分子之间相互作用的势能是分子间相对位置的函数,由反应物转变为产物的过程中,系统的势能不断变化。活化配合物处在势能面的“马鞍点”上。“马鞍点”的势能与稳定的反应物或产物相比是最高点,与解离成原子之间的势能相比又是最低点。

　　例如,反应　　$A+B{-}C \rightleftharpoons [A{\cdots}B{\cdots}C] \Longrightarrow A{-}B+C$
　　　　　　　　　(反应物)　　(活化配合物)　　　(产物)

当 A 原子沿 B—C 的键轴方向接近时,B—C 中的化学键逐渐松弛,A 原子与 B 原子之间形成了一种新键,这时形成了[A···B···C]的构型,这种过渡态的构型称为活化配合物。这种活化配合物位能很高,所以很不稳定,它可能重新变回原来的反应物(A、B—C),也可能分解成产物(A—B,C)。化学反应速率取决于活化配合物的浓度、活化配合物分解的百分率、活化配合物分解的速率。反应过程中系统的位能变化如图 8.10.3 所示。

　　图 8.10.3 中横坐标为反应过程,纵坐标为反应系统的位能。E_1 为反应物的平均位能与活化配合物间的位能差,称为正反应的活化能。E_2 为产物的平均位能与活化配合物间位能之差,称为逆反应的活化能。正

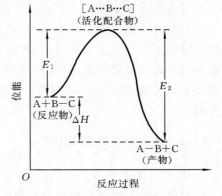

图 8.10.3　反应过程的能量图

反应活化能 E_1 与逆反应活化能 E_2 的差为反应过程的热效应 ΔH。图8.10.3中正反应的热效应为 $\Delta H = E_1 - E_2$,且 $E_2 > E_1$,所以正反应为放热反应。逆反应为吸热反应。从图8.10.3可以看出,在一可逆反应中,正反应放热,逆反应必定吸热。可逆反应中吸热反应的活化能必定大于放热反应的活化能。另外,从图中还可以看到化学反应进行时,必须越过一个能峰或者说必须克服一个能垒,才能发生反应。

反应分子之所以能克服能垒转化为产物,是因为分子在碰撞过程中将平动能转化为势能。只有原来具备足够大碰撞动能的反应物,才有可能转化成足够的势能,登上"马鞍点",并翻越能峰生成产物。由此,活化能的物理意义也就更明显更具体化了。

8.11　光化学反应

光化学是研究物质因受外来光的影响而产生化学反应的一门学科。在紫外光或可见光作用下发生的反应,称为光化学反应。光是一种电磁辐射。对光化学反应有效的是可见光及紫外光;红外辐射能激发分子的转动和振动,不能产生电子的激发态;X 射线则可产生核或分子内层深部电子的跃迁,这不属于光化学范畴,而属于辐射化学。

化学发光可以看做是光化学反应的逆过程。在化学反应过程中,产生了激发态的分子,当这些分子回到基态时放出的辐射,称为化学发光。这种辐射的温度较低,故又称化学冷光。不同反应放出的辐射的波长不同,有的在可见光区,也有的在红外光区,后者称为红外化学发光。研究这种辐射,可以了解初生态产物中的能量分配情况。

8.11.1　光与光化学反应

光具有波粒二象性,光束可视为光量子流。光量子简称光子,是基本粒子之一,是辐射能的最小单位。光子稳定、不带电、静止质量等于零。在光束的照射下,可以发生各种化学变化(如染料褪色、胶片感光、光合作用等),这种由于吸收光子而引起的化学反应称为光化学反应。

反应物吸收光子后从基态跃迁到激发态(电子的振动激发态用"＊"表示,如 NO_2^*),然后导致各种化学和物理过程的发生。例如反应

$$NO_2 \xrightarrow{h\nu} NO_2^* \longrightarrow NO + \frac{1}{2}O_2$$

通常把第一步吸收光子的过程称为初级过程,相继发生的其他过程称为次级过程。

前面讨论的化学反应中,活化能靠分子热运动的相互碰撞来积聚,故称为热化学反应或称为黑暗反应。电化学反应中,其反应的活化能是靠电能来供应的。热化学反应中分子的能量服从玻尔兹曼分布定律,其反应对温度十分敏感,遵从阿仑尼乌斯方程;而光化学反应的速率与光的强度有关,可用一定波长的单色光来控制其反应速率,不遵从阿仑尼乌斯方程。

8.11.2　光化学反应基本定律

1. 光化学第一定律

光化学第一定律是由格罗杜斯(Grotthus)和德拉波(Draper)于 19 世纪总结出来的,故有时也以他们的名字命名。

　　光化学第一定律可以表述为：只有被系统吸收的光才可能产生光化学反应。不被吸收的光（透过的光和反射的光）则不能引起光化学反应。

　　并不是被吸收的光都能产生光化学反应，有时原子、分子吸收光后，又释放出来，这种情况就不产生光化学反应。因此在研究光化学反应时要注意光源、反应器材料及溶剂等的选择。

　　2. 光化学第二定律

　　这个定律是在 20 世纪初斯塔克（Stark）和爱因斯坦（Einstein）提出的。其内容是："在光化学反应的初级反应中，一个光子活化一个反应物分子。"由于光化学反应从吸收光子开始，光的吸收过程是光化学反应的初级过程。

　　光化学第二定律只适用于初级过程，即一个光子活化一个分子，使一个分子发生反应。

　　如果要活化 1 mol 分子则要吸收 1 mol 光子，需要 1 mol 光子的能量。

　　一个光子的能量 ε 为

$$\varepsilon = h\nu \tag{8.11.1}$$

式中：h 为普朗克常量；ν 为频率。摩尔光子的能量为

$$E_m = Lh\nu = Lh \frac{c}{\lambda} \tag{8.11.2}$$

式中：L 为阿伏伽德罗常数；λ 为波长；c 为光速。

　　在光化学中，吸收光强度 I_a 为单位时间、单位体积中吸收光子的数目或物质的量，I_a 最常用的单位是 $mol \cdot L^{-1} \cdot s^{-1}$ 或 $mol \cdot m^{-3} \cdot s^{-1}$。

　　当然该定律的含义并不是说一个分子只能吸收一个光子，应当指出，在高强度的光照或激发态分子寿命较长的情况下，可能发生多光子吸收的情况，因此，光化学第二定律适用的光强度范围为每秒 $10^{14} \sim 10^{18}$ 个光子。

8.11.3　光化学的量子效率

　　光化学反应是从吸收光子开始的，所以光的吸收过程是光化学反应的初级过程。光化学第二定律只适用于初级过程，即一个光子活化一个分子，$A \xrightarrow{h\nu} A^*$。活化后的分子可与别的分子发生反应直接转化为产物，也可与别的能量较低的分子碰撞而失活。由此看来，发生反应的分子数可能比吸收的光子数多（进一步反应），或者比吸收的光子数少（失活）。

　　为了衡量光化学反应的效率，引入量子效率（用 Φ 表示）与量子产率（用 Φ' 表示）的概念。

$$\Phi \xrightarrow{\text{def}} \frac{\text{发生变化的反应物的分子数}}{\text{被吸收的光子数}} = \frac{\text{反应物的消耗速率}}{\text{吸收光子速率}} = \frac{r}{I_a} \tag{8.11.3}$$

$$\Phi' \xrightarrow{\text{def}} \frac{\text{发生变化的产物的分子数}}{\text{被吸收的光子数}} = \frac{\text{产物的生成速率}}{\text{吸收光子速率}} = \frac{r}{I_a} \tag{8.11.4}$$

　　量子效率 Φ 的定义说明它是对指定过程而言的，离开对过程的指定 Φ 就没有确切的含义。

　　不少反应的量子效率 Φ 和量子产率 Φ' 是不相等的，因为量子产率是对某产物而言的，全部产物的量子产率之和与量子效率应该是相等的。一般计算的是量子效率。

　　多数光化学反应的量子效率不等于 1。$\Phi > 1$ 是由于在初级过程中虽然只活化了一个反应物分子，但活化后的分子还可以进行次级过程。如反应

$$2HI \longrightarrow H_2 + I_2$$

初级过程为

$$HI \xrightarrow{h\nu} H\cdot + I\cdot$$

次级过程则为

$$H\cdot + HI \longrightarrow H_2 + I\cdot, \quad I\cdot + I\cdot \longrightarrow I_2$$

总的效果是每个光子分解了两个 HI 分子,故 $\Phi=2$。

对于 $\Phi<1$ 的光化学反应,当分子在初级过程吸收光子之后,处于激发态的高能分子有一部分还未来得及反应便发生分子内的物理过程或分子间的能量传递过程而失去活性。

量子效率 Φ 是光化学反应中一个很重要的物理量,可以说它是研究光化学反应机理的敲门砖,可为光化学反应动力学提供许多信息。

例 8.11.1 用波长 253.7 nm 的紫外光照射 HI 气体时,因吸收 307 J 的光能,HI 分解 1.300×10^{-3} mol。已知反应 $2HI \xrightarrow{h\nu} I_2 + H_2$,求此光化学反应的量子效率。

解 一个光子的能量为 $\varepsilon = h\nu$,而 $\nu = \dfrac{c}{\lambda}$,所以 $\varepsilon = h\dfrac{c}{\lambda}$。

用波长 253.7 nm 的光照射 HI 气体,系统所吸收的光能为 307 J,该过程的量子效率为

$$\Phi = \frac{1.300\times10^{-3}\times6.023\times10^{23}}{\dfrac{307}{6.626\times10^{-34}\times\dfrac{2.998\times10^8}{253.7\times10^{-9}}}} = 2$$

8.11.4　光化学反应的特点

光化学反应具有以下特点:

(1) 等温等压条件下,能进行 $\Delta_r G_m > 0$ 的反应;

(2) 反应温度系数很小,有时升高温度,反应速率反而减小;

(3) 光化学反应的平衡常数与光强度有关。

有些物质对光不敏感,不能直接吸收某种波长的光而进行光化学反应。如果在反应系统中加入另外一种物质,它能吸收这样的辐射,然后将光能传递给反应物,使反应物发生作用,而该物质本身在反应前后并未发生变化,这种物质就称为光敏剂,又称感光剂。

光化学反应与热化学反应有许多不同之处,主要表现在以下几个方面。

(1) 热化学反应所需的活化能靠分子碰撞提供,而光化学反应所需的活化能来源于所吸收光子的能量,活化分子的浓度正比于照射反应物的光强度。在足够强的光照下,常温下就能引起高温下才能进行的一些反应,有些反应甚至在液氦温度下也能发生。

(2) 光化学反应速率的温度系数较小,每升高 10 K,速率增加 $0.1\sim1.0$ 倍。热化学反应速率的温度系数较大,每升高 10 K,速率增加 $2.0\sim4.0$ 倍。光化学反应的速率受温度的影响明显较小,活化能常常只有 $30\ kJ\cdot mol^{-1}$。作为光化学初级过程的吸收光子,其速率并不受温度的影响。

(3) 在一定温度、压力下,热化学反应总是自发向使系统吉布斯函数减小的方向进行,而光化学反应则不然,它可能使系统的吉布斯函数增大。

例如,反应 $3O_2 \xrightarrow{h\nu} 2O_3$,$\Delta_r G_m = 161.4\ kJ\cdot mol^{-1}$;反应 $H_2 + Cl_2 \xrightarrow{h\nu} 2HCl$,$\Delta_r G_m = -190.54\ kJ\cdot mol^{-1}$。

植物的光合作用、在光的作用下氧转变为臭氧等就是吉布斯函数增大的反应。在这类

非自发反应中,光的辐射能使反应物的吉布斯函数增大(光是有序能),从而使反应的 $\Delta_r G_m$ 变为负值;当光照停止后,反应仍然自发向吉布斯函数减小的方向进行。

(4) 与热碰撞活化相比,光化学活化是一种强有力的手段。单色光(特别是激光)可以有选择地使混合物中某一组分的分子发生电子跃迁,这种被激活的分子是远离平衡的,它特别活泼,将以极快的速率使反应沿所选择的途径进行,没有被光激活的分子不反应。而热活化是漫无目标的,能量将根据玻尔兹曼分布定律分配到作用物的各个自由度中。

8.11.5　光化学反应的机理

在光的作用下,分子本身并未发生变化。如果受激分子处于很高的振动能级,它就可能发生解离、异构化或与其他分子发生反应,这就是光化学反应。

1. 光解离反应

当激发分子具有足够的振动能时可导致自身分解,如 $A^* \longrightarrow R+S$。

R 和 S 可以是稳定的产物,也可能是自由基等活性物质,若为后者则可导致次级化学过程,如 $NO_2 \xrightarrow{h\nu} NO+O$,照相时的反应 $AgBr \xrightarrow{h\nu} Ag+Br$。

2. 异构化和双分子反应

处于高振动激发态的分子可以发生异构化,如 $A^* \longrightarrow Y$。A^* 分子也可以与其他分子碰撞,发生双分子反应。如

$$A^* + B \longrightarrow R+S$$
$$Hg^* + O_2 \longrightarrow HgO + O \cdot$$

3. 光合成反应

$$C_6H_6 + 3Cl_2 \xrightarrow{h\nu} C_6H_6Cl_6$$

$$H_2 + Cl_2 \xrightarrow{h\nu} 2HCl$$

4. 光敏作用

催化剂分子吸收光后被活化,催化剂的激发态分子在碰撞中可以把它的能量传递给反应物分子,使反应物分子激发而发生光化学反应。

$$A(催化剂) \xrightarrow{h\nu} A^*$$
$$A^* + C \longrightarrow A + C^*$$
$$C^* + D \longrightarrow P$$
$$A^* + C \longrightarrow A + P + R$$

这种过程称为光敏作用,也称光催化反应。物质 A 如同热反应的催化剂,称为光敏剂。C 作为受激分子 A^* 的电子能的接受体,若它的存在可使所有的 A^* 分子的激发能衰减,从而使荧光特别是磷光淬灭,此时的 C 则为淬灭剂。

光敏作用有重要的意义,如 254 nm 的紫外线,尽管它的辐射能(471.5 kJ·mol⁻¹)高于 H_2 的解离能(435.2 kJ·mol⁻¹),但并不能使 H_2 分解,若加入微量的汞蒸气(光敏剂),H_2 将立刻分解。这是因为汞能吸收该波长的辐射,产生自由原子 Hg^*,接着与 H_2 分子碰撞把能量传递给它并使之分解。

$$Hg \xrightarrow{h\nu} Hg^*$$
$$Hg^* + H_2 \longrightarrow Hg + H \cdot + H \cdot$$

$$Hg^* + H_2 \longrightarrow HgH \cdot + H \cdot$$

这是其他分子的光敏反应的起始步骤,生成的 H· 可引起其他分子反应,例如由 CO 和 H_2 合成甲醛。

$$H \cdot + CO \longrightarrow HCO \cdot$$
$$HCO \cdot + H_2 \longrightarrow HCHO + H \cdot$$
$$HCO \cdot + HCO \cdot \longrightarrow HCHO + CO$$

对于绿色植物的光合作用,叶绿素是光敏剂。

$$6CO_2 + 6H_2O \xrightarrow{h\nu} C_6H_{12}O_6 + 6O_2, \quad \Delta_r G_m = 2\,879 \text{ kJ} \cdot \text{mol}^{-1}$$

每还原一个 CO_2 分子或生成一个 O_2 分子,要吸收 8 个光子。生成一个糖分子,要吸收 48 个光子。如果用波长 680 nm 的可见光照射,所需光能为 8 440 kJ,光能转化率为 34%,这是目前已知的光能转化率最高的反应。这些能量储存在碳水化合物中,可变成石油、煤、天然气等。

8.12　催化作用

催化剂能加快化学反应的速率,这种现象早已被人们认识,从而极大地促进了现代化学工业的进展。无论是无机化学工业中氨、硝酸、硫酸的合成,还是石油化学工业中有机原料和橡胶、纤维、塑料三大材料的合成,若不使用催化剂,都很难实现。

为了改进原有的催化剂和研究开发新的催化剂,必须对催化反应中各因素加以研究;其中关键在于了解催化剂是如何加速化学反应的,即催化反应的机理。本节将简要介绍催化剂的基本概念和基本原理。

8.12.1　催化剂的定义

在一个化学反应系统中,若加入少量某种物质,就能显著加速反应而该物质本身的化学性质和数量在反应前后基本保持不变,则称该物质为该反应的催化剂。催化剂的这种作用称为催化作用。虽然催化剂在反应前后数量和化学性质没有变化,但常常发现原催化剂的物理性质发生了变化。例如,许多固体催化剂在反应后晶体颗粒大小与晶形都可能改变。减慢反应速率的物质称为负催化剂。有时,反应产物之一,也对反应起催化作用,这称为自催化作用。若加入微量的本身无催化作用的物质,催化剂的催化作用大大增强,这种微量物质称为助催化剂。还有一些物质即使是很少量地混入催化剂中也会急剧地降低,甚至破坏催化剂的催化作用,这种物质称为催化毒物。这种催化毒物使催化剂催化效能降低或破坏的现象称为催化剂中毒。

8.12.2　催化作用的分类

催化作用按催化剂和反应物所存在的相的不同,可分为均相催化、多相催化和相转移催化三种情况。

均相催化是指催化剂和反应物在同一个相中,有气相催化和液相催化两种情况。均相催化的反应速率不仅与反应物的浓度有关,还与催化剂的浓度有关。气相均相催化,如

$$SO_2 + \frac{1}{2}O_2 \xrightarrow{NO} SO_3$$

机理为

$$SO_2 + NO_2 \longrightarrow SO_3 + NO$$

$$NO + \frac{1}{2}O_2 \longrightarrow NO_2$$

式中：NO 为气体催化剂，它与反应物及产物处在同一相内。

液相均相催化，如蔗糖水解反应

$$C_{12}H_{22}O_{11} + H_2O \longrightarrow C_6H_{12}O_6(葡萄糖) + C_6H_{12}O_6(果糖)$$

该反应以 H_2SO_4 为催化剂，反应在水溶液中进行。

多相催化反应主要是液体反应物或气体反应物在固体催化剂表面进行的反应，其中以气体在固体催化剂表面的反应较常见。如合成氨反应

$$N_2 + 3H_2 \xrightarrow[K_2O, \ Al_2O_3]{Fe} 2NH_3$$

多相催化剂的活性与其组成、结构和状态密切相关。一般来说，催化剂的粒子越细或表面积越大，表面缺陷越多，其催化活性越好。多相催化剂可连续进行催化，产物易于分离，使用温度范围宽，故许多工业反应都采用多相催化，或将均相催化剂负载于多孔的载体上，如将酶负载于若干不溶性载体上，获得固定化酶，应用很广。

在相转移催化中，催化剂通过一种反应物转移到另一种反应物所在的相中起作用。

催化反应也可按催化剂的特征来分类，有酸碱催化反应、酶催化反应、配合催化反应、金属催化反应等。

8.12.3　催化反应的机理及速率常数

一般认为，催化剂的主要作用是与反应物反应，生成中间产物，同时催化剂一定会在随后形成产物的过程中重新生成出来，即催化剂参与反应，改变反应机理。大量的事实说明活化能的降低是由于催化剂直接与反应物发生了化学反应，并使反应途径发生了改变，例如对于反应

$$A + B \longrightarrow AB$$

若加入催化剂 J，第一步，反应物 A 与催化剂生成活化的中间化合物[AJ]，第二步，活化中间化合物[AJ]再与 B 反应生成产物 AB，即

① $A + J \underset{k_2}{\overset{k_1}{\rightleftharpoons}} AJ$　　　　　　　　　　　　　　　　快速平衡

② $AJ + B \xrightarrow{k_3} AB + J$　　　　　　　　　　　　　　　　慢

两式相加得 $A + B \longrightarrow AB$

从上式看出催化剂 J 在反应过程中并未消耗，可循环使用，上述催化反应与非催化反应的过渡态经历的能量途径如图 8.12.1 所示。

在催化反应中，由于第一步中正、逆反应速率相对于第二步来说是比较快的，平衡态很快建立，则有

$$k_1 c_J c_A = k_2 c_{AJ} \tag{8.12.1}$$

若第二步为控制步骤，则

$$r = k_3 c_{AJ} c_B \tag{8.12.2}$$

将式(8.12.1)代入式(8.12.2)得

$$r = (k_3 k_1 / k_2) c_A c_B c_J = k c_A c_B \tag{8.12.3}$$

其速率常数 k 为

$$k = k_3 k_1 c_J / k_2$$

上述每一步骤的速率常数和活化能的关系均可用阿仑尼乌斯公式表示为

$$k_1 = A_1 \exp\left(-\frac{E_1}{RT}\right), \quad k_2 = A_2 \exp\left(-\frac{E_2}{RT}\right)$$

$$k_3 = A_3 \exp\left(-\frac{E_3}{RT}\right)$$

则速率常数 k 有以下关系式：

$$k = \frac{A_1 A_3}{A_2} c_J \exp\left(-\frac{E_1 + E_3 - E_2}{RT}\right) \tag{8.12.4}$$

这就是说，催化反应的总活化能为 $E_a = E_1 + E_3 - E_2$，由此式结合图 8.12.1 可看出，对于催化反应来说，一般 $E_0 > E_a$，即催化反应的活化能低于非催化反应的活化能。

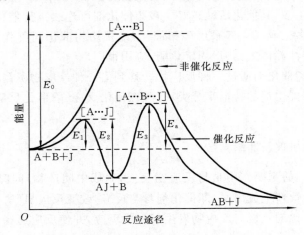

图 8.12.1　活化能与反应途径示意图

8.12.4　催化作用的共同特征

催化作用有下列几个共同特征。

（1）催化剂不能改变反应的平衡规律。

由于在反应前后催化剂的数量不变，因此催化剂在反应计量方程式中没有出现。所以对 $\Delta_r G_m(T,p) > 0$ 的反应，加入催化剂也不能促使其发生，催化剂只能使热力学上允许的反应加速，而不能"引起"热力学所不允许的反应发生。由 $\Delta_r G_m^\ominus(T) = -RT \ln K^\ominus(T)$ 可知，催化剂不能改变 $\Delta_r G_m^\ominus(T)$，也就不能改变反应的标准平衡常数。

（2）催化剂参与反应，通过改变反应机理，改变其活化能，从而导致反应速率的改变。

催化剂参与了化学反应，反应中催化剂参与形成某种不稳定的中间产物或中间配合物，改变反应途径，降低决定速率步骤的活化能，从而使反应可能沿着能量上择优的途径进行，使反应加速。

如图 8.12.1 所示，催化剂参与了化学反应，开辟了新途径。催化剂的使用，对正、逆反应速率的影响是等同的。催化剂使正向反应和逆向反应的速率都以相同的比例增大，所以正向反应的优良催化剂也应是逆向反应的催化剂。这一规律有助于开发新的催化剂。例如，由 CO 和 H_2 合成甲醇必须在高压下进行，直接研究高压条件下反应的催化剂比较困难，但甲醇的分解可在常压下反应,条件较简单,人们正是通过甲醇的催化分解研究,找到了有效的 Cu、ZnO、MnO 等催化剂。

（3）催化剂具有选择性。

催化剂的选择性（selectivity）是指对于多个平行反应,使用不同的催化剂能使某个反应的速率提高,而其他反应速率无显著改变,也可以理解为不同的反应使用不同的催化剂。例如,SO_2 的氧化用 V_2O_5 作催化剂,而乙烯氧化常用 Ag 作催化剂。另外,对同样的反应物,选择不同的催化剂可能得到不同的产物。例如,250 ℃乙烯氧化,如果选用 Ag 作催化剂,主要产物是环氧乙烷,而改用 Pb 则主要产物是乙醛。乙醇蒸气以 Al_2O_3 或 ThO_2 为催化剂时主要反应是脱水,以 CdO、Mg 或 Cu 为催化剂时主要反应是脱氢。

*8.13　溶液中的反应和多相反应

8.13.1　溶液反应动力学

溶液中的反应与气相反应相比,很大的不同点就是溶剂分子的存在。讨论有关溶液中反应的动力学规律时,溶剂的作用是一个重要的、反复出现的问题。溶剂不仅影响反应分子相互接近的方式,还可以改变反应物的结构及性质,甚至本身也常参加反应。事实上研究溶剂对化学反应的影响——溶剂效应已成为溶液反应动力学的主要内容。

1. 溶剂的笼效应和分子遭遇

在溶液反应中,溶剂是大量的,溶剂分子环绕在反应物分子周围,好像一个笼子把反应物围在中间,使同一笼中的反应物分子进行多次碰撞,其碰撞频率并不低于气相反应中的碰撞频率,因而发生反应的机会也较多,这种现象称为笼效应。

溶液中的反应物分子大部分时间是在由溶剂分子构筑起的笼中与周围溶剂分子发生碰撞的,如同在笼中作振动,其振动频率约为 10^{13} s^{-1},而在笼中的平均停留时间约为 10^{-11} s,即每个反应物分子与其周围溶剂分子要经历约 100 次碰撞才能挤出旧笼,但立即又陷入一个相邻的新笼之中。

要使分子 A 与 B 发生反应,一般来说,它们必须相互接触,也即必须处于同一个笼里。处在两个不同的笼中的两个反应物分子 A 与 B 冲出旧笼而扩散至同一个新笼中称为遭遇。当它们处于同一个笼中时,便称为遭遇对,如图8.13.1所示。反应物分子处在某一个溶剂笼中,发生连续重复的碰撞,称为一次遭遇,直至反应物分子挤出溶剂笼,扩散到另一个溶剂笼中。

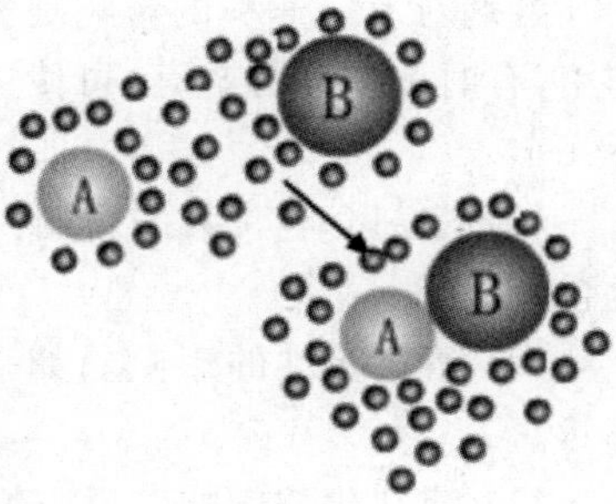

对有效碰撞频率较小的反应,笼效应对其反应影响不大;对自由基等活化能很小的反应,一次碰撞就有可能反应,则笼效应会使这种反应速率变慢,分子的扩散速率起了决定性的作用。

图 8.13.1　分子遭遇碰撞示意图

2. 扩散控制的反应和活化控制的反应

可以拟定下面的动力学步骤作为模型以表示遭遇对的主要作用过程。

$$A+B \underset{k_{-D}}{\overset{k_D}{\rightleftharpoons}} (AB) \overset{k_1}{\longrightarrow} Z$$

其中,(AB)表示遭遇对,k_D、k_{-D} 及 k_1 分别为扩散接近、扩散分离以及反应的速率常数。

假定经过一定时间,遭遇对的浓度达到了稳态,则可把(AB)作为中间产物处理。由稳态近似法得

$$\frac{dc_{(AB)}}{dt} = k_D c_A c_B - k_{-D} c_{(AB)} - k_1 c_{(AB)} = 0$$

解得
$$c_{(AB)} = \frac{k_D}{k_{-D} + k_1} c_A c_B \qquad (8.13.1)$$

产物 Z 的生成速率为

$$\frac{dc_Z}{dt} = k_1 c_{(AB)} \qquad (8.13.2)$$

将式(8.13.1)代入式(8.13.2)得

$$\frac{dc_Z}{dt} = k_1 c_{(AB)} = \frac{k_1 k_D}{k_{-D} + k_1} c_A c_B \qquad (8.13.3)$$

这是一个二级反应的速率方程,速率常数 k 为

$$k = \frac{k_1 k_D}{k_{-D} + k_1}$$

由式(8.13.3)可得出:

(1) 若 $k_1 \gg k_{-D}$,则 $k \approx k_D$,即反应由扩散步骤控制。例如,在黏稠的溶剂中,A 和 B 的分离较难,或者是反应在活化能很小的场合下进行。

(2) 若 $k_1 \ll k_{-D}$,则 $k \approx k_1(k_D/k_{-D})$,则总反应为活化步骤(反应步骤)控制。例如,$E_a \geqslant 80$ kJ·mol^{-1} 的水溶液中的反应。

因此溶液中的反应大体上可以看做由两个步骤组成。首先,反应物分子通过扩散在同一个笼中遭遇。第二步,遭遇分子对形成的产物有两种极端情况:①对于活化能小的反应,如原子、自由基的重合等,反应物分子一旦遭遇就能反应,整个反应由扩散步骤控制;②对于活化能相当大的反应,反应步骤的速率比扩散步骤慢得多,整个反应由反应步骤控制,称为活化控制。

3. 溶剂对反应速率的影响

溶剂对反应速率的影响是多方面的,除了笼效应以外,还有其自身的物理和化学性质起作用,有时效果十分显著,可使速率常数相差上万倍。溶剂性质对反应速率的影响因素有以下几个。

(1) 溶剂介电常数的影响。介电常数大的溶剂会降低离子间的引力,不利于离子间的化合反应。

(2) 溶剂极性的影响。如果产物的极性比反应物大,极性溶剂能加快反应速率;反之亦然。

(3) 溶剂化的影响。反应物分子与溶剂分子形成的化合物较稳定,会降低反应速率;若溶剂能使活化配合物的能量降低,则降低了活化能,从而使反应加快。

一般来说,反应物、产物和活化配合物,在溶液中都能发生溶剂化作用,溶剂化过程因放热而使能量降低,溶剂化程度不同,使能量降低的幅度也不一样。若反应物基本上不易溶剂化,而活化配合物溶剂化强烈(与溶剂生成中间化合物),结果则减小了活化配合物与反应物的能量差距,使反应的活化能降低。

(4) 离子强度的影响。离子强度会影响有离子参加的反应的速率,使速率变大或变小,

这就是原盐效应。稀溶液中,离子强度对反应速率的影响称为原盐效应。

8.13.2　多相反应

如果反应在相界面发生,则涉及一个以上的相,这类反应称为多相反应。多相反应包括气-固反应、液-固反应、固-固反应以及液-液反应等。在工程上,实际所遇到的许多化学反应都是多相反应,如固体和液体燃料的燃烧、金属的氧化或腐蚀、金属在酸中的溶解、水泥和玻璃的制造等。多相反应多数是在相的界面上进行的,只有少数多相反应主要发生在不同的相中。所以多相反应多由扩散、吸附和化学反应等步骤组成。

1. 多相反应的一般机理

如固体表面上进行的气体反应,一般来说可以分为下列几步:①反应物向表面传递;②反应物在表面被吸附;③反应物在表面反应;④产物解吸;⑤产物从表面传递出去。

其中,步骤①和步骤⑤为扩散过程,步骤②和步骤④为吸附和脱附过程,步骤③是表面化学反应过程。每一步都有各自的动力学规律,总的反应速率由最慢的步骤确定。如果反应系统的气流足够大而固体的颗粒度又足够小,则可以忽略扩散作用的影响;如果反应物的吸附和产物的脱附也很快达到平衡,则该多相反应的速率就只由第三步即表面化学反应的速率所决定。这里只讨论表面反应为控制步骤的情况。

由于一般气-固相催化反应都是多个基元步骤按一定顺序连续进行的,因此找到这个连串反应的速率控制步骤对了解该反应的动力学特征是极重要的。下面将首先讨论表面反应为速率控制步骤时的动力学特征。

2. 表面反应控制的气-固相反应动力学

表面反应为控制步骤时,由于扩散和吸附都很快,可随时保持平衡,可以认为反应物在气相主体中的浓度或分压与催化剂固体表面附近的浓度或分压相等。

若气态单分子在催化剂表面的反应为

$$A \longrightarrow B$$

设 A 为反应物;P 为产物;[S]为固体催化剂表面上的活性中心,催化反应的机理可表示为

① $A+[S] \underset{k_{-1}}{\overset{k_1}{\rightleftharpoons}} A[S]$　　　　快

② $A[S] \overset{k_2}{\longrightarrow} P[S]$　　　　慢

③ $P[S] \underset{k_{-3}}{\overset{k_3}{\rightleftharpoons}} P+[S]$　　　　快

这里步骤①为吸附过程,步骤③为脱附过程,它们的速率都很快,步骤②为表面反应过程,速率较慢,是总反应的速率控制步骤,根据表面质量作用定律,反应速率为

$$r = k_2 \theta_A$$

式中:k_2 为表面反应的速率常数。

如果产物 P 不吸附,由朗格缪尔(Langmuir)吸附等温式得

$$\theta_A = \frac{K_A p_A}{1 + K_A p_A}$$

式中:θ_A 为反应物 A 的表面覆盖率;K_A 为 A 的吸附系数。于是

$$r = k_2 \theta_A = \frac{k_2 K_A p_A}{1 + K_A p_A} \tag{8.13.4}$$

此式说明,反应速率取决于反应物的压力和吸附强度。

(1) 当压力很低或吸附很弱时,$K_A p_A \ll 1$,此时式(8.13.4)变为

$$r = k_2 K_A p_A = k p_A$$

其中$k = k_2 K_A$,这表明在此条件下反应为一级反应。

(2) 当压力较大或吸附很强时,$K_A p_A \gg 1$,此时式(8.13.4)变为

$$r = k_2$$

即反应为零级反应。这相当于催化剂表面完全被吸附分子覆盖的情况,反应的总速率只取决于被吸附的分子的反应速率,而与反应分子在气相中的压力无关。

若双分子在催化剂表面的反应为

$$A + B \longrightarrow P$$

该反应为两种吸附粒子之间的反应,可表示为

$$A + [S] \Longrightarrow A[S] \qquad 快$$
$$B + [S] \Longrightarrow B[S] \qquad 快$$
$$A[S] + B[S] \xrightarrow{k_2} P[S] \qquad 慢$$
$$P[S] \longrightarrow P + S \qquad 快$$

式中:k_2为表面反应速率常数,若表面反应为速率控制步骤,则反应速率为

$$r = k_2 \theta_A \theta_B$$

若产物 P 不吸附,由朗格缪尔等温式得

$$\theta_A = \frac{K_A p_A}{1 + K_A p_A + K_B p_B}, \qquad \theta_B = \frac{K_B p_B}{1 + K_A p_A + K_B p_B}$$

则

$$r = \frac{k_2 K_A K_B p_A p_B}{(1 + K_A p_A + K_B p_B)^2} \tag{8.13.5}$$

上述反应机理称为朗格缪尔-欣谢伍德(Langmuir-Hinshlwood)机理,或简称 L-H 机理。

(1) 若 A、B 都是弱吸附,$r = k p_A p_B$,为二级反应。

(2) 若 A 为弱吸附,B 为强吸附,$r = k \dfrac{p_A}{p_B}$,A 为一级反应,B 为负一级反应。

习 题

1. 请根据质量作用定律写出下列基元反应的速率表示式(试用各种物质分别表示)。

(1) $A + B \xrightarrow{k} 2P$

(2) $2A + B \xrightarrow{k} 2P$

(3) $A + 2B \longrightarrow P + 2S$

(4) $2Cl + M \longrightarrow Cl_2 + M$

2. 某气相反应的速率表示式分别用浓度和压力表示时为 $\gamma_c = k_c c_A^n$ 和 $\gamma_p = k_p p_A^n$,试求 k_c 与 k_p 之间的关系,设气体为理想气体。

3. 298 K 时 $N_2O_5(g)$分解反应的半衰期 $t_{1/2}$ 为 5.7 h,此值与 N_2O_5 的起始浓度无关。试求:

(1)该反应的速率常数。(2)作用完成 90% 时所需的时间。

4. 某人工放射性元素放出 α 粒子,半衰期为 15 min。试问:若该试样有 80% 分解,需时若干?

5. 把一定量的 $PH_3(g)$ 迅速引入温度为 950 K 的已抽空的容器中,待反应物达到该温度时开始计时(此时已有部分分解),测得实验数据如下:

t/s	0	58	108	∞
p/kPa	35.00	36.34	36.68	36.85

已知反应 $4PH_3(g) \xrightarrow{k} P_4(g) + 6H_2(g)$ 为一级反应,求该反应的速率常数 k 值。(设在 $t=\infty$ 时反应基本完成)

6. 在 298 K 时,NaOH 与 CH_3COOCH_3 皂化作用的速率常数 k_2 与 NaOH 与 $CH_3COOC_2H_5$ 皂化作用的速率常数 k'_2 的关系为 $k_2 = 2.8 k'_2$。试问:在相同的实验条件下,当有 90% 的 CH_3COOCH_3 被分解时,$CH_3COOC_2H_5$ 的分解百分数为多少?(设碱与酯的浓度相等)

7. 在某化学反应中随时检测物质 A 的含量,1 h 后,发现 A 已作用了 75%。试问:2 h 后 A 还剩余多少没有作用? 假设该反应对 A 来说是:

(1) 一级反应。

(2) 二级反应(设 A 与另一反应物 B 起始浓度相同)。

(3) 零级反应(求 A 作用所需时间)。

8. 设反应 $2A(g) + B(g) \longrightarrow G(g) + H(s)$ 在某恒温密闭容器中进行,开始时 A 和 B 的物质的量之比为 2:1,起始总压为 3.0,在 400 K 时,60 s 后容器中的总压力为 2.0 kPa,设该反应的速率方程为 $-\dfrac{dp_B}{dt} = k_p p_A^{1.5} p_B^{0.5}$,求 400 K 时,150 s 后容器中 B 的分压。

9. 某物质 A 的分解是二级反应。恒温下反应进行到 A 消耗掉初浓度的 1/3 所需要的时间是 2 min,求 A 消耗掉初浓度的 2/3 所需要的时间。

10. 如反应物的起始浓度均为 a,反应的级数为 n(且 $n \neq 1$),证明其半衰期表示式为(式中 k 为速率常数):

$$t_{1/2} = \frac{2^{n-1} - 1}{a^{n-1} k(n-1)}$$

11. 氯化醇和碳酸氢钠反应制取乙二醇:

$$CH_2OHCH_2Cl\ (A) + NaHCO_3(B) \longrightarrow CH_2OHCH_2OH + NaCl + CO_2$$

已知该反应的微分速率方程为 $-\dfrac{dc_A}{dt} = k c_A c_B$,且测得在 355 K 时反应的速率常数 $k = 5.20\ mol^{-1} \cdot L \cdot h^{-1}$。试计算在 355 K 时:

(1) 如果溶液中氯乙醇、碳酸氢钠的初始浓度相同,且 $c_{A,0} = c_{B,0} = 1.2\ mol \cdot L^{-1}$,则氯乙醇转化 95% 需要多少时间?

(2) 在同样的初始浓度的条件下,氯乙醇转化率达到 99.75% 需要多少时间?

(3) 若溶液中氯乙醇和碳酸氢钠的开始浓度分别为 $c_{A,0} = 1.2\ mol \cdot L^{-1}$,$c_{B,0} = 1.5\ mol \cdot L^{-1}$,则氯乙醇转化 99.75% 需要多少时间?

12. 已知 $HCl(g)$ 在 1.013×10^5 Pa 和 298 K 时的生成热为 $-92.3\ kJ \cdot mol^{-1}$,生成反应的活化能为 113 kJ $\cdot$ mol^{-1}。试计算其逆反应的活化能。

13. 某一级反应在 340 K 时完成 20% 需时 3.20 min,而在 300 K 时同样完成 20% 需时 12.6 min。试计算该反应的实验活化能。

14. 有双分子反应 $CO(g) + NO_2(g) \longrightarrow CO_2(g) + NO(g)$,已知在 540~727 K 时发生定容反应,其速率常数 k 可表示为

$$k/(mol^{-1} \cdot L \cdot s^{-1}) = 1.2 \times 10^{10} \exp[-132\ kJ \cdot mol^{-1}/(RT)]$$

若在 600 K 时,$CO(g)$ 和 $NO_2(g)$ 的初始压力分别为 667 Pa 和 933 Pa,试计算:

(1) 该反应在 600 K 时的 k_p 值。

(2) 反应进行 10 h 以后,NO 的分压。

15. 已知组成蛋的卵白蛋白的热变作用为一级反应,其活化能约为 85 kJ·mol^{-1},在与海平面相同高度处的沸水中"煮熟"一个蛋需要 10 min。试求在海拔 2 213 m 高的山顶上的沸水中"煮熟"一个蛋需要多长时间。假设空气的体积组成为 80%N_2 和 20%O_2,空气按高度分布服从分布公式 $p = p_0 e^{-Mgh/(RT)}$,气体从海平面到山顶都保持 293.2 K。水的正常汽化热为 2.278 kJ·g^{-1}。

16. 硝基异丙烷在水溶液中与碱的中和反应是二级反应,其速率常数可用下式表示:

$$\ln k = \frac{-7\ 284.4}{T/K} + 27.383$$

时间以 min 为单位,活度用 mol·L^{-1} 表示。

(1)计算反应的活化能及指前因子。

(2)在 283 K 时,若硝基异丙烷与碱的浓度均为 0.008 mol·L^{-1},求反应的半衰期。

17. 已知某气相反应 A $\underset{k_{-1}}{\overset{k_1}{\rightleftharpoons}}$ B+C,在 25 ℃时的 k_1 和 k_{-1} 分别为 0.2 s^{-1} 和 3.938×10^{-3} Pa^{-1}·s^{-1},在 35 ℃时正、逆反应的速率常数 k_1 和 k_{-1} 均增加为原来的 2 倍。试求:

(1) 25 ℃时的平衡常数 K_c;

(2) 正、逆反应的活化能;

(3) 反应的热效应 Q。

18. $N_2O(g)$ 的热分解反应为 $2N_2O(g) \xrightarrow{k} 2N_2(g) + O_2(g)$,从实验测出不同温度时各个起始压力与半衰期值如下:

反应温度 T/K	初始压力 p_0/kPa	半衰期 $t_{1/2}/s$
967	156.787	380
967	39.197	1 520
1 030	7.066	1 440
1 030	47.996	212

(1) 求反应级数和两种温度下的速率常数。

(2) 求活化能 E_a 值。

(3) 若 1 030 K 时 $N_2O(g)$ 的起始压力为 54.00 kPa,求压力达到 64.00 kPa 时所需的时间。

19. 反应 2A+B $\longrightarrow$ M+N 服从速率方程 $\dfrac{dp_M}{dt} = k p_A^2 p_B$,实验在恒温恒容下进行,数据如下:

编号	p_A^0/kPa	p_B^0/kPa	$t_{1/2}/s$	T/K
1	79.99	1.333	19.2	1 093.2
2	19.99	2.666	—	1 093.2
3	1.333	79.99	835	1 093.2
4	2.666	79.99	—	1 093.2
5	79.99	1.333	10	1 113.2

(1) 求表中方框内空白处的半衰期值。

(2) 计算 1 093.2 K 的 k 值(kPa^{-2}·s^{-1})。

(3) 计算反应的活化能。

20. 已知对峙反应 $2NO(g) + O_2(g) \underset{k_{-1}}{\overset{k_1}{\rightleftharpoons}} 2NO_2(g)$,在不同温度下的数据如下。

T/K	$\dfrac{k_1}{\text{mol}^{-2}\cdot\text{L}^2\cdot\text{min}^{-1}}$	$\dfrac{k_{-1}}{\text{mol}^{-1}\cdot\text{L}\cdot\text{min}^{-1}}$
600	6.63×10^5	8.39
645	6.52×10^5	40.7

试计算：

(1) 不同温度下反应的平衡常数。

(2) 该反应的 $\Delta_r U_m$(设该值与温度无关)和 600 K 时的 $\Delta_r H_m$。

21. 某一气相反应 $A(g)\underset{k_2}{\overset{k_1}{\rightleftharpoons}}B(g)+C(g)$，已知在 298 K 时，$k_1=0.21\ \text{s}^{-1}$，$k_2=5\times10^{-9}\ \text{Pa}^{-1}\cdot\text{s}^{-1}$，当温度升至 310 K 时，$k_1$ 和 k_2 值均增加 1 倍，试求：

(1) 298 K 时的平衡常数 K_p；

(2) 正、逆反应的实验活化能；

(3) 反应的 $\Delta_r H_m$；

(4) 在 298 K 时，A 的起始压力为 101.325 kPa，若使总压力达到 151.99 kPa 时，问需时多少。

22. 当有碘存在作为催化剂时，氯苯(C_6H_5Cl)与氯在 CS_2 溶液中有如下的平行反应：

$$C_6H_5Cl+Cl_2\xrightarrow{\ k_1\ }HCl+o\text{-}C_6H_4Cl_2$$

$$C_6H_5Cl+Cl_2\xrightarrow{\ k_2\ }HCl+p\text{-}C_6H_4Cl_2$$

设在温度和碘的浓度一定时，C_6H_5Cl 和 Cl_2 在溶液中的起始浓度均为 $0.5\ \text{mol}\cdot\text{L}^{-1}$，30 min 后有 15% 的 C_6H_5Cl 转化为 $o\text{-}C_6H_4Cl_2$，有 25% 的 C_6H_5Cl 转变为 $p\text{-}C_6H_4Cl_2$。试计算 k_1 和 k_2。

23. 乙醛的解离反应 $CH_3CHO = CH_4 + CO$ 是由下面几个步骤构成的。

(1) $CH_3CHO\xrightarrow{\ k_1\ }CH_3+CHO$

(2) $CH_3+CH_3CHO\xrightarrow{\ k_2\ }CH_4+CH_3CO$

(3) $CH_3CO\xrightarrow{\ k_3\ }CH_3+CO$

(4) $2CH_3\xrightarrow{\ k_4\ }C_2H_6$

试用稳态近似法导出：

$$\frac{d[CH_4]}{dt}=k_2\left(\frac{k_1}{2k_4}\right)^{1/2}[CH_3CHO]^{3/2}$$

24. 气相反应 $H_2(g)+Br_2(g)=2HBr(g)$ 的反应历程为

(1) $Br_2\xrightarrow{\ k_1\ }2Br$

(2) $Br+H_2\xrightarrow{\ k_2\ }HBr+H$

(3) $H+Br_2\xrightarrow{\ k_3\ }HBr+Br$

(4) $H+HBr\xrightarrow{\ k_4\ }H_2+Br$

(5) $2Br\xrightarrow{\ k_5\ }Br_2$

试证明反应的动力学方程式为

$$\frac{d[HBr]}{dt}=\frac{k[H_2][Br_2]^{1/2}}{1+k'\dfrac{[HBr]}{[Br_2]}}$$

25. 由反应 $C_2H_6+H_2=2CH_4$，其反应历程可能是

(1) $C_2H_6\rightleftharpoons2CH_3\qquad K$

(2) $CH_3 + H_2 \longrightarrow CH_4 + H \qquad k_2$

(3) $H + C_2H_6 \longrightarrow CH_4 + CH_3 \qquad k_3$

设反应(1)为快速对峙反应,对 H 可作稳态近似处理,试证明

$$\frac{d[CH_4]}{dt} = 2k_2 K^{1/2}[C_2H_6]^{1/2}[H_2]$$

26. 光气热分解的总反应为 $COCl_2 \Longrightarrow CO + Cl_2$,该反应的历程为

(1) $Cl_2 \Longrightarrow 2Cl$

(2) $Cl + COCl_2 \longrightarrow CO + Cl_3$

(3) $Cl_3 \Longrightarrow Cl_2 + Cl$

其中反应(2)为速率决定步骤,(1)、(3)是快速对峙反应。试证明反应的速率方程为

$$\frac{dx}{dt} = k[COCl_2][Cl_2]^{1/2}$$

27. 蔗糖在酸催化的条件下水解转化为果糖和葡萄糖,经实验测定对蔗糖呈一级反应的特征:

$$C_{12}H_{22}O_{11} + H_2O \xrightarrow{H^+} C_6H_{12}O_6 + C_6H_{12}O_6$$

$$\text{蔗糖(右旋)} \qquad \text{果糖(右旋)葡萄糖(左旋)}$$

这种实验一般不分析浓度,而是用旋光仪测定反应过程中溶液的旋光角。反应开始时,测得旋光角 $\alpha_0 = 6.60°$。在 $t = 8$ min 时,测得旋光角 $\alpha_t = 3.71°$。到 t_∞ 时,即蔗糖已水解完毕,这时旋光角 $\alpha_\infty = -1.98°$。由于葡萄糖的左旋大于果糖的右旋,因此最后溶液是左旋的。试求该水解反应的速率常数和半衰期。

第9章 界面现象

本章基本要求

1. 掌握表面吉布斯函数与界面张力的概念并掌握相关计算,了解表面吉布斯函数的主要影响因素。

2. 掌握弯曲表面的附加压力产生的原因及其与曲率半径的关系,能运用拉普拉斯公式进行相关分析计算。

3. 了解弯曲表面上的蒸气压与平面的不同,会用开尔文公式解释人工降雨、毛细凝聚及常见的亚稳状态和新相生成困难等界面现象。

4. 理解溶液界面的吸附本质,掌握吉布斯吸附等温式并能作简单计算。

5. 了解表面活性物质在表面上的定向排列及主要特征,了解表面活性剂的分类及其作用。

6. 理解气-固表面的吸附本质,明确物理吸附与化学吸附的异同,掌握朗格缪尔单分子层吸附模型及吸附等温线的主要类型。

7. 了解液-固界面的铺展与润湿情况和杨氏方程,掌握判断固体表面润湿程度的标准,了解液-固界面吸附的特点。

物质可以以不同的相态存在。界面是多相系统相间存在的几个分子厚度的薄层(又称界面相),是由一个体相(如:溶液本体中的相)到另一体相的过渡区。当两相中的一相为气体时,其界面通常被称为表面。界面相的性质由两个相邻体相所含物质的性质所决定。

界面张力及表面吉布斯函数是描述界面状态的重要物理化学参量,本章将以热力学原理为基础,逐步讨论与界面张力有关的毛细现象、吸附、润湿等界面现象及相关性质。

9.1 界面张力与界面热力学

通常,水滴浸不湿荷叶而呈现球形。为什么外力影响很小时,液滴和气泡总趋向球形?对于这一问题,通常的解释是:体积一定的几何形状中球体的表面积最小,从而一定量的液滴和气泡自其他形状变为球形时就具有最小的表面积。那么,液滴和气泡又为何要具有最小的表面积呢?为何滴在洁净玻璃板上的水滴却又会铺展开来形成液膜?为何可用器壁不挂水珠来判断玻璃器具洁净与否呢?

容易理解,液滴、气泡和液膜都是多相系统(见图9.1.1),相间存在的界面层的性质与相邻两体相的性质有关,但又有所差别。这种差别主要是由于分子处于界面层时所受的作用力与其在体相中所受的作用力不同而引起的。

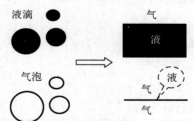

图 9.1.1 液滴和气泡的多相结构示意图

9.1.1 界面张力

以液体及其蒸气所形成的两相界面为例(见图9.1.2)。液体内部分子所受的球形对称的力可以彼此抵消,合力为零;对于处于界面层的分子而言,由于在它上面气相分子的密度较液相小得多,气相分子间的距离大,相互间作用力小,因此界面层分子处于一合力指向液体内部的不对称力场中,这些界面层中的分子就有离开界面层而进入液体内部(高密度相)的趋势,从而宏观上表现为界面收缩。这种作用力使界面层显示出一些独特性质(如界面张力)及界面现象(如表面吸附、毛细现象、润湿等)。

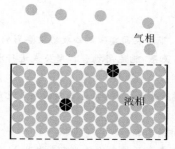

图 9.1.2　气液界面和体相分子受力示意图

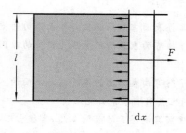

图 9.1.3　界面张力示意图

也可由面积可变的液膜来理解界面分子所受的收缩力(见图 9.1.3)。用金属丝做成一边可自由滑动的金属框,将其浸入液体取出后即有液膜形成。此时只有施加外力 F,才能阻止滑动边向缩小膜面积的方向移动。实验表明,此力 F 与滑动边的长度 l 成正比。考虑液膜有正、反两个气-液界面,即有

$$F = Kl = 2\gamma l \qquad\qquad (9.1.1)$$

$$\gamma = \frac{F}{2l} \qquad\qquad (9.1.2)$$

式中:比例系数 γ 是作用于单位长度界面上液体表面的收缩力,又称界(表)面张力。界面张力在与界面相切的平面内,并垂直于界面边缘,是界面相特有的一个可测量的强度性质,单位为 $N \cdot m^{-1}$。表 9.1.1 列出了部分系统界面张力的数据。

表 9.1.1　一些系统的界面张力

系　　　统	$\gamma/(mN \cdot m^{-1})$	T/K	系　　　统	$\gamma/(mN \cdot m^{-1})$	T/K
水/空气	72.75	293	水/空气	58.9	373
正己烷/水	51.1	293	NaCl(s)/空气	227	298
正己烷/空气	18.4	293	Hg(l)/空气	485	293
正辛烷/水	50.8	293	$CaF_2(s)$/空气	450	78
正辛烷/空气	21.8	293	MgO(s)/空气	1 200	298
乙醚/空气	9.7	293	Fe(s)/空气	1 880	1 808
乙醇/空气	22.27	293	Fe(s)/空气	2 150	1 673
乙二醇/空气	46.0	293	W(s)/空气	2 900	2 000

9.1.2　表面功与表面吉布斯函数

恒温恒压及组成恒定时,使系统的表面积可逆地增加 dA 所需对系统做的非体积功,称为表面功,它等于此过程中系统吉布斯函数的增量。图 9.1.3 中,如可逆用力 F 拉动滑动边向右移动 dx,扩大液膜面积所做的功正比于表面积的增量。忽略阻力时,结合式(9.1.2)有

$$\delta W' = k\mathrm{d}A = F\mathrm{d}x = \gamma(2l\mathrm{d}x) = \gamma\mathrm{d}A = \mathrm{d}G$$

可见比例系数 k 实为界面张力 γ，从而有

$$(\mathrm{d}G)_{T,p,n_B} = \gamma\mathrm{d}A \tag{9.1.3}$$

$$\gamma = \left(\frac{\partial G}{\partial A}\right)_{T,p,n_B} \tag{9.1.4}$$

式(9.1.4)即为 γ 的热力学定义，其物理意义为在温度、压力和组成恒定的条件下，增加单位表面积时系统吉布斯函数的增量。由此，γ 又称为比表面吉布斯函数(specific surface Gibbs function)，简称表面能，单位是 $\mathrm{J \cdot m^{-2}}$。

界面张力和表面吉布斯函数是对于同一现象从不同角度观察的结果，尽管量纲相同，但是这两个具有不同意义的物理量，在应用上各有特色。对于界面可自由变化的系统而言，数值相等。界面张力更适合于实验，对解决流体界面的问题具有直观方便的优点；采用表面吉布斯函数概念，便于用热力学原理和方法处理界面问题，对各种界面有普适性。特别是对于固体表面，由于其表面积不能自由变化而会存在内应力，力的平衡方法难以应用，此时用表面吉布斯函数更合适（应变能的存在也使表面吉布斯函数和界面张力在数值上不再相等）。

气-液界面和液-液界面的界面张力可以直接测定，常用的方法有毛细管上升法、最大泡压法、拉环法、滴重法等。由于含固相的界面大小难以任意改变，其界面张力难以直接测定，通常需通过间接方法测定。

对于一定量的物质，表面积越大，其表面吉布斯函数也越大，系统性质受界面的影响也越大。通常用单位体积物质所具有的表面积 A_V 或单位质量物质所具有的表面积 A_m 表示分散程度，称为比表面积(specific surface area)或分散度(degree of dispersion)，即

$$A_V = \frac{A}{V}, \quad A_m = \frac{A}{m}$$

式中：A、V 和 m 分别表示物质的表面积、体积和质量；A_V 和 A_m 的单位分别为 $\mathrm{m^{-1}}$ 和 $\mathrm{m^2 \cdot kg^{-1}}$。

例 9.1.1　在 293 K，$p^{\ominus}$ 时，将 1 L 水分割成半径为 1 nm 的小水滴至少需做多少功？系统的表面吉布斯函数是原来的多少倍？已知 293 K 时，水的 $\gamma = 72.75 \times 10^{-3}\,\mathrm{N \cdot m^{-1}}$。

解　$V_0 = 1$ L 的水分散成半径为 $r = 10^{-9}$ m 的小水滴的个数 n 为

$$n = \frac{V_0}{4\pi r^3/3} = 2.387 \times 10^{23}$$

n 个小水滴的总表面积为

$$A = n \times 4\pi r^2 = 3 \times 10^6 \ \mathrm{m^2}$$

分割成小水滴所需的最小功为

$$W_{\min} = W_r' = \gamma\Delta A \approx \gamma A = 218.25 \ \mathrm{kJ}$$

而 1 L 水的表面积 $A_0 \leqslant 0.06 \ \mathrm{m^2}$，表面能小于 4.368×10^{-3} J，从而系统的表面吉布斯函数与原来相比：

$$\frac{218\,250}{4.368 \times 10^{-3}} = 5 \times 10^7$$

由此可见，分割越细，比表面积和比表面吉布斯函数越大，界面效应也越明显。因此，对于高度分散具有巨大表面积的物质系统，必须充分考虑界面性质对系统的影响。高分散的物质因其具有巨大的表面吉布斯函数而显示出高活性、高效性，此特性正是高能燃料、高效药物、高效催化剂及高效能元器件等着力追求的，也是当前纳米科技研究如火如荼的主要原因之一。

9.1.3　影响界面张力的因素

界面张力是一种强度性质,纯物质的界面张力通常是针对物质与饱和了本身蒸气的空气而言的。如前所述,界面张力的产生是由于界面层分子受力不对称所引起的,因而凡能影响分子间作用力的因素都有可能影响界面张力。

分子间作用力的大小顺序为:金属键＞离子键＞极性共价键＞非极性共价键,固体＞液体＞气体。相分子间作用力越大,界面层分子受力不对称的程度也越高,因此固体的界面张力大于液体的界面张力,而拥有金属键的液态 Hg 的界面张力大于拥有离子键的固态 NaCl 的界面张力。

温度升高,分子热运动加剧,体积膨胀,分子间距离将会增加,分子间作用力也会随之减弱,从而使界面分子受力不平衡的程度有所降低,导致界面张力降低。纯液体表面张力和温度间的经验关系常用多项式来描述,通常物质的经验常数可由相关数据手册查得。而临界状态时物质的气-液界面消失,此时液体的表面张力应为零。在此基础上提出了纯液体表面张力和温度间的经验关系式:

$$\gamma = \gamma_0 \left(1 - \frac{T}{T_c} \right)^n$$

式中:T_c 为临界温度;γ_0 和 n 为常数。范德华从热力学角度得出:对于金属液体,n 为 1;对于多数有机液体,n 约为 1.21。

压力对界面张力的影响较复杂,这使得实验研究不易进行(增加系统压力时需引入另一组分的气体,这将会导致界面性质发生改变)。一般随着压力增加,界面张力有所减小,这是由于 p 增加使气相密度增加,分子间距离减小,表面分子受力不对称程度有所降低造成的。

9.1.4　界面热力学关系式

将热力学第一定律和热力学第二定律应用于界面热力学系统时,需考虑到界面张力的存在。即在描述系统的状态时,需增加一个变量,从式(9.1.4)中可以看出,这一变量应是表面积 A。

以吉布斯函数为例,$G = f(T, p, n_B, n_C, \cdots, A)$,其微分式为

$$dG = -SdT + Vdp + \gamma dA + \sum \mu_B dn_B \tag{9.1.5}$$

结合 U、H、F 和 G 的相互关系式,可得

$$dU = TdS - pdV + \gamma dA + \sum \mu_B dn_B \tag{9.1.6}$$

$$dH = TdS + Vdp + \gamma dA + \sum \mu_B dn_B \tag{9.1.7}$$

$$dF = -SdT - pdV + \gamma dA + \sum \mu_B dn_B \tag{9.1.8}$$

上面四个关系式称为界面热力学基本方程,由以上关系式可得

$$\gamma = \left(\frac{\partial U}{\partial A} \right)_{S,V,n_B} = \left(\frac{\partial H}{\partial A} \right)_{S,p,n_B} = \left(\frac{\partial F}{\partial A} \right)_{T,V,n_B} = \left(\frac{\partial G}{\partial A} \right)_{T,p,n_B} \tag{9.1.9}$$

式中:U、H、F、G、S、V 和 n 分别代表构成系统的各相及界面相 S 的相应量的加和。如 $G = G_\alpha + G_\beta + \cdots + G_S$,$\gamma$ 是在指定相应变量不变的条件下,增加单位表面积时,系统相应的热力学函数的增量。

如果只考虑界面相 S,则有

$$dG_s = - S_s dT + V_s dp + \gamma dA + \sum \mu_B dn_{B,s}$$

对于有 i 个界面的系统,温度、压力和组成恒定时系统总的表面吉布斯函数为

$$G_s = \sum \gamma_i A_i \tag{9.1.10}$$

可见,温度、压力和组成恒定时系统总的表面吉布斯函数减少的过程为自发过程。从而,小液滴聚集成大液滴,气泡 A 减小趋于球形,多孔固体表面的气-液吸附(减小表面分子受力不对称程度而使 γ 减小)等,均为热力学自发过程。

9.2 弯曲界面的特性

9.2.1 弯曲液面的附加压力

水平液面的表面张力也在水平面内,且各处表面张力互相抵消,所以水平液面的表面张力不会影响液体内、外的压力,水平液面层内的液体分子所受的压力等于外压,如图 9.2.1 (a)所示,$p_g = p_1$。

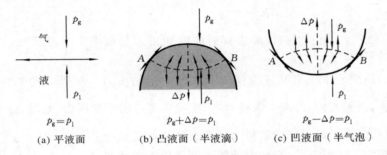

图 9.2.1   液面的附加压力

弯曲液面下液体的情况与平面液体不同:对于凸液面,如图 9.2.1(b)所示,考虑以 AB 平面切此球形表面所得的环形边界。由于环上每点两边的表面张力都与液面相切,虽大小相等但不在同一平面上,因此会产生一个向下(指向曲率中心)的合力。所有的点产生的总压力 Δp 将使凸液面的 p_1 大于平液面的 p_1,即凸液面层内液体分子所受的总压力大于同条件下平液面层内液体分子所受的总压力。与此相反,对于凹液面将会产生一个向上(指向曲率中心)的合力,如图 9.2.1(c)所示,凹液面的 p_1 小于平液面的 p_1,即凹液面层内液体分子所受的总压力小于同条件下平液面层内液体分子所受的总压力。

通常,将弯曲液面两侧的压力差 Δp 称为附加压力。结合图 9.2.1 容易理解,附加压力的方向总是指向弯曲界面的曲率中心。为使附加压力总是正值,定义附加压力为弯曲界面凹面一侧的压力($p_{内}$)与凸面一侧的压力($p_{外}$)差值,即

$$\Delta p \overset{\text{def}}{=\!=\!=} p_{内} - p_{外} \tag{9.2.1}$$

1805 年,杨-拉普拉斯(Young-Laplace)导出了附加压力与界面曲率半径之间的一般关系式:

$$\Delta p = \gamma \left(\frac{1}{r_1} + \frac{1}{r_2} \right) \tag{9.2.2}$$

式中:r_1 和 r_2 是弯曲界面在两个互相垂直方向上的主曲率半径。

当曲面为球面时,即

$$\Delta p = \frac{2\gamma}{r} \tag{9.2.3}$$

式(9.2.3)即为适用于球形界面的拉普拉斯公式,可作如下证明。

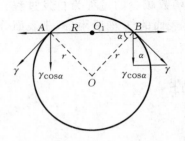

图9.2.2　球形弯曲液面的附加压
力与曲率半径的关系

考虑半径为 r 的球形液滴,在其上部取一切面 AB (图9.2.2中切面 AB 的侧投影为一线段),此圆形切面的半径为 R。容易理解,与切面圆周边界线垂直的表面张力 γ 在水平方向上的分力互相抵消,而垂直分力指向液体内部,其单位周长的垂直分力为 $\gamma\cos\alpha$,α 为表面张力与垂直分力之间的夹角。因此,垂直分力在 AB 圆周上的合力为

$$F = 2\pi R\gamma\cos\alpha$$

因 $\cos\alpha = \dfrac{R}{r}$,切面 AB 的面积为 πR^2,所以弯曲液面对于单位 AB 水平面的附加压力为

$$\Delta p = \frac{F}{\pi R^2} = \frac{2\pi R\gamma R/r}{\pi R^2} = \frac{2\gamma}{r}$$

此式即为式(9.2.3)。该式表明,弯曲液面的附加压力与曲率半径成反比,与界面张力成正比。

式(9.2.3)适用于求小液滴或液体中小气泡的附加压力。对于空气中的气泡(如肥皂泡)等球形液膜,因其有内、外两个表面,均产生指向球心的附加压力,此时 $\Delta p = \dfrac{4\gamma}{r}$。

用拉普拉斯公式可以很好地解释为何自由液滴和气泡总呈球形:若液滴为不规则形状,则会因液体表面各处的曲率半径不同而使各处所受到附加压力的大小与方向也各不相同,这些力的作用最终会使液滴呈球形(见图9.2.3)。

弯曲液面的附加压力可以产生毛细现象。液体中两端开口的毛细管(或细缝)内、外液面出现高度差的现象称为毛细现象。研究表明:只有润湿管壁的液体(此时界面为凹液面)才能在毛细管中上升,不润湿管壁的液体(凸液面)在毛细管中是下降的。

图9.2.3　不规则液滴上的
附加压力

如图9.2.4所示,将一支内半径为 R 的毛细管浸入可润湿(即 $\theta < 90°$)此管壁的液体中,液体在管中将形成具有一定曲率半径 r 的凹液面。若此凹液面产生的向上的附加压力能使液体上升的高度为 h,则平衡时附加压力 Δp 应等于管内液柱因重力产生的向下的静压力 $p_{静}$,即

$$\Delta p = p_{静} = (\rho_{液} - \rho_{气})gh \approx \rho_{液}gh$$

又

$$r = \frac{R}{\cos\theta}$$

得

$$\Delta p = \frac{2\gamma}{r} = \frac{2\gamma\cos\theta}{R}$$

而

$$\rho_{液}gh = \frac{2\gamma\cos\theta}{R}$$

故
$$h = \frac{2\gamma\cos\theta}{\rho_{液} gR} \qquad (9.2.4)$$

由式(9.2.4)可以看出:如液体能润湿管壁(即 $\theta <$ 90°,形成凹液面),$\cos\theta > 0$,$h > 0$,管内液体将上升;反之,如液体不能润湿管壁(即 $\theta > 90°$,形成凸液面),$h < 0$,管内液体将下降。

由上述讨论可知,界面张力的存在是弯曲液面产生附加压力的根本原因,而毛细现象又是弯曲液面具有附加压力的必然结果。毛细现象在生产及生活中都有应用:如农民锄地,不但可以铲除杂草,还可以破坏土壤中的毛细管,防止土壤中的水分沿毛细管上升到地表蒸发,而起到保湿的作用;棉布纤维的间隙,由于毛细作用而吸收汗水可保持使用者的干爽舒适。

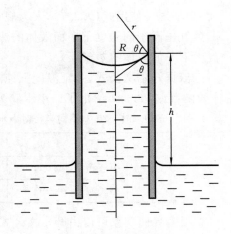

图 9.2.4 毛细现象

9.2.2 弯曲液面的饱和蒸气压

由相律可知,在一定温度和外压下,纯液体的饱和蒸气压为一定值,不过这是对平液面而言的。实验表明:与平液面相比,同样温度和外压下具有凸液面的小液滴的饱和蒸气压较高。

弯曲液面存在附加压力,使弯曲液面层内的液体分子所受的压力与平面液体不同,因而弯曲液面内液体的饱和蒸气压及其化学势与平面液体将有所不同。设外压为 p,球形小液滴的半径为 r,小液滴的饱和蒸气压为 p_r,与平面液体平衡的饱和蒸气压为 p。恒温恒压下气、液两相达到平衡时,任一组分在两相中的化学势应相等,由此可得球形小液滴的化学势 μ_r 和平面液体的化学势 $\mu_平$,分别用与之平衡的气相表示 μ_r 和 $\mu_平$,得

$$\mu_r = \mu^\ominus + RT \ln \frac{p_r}{p^\ominus}, \quad \mu_平 = \mu^\ominus + RT \ln \frac{p}{p^\ominus}$$

即
$$\Delta\mu = \mu_r - \mu_平 = RT \ln \frac{p_r}{p} \qquad (9.2.5)$$

对于温度及组成不变的封闭系统,有

$$V_{m,l} = \left(\frac{\partial\mu}{\partial p_1}\right)_T$$

则
$$\Delta\mu = \int_p^{p+\Delta p} \left(\frac{\partial\mu}{\partial p}\right)_T dp_1 = \int_p^{p+\Delta p} V_{m,l} dp_1 \qquad (9.2.6)$$

忽略压力对液体体积的影响,由式(9.2.5)与式(9.2.6)可得

$$RT\ln \frac{p_r}{p} = V_{m,l}\Delta p$$

再结合拉普拉斯公式有

$$RT\ln \frac{p_r}{p} = \frac{2\gamma V_{m,l}}{r} = \frac{2\gamma M}{\rho r} \qquad (9.2.7)$$

式中:V_m、M 和 ρ 分别为液体的摩尔体积、摩尔质量和密度。

式(9.2.7)即为开尔文公式。对于界面为球形凹液面的分析与上述情况类似,只是由于此时附加压力的存在减小了界面液体的压力,故需将式(9.2.6)中的积分上限改为($p - \Delta p$),从而式(9.2.7)左边需加一负号或将其对数项的分子与分母交换位置。对于弯曲液

面,为了统一使用式(9.2.7),人为规定了曲率半径 r 的符号:对凸液面,r 取正值(界面液体的蒸气压高于同温度下平面液体的蒸气压);对凹液面,r 取负值(界面液体的蒸气压低于同温度下平面液体的蒸气压)。

依据开尔文公式,一定温度下纯液态物质的 T、γ 及 V_m 或 M 和 ρ 皆为定值,此时 p_r 只是 r 的函数,表 9.2.1 给出了以小水滴为例的计算结果。

表 9.2.1　20 ℃不同半径时小水滴和水中小气泡与平液面水的饱和蒸气压之比 p_r/p

	r/nm	10^4	10^3(1 μm)	100	10	1
p_r/p	小液滴	1.000 1	1.001	1.011	1.114	2.937
	小气泡	0.999 9	0.998 9	0.989 1	0.897 7	0.340 5

很多界面现象可以由开尔文公式得到解释。如润湿性液体在毛细管内或间隙中会形成凹液面,此界面液体的蒸气压低于同温度下平面液体的蒸气压。从而一定温度下,蒸气对平液面而言尚未达到饱和,但对凹液面而言有可能已达到过饱和状态,而在这些毛细管内或间隙中凝结成液体,这种现象称为毛细凝结。多细孔的硅胶及分子筛等物质用做干燥剂,以及"神舟六号"飞船舱内湿气的去除,都是毛细凝结现象具体运用的典型例子。此外开尔文公式也可用于讨论气-固界面,其中 γ 是固体的界面张力,V_m、M 和 ρ 分别为固体的摩尔体积、摩尔质量和密度。由此,颗粒半径越小的固体具有的饱和蒸气压也越大,从而会具有更大的溶解度。需要说明的是,由于固体难以成为严格的球形,不同晶面的界面张力也有所不同且难以准确测定,因此开尔文公式对气-固界面只能作粗略讨论。

表 9.2.1 中的数据表明:一定温度下,液滴越小,饱和蒸气压越大;半径减小到 1 nm 时,小水滴的饱和蒸气压约为平液面的 3 倍,而水中气泡的饱和蒸气压约为平液面的 1/3。因分散度增加而引起液体或固体饱和蒸气压升高的现象,只有在尺度很小(进入纳米范围)时,才会达到可觉察的程度。在蒸气冷凝、液体凝固和沸腾、溶液的结晶或晶体的溶解等相变过程中,要从无到有生成新相。由于最初生成的新相的尺度极其微小(分散度很高),其表面积和表面吉布斯函数都很大,故生成新相极为困难,因而会产生过饱和蒸气(按相平衡条件应该凝结而没有凝结的蒸气)、过冷或过热液体以及过饱和溶液等亚稳状态(metastable state),即热力学不稳定状态。如过饱和水蒸气:298.15 K 时纯水的饱和蒸气压 $p^* = 3\ 167.68$ Pa,而半径为 10 nm 水滴的饱和蒸气压为此值的 1.114 倍(见表 9.2.1),从而在该温度下的洁净系统中(没有尘埃)压力为 p^* 的水蒸气并不能凝结,只有当水蒸气的分压继续增大至超过 $1.114 p^*$ 时,热力学上才可能有半径为 10 nm 的小水滴出现(水蒸气的过饱和现象还有其非平衡的因素:水滴半径为 10 nm 的水珠约含有 1.4×10^5 个水分子,从而即使空气中的水蒸气可以过饱和 11%,这么多的水分子同时聚在一处形成水珠的可能性也是很小的,故仍难以发生水的凝结)。系统中的尘埃及人工降雨过程中飞机喷洒的 AgI 微粒等,可提供有较大曲率半径的凝结中心,而使蒸气迅速凝结。类似地,为防止加热液体时的暴沸现象,可事先加入一些沸石、素烧瓷片等含有较大孔的多孔性物质,加热时这些孔中的气体可成为新相种子(汽化核心),绕过了产生极微小气泡的困难阶段,使液体的过热程度大大降低,从而避免暴沸。

例 9.2.1　在 101.3 kPa、373.15 K 的纯水中,如仅含有半径为 1.00×10^{-6} m 的空气泡,试求这样的水开始沸腾的温度。已知水的汽化热为 40.668 kJ·mol^{-1},373.15 K 时水的表面张力为 58.9×10^{-3} N·m^{-1},密度为 958.4 kg·m^{-3}。

解　由开尔文公式 $RT\ln\dfrac{p_r}{p}=\dfrac{2\gamma M}{\rho r}$，得

$$\ln\frac{p_r}{p}=\frac{2\times58.9\times10^{-3}\times18\times10^{-3}}{958.4\times(-1\times10^{-6})\times8.314\times373.15}=-7.1\times10^{-4}$$

从而 373.15 K 时气泡内水的蒸气压为

$$p_r=101.325\times\exp(-7.1\times10^{-4})\ kPa=101.25\ kPa$$

距液面 h 处的气泡内水的蒸气压 p'_r 应不低于 $p^{\ominus}+\Delta p+\rho gh$ 才能沸腾，略去 ρgh，有

$$\frac{p'_r}{kPa}=101.325+\frac{2\times58.9\times10^{-3}}{1\times10^{-6}}\times10^{-3}=219.125$$

而

$$\ln\frac{p'_r}{p_r}=\frac{\Delta_{vap}H_m}{R}\times\left(\frac{1}{373.15}-\frac{1}{T_2}\right)$$

则

$$\ln\frac{219.125}{101.325}=\frac{40.668\times10^3}{8.314}\times\left(\frac{1}{373.15}-\frac{1}{T_2}\right)$$

$$T_2=396.5\ K$$

即在题给条件下，含此气泡的水至少要高于正常沸点 23 ℃才会沸腾。若向水体中投入沸石等多孔物质，可增大初生气泡尺寸而使液体易于沸腾，避免暴沸。

9.3　溶液表面吸附

9.3.1　溶液表面张力与表面吸附

溶液的表面张力随溶质浓度的变化大致可分为三种类型，如图 9.3.1 所示。曲线 Ⅰ 表明，随着溶液浓度的增加，溶液的表面张力有所增加，这类物质常称为非表面活性物质。就水溶液而言，属于此种类型的溶质有：多数无机盐、不挥发性的无机酸和碱（如 NaCl、H_2SO_4、NaOH 等），以及含有多个羟基的有机化合物（如蔗糖、甘油等）。曲线 Ⅱ 表明，随着溶质浓度的增加，溶液的表面张力缓慢下降，这类溶质包括大多数相对分子质量较小的水溶性极性有机物（如醇、酸、醛、酯、胺及其衍生物等）。曲线 Ⅲ 表明溶液浓度很低时表面张力就急剧下降并很快达最低点，而达到一定浓度，表面张力不再变化，达到最低点时的浓度一般在 1% 以下。属于这类溶质的多为两亲有机物，如有机酸盐（含 8 个碳以上）、有机胺盐、磺酸盐、苯磺酸盐等。

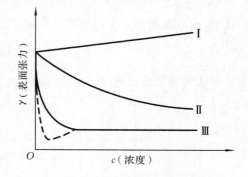

图 9.3.1　表面张力-浓度关系示意图

溶质使溶剂（主要指水）表面张力降低的性质称为表面活性，具有表面活性的物质称为表面活性物质（如类型 Ⅱ 和类型 Ⅲ）。由于 Ⅲ 类表面活性物质具有在低浓度范围内显著降低表面张力的特点，这类物质也称为表面活性剂。例如在 25 ℃时，在 0.008 mol·L^{-1} 的十二烷基硫酸钠水溶液中，水的表面张力从 0.072 N·m^{-1} 降到 0.039 N·m^{-1}。

式（9.1.10）表明，温度、压力和组成恒定时，系统总的表面吉布斯函数减少的过程为自发过程。恒温恒压下，纯液体的表面张力有定值，缩小表面积是其降低表面吉布斯函数的唯一途径。而溶液至少由两种分子组成，一般而言，溶质分子和溶剂分子之间的作用力与纯溶剂不同。因此，溶液的表面张力除与温度、压力和溶剂有关外，还与溶质的本性及浓度有关，即溶液表面张力与其表面层的组成密切相关。从而，除缩小表面积以降低表面吉布斯函数

外，溶液还可由调节不同组分在表面层中的分布而使表面吉布斯函数得以降低。

一般来说，使溶液表面张力增大的非表面活性物质，会自动地尽量进入溶液内部而较少留在表面层；能使溶液表面张力降低的表面活性物质，将会自动在表面层富集以减小系统的表面吉布斯函数。平衡条件下，溶质在溶液表面层（也称表面相）中的浓度与其在体相中浓度不同的现象，称为溶液表面的吸附。表面活性物质在溶液表面富集，使其表面浓度高于体相中浓度的现象称为正吸附；非表面活性物质自动减小其在溶液表面的浓度，而使表面浓度低于体相中浓度的现象称为负吸附。

总之，表面吸附是溶液为了自发地降低表面张力从而降低系统表面吉布斯函数而发生的一种界面现象。溶液表面上溶质吸附量的大小，可用吉布斯吸附等温式来计算。

*9.3.2　吉布斯吸附等温式

单位表面层中所含溶质的物质的量，与具有同量溶剂的本体溶液中所含溶质的物质的量的差值，称为溶质的表面过剩或表面吸附量。

考虑某二元溶液，与其蒸气达成平衡，以"l"和"g"分别代表"液相"和"气相"，两相的体积分别为 V_l、V_g。如图 9.3.2 所示，在气、液交界处有一薄层（从 aa' 到 bb'，约有几个分子厚），其中溶质的浓度和溶剂的浓度既不同于液相，也不同于气相，将这一层称为表面相 σ，如图 9.3.2(a) 所示。在表面相 σ 中画一个面 ss'，设在此面下的液相（或在此面上的气相）的浓度是一致的，而且等于体相的浓度，分别用 c_1、c_g 表示溶质在液相和气相的浓度，可按此模型计算出各相中溶质的物质的量 n_l 和 n_g 分别为

$$n_l = V_l c_l, \quad n_g = V_g c_g$$

以 n_0 表示该物质总的物质的量，并且令

$$n_\sigma = n_0 - (n_l + n_g) \tag{9.3.1}$$

式中：n_σ 为表面相 σ 中溶质的过剩量，将其除以相界面面积 A_s 得

$$\Gamma \stackrel{\text{def}}{=\!=} \frac{n_\sigma}{A_s} \tag{9.3.2}$$

式中：Γ 即为表面过剩，其单位为 $mol \cdot m^{-2}$，通常也称为吸附量。Γ 可以是正值，也可以是负值。

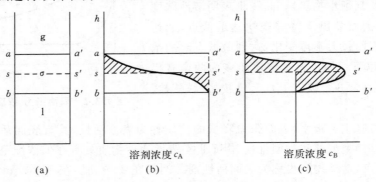

图 9.3.2　溶液表面吸附量示意图

为明确表面过剩的含义，现以一定浓度（摩尔分数为 0.5）乙醇的水溶液为例，在此溶液表面取有一定厚度且面积为 A m² 的薄层（表面相），若此表面相内水和乙醇的物质的量分别为 $n_1 = 1$ mol 和 $n_2 = 3$ mol，则乙醇的表面过剩 Γ_2 可通过比较体相中 1 mol 水对应的乙醇含量得到：体相中 1 mol 水对应的乙醇含量为 1 mol，从而乙醇的表面过剩为

$$\frac{\Gamma_2}{\text{mol} \cdot \text{m}^{-2}} = \frac{3-1}{A} = \frac{2}{A}$$

而气相的浓度通常远远小于液相浓度,即 $n_1 \gg n_g$,所以

$$\Gamma = \frac{n_0 - n_1}{A_s} \tag{9.3.3}$$

由式(9.3.3)可知,物质表面过剩的计算是与 n_1 有关的,而 n_1 的值又取决于 ss' 面的位置。所以,首先要按一定原则确定 ss' 后,Γ 才有明确的物理意义。1877 年,吉布斯提出可将 ss' 面定在溶剂的表面过剩为零的地方。

溶剂浓度 c_A 和表面活性物质的浓度 c_B 与容器高度 h 的关系,分别如图 9.3.2(b)和图 9.3.2(c)中的曲线所示。当容器的截面面积 A_s 为单位面积时,图中曲线下的面积就分别代表溶剂和溶质的总量 $n_{0,A}$ 和 $n_{0,B}$。吉布斯将 ss' 面正好定在使图 9.3.2(b)中两块阴影面积相等的地方,此时可使溶剂吸附量 $\Gamma_A = n_{0,A} - c_A h_s A_s = 0$。在分界面确定之后,溶质的吸附量也就随之确定了,$\Gamma_B = n_{0,B} - c_B h_s A_s$,与图 9.3.2(c)中阴影部分的面积相等。因满足溶剂吸附量 Γ_A 为 0 的分界面只有一个,所以分界面确定之后,不仅溶质的吸附量 Γ_B 为确定值,表面相的其他热力学函数也都随之确定了。

当表面吉布斯函数 G_σ 发生一个微小变化时,根据式(9.1.5)有

$$dG_\sigma = -S_\sigma dT + V_\sigma dp + \gamma dA_s + \sum \mu_B dn_{B,\sigma} \tag{9.3.4}$$

对于恒温恒压下的二元系统,有

$$dG_\sigma = \gamma dA_s + \mu_A dn_{A,\sigma} + \mu_B dn_{B,\sigma} \tag{9.3.5}$$

式中:μ_A 和 μ_B 分别为表面相中溶剂和溶质的化学势,吸附平衡时同一种物质在表面相及溶液体相中的化学势相等;$n_{A,\sigma}$ 及 $n_{B,\sigma}$ 分别为溶剂及溶质在表面相中的过剩量。在各强度性质(T、p、γ、μ 等)不变的情况下,对式(9.3.5)进行积分,可得

$$G_\sigma = \gamma A_s + \mu_A n_{A,\sigma} + \mu_B n_{B,\sigma} \tag{9.3.6}$$

因表面吉布斯函数是状态函数,具有全微分的性质,即有

$$dG_\sigma = \gamma dA_s + A_s d\gamma + \mu_A dn_{A,\sigma} + n_{A,\sigma} d\mu_A + \mu_B dn_{B,\sigma} + n_{B,\sigma} d\mu_B \tag{9.3.7}$$

比较式(9.3.7)与式(9.3.5)可得适用于表面相的吉布斯-杜亥姆方程

$$A_s d\gamma = -(n_{A,\sigma} d\mu_A + n_{B,\sigma} d\mu_B) \tag{9.3.8}$$

式(9.3.8)除以 A_s,再结合表面过剩的定义式(9.3.2)得

$$d\gamma = -\left(\frac{n_{A,\sigma}}{A_s} d\mu_A + \frac{n_{B,\sigma}}{A_s} d\mu_B\right) = -(\Gamma_A d\mu_A + \Gamma_B d\mu_B) \tag{9.3.9}$$

按吉布斯表面相模型,溶剂的吸附量 $\Gamma_A = 0$,式(9.3.9)变为

$$d\gamma = -\Gamma_B d\mu_B \tag{9.3.10}$$

将 $d\mu_B = RT d(\ln a_B)$ 代入式(9.3.10),整理后可得

$$\Gamma_B = -\frac{d\gamma}{RT d(\ln a_B)} = -\frac{a_B}{RT} \frac{d\gamma}{da_B}$$

对于理想稀溶液,可用浓度 c 代替活度 a,略去下标,式(9.3.10)变为

$$\Gamma = -\frac{c}{RT} \frac{d\gamma}{dc} \tag{9.3.11}$$

式(9.3.11)即吉布斯吸附等温式,式中 γ 为表面张力,c 为溶液体相中溶质的浓度。由该式可见,吸附量 Γ 的符号取决于表面张力随浓度的变化率 $\dfrac{d\gamma}{dc}$。若表面张力随溶质浓度的增大

而减小，即 $\dfrac{d\gamma}{dc}<0$，则有 $\Gamma>0$，表明增加浓度能使溶液表面张力降低的表面活性物质在表面层必然发生正吸附；与此相反，对非表面活性物质来说，当 $\dfrac{d\gamma}{dc}>0$ 时，有 $\Gamma<0$，必然发生负吸附；当 $\dfrac{d\gamma}{dc}=0$ 时，$\Gamma=0$，说明此时无吸附发生。

用吉布斯吸附等温式计算某溶质的吸附量（即表面过剩）时，可由实验测定一组恒温下不同浓度 c 时的表面张力 γ，以 γ 对 c 作图，得到 γ-c 曲线。将曲线上某指定浓度 c 下的斜率 $\dfrac{d\gamma}{dc}$ 代入式(9.3.11)，即可求得该浓度下溶质在溶液表面的吸附量。将不同浓度下求得的吸附量对溶液浓度作图，可得到 Γ-c 曲线，即溶液表面的吸附等温线。

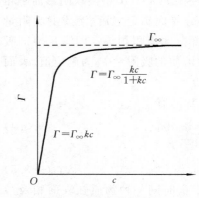

图 9.3.3　溶液中表面活性物质的吸附等温线

一般情况下，表面活性物质的 Γ-c 曲线的形状如图 9.3.3 所示。在一定温度下，系统在平衡态时，吸附量 Γ 和浓度 c 之间的关系可用经验公式来表示，即

$$\Gamma=\Gamma_{\infty}\frac{kc}{1+kc} \tag{9.3.12}$$

式中：k 为经验常数，与溶质的表面活性大小有关。

由式(9.3.12)可知，当浓度很小时，Γ 与 c 呈直线关系；当浓度较大时，Γ 与 c 呈曲线关系；当浓度足够大时，则呈现一个吸附量的极限值，即 $\Gamma=\Gamma_{\infty}$。此时若再增大浓度，吸附量不再改变，说明溶液的表面吸附已达到饱和状态，此时的吸附量称为饱和吸附量，用 Γ_{∞} 表示。饱和吸附量 Γ_{∞} 可以近似看做溶质分子在单位表面上排一个单分子层时的物质的量（应当说明，此时与表面层浓度相比，内部浓度可以略去不计，但表面层不是绝对没有溶剂分子的），由实验测出 Γ_{∞} 的值，即可计算一个表面活性分子的横截面面积 A_s，即

$$A_s=\frac{1}{\Gamma_{\infty}L} \tag{9.3.13}$$

式中：L 为阿伏伽德罗常数。

表 9.3.1 给出一些长碳氢链有机化合物的实验结果。这些化合物的结构形式皆为 $C_nH_{2n+1}X$，所不同的是 X 代表不同种类的基团。由表面活性物质的饱和吸附量推导出许多有机化合物分子的 A_s 均为 0.205 nm^2，与本体浓度无关，且和其碳氢链的长度也无关。

表 9.3.1　$C_nH_{2n+1}X$ 化合物在单分子膜中 X（每个分子）的横截面面积

化合物种类	X	A_s/nm^2
脂肪酸（$n>13$）	—COOH	0.205
二元酯类	—$COOC_2H_5$	0.205
酰胺类	—$CONH_2$	0.205
甲基酮类	—$COCH_3$	0.205
甘油三酸酯类（每链面积）	—$COOCH_3$	0.205
饱和酸的酯类	—COOR	0.220
醇类（$n>11$）	—CH_2OH	0.216

9.3.3　表面活性剂简介

1. 表面活性剂的结构特征

表面活性剂之所以能降低表面(界面)吉布斯函数,有其结构上的原因。这些物质大多是长链不对称的有机化合物,从分子结构的特征来看,表面活性剂分子都同时含有亲水性的极性基团(如—COOH、—CONH$_2$、—OH)和憎水性(也称亲油性)的非极性基团。容易理解,水溶液中表面活性剂的亲水基团受到强极性水分子的吸引,有竭力进入水中的趋势,憎水性的非极性基团则倾向于远离水面而进入另一非极性相,从而使表面活性分子在表面定向排列,如图 9.3.4 所示。

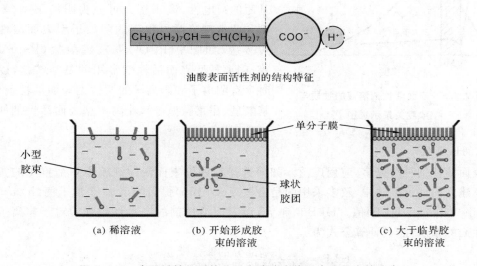

图 9.3.4　表面活性物质的分子在溶液本体及表面层中的分布

图 9.3.4(a)表示当表面活性剂物质的浓度很小时,表面活性物质分子在溶液体相和表面层中的分布情况。当溶液中表面活性剂浓度增大时,这种同时具有憎水和亲水基团的活性分子,就会被吸附到气-液界面上,而且是定向排列,将其亲水基团朝向水相,而将憎水基团朝向气相一方,如图 9.3.4(b)所示。活性分子在表面上聚集可减少溶剂分子与气相的接触面积,而使溶液的表面张力降低。当溶液浓度增加到一定值时,表面就被一层表面活性剂分子所覆盖。这时,即便再增大浓度,表面上也不能再排列更多的表面活性剂分子,其在表面的浓度达到最大值,表面张力不会再降低。继续增大表面活性剂的浓度,溶液内部的表面活性剂分子将出现成团结构,活性分子的憎水基团互相靠近聚集,亲水基团则与水相接触,这样可使界面能降到最低,这种成团结构称为胶束。刚开始形成胶束时的浓度称为临界胶束浓度(critical micelle concentration),用 CMC 表示,常表现为一个窄的浓度范围。胶束可以呈近似球状、层状或棒状。

胶束的存在已被 X 射线衍射图谱以及光散射实验所证实。临界胶束浓度和在液面上开始形成饱和吸附层所对应的浓度范围是一致的。在这个窄小的浓度范围前后,不仅溶液的表面张力发生明显的变化,其他物理性质(如密度、电导率、渗透压、蒸气压、光学性质、去污

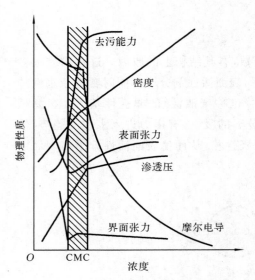

图 9.3.5　表面活性剂溶液的性质与浓度关系示意图

能力及增溶作用等）皆发生很大的差异，如图 9.3.5 所示。由图可知，表面活性剂的浓度大于 CMC 时，溶液的表面张力、渗透压及去污能力等几乎不随浓度的变化而改变，但密度随着浓度的增大而急剧增大。某些有机化合物难溶于水，但可溶于表面活性剂浓度大于 CMC 的水中。

2. 表面活性剂的分类

根据表面活性剂分子在水中解离的情况可将其分为离子型和非离子型两大类。依表面活性剂分子在水溶液中解离后，与非极性烷基相连的亲水基团的荷电性，离子型又可分为阴离子型、阳离子型和两性型三类。常用的阴离子型表面活性剂有羧酸盐（如肥皂 $RCOONa$）、磺酸盐（$R-SO_3Na$）等，阳离子型表面活性剂常用的是季铵盐，以及同时含有阴离子和阳离子的两性型表面活性剂（如氨基酸型、甜菜碱型等），非离子型表面活性剂如聚乙二醇型、多元醇型。

3. HLB 值

表面活性剂种类繁多，应用广泛。如何选择和评价表面活性剂成为一个重要的实际问题。在建立的评价方法中，较多采用的是格里芬（Griffin）提出的亲水-亲油平衡（hydrophile-lipophile balance，HLB）值。HLB 值越大，该表面活性剂的亲水性越强。对于非离子型表面活性剂的亲水性，其计算公式为

$$HLB = \frac{亲水基部分的摩尔质量}{表面活性剂的摩尔质量} \times 20$$

石蜡完全没有亲水基，故其 HLB 值为 0，聚乙二醇完全是亲水基，其 HLB 值为 20，其他非离子型表面活性剂的 HLB 值介于 0～20 之间。表 9.3.2 给出了表面活性剂的各种作用与 HLB 值之间的关系。

表 9.3.2　HLB 值与各种性能的关系

表面活性剂性能	HLB 值范围
消泡作用	1～3
乳化作用（W/O 型）	3～6
润湿作用	7～9
乳化作用（O/W 型）	8～18
去污作用	13～15
增溶作用	15～18

4. 表面活性剂的应用

表面活性剂已广泛应用于石油、纺织、农药、医药、采矿、食品、民用洗涤等各个领域。表面活性剂所起的作用主要为润湿、助磨、乳化、分散、起泡、增溶，以及匀染、除锈、杀菌等。有关这些具体的应用，在许多专著中皆有详细论述，这里仅概述如下。

（1）乳化作用。

一种或一种以上的液体以液珠的形式分散在另一种与其不相溶的液体中构成的系统称为乳状液，液珠的大小一般在 $1\sim 50\ \mu m$ 之间。乳状液按液珠大小而论是粗分散系统，为热力学不稳定的多相系统。欲使乳状液稳定、不分层，通常需加入表面活性剂，即乳化剂。

水是构成乳状液最常见的一种液体，油类及在水中不溶解的有机液体是乳状液中常见的另一种液体。为了方便起见，把与油类性质相近的液体都称为"油"。因此，乳状液可以分为两种类型：一种是"油"分散在水中，"油"珠被连续的水相所包围，称为"水包油"型，以"O/W"表示；另一种为水分散在"油"中，水珠被连续的油相包围，称为"油包水"型，以"W/O"表示，如图 9.3.6 所示。常见的原油是 W/O 型乳状液，而牛奶则是 O/W 型的。

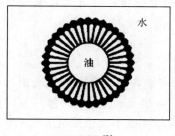 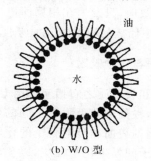

（a）O/W 型　　　　　　　　　（b）W/O 型

图 9.3.6　乳状液的两种类型

（2）起泡作用。

常说的泡沫是指气体在液体中的分散系统（气体在固体中分散也可形成泡沫，但常称为固体泡沫，如泡沫塑料等）。泡沫作为粗分散系统，也是热力学上的不稳定系统。使泡沫稳定的物质称为起泡剂，常用的起泡剂一般都属于表面活性物质，如肥皂、烷基硫酸钠等。起泡剂使泡沫稳定的机理和乳化剂使乳状液稳定的机理相似，即能降低界面能和形成保护膜（见图 9.3.7）。

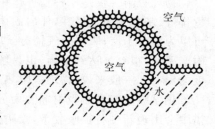

图 9.3.7　表面活性剂的起泡作用

泡沫在生产上应用的例子包括利用它进行矿物的富集（泡沫浮选），在毛纺工业上利用泡沫处理洗毛废水以回收羊毛脂等。在应用泡沫时，常要求泡沫稳定一定时间以后就破灭掉，过于稳定的泡沫会给后处理带来困难。如泡沫浮选时，就要求泡沫在载着有用矿石从液相中上升时是稳定的，但将它们从液面取走以后就要求它很快破灭。在某些生产过程（如酿造及制糖工业）中，由于发酵生成 CO_2 而形成的泡沫则完全是有害无益的。

（3）增溶作用。

当浓度超过 CMC 后，在水溶液内部所生成的胶束往往能使一些不易溶于水的物质因进入水溶液胶束中而增加其溶解度。如室温下，苯在水中的溶解度很小，100 g 水中只能溶解 0.07 g 苯，而 100 g 浓度为 10% 的油酸钠的水溶液可溶解约 9 g 苯。增溶过程使系统的吉布斯函数降低，形成的是热力学稳定系统。

9.4　固体表面吸附

与液体表面层的分子一样，固体表面层的分子所受力场是不对称的，因此固体表面也有表面张力及表面吉布斯函数存在。但固体表面分子又与液体表面分子有显著不同：固体表面是不均匀的，其表面分子是定位的。温度、压力和组成恒定时，系统总的表面吉布斯函数减少的过程为自发过程。由于固体表面上的分子几乎是不可移动的，故固体不能像液体那样自由收缩表面来降低表面吉布斯函数。但固体可从其表面的外部空间吸附气体等其他分子，以减小表面层分子受力不对称的程度，从而降低表面张力及表面吉布斯函数。因而固体表面能自发捕获气体等其他分子，使这些分子在固体表面的浓度（或密度）不同于固体表面外部空间气相中的浓度（或密度），具有吸附气体分子和从溶液中吸附溶质分子的特性。本节主要讨论固体表面对气体分子的吸附。通常将具有吸附能力的固体称为吸附剂（adsorbent），被吸附的物质称为吸附质（adsorbate）。

吸附是表面效应，只发生在相界面上，被吸附的物质并不进入固体内部，否则就称为吸收（如镍-氢电池中储氢材料对氢气的吸收等）。

9.4.1　物理吸附与化学吸附

根据吸附剂和吸附质之间相互作用力不同，可以将吸附分为物理吸附和化学吸附两种。发生物理吸附时，吸附剂和吸附分子间的作用力主要是范德华力（包括氢键的形成）。发生物理吸附时，吸附剂表面和吸附分子的化学组成与性质不发生变化；而发生化学吸附时，吸附剂和吸附质分子间发生化学反应，以化学键相结合。由于物理吸附和化学吸附在分子间作用力上有本质不同，因此表现出许多不同的吸附性质。

物理吸附仅仅是一种物理作用，没有电子转移，没有化学键的生成与破坏，也没有原子重排等，基本上无选择性，任何固体都可以吸附任何气体。吸附的物质可以为单分子层，也可以为多分子层；吸附了气体分子的表面仍可以再吸附气体分子。物理吸附的吸附力弱，吸附速率快，很容易达到平衡，也易解吸。物理吸附不需要活化能，所以吸附速率一般不受温度的影响。一般来说，物理吸附热与气体的液化热相近。

化学吸附相当于吸附剂表面分子与吸附质分子发生了化学反应，在红外、紫外-可见光谱中会出现新的特征吸收带，吸附热与化学反应热相近，但比物理吸附热大得多；固体表面的分子只能与特定类型的气体分子才可以形成化学键，所以化学吸附选择性较强，只能是单分子层吸附；吸附速率慢，难以达到平衡，解吸较难，需要的活化能大，所以速率一般较小，且随温度的升高，吸附速率增加。

物理吸附和化学吸附不是截然分开的，两类吸附常常同时发生，并且在不同的情况下，吸附性质也可以发生变化。一般来说，低温下主要是物理吸附，高温下主要是化学吸附。物理吸附和化学吸附的具体区别见表9.4.1。

表 9.4.1　物理吸附和化学吸附的比较

性　　质	物理吸附	化学吸附
吸附力	范德华力	化学键
吸附强度	弱	强
吸附层数	单层或多层	单层
吸附热	小，近于液化热	大，近于反应热
选择性	无或很差	较强
可逆性	可逆	不可逆
吸附平衡	快，易达到	慢，不易达到
活化能	小	大

9.4.2 吸附等温线与吸附热力学

1. 吸附等温线

吸附速率与解吸速率相等时的状态称为吸附平衡,此时被吸附物质的量不随时间而变化。固体对气体的吸附量是指吸附达平衡时,单位质量吸附剂所吸附的吸附质的物质的量或其在标准状况下所占有的体积,即

$$n_a = \frac{n_{吸附质}}{m_{吸附剂}}$$

$$V_a = \frac{V_{吸附质}}{m_{吸附剂}}$$

式中:n_a 和 V_a 的单位分别为 mol・kg^{-1} 或 m^3・kg^{-1}。

对于一定的吸附剂与吸附质的系统,达到吸附平衡时,吸附量是温度和吸附质压力的函数。为便于研究,在吸附量、温度、压力这三个变量中,通常固定一个变量,测定另外两个变量之间的关系,这种关系可用曲线表示。在一定压力下,表示吸附量与吸附温度间关系的曲线称为吸附等压线。吸附量恒定时,表示平衡压力与温度间关系的曲线称为吸附等量线。在恒温下,表示吸附量与吸附平衡压力间关系的曲线称为吸附等温线。如果吸附温度在气体的临界温度以下,吸附等温线则表示 V_a 与 $\frac{p}{p^*}$ 之间关系的曲线,p^* 为吸附质的饱和蒸气压。

上述三种吸附曲线中最重要、最常用的是吸附等温线。常见的吸附等温线有五种类型,如图 9.4.1 所示。其中,除第一种为单分子层吸附等温线外,其余四种皆为多分子层吸附等温线。吸附等温线可以反映出吸附剂的表面性质、孔分布以及吸附剂与吸附质之间的相互作用等有关信息。

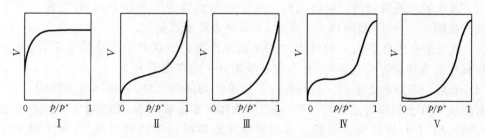

图 9.4.1 五种类型的吸附等温线

2. 吸附热力学

固体在等温、等压下吸附气体是一个吉布斯函数下降的自发过程,即 $\Delta G < 0$。在吸附过程中,气体分子从三维空间被吸附到二维表面,自由度减少,分子的平动受到了限制,所以吸附过程是熵减小的过程,即有 $\Delta S < 0$。从而等温吸附热 $\Delta H = \Delta G + T\Delta S < 0$,即吸附通常是一放热过程(解离吸附例外)。

吸附热是表征固体表面物理化学性质的重要物理量之一。通常,吸附热的绝对值随吸附量增大而减小,在吸附开始时减小尤为显著,这是由固体表面的非均一性引起的,活性较高的部位优先吸附,吸附热也高。吸附热的大小与固体表面键能的强弱有直接的关系。通过它可以找出固体表面一些性能与吸附热之间的对应关系,根据吸附热的变化,还可以研究

外界因素对表面性质的影响。

9.4.3　吸附等温式与吸附理论

根据大量的实验结果,人们曾提出过许多描述吸附的物理模型及等温式,下面介绍几种较为重要、应用较广泛的吸附等温式。

1. 弗罗因德利希等温式

弗罗因德利希(Freundlich)由实验数据总结出的经验公式为

$$V_a = kp^n \tag{9.4.1a}$$

式中:p 是吸附达平衡时气体的压力;k 和 n 是两个经验常数(在一定温度下,对一定的吸附剂而言为常数)。k 值可视为单位压力时的吸附量,一般随温度的升高而降低,n 的数值一般在 $0 \sim 1$ 之间,其值越大,表示压力对吸附的影响越显著。

为了求出 k 和 n 的值,可将上式取对数,得

$$\lg V_a = \lg k + n \lg p \tag{9.4.1b}$$

以 $\lg V_a$ 对 $\lg p$ 作图,可得一直线,$\lg k$ 和 n 分别为直线的截距和斜率。

弗罗因德利希吸附等温式为一经验公式,它的形式简单,使用方便,应用广泛,通常适用于中压范围。但经验常数 k 和 n 没有明确的物理意义,不能说明吸附作用的机理。

2. 单分子层吸附理论与朗格缪尔吸附等温式

朗格缪尔吸附等温式是最早提出的具有一定理论基础的吸附等温式。1916 年,朗格缪尔提出的单分子层吸附理论有如下基本假设。

(1) 吸附是单分子层吸附。由于固体表面上的原子力场不饱和,当固体表面吸附了一层分子,这种力场得到饱和后固体表面就不再具有吸附能力,气体分子只有碰撞到尚未吸附气体分子的空白表面上才能被吸附。

(2) 固体表面是均匀的。固体表面上各个晶格位置的吸附能力相同,表面上每个空白位置只能吸附一个分子,吸附热为一常数,不随覆盖程度而变化。

(3) 被吸附在固体表面上的分子之间无相互作用力。在各个晶格位置上,气体分子的吸附和解吸的难易程度,与其周围是否有被吸附分子的存在无关。

(4) 吸附平衡是动态平衡。当气体分子碰撞到固体表面时,被固体表面吸附,另一方面被吸附的气体分子如果有足够的能量,能克服固体表面的吸引力,被吸附的气体分子也可以重新回到气相空间,即发生了解吸。当吸附速率和解吸速率达到相等时,即达到了吸附平衡。从宏观上看,气体不再发生吸附和解吸。

以 k_1 及 k_{-1} 分别代表吸附和解吸的速率常数,设 θ 为任一时刻固体表面被覆盖的分数,即已被吸附质覆盖的固体表面积与固体的总表面积之比,称为表面覆盖率,则 $(1-\theta)$ 为固体表面上空白面积的分数。若以 N 代表固体表面上具有吸附能力的总的位置数(可简称吸附位置数),则气体的吸附速率应正比于气体的压力 p 及固体表面上的空位数 $(1-\theta)N$,即

$$v_{吸附} = k_1 p(1-\theta)N$$

解吸速率只正比于固体表面上覆盖吸附的位置数,即

$$v_{解吸} = k_{-1}\theta N$$

吸附达到平衡时,吸附速率和解吸速率相等,因此

$$k_1 p(1-\theta)N = k_{-1}\theta N$$

上式经整理后得

$$\theta = \frac{bp}{1+bp} \tag{9.4.2}$$

式(9.4.2)即为朗格缪尔吸附等温式。式中:b 为吸附平衡常数,也称为吸附系数,$b = \frac{k_1}{k_{-1}}$,单位为 Pa^{-1},其大小与吸附剂、吸附质的本性及温度有关。b 值越大,表示固体的吸附能力越强。

若用 V_m 表示固体表面完全覆盖了一层气体分子的饱和吸附量,V 表示压力为 p 时的吸附量,则表面覆盖率 $\theta = \frac{V}{V_m}$,此时朗格缪尔吸附等温式可写为

$$V = V_m \frac{bp}{1+bp} \tag{9.4.3a}$$

依此式,可以对单分子层吸附分如下三种情况讨论。

(1) 压力很低时,$bp \ll 1$,$V \approx V_m bp$,V 与 p 呈直线关系。

(2) 压力很高时,$bp \gg 1$,$V \approx V_m$,V 不再随压力变化,表示吸附达到饱和。

(3) 压力适中时,V 与 p 呈曲线关系。

以 V 对 p 作图,可得图 9.4.1 中第 Ⅰ 类型的单分子层吸附等温线,如图9.4.2所示(类似于图 9.3.3 的溶液中表面活性物质的吸附等温线)。朗格缪尔吸附等温式适用于大多数单分子层的化学吸附或低压高温下的物理吸附。

式(9.4.3a)还可改写为

$$\frac{1}{V} = \frac{1}{V_m} + \frac{1}{V_m bp} \tag{9.4.3b}$$

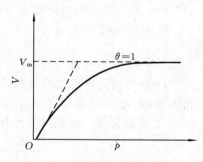

图 9.4.2　朗格缪尔吸附等温式示意图

以 $\frac{1}{V}$ 对 $\frac{1}{p}$ 作图得一直线,由直线的截距和斜率可以求得 V_m 和 b。

由饱和吸附量可以计算固体的比表面积。若每个分子的横截面面积为 A_s,则比表面积 A_w 与 A_s 和 V_m 的关系为

$$A_w = N A_s V_m \tag{9.4.4}$$

对 j 种气体在同一固体表面上的混合吸附,用与式(9.4.2)相同的推导方法,可得此时的朗格缪尔吸附等温式,即

$$\theta_j = \frac{b_j p_j}{1 + \sum b_j p_j} \tag{9.4.5}$$

对于一个吸附质分子吸附时解离成两个粒子的吸附,即每个吸附质分子要同时占两个空白位,此时的朗格缪尔吸附等温式为

$$\theta = \frac{\sqrt{bp}}{1 + \sqrt{bp}} \tag{9.4.6}$$

应当指出,通常朗格缪尔吸附理论的基本假设并不是总能满足的。如表面覆盖率不是很低时,被吸附分子间存在的作用力往往不能忽略。一般来说,固体表面并不是均匀的,即使从宏观上看似乎很光滑,但从原子水平上看仍是凹凸不平的,吸附热将随覆盖率而变化,b 不再为常数。

*3. 多分子层吸附理论与 BET 公式

布鲁诺尔（Brunauer）、埃米特（Emmett）和特勒尔（Teller）三人于 1938 年在朗格缪尔单分子层吸附理论的基础上提出多分子层吸附理论，简称 BET 理论。该理论有如下假设。

（1）固体表面是均匀的，各处吸附能力相同。

（2）吸附可以是多分子层的（见图 9.4.3）；因不同吸附层相互作用的对象不同，第一层吸附热与第二层吸附热也不同（第二层及以后各层的吸附是被吸附的气体分子纵向间相互作用的结果，吸附热接近气体的凝结热）。

图 9.4.3　多分子层吸附示意图

（3）被吸附的气体分子横向间无相互作用力。

（4）每一层上的吸附速率与脱吸速率都相等，建立起动态平衡。

经推导，他们得出

$$\frac{V}{V_m} = \frac{cp/p^*}{(1-p/p^*)[1+(c-1)p/p^*]} \tag{9.4.7a}$$

式中：c 是与吸附热有关的常数；V_m 为单分子层的饱和吸附量；p 和 V 分别为吸附时的压力和体积；p^* 是实验温度下吸附质的饱和蒸气压。因该式中含有 c 和 V_m 两个常数，故又称 BET 二常数公式。该式可线性化为

$$\frac{p/p^*}{V[1-(p/p^*)]} = \frac{1}{V_m c} + \frac{c-1}{V_m c}\frac{p}{p^*} \tag{9.4.7b}$$

由实验数据 $\dfrac{p/p^*}{V[1-(p/p^*)]}$ 对 $\dfrac{p}{p^*}$ 作图，可得一条直线，从该直线的斜率和截距可求 c 和 V_m，由 V_m 可进一步计算吸附剂固体的比表面积。

BET 公式在吸附层数 $n=1$，即 p 较小时，即还原为朗格缪尔吸附式，可描述图 9.4.1 中的第 Ⅰ 类型吸附等温线；式（9.4.7a）则可描述第 Ⅱ、Ⅲ 类型的吸附等温线，其中第 Ⅱ 类型是第一层吸附热大于凝结热时的多分子层吸附，第 Ⅲ 类型是第一层吸附热小于凝结热时的多分子吸附。第 Ⅳ、Ⅴ 类型吸附分别是第 Ⅱ、Ⅲ 类型吸附加上毛细凝结的结果。BET 公式第一次成功地解释了图 9.4.1 中物理吸附的全部五种类型吸附等温线，成为广泛使用的吸附理论。

利用 BET 公式求取固体比表面积的方法，已成为固体比表面积测定的标准方法（参见国家标准 GB/T 19587－2004）。测量时常采用低温惰性气体作为吸附质，当第一层吸附热远远大于被吸附气体的凝结热，即 $c\gg1$ 时，式（9.4.7a）可近似简化为

$$\frac{V}{V_m} \approx \frac{1}{1-p/p^*} \tag{9.4.8}$$

这时只要测定一个平衡压力下的吸附量，就可求出饱和吸附量 V_m，所以由该公式测定固体比表面积的方法又称"一点法"。

实验表明，BET 公式只适用于 $\dfrac{p}{p^*}=0.05\sim0.35$ 的范围：压力较低则建立不起多分子层物理吸附，压力过高则易发生毛细凝结。尽管 BET 理论得到了广泛的应用，并能定性地导

出五类吸附等温线，但仍存在明显的不足。如固体表面的均匀假定不符合实际情况，而"同层分子横向间无相互作用、上下层分子纵向间存在吸引力"的要求本身就是矛盾的。

9.5　液-固界面的润湿

日常生活中有这样一些事实：普通棉布遇水一浸就湿，由棉布制成的防雨布却不浸水；少量纯水能在洁净的玻璃板上展开形成水膜，却在石蜡或荷叶表面形成球形水珠。这里均涉及一个共同的问题，即固体表面与液体的接触。

上一节曾提到，固体表面上的分子几乎是不可移动的，为降低表面吉布斯函数，固体表面倾向于自发捕获其他分子。与固体吸附气体的情况相似，固体对溶液分子同样也有吸附作用。

9.5.1　润湿现象

固体与液体接触时，液体取代固体表面的气体而产生液-固界面的过程称为润湿。一定温度与压力下，润湿的程度可用润湿过程表面吉布斯函数的改变量来衡量，表面吉布斯函数减少得越多，则越易润湿。按润湿程度的深浅，一般可将润湿分为沾湿（adhesion）、浸湿（immersion）和铺展（spreading）三类。

图 9.5.1 中的（a）、（b）、（c）分别表示恒温恒压下沾湿、浸湿和铺展过程。

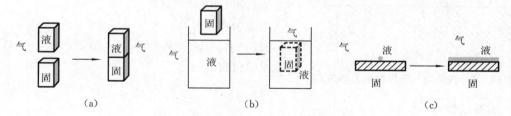

图 9.5.1　液体对固体的润湿过程

沾湿过程是指气-液界面和气-固界面消失，同时产生液-固界面的过程，如图 9.5.1（a）所示。恒温恒压下，单位面积上沾湿过程的表面吉布斯函数变为

$$\Delta G_a = \gamma_{l\text{-}s} - \gamma_{l\text{-}g} - \gamma_{s\text{-}g} \tag{9.5.1}$$

一定温度与压力下，若 $\Delta G_a < 0$，则沾湿过程为自发过程。

浸湿过程是将固体浸入液体，气-固界面完全被液-固界面取代的过程，如图9.5.1（b）所示。恒温恒压下，单位面积上浸湿过程的表面吉布斯函数变为

$$\Delta G_i = \gamma_{l\text{-}s} - \gamma_{s\text{-}g} \tag{9.5.2}$$

一定温度与压力下，若 $\Delta G_i < 0$，则浸湿过程为自发过程。

铺展是少量液体在固体表面上自动展开并形成一层液膜的过程，是液-固界面取代气-固界面，同时又增大气-液界面的过程，如图 9.5.1（c）所示。若忽略少量液体在铺展前以小液滴存在时的表面吉布斯函数，则在一定温度、压力下，单位面积上铺展过程的表面吉布斯函数变为

$$\Delta G_s = \gamma_{l\text{-}s} + \gamma_{l\text{-}g} - \gamma_{s\text{-}g} \tag{9.5.3}$$

若铺展过程为自发的，则需满足 $\Delta G_s < 0$，令

$$S = -\Delta G_s = \gamma_{s\text{-}g} - \gamma_{l\text{-}s} - \gamma_{l\text{-}g} \tag{9.5.4}$$

式中:S 为铺展系数。由此可见,液体能在固体表面上发生铺展的必要条件为 $S \geqslant 0$;S 越大,铺展性能越好。

需说明的是,以上提到的 ΔG_a、ΔG_i、ΔG_s 及 S 的单位均为 $J \cdot m^{-2}$。

原则上,只要知道 $\gamma_{s\text{-}g}$、$\gamma_{l\text{-}g}$、$\gamma_{l\text{-}s}$ 的具体数值,即可计算某一润湿过程的表面吉布斯函数,并可以此来判断该过程能否进行以及润湿的程度。但到目前为止,固-气、液-固界面张力的测定还无可靠的方法,故上述方程不能直接使用。在此情况下,通常可用杨氏方程和接触角的数据来解决。

9.5.2　接触角与杨氏方程

固-液接触角的严格定义是:在气、液、固三相交界点,气-液与液-固界面张力之间通过液体内部的夹角 θ,如图9.5.2所示。

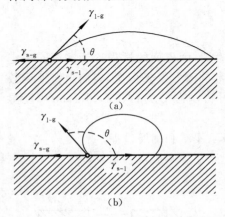

图 9.5.2　接触角与各界面张力的关系

接触角的大小取决于上述三种界面张力的数值,处于力平衡态时,它们之间的关系为

$$\gamma_{s\text{-}g} = \gamma_{l\text{-}s} + \gamma_{l\text{-}g}\cos\theta \tag{9.5.5}$$

式中:$\gamma_{s\text{-}g}$、$\gamma_{l\text{-}s}$、$\gamma_{l\text{-}g}$ 分别表示在一定温度下的固-气、固-液及气-液之间的界面张力。式(9.5.5)称为杨氏方程,杨氏方程只适用于光滑的表面。

将杨氏方程用于式(9.5.1)、式(9.5.2)和式(9.5.3),则有

沾湿过程

$$\Delta G_a = \gamma_{l\text{-}s} - \gamma_{l\text{-}g} - \gamma_{s\text{-}g} = -\gamma_{l\text{-}g}(\cos\theta + 1) \tag{9.5.6}$$

浸湿过程

$$\Delta G_i = \gamma_{l\text{-}s} - \gamma_{s\text{-}g} = -\gamma_{l\text{-}g}\cos\theta \tag{9.5.7}$$

铺展过程

$$\Delta G_s = \gamma_{l\text{-}s} + \gamma_{l\text{-}g} - \gamma_{s\text{-}g} = -\gamma_{l\text{-}g}(\cos\theta - 1) \tag{9.5.8}$$

因此,如果某一润湿过程可以进行,则必有该过程的 $\Delta G < 0$,因 $\gamma_{l\text{-}g} > 0$,故接触角 θ 必定满足以下条件。

沾湿过程　　　　　　　　　　　　　$\theta < 180°$
浸湿过程　　　　　　　　　　　　　$\theta < 90°$
铺展过程　　　　　　　　　$\theta = 0°$　或　不存在

因任何液体在固体上的接触角总是小于 $180°$ 的,所以沾湿过程总是可以进行的。

从式(9.5.8)来看,在接触角 $\theta > 0°$ 时,$\Delta G_s > 0$,铺展系数 $S < 0$,液体不可能在固体表面上铺展。而接触角 $\theta = 0°$ 时,因 $\gamma_{s\text{-}g} = \gamma_{l\text{-}s} + \gamma_{l\text{-}g}$,当气-固界面被同样面积的液-固界面和气-液界面代替后,固然总界面吉布斯函数变为零,但从图 9.5.1(c) 看,原来在固体上面的小液滴的表面消失了,因而可以铺展。

当 $\gamma_{s\text{-}g} > \gamma_{l\text{-}s} + \gamma_{l\text{-}g}$ 时,如仍有式(9.5.8)成立,则需 $\cos\theta > 1$,但这是不可能的,即此时无接触角可言,杨氏方程不成立,因而也不能用该式分析。但在这种情况下式(9.5.3)中的 $\Delta G_s < 0$,铺展系数 $S > 0$,液体可在固体表面铺展,这也正是许多铺展过程可以发生的原因。

综合上述情况,当 $90° < \theta < 180°$ 时,液体只能沾湿固体;当 $0° < \theta < 90°$ 时,液体不仅能沾湿固体,还能浸湿固体;当 $\theta = 0°$ 或不存在时,液体不仅能沾湿、浸湿固体,还可以在固体表面

上铺展。习惯上用接触角来判断液体能否润湿固体:把 $\theta<90°$ 称为润湿;把 $\theta>90°$ 称为不润湿;把 $\theta=0°$ 或不存在称为完全润湿;把 $\theta=180°$ 称为完全不润湿。如水在玻璃上的接触角 $\theta<90°$(非常干净的玻璃与非常纯净的水之间的 $\theta=0°$),水能润湿玻璃,从而水可在毛细玻璃管中上升。用接触角来判断润湿与否最大的好处是直观,但它不能反映出润湿过程的能量变化,也没有明确的热力学意义。

9.5.3 固体在溶液中的吸附

与气体在固体上的吸附相似,固体在溶液中的吸附也是一种自发的界面现象。固体在溶液中的吸附是溶质与溶剂分子争夺固体表面的总结果,吸附速率一般比在气体中的吸附速率慢得多。溶液中的固体表面总有一层液膜,溶质分子必须通过这层膜才能被吸附,多孔性固体会使吸附速率降得更低,往往需要较长的时间才能达到吸附平衡。当固体与溶液接触后,溶液体相的组成可能发生变化。如相对于初始浓度,吸附平衡后某组分的浓度增加,则该组分在固-液界面发生负吸附;某组分的浓度减小,则该组分在固-液界面发生正吸附;某组分浓度不变则为不吸附。

忽略溶剂的吸附,固体在溶液中对溶质的吸附量常称为表观吸附量,可根据吸附前后的溶液浓度变化计算,即

$$\Gamma = \frac{n_a}{m} = \frac{(c_0 - c)V}{m} \tag{9.5.9}$$

式中:n_a 为吸附剂在溶液平衡浓度为 c 时吸附溶质的物质的量;m 为吸附剂的质量;V 为溶液的体积;c_0 和 c 分别为溶液的配制浓度和吸附平衡后的浓度。在恒温恒压下,测定吸附量随浓度的变化关系,作图可得溶液吸附等温线。

当溶液浓度在全部组成范围内变化时,固体对溶液的吸附与固体对气体的吸附有很大的区别。其吸附等温线一般为倒 U 形或 S 形。如图 9.5.3 所示的活性炭在乙醇溶液中吸附苯的等温线,在稀溶液中对苯而言为正吸附,而在浓溶液中则为负吸附。这是因为表观吸附量只考虑溶质的吸附,实际上溶剂对溶质在吸附剂固体上的吸附有竞争。当吸附剂对溶剂的吸附超过对溶质的吸附时,即会表现出溶质表观吸附量的下降。固体在溶液中的吸附等温线在高浓度时所表现出的表观吸附量的下降,是气体吸附中没有的。

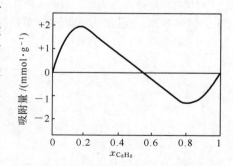

图 9.5.3　活性炭在乙醇溶液中吸附苯的等温线

固体在稀溶液中的吸附等温线与一般气体吸附时的第 I 类型等温线类似,为单分子层,可用朗格缪尔吸附等温式来描述,即

$$\Gamma = \frac{\Gamma_m bc}{1 + bc} \tag{9.5.10}$$

式中:b 为吸附系数,它不仅与溶质的性质有关,还与溶剂的性质有关;Γ_m 为单分子层饱和吸附量。如已知每个吸附质分子所占的有效面积,可由 A_s 计算吸附剂的比表面积。

固体在稀溶液中的吸附受许多因素的影响,常见的影响因素有:吸附剂孔径的大小、被吸附分子的大小、温度、吸附剂-吸附质-溶剂三者之间的相对极性以及吸附剂的表面性质

等。其中,最重要的影响因素是相对极性。一般来说,极性吸附剂易于吸附极性物质,非极性吸附剂易于吸附非极性物质。例如:硅胶为极性吸附剂,可用它来吸附非极性的有机溶剂中的微量的水,使有机溶剂干燥;活性炭为非极性吸附剂,染料及蔗糖水溶液的脱色一般可用它来进行。此外,溶解度越小的溶质越易被吸附,溶质在溶剂中的溶解度越小,说明其在溶液中的稳定性越低,吉布斯函数的值越大,故脱离本相进入表面相的倾向就越大。例如,脂肪酸的碳链越长,在水中的溶解度越小,越易被活性炭所吸附。而在 CCl_4 中,脂肪酸的溶解度随碳链的增长而增大,它们被活性炭吸附的规律和在水中恰好相反。

　　由于溶液的成分复杂,对固体在溶液中的吸附研究远没有固-气界面吸附的研究成熟,目前从理论上对溶液吸附进行定量处理还存在较多困难。尽管如此,固体对溶液的液相吸附应用比气体吸附还要广泛,几乎渗透到工农业生产和日常生活的各领域,如胶体稳定、糖液脱色、液体净化、废水处理、三次采油及色谱分析等。从这些生产科研实践中总结出的上述规律,有助于进一步发展对溶液吸附有一定指导意义的定量理论。

<h1 style="text-align:center">习　　题</h1>

1. 为分析一块体积为 1×10^{-6} m³肾结石的成分,需先将其粉碎成半径小于 1×10^{-6} m 的微粒。已知此结石的表面张力为 1.5 N·m^{-1},则粉碎过程至少需做多少功?

2. 一定温度下,将一半径为 1.60 mm 的毛细管垂直插入水中时水面上升 2.19 cm。已知水的密度是 0.98 g·cm^{-3},与此毛细管的接触角为 $30°$,求该温度下水的表面张力。

3. 对装有部分液体、水平放置的毛细管一端加热。①当液体为润湿性液体时,液体将向毛细管哪一端移动? ②如液体为不润湿液体,又会向哪一端移动? 为什么?

4. 293.15 K 时,在两块相互靠近、面积为 1 m²的平板玻璃间加入少量的水,可使之紧贴在一起。如两块平板玻璃的间隔为 1×10^{-4} m,欲在垂直于玻璃面的方向上拉开这两块玻璃,需用多大的力?

5. 如下图所示,中间有一活塞的玻璃管两端各有一大小不等的肥皂泡,当开启活塞使两肥皂泡相通时,将出现什么现象? 为什么?

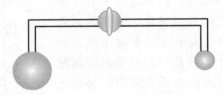

6. 水蒸气迅速冷却到 293 K 时,蒸气会发生过饱和现象。通常,当液滴蒸气压 p_r 与正常饱和蒸气压 p^* 之比大约为 4 时,液滴便能生成。已知 293 K 时水的表面张力为 72.75×10^{-3} N·m^{-1},密度为 998.2 kg·m^{-3},试计算:

   (1) 在此过饱和情况下形成液滴的半径;

   (2) 一个液滴中有多少个水分子;

   (3) 液滴表面与液滴内部分子数之比及液滴表面分子数,已知水分子的半径 $r \approx 0.12$ nm。

7. 在一封闭容器底上钻一个小孔,将容器浸入水中至深度为 0.4 m 处,恰可使水不浸入孔中。已知 298.15 K 时,水的表面张力为 7.2×10^{-2} N·m^{-1},密度为 1.0×10^3 kg·m^{-3},求孔的半径。

8. 室温时,将半径为 1×10^{-4} m 的毛细管插入水与苯的两层液体之间,水在毛细管内上升的高度为 0.04 m,已知玻璃-水-苯系统的接触角为 $40°$,水和苯的密度分别为 1×10^3 kg·m^{-3} 和 8×10^2 kg·m^{-3},求水与苯间的界面张力。

9. 已知水在 293 K 时的表面张力为 72.75×10^{-3} N·m^{-1},摩尔质量为 0.018 kg·mol^{-1},密度为 1×10^3

kg·m^{-3},273.15 K 时水的饱和蒸气压为 610.5 Pa,在 273～293 K 温度区间内水的摩尔汽化热为 40.67 kJ·mol^{-1},求在 293 K 时半径为 10^{-9} m 的水滴的饱和蒸气压。

10. 298.15 K 时,测得一表面活性剂稀溶液的浓度 c 与溶液表面张力 γ 间的关系为

$$\gamma/(N \cdot m^{-1}) = 72 \times 10^{-3} - c/(mol \cdot m^{-3})$$

试求该溶液在 0.01 mol·L^{-1} 时的表面过剩(吸附量)。

11. 291.15 K 时,各种饱和脂肪酸水溶液的表面张力 γ 与其活度 a 的关系可表示为 $\dfrac{\gamma}{\gamma_0} = 1 - b\lg(a/A+1)$,该温度下纯水的表面张力 γ_0 为 72.86×10^{-3} N·m^{-1},常数 $b=0.411$,A 因酸不同而异。试求:

(1) 该脂肪酸的吉布斯吸附等温式;

(2) 当 $a \gg A$ 时,在表面的紧密层中每个脂肪酸分子的截面面积。

12. 活性炭对 CHCl$_3$ 的吸附符合朗格缪尔吸附等温式。273.15 K 时的等温实验测得 CHCl$_3$ 在某活性炭上的饱和吸附量为 0.093 8 m^3·kg^{-1},CHCl$_3$ 的分压为 13.4 kPa 时的平衡吸附量为 0.082 5 m^3·kg^{-1},试求:

(1) 朗格缪尔吸附等温式中的常数 b;

(2) 当 CHCl$_3$ 的分压为 6.67 kPa 时的平衡吸附量。

第 10 章　胶体分散系统与大分子溶液

本章基本要求

1. 理解分散系统的定义和分类。
2. 了解胶体的制备方法。
3. 了解溶胶和大分子溶液的主要特征。
4. 了解胶体的若干重要性质(丁铎尔效应、布朗运动、沉降平衡、电泳和电渗)。
5. 理解胶团的结构和扩散双电层的概念;理解双电层结构,了解ζ电势的应用。
6. 了解溶胶的 DLVO 理论;了解溶胶稳定理论的基本思想。
7. 理解电解质对溶胶和高分子溶液稳定性的作用。
8. 了解悬浮液、乳状液、泡沫、气溶胶以及大分子溶液的性质和应用。
9. 了解大分子溶液的渗透压、黏度及唐南效应。

本章主要介绍胶体分散系统的特征、分类及溶胶的动力学性质、电学性质、光学性质、热力学稳定性等一系列性质,以及悬浮液、乳状液、泡沫、气溶胶及大分子溶液的性质和应用。

10.1　分散系统分类

胶体分散系统在自然界,尤其是在生物界普遍存在。它与人类的生活及环境有着非常密切的关系。如在石油、冶金、造纸、橡胶、塑料、纤维、肥皂等工业部门,以及其他学科如生物学、土壤学、医学、气象学、地质学等领域都涉及与胶体分散系统有关的问题。

一种或几种物质分散在另一种物质中形成的系统,称为分散系统。除了纯净物之外,一切混合物都是分散系统,如糖水、盐水、酒、牛奶、空气、原油、矿石等都是分散系统。分散系统中被分散的物质称为分散相,分散相所存在的介质称为分散介质。根据被分散相粒子的大小,可将分散系统分为三类。

1. 分子分散系统

分散相粒子的半径小于 10^{-9} m,且以单个分子、原子或离子的形式均匀分散在分散介质中形成的均相分散系统(如氯化钠溶液、蔗糖溶液等),就是分子分散系统。分子分散系统也称为真溶液。真溶液是均相热力学稳定系统,澄清透明,不发生光的散射。分散相粒子(即溶质)扩散快,能透过滤纸和半透膜。在显微镜或超显微镜下看不见分散相粒子。

2. 粗分散系统

粗分散系统的分散相粒子的半径大于 10^{-7} m,每个分散相粒子是由成千上万个分子、原子或离子组成的集合体,自成一相,并分散在分散介质中形成多相分散系统,如泥浆、牛奶等,就是粗分散系统。粗分散系统混浊不透明,分散相粒子不扩散,不能透过滤纸和半透膜,用显微镜甚至肉眼可以看见分散相粒子。如将泥浆静置,泥沙会自动沉到底部与水分离。

由此可见,粗分散系统是多相热力学不稳定系统,分散相和分散介质非常容易自动分离。

3. 胶体分散系统

胶体分散系统的分散相粒子的半径在 $10^{-9} \sim 10^{-7}$ m 范围内,比普通的分子或离子大得多,是许多分子、原子或离子的集合体,自成一相,分散在分散介质中。因此,胶体分散系统是多相分散系统。胶体分散系统是透明的,能产生光散射。胶体粒子(以下简称胶粒)扩散慢,能透过滤纸但不能透过半透膜。用超显微镜可看到胶粒。由于胶体分散系统中分散相的分散程度远远大于粗分散系统,所以胶体分散系统有巨大的比表面和表面能,是高度分散的多相热力学不稳定系统。为了降低表面能,胶粒通过碰撞自动聚结,由小颗粒变成大颗粒,最终下沉到底部,与分散介质分离。这种性质称为胶体的聚结不稳定性。另一方面,在适当条件下,胶粒也能自发地、有选择地吸附某种离子而带电,静电斥力会阻止胶粒碰撞聚结,故许多胶体可以稳定存在相当长的时间。

总之,胶体分散系统具有多相性、高分散性和热力学不稳定性三个基本特性。胶体的许多性质,如动力学性质、光学性质、电学性质等,都是由这三个基本特性引起的。

难溶于水的固体物质高度分散在水中所形成的胶体,常称为憎液溶胶或胶体溶液,简称溶胶。如 AgI 溶胶、SiO_2 溶胶、金溶胶、硫溶胶等。在化工生产中常遇到这类胶体。

应当指出,同一物质在不同分散介质中分散时,由于分散相粒子大小不同,可以成为分子分散系统,也可以成为胶体分散系统,当然也可以成为粗分散系统。如 NaCl 在水中是真溶液,但用适当的方法分散在乙醇中可以制得胶体。因此,胶体仅是物质以一定分散程度存在于介质中的一种状态,而不是一种特殊类型物质的固有状态。

按照分散相和分散介质聚集状态的不同,多相分散系统可以分为八类,如表 10.1.1 所示。按照分散相粒子半径的大小,这些多相分散系统可以为胶体分散系统或粗分散系统,其中比较重要的是液体分散在液体中的乳状液。

表 10.1.1 多相分散系统的分类

分 散 相	分散介质	名 称	实 例
固体		溶胶、悬浮物	$Fe(OH)_3$ 溶胶、泥浆
液体	液体	乳状液	牛奶
气体		泡沫	肥皂水泡沫
固体		固溶胶	有色玻璃
液体	固体	凝胶	珍珠
气体		固体泡沫	馒头、泡沫塑料
固体	气体	气溶胶	烟、尘
液体			雾、云

大分子化合物(如蛋白质、淀粉等)溶液是真溶液,是均相热力学稳定系统,但由于其分子大小恰在胶体分散系统范围内,故有许多性质与胶体相同,如扩散慢、不能透过半透膜等。

10.2 溶胶的制备与净化

要形成溶胶必须使分散相粒子的大小落在胶粒范围之内,同时要使溶胶具有足够的稳定性,因此必须在制备过程中加入稳定剂(如电解质或表面活性剂)。溶胶的制备方法大致可以分为分散法和凝聚法两类,前者使固体的粒子变小,后者使分子或离子聚结成胶粒。

10.2.1 溶胶的制备

1. 分散法

常采用如下几种方法将大块物质在有稳定剂存在时分散成胶粒。

(1) 研磨法,即机械粉碎的方法,是用高速转动的胶体磨将脆而易碎的粗颗粒磨细,并在研磨的同时加入稳定剂(如单宁或明胶等)。

(2) 明胶法,又称解胶法,是在新生成并经过洗涤的沉淀中加入适当的电解质溶液,经过搅拌,沉淀会重新分散成溶胶。此处的电解质溶液用做稳定剂,可根据胶核表面所能吸附的离子而决定如何选取。如

$$Fe(OH)_3(新鲜沉淀) \xrightarrow{\text{加 FeCl}_3} Fe(OH)_3(溶胶)$$

$$AgCl(新鲜沉淀) \xrightarrow[\text{或 KCl}]{\text{加 AgNO}_3} AgCl(溶胶)$$

$$SnCl_4 \xrightarrow{\text{水解}} SnO_2(新鲜沉淀) \xrightarrow{\text{加 K}_2\text{Sn(OH)}_6} SnO_2(溶胶)$$

(3) 超声波分散法,是用频率大于 16 000 Hz 的超声波所产生的高频机械波,使分散相受到很大撕碎力和很高的压力的作用而成为胶体分散系统的。此法多用于制备乳状液。

(4) 电弧法。用金属(如 Au、Pt、Ag 等)为电极,浸在不断冷却的水中,外加20～100 V 的直流电源,通过调节两电极的距离使之放电,金属原子因高温蒸发,随即又被溶液冷却而凝聚形成金属溶胶。为使溶胶稳定,常加少量 NaOH 作稳定剂。

2. 凝聚法

先制备出难溶物的过饱和溶液,再使其难溶物互相结合成胶粒而得到溶胶。通常有如下两种方法。

(1) 化学凝聚法。

通过化学反应(如分解、水解、复分解、氧化、还原反应等)使生成的难溶物呈过饱和状态,而后凝聚形成溶胶。

① 分解法。如将四羰基镍在苯中加热即得镍溶胶。

$$Ni(CO)_4 \longrightarrow Ni(溶胶) + 4CO$$

② 水解法。如将几滴 $FeCl_3$ 溶液逐滴加到沸腾的水中可得棕色氢氧化铁溶胶。

$$FeCl_3(稀溶液) + 3H_2O \xrightarrow{\text{煮沸}} Fe(OH)_3(溶胶) + 3HCl$$

③ 复分解法。如将 H_2S 通入足够稀的 As_2O_3 溶液中,可得硫化砷溶胶。

$$As_2O_3 + 2H_2S \longrightarrow As_2S_3(溶胶) + 3H_2O$$

④ 氧化法。如将氧气通入 H_2S 水溶液中,则 H_2S 被氧化而得到硫黄溶胶。

$$2H_2S(水溶液) + O_2 \longrightarrow 2S(溶液) + 2H_2O$$

⑤ 还原法。如用碱性甲醛作还原剂,可将 $HAuCl_4$ 溶液还原成金溶胶。

$$2HAuCl_4 + 3HCHO(少量) + 11KOH \xrightarrow{\text{加热}} 2Au(溶胶) + 3HCOOK + 8H_2O + 8KCl$$

(2) 物理凝聚法。

利用适当的物理过程(如蒸气骤冷、改换溶剂等)可以使某些物质凝聚成胶粒。例如将汞蒸气通入冷水中可以得到汞溶胶,此时高温下的汞蒸气与水接触时生成的少量氧化物起稳定剂的作用。又如将松香的酒精溶液滴入水中,由于松香在水中溶解度很低,溶质以胶粒大小析出,形成松香水溶液。

10.2.2　溶胶的净化

无论采用上述何种方法,制得的溶胶往往含有较多的电解质或其他杂质。除了与胶体表面吸附的离子维持平衡的适量电解质具有稳定溶胶的作用外,过量的电解质反而会促使溶胶聚沉,因此需要净化。常采用的方法有渗析法和超过滤法。

渗析法是基于胶粒不能通过半透膜,而分子、离子能通过半透膜的原理。把溶胶放在装有半透膜(如羊皮纸、动物膀胱膜、硝酸纤维、醋酸纤维等)的容器内,膜外放溶剂,则膜内的电解质和杂质会向膜外渗透,以达到使溶胶净化的目的。为了提高渗析速率,可以增加半透膜的面积、适当加热或外加电场进行电渗析。

超过滤法是利用孔径细小的半透膜(孔径为 $10^{-8} \sim 3 \times 10^{-7}$ m)在加压或吸滤的情况下使胶粒与介质分开,可溶性杂质透过滤板而被除去。所得胶粒应立即分散在新的分散介质中,以免聚结成块。当超过滤时,在半透膜的两边施加一定的电压,则称为电超过滤。电超过滤可以降低超过滤的压力,而且可以较快地除去溶胶中多余的电解质。

10.3　胶体系统的基本性质

10.3.1　溶胶的光学性质

1. 丁铎尔现象

1869 年,丁铎尔(Tyndall)发现,若将一束光线通过溶胶,则从侧面(即与光束垂直的方向)可以看到一个光锥,这种现象称为丁铎尔现象(或称丁铎尔效应),如图 10.3.1 所示。其他分散系统虽也会产生这种现象,但远不如溶胶显著。因此,丁铎尔现象实际上是判别溶胶与真溶液的最简便的方法。

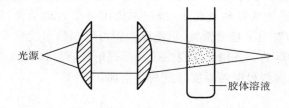

光源

胶体溶液

图 10.3.1　丁铎尔现象

丁铎尔现象是一种散射现象。下面从光的散射原理分析为什么溶胶具有较强的丁铎尔现象。当光线射入分散系统时可能发生两种情况:①若分散相的粒子直径大于入射光的波长,则主要发生光的反射或折射现象,粗分散系统属于这种情况;②若分散相粒子直径小于入射光的波长,则会发生光的散射。因散射是光波绕过粒子而向各个方向射出,所以能从侧面看到乳光。可见光的波长在 $400 \sim 700$ nm 之间,而胶粒的直径在 $1 \sim 100$ nm 之间,小于可见光的波长,因此发生散射作用而出现丁铎尔现象。

2. 瑞利公式

19 世纪 70 年代,瑞利(Rayleigh)研究了散射作用后得出,散射光的强度可用瑞利公式表示为

$$I = \frac{9\pi^2 \rho V^2}{2\lambda^4 l^2}\left(\frac{n^2-n_0^2}{n^2+2n_0^2}\right)^2(1+\cos^2\theta)I_0 \qquad (10.3.1)$$

式中：I_0 及 λ 分别为入射光的强度及波长；V 为每个分散质粒子的体积；ρ 为粒子的密度；n 及 n_0 分别为分散质及分散介质的折射率；θ 为散射角，即观察的方向与入射光方向间的夹角；l 为观察者与散射中心的距离。由式(10.3.1)可得到如下结论。

（1）散射光的强度与入射光的波长的 4 次方成反比。因此入射光的波长越短，散射越强。若入射光为白光，则其中的蓝色与紫色部分的散射作用最强。

（2）分散介质与分散相之间的折射率相差越大，则散射作用越强。如蛋白质溶液的粒子大小虽与硫溶胶相近，但因后者折射率较大，散射作用更为显著。

（3）散射光强度与每个粒子体积的平方成正比，一般真溶液分子体积非常小，所以仅能产生微弱的散射光。

（4）当其他条件均相同时，由式(10.3.1)可以得到

$$I = Kcr^3 \qquad (10.3.2)$$

式中：r 和 c 分别表示胶粒的半径和浓度。利用该式可以通过比较两份相同物质所形成的溶胶的散射光强度来测定溶胶的浓度与胶粒半径及胶团量。

例 10.3.1　为什么晴朗的天空呈蓝色？为什么雾天行驶的车辆必须用黄色灯？

答　从瑞利散射公式可知，散射光的强度与入射光的波长的 4 次方成反比，即波长越短的光散射越多。在可见光中，蓝色光的波长比红色光和黄色光的短，因此，大气层这个气溶胶对蓝色光产生强烈的散射作用，而波长较长的黄色光则因散射少而透过的多。这就是万里晴空呈现蔚蓝色和雾天行驶的汽车必须用黄色灯的原因。

10.3.2　溶胶的动力学性质

1. 布朗运动

布朗运动是植物学家布朗（Brown）在 1827 年用显微镜观察悬浮在水中的花粉时发现的（图 10.3.2）。但理论上的解释直到 19 世纪末应用分子运动学说以后才完成。1903 年，齐格蒙第（Zsigmondy）发明了超显微镜，用超显微镜可以观察到胶粒不断地做不规律"之"字形的连续运动，即布朗运动。齐格蒙第观察了一系列溶胶，得出结论：①胶粒越小，布朗运动越剧烈；②布朗运动的剧烈程度随温度的升高而增加。

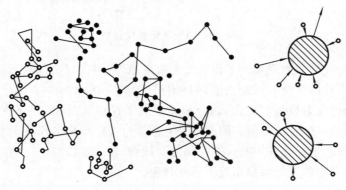

图 10.3.2　布朗运动

1905 年和 1906 年爱因斯坦（Einstein）和斯莫鲁霍夫斯基（Smoluchowski）分别推导了

布朗运动扩散方程。其基本假定是认为布朗运动与分子运动完全类似，即溶胶中每个胶粒的平均动能和液体介质分子的一样，都等于 $\frac{3}{2}kT$。利用分子运动论的一些基本概念和公式，并假设胶粒是球形的，从而推导出布朗运动扩散方程，即

$$\bar{x} = \sqrt{\frac{RT}{L}\frac{t}{3\pi\eta r}} \tag{10.3.3}$$

式中：$\bar{x}$ 是在观察时间 t 内胶粒沿 x 轴方向的平均位移；r 为胶粒半径；η 为介质黏度；L 为阿伏伽德罗常数。这个公式也称为爱因斯坦公式，对研究胶体分散系统的动力学性质、确定胶粒的大小与扩散系数等都具有重要意义。许多实验都证实了爱因斯坦公式的正确性，而且 1903 年有人应用此式测得 $L = 6.08 \times 10^{23}\,\text{mol}^{-1}$，与阿伏伽德罗常数的测定值非常接近，这为分子运动论提供了有力的实验依据，此后分子运动论也就成为普遍接受的理论。

2. 扩散作用

布朗运动会引起溶胶的扩散现象，即与稀溶液一样，在有浓度差的情况下，胶粒会由高浓度区向低浓度区扩散。但由于胶粒远比分子大，其扩散也慢得多，因此不能制成高浓度的溶胶，其扩散与渗透压也表现得不那么显著。

溶胶的扩散量遵守菲克第一定律和第二定律，爱因斯坦曾导出的关于扩散作用的公式为

$$D = \frac{\bar{x}^2}{2t} = \frac{RT}{L}\frac{1}{6\pi\eta r} \quad \text{或} \quad D = \frac{kT}{f} \tag{10.3.4}$$

式中：D 为扩散系数，可以从布朗运动实验值求得；r 为胶粒半径；f 为摩擦系数；若已知胶粒密度，可求得胶粒的摩尔质量为

$$M = \frac{4}{3}\pi r^3 \rho L \tag{10.3.5}$$

3. 沉降与沉降平衡

若分散相的密度大于分散介质的密度，则分散相粒子受重力作用而下沉，这一过程称为沉降。沉降的结果是底部胶粒浓度大于上部，即造成上、下浓度差，而扩散将促使浓度趋于均匀。可见，沉降作用与扩散作用效果相反。当这两种效果相反的作用相等时，胶粒随高度的分布形成一稳定的浓度梯度，达到平衡态，即容器底部胶粒浓度大，随着高度的增加，胶粒浓度逐渐减小，且不同高度处胶粒浓度恒定，不随时间变化。这种状态称为沉降平衡。

胶粒越大、分散相与分散介质的密度差别越大，温度越低，达到沉降平衡时胶粒团浓度梯度也越大。例如，胶粒直径为 8.35 nm 的金溶胶，高度每增加 0.025 m，胶粒浓度减小一半。而胶粒直径为 1.86 nm 的高分散的金溶胶，高度每增加 2.15 m，胶粒浓度才减小一半。

对于高分散度的胶体，由于胶粒的沉降与扩散速率都很慢，要达到沉降平衡往往需要很长时间。在通常条件下，温度波动而引起的对流和由于机械振动而引起的混合等，都妨碍了沉降平衡的建立。因此，很难看到高分散度的胶粒的沉降平衡。

布朗运动能使胶粒扩散而不至于沉降于底部，但布朗运动又容易使胶粒相互碰撞聚结而变大。胶粒的变大必然导致胶体的不稳定性增强，故布朗运动对胶体的稳定性起着双重的作用。

胶粒在重力场中随高度分布的关系可以从玻尔兹曼分布定律简单地导出。设胶粒的半径为 r，在高度 h_1 和 h_2 处的胶粒浓度分别为 n_1 和 n_2（个数/体积）。则根据玻尔兹曼公式，可得

$$\frac{n_2}{n_1} = \exp\left(-\frac{\varepsilon_2 - \varepsilon_1}{k_B T}\right) \tag{10.3.6}$$

式中:ε_1 和 ε_2 分别为胶粒在 h_1 和 h_2 处的能量,显然它们与重力有关。胶粒在分散介质中的沉降力应等于其本身所受的重力与所受浮力之差,即

$$F = \frac{4}{3}\pi r^3 (\rho - \rho_0) g \tag{10.3.7}$$

式中:g 为重力加速度;ρ、ρ_0 分别为胶粒与介质的密度。胶粒在 h_i 处的势能 $\zeta_i = F h_i$,故有

$$\frac{n_2}{n_1} = \exp\left[-\frac{4}{3}\pi r^3 (\rho - \rho_0) g (h_2 - h_1)/(k_B T)\right] \tag{10.3.8}$$

此公式即为胶粒的高度分布公式。由此式可知,胶粒的质量越大,则其平衡浓度随高度的降低程度越大。表 10.3.1 列出了一些分散系统中胶粒半浓度高(胶粒浓度降低 $\frac{1}{2}$ 时所需高度)的数据。可以看出,胶粒半径越大,半浓度高越小。但藤黄溶胶的半浓度高反而比半径小的粗分散金溶胶的大许多,这是由其相对密度比金溶胶小得多而引起的。

表 10.3.1 不同分散系的半浓度高

分 散 系 统	胶粒直径 d/nm	胶粒半浓度高 $h_{1/2}$/m
氧气	0.27	5 000
高度分散的金溶液	1.86	2.15
金溶液	8.36	2.5×10^{-2}
粗分散金溶液	1.86	2×10^{-7}
藤黄悬浮体	230	3×10^{-5}

应该指出,式(10.3.8)所表示的是已达平衡时的分布情况,对于胶粒不太小的系统,能够较快地达到平衡,一些溶胶甚至可以维持几年仍然不会沉降。

如果沉降现象是明显的,还可以通过测定沉降速率来进行沉降分析,估算胶粒的大小,即在重力场较大而忽略布朗运动的情况下,胶粒在沉降过程中,受到摩擦力的阻碍,当重力与摩擦力相等时,沉降为等速运动。根据斯托克斯定律:胶粒所受摩擦力与其运动速率 $\dfrac{\mathrm{d}x}{\mathrm{d}t}$ 成正比,即

$$F = 6\pi\eta r \frac{\mathrm{d}x}{\mathrm{d}t}$$

可得

$$r = \sqrt{\frac{9}{2}\frac{\eta \mathrm{d}x/\mathrm{d}t}{(\rho - \rho_0)g}} \tag{10.3.9}$$

由式(10.3.9)可知,若已知密度和黏度 η,测定胶粒的沉降速率,便可计算出胶粒的半径;反之,若已知胶粒的大小,则可通过测定沉降速率而求出溶液的黏度。落球式黏度计就是根据这个原理设计而成的。

由于胶体分散系统的分散相的胶粒很小,在重力场中沉降速率极为缓慢以致实际上无法测定其沉降速率,此时可以利用超离心机(其离心力可达重力的百万倍)测定溶胶团的摩尔质量。计算公式为

$$M = \frac{2RT\ln(c_1/c_2)}{(1 - \rho_0/\rho)\omega^2 (x_2^2 - x_1^2)} \tag{10.3.10}$$

式中：c_1 和 c_2 分别为从旋转轴到溶胶平面距离为 x_1 和 x_2 处的胶粒浓度，ω 为超离心机旋转的角速度。

10.3.3　溶胶的电学性质

胶体是高度分散的多相热力学不稳定系统，有自发聚结变大最终下沉的趋势。但事实上不少胶体可以存放几年甚至几十年都不聚沉。研究表明，使胶体稳定存在的因素除了胶粒的布朗运动以外，最主要的是胶粒带电。

1. 电泳

在外电场作用下，分散相粒子在分散介质中定向移动的现象，称为电泳。中性粒子在电场中不可能发生定向移动，所以胶体的电泳现象说明胶粒是带电的。

观察电泳现象的实验装置如图 10.3.3 所示。如要做 $Fe(OH)_3$ 溶胶的电泳实验，则在 U 形管中先放入棕红色的 $Fe(OH)_3$ 溶胶，然后在溶胶液面上小心地放入无色的 NaCl 溶液（其电导率与溶胶电导率相同），使溶胶与 NaCl 溶液之间有明显的界面。在 U 形管的两端各放一根电极，通入直流电一定时间后，可见 $Fe(OH)_3$ 溶胶的棕红色界面在负极一侧上升，而在正极一侧下降，这说明 $Fe(OH)_3$ 胶粒是带正电的。由于整个胶体系统是电中性的，因此胶粒带正电，介质必定带负电。

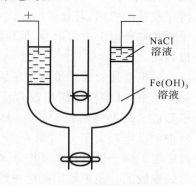

图 10.3.3　电泳现象的实验装置

胶粒的电泳速率与粒子所带电量及外加电势差成正比，而与介质黏度及胶粒大小成反比。胶粒比离子大得多，但实验表明胶粒的电泳速率与离子电迁移速率的数量级大体相当，由此可见胶粒所带电荷的数量是相当大的。

研究电泳现象有助于了解胶粒的结构及电学性质，电泳现象在生产和科研试验中也有许多应用。例如：根据不同蛋白质分子、核酸分子电泳速率的不同来对它们进行分离，已成为生物化学中一项重要的实验技术；陶瓷工业用的优质黏土是利用电泳进行精选而得到的；电镀橡胶就是利用橡胶微粒带负电的电泳而获得橡胶制品（如医用橡胶手套）的。电泳只是胶体的电学性质之一，此外还有电渗、沉降电势及流动电势等。这四种现象均说明分散相带电。

2. 胶粒带电的原因

吸附：胶体分散系统有巨大的比表面和表面能，所以胶粒有吸附其他物质以降低表面能的趋势。如果溶液中有少量电解质，胶粒就会有选择地吸附某种离子而带电。吸附正离子时，胶粒带正电，称为正溶胶；吸附负离子时，胶粒带负电，称为负溶胶。胶粒表面究竟吸附哪一类粒子，取决于胶粒的表面结构及被吸附粒子的本性。在一般情况下，胶粒总是优先吸附构晶离子或与构晶离子生成难溶物的离子。例如用 $AgNO_3$ 和 KI 溶液制备 AgI 溶胶时，若 $AgNO_3$ 过量，则介质中有过量的 Ag^+ 和 NO_3^-，此时 AgI 粒子将吸附 Ag^+ 而带正电；若 KI 过量，则 AgI 粒子将吸附 I^- 而带负电。表面吸附是胶粒带电的主要原因。

解离：胶粒表面上的分子与水接触时将发生解离，其中一种离子进入介质（水）中，结果是使胶粒带电。如硅溶胶的粒子是由许多 SiO_2 分子聚集而成的，其表面分子可发生水化作用。

$$SiO_2 + H_2O \Longrightarrow H_2SiO_3$$

若溶液显酸性,则

$$H_2SiO_3 \longrightarrow H_2SiO_2^+ + OH^-$$

生成的 OH^- 进入溶液,结果胶粒带正电。若溶液显碱性,则

$$H_2SiO_3 \longrightarrow HSiO_3^- + H^+$$

生成的 H^+ 进入溶液,结果胶粒带负电。由此例可知,介质条件(如 pH 值)改变时,胶粒的电性及带电程度都可能发生变化。

3. 胶粒的结构

胶粒由于吸附或解离作用成为带电粒子,而整个溶胶是电中性的,因此分散介质必然带有等量的相反电荷的离子。与电极-溶液界面处相似,胶体分散相粒子周围也会形成双电层,其反电荷离子层也是由紧密层与扩散层两部分构成。紧密层中反电荷离子被牢固地束缚在胶粒的周围,若处于电场之中,将随胶粒一起向某一电极移动;扩散层中反电荷离子虽受到胶粒静电引力的影响,但可脱离胶粒而移动,若处于电场中,则会与胶粒反向,朝另一电极移动。

根据上述对胶粒带电及形成双电层的原因的分析,可以推断胶粒的结构。以 $AgNO_3$ 溶液与过量 KI 溶液反应制备 AgI 溶胶为例,其胶粒结构如图 10.3.4 所示。首先 m 个 AgI 分子形成 AgI 晶体微粒 $(AgI)_m$,称为胶核,胶核吸附 n 个 I^- 而带负电。带负电的胶核吸引溶液中的反电荷离子 K^+,使 $n-x$ 个 K^+ 进入紧密层,其余 x 个 K^+ 则分布在扩散层中。胶核、被吸附的离子以及在电场中能被带着一起移动的紧密层共同组成胶粒,而胶粒与扩散层一起组成胶团。整个胶团是电中性的。胶粒是溶胶中的独立移动单位。通常所说的胶体带正电或带负电,是对胶粒而言的。

在一般情况下,由于紧密层中反电荷离子的电荷总数小于胶核表面被吸附离子的电荷总数,所以胶粒的电性取决于被吸附离子,而带电程度则取决于被吸附离子与紧密层中反电荷离子的电荷之差。胶团的结构也可以用结构式的形式表示。AgI 溶胶的胶团结构式如图 10.3.5 所示。

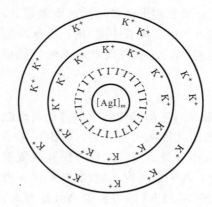

图 10.3.4　胶粒结构图

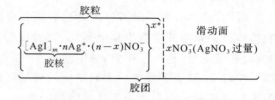

图 10.3.5　AgI 溶胶的胶团结构式

图 10.3.5 中:m 为胶核中 AgI 的分子数,m 的值一般很大(约在 10^3);n 为胶核所吸附的离子数,n 的数值比 m 小得多;$n-x$ 是包含在紧密层中的反电荷离子的数目;x 为扩散层中反电荷离子的数目。对于同一胶体中的不同胶团,其 m、n 和 x 的数值是不同的。也就是说,胶团没有固定的直径、质量和形状。由于离子溶剂化,因此胶粒和胶团也是溶剂化的。

4. 热力学电势和电动电势

胶核表面与溶液本体之间的电势差称为热力学电势,用符号 φ_0 表示。与电化学中电极-溶液界面电势差相似,热力学电势 φ_0 只与被吸附的或解离的离子在溶液中的活度有关,而与其他离子的存在与否及浓度大小无关。

如图 10.3.6 所示,紧密层外界面(也称为滑动面)与溶液本体之间的电势差,称为电动电势,用符号 ζ 表示,常称电动电势为 ζ 电势。由于紧密层中的反电荷离子部分抵消了胶核表面所带的电荷,故 ζ 电势的绝对值一般小于热力学电势的绝对值。胶粒带正电,则 ζ 电势为正值;胶粒带负电,则 ζ 电势为负值。胶粒带电荷越多即胶团结构式中 x 值越大,ζ 电势越大,电泳速率越大。ζ 电势与电泳(或电渗)速率的定量关系为

$$\zeta = \frac{\eta\mu}{\varepsilon_0\varepsilon_r E} \tag{10.3.11}$$

式中:ε_0 为真空的介电常数,$\varepsilon_0 = 8.854 \times 10^{-12}\,F \cdot m^{-1}$;$\varepsilon_r$ 为分散介质的相对介电常数;η 为分散介质的黏度,单位为 $Pa \cdot s$;μ 为电泳(或电渗)的速度,单位为 $m \cdot s^{-1}$;E 为单位距离的电势差(即电势梯度),单位为 $V \cdot m^{-1}$;ζ 为电动电势,单位为 V。

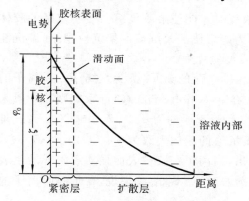

图 10.3.6　双电层与 ζ 电势

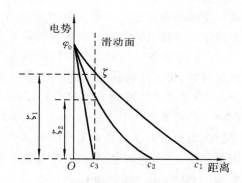

图 10.3.7　电解质浓度对 ζ 电势的影响

一般胶粒的 ζ 电势为几十毫伏。介质中外加电解质的种类及浓度能明显影响 ζ 电势。当外加电解质浓度变大时,会使进入紧密层中的反电荷离子增加,从而使扩散层变薄,ζ 电势下降。如图 10.3.7 所示,当电解质浓度增加到一定值时,扩散层厚度变为零,ζ 电势也变为零。这就是胶体电泳速率随电解质浓度增大而减小,直至变为零的原因。当 $\zeta = 0$ 时,为该胶体的等电点,胶粒不带电,此时胶体最不稳定,易发生聚沉。

例 10.3.2　在 298.15 K 时测得 $Fe(OH)_3$ 溶液的电泳速率 μ 为 1.65×10^{-5} m $\cdot$ s^{-1},两极间的距离 l 为 0.2 m,所加电压 U 为 110 V,水的相对介电常数 ε_r 为 81,黏度 η 为 1.1×10^{-3} Pa $\cdot$ s,求 ζ 电势的值。

解　电势差

$$E = \frac{U}{l} = \frac{110}{0.2}\,V \cdot m^{-1} = 550\,V \cdot m^{-1}$$

将有关数据代入 ζ 与 μ 的关系式,得

$$\zeta = \frac{\eta\mu}{\varepsilon_0\varepsilon_r E} = \frac{0.001\,1 \times 1.65 \times 10^{-5}}{8.854 \times 10^{-12} \times 81 \times 550}\,V = 0.046\,V$$

10.4　溶胶的稳定性和聚沉作用

胶体是高度分散的多相热力学不稳定系统。虽然由于胶粒带电和布朗运动,胶体能稳

定存在相当长的时间，但这种稳定性终究只是暂时的、相对的和有条件的，最终胶粒还是要聚结成大颗粒。当颗粒聚结到一定程度，就要沉淀析出，这一过程称为聚沉。聚沉是胶体不稳定的主要表现。影响聚沉的因素很多，如胶体的浓度和温度、电解质、高分子化合物等，其中胶体的浓度增大和温度升高，将使胶粒间的碰撞更加频繁，导致聚沉加剧，因而降低了胶体的稳定性。本节只简要介绍电解质和高分子化合物对聚沉的影响。

10.4.1　电解质的聚沉作用

电解质对溶胶稳定性的影响具有两重性。当电解质浓度很小时，胶核表面对离子的吸附还远远没有饱和，电解质的加入将使胶核表面吸附更多离子，胶粒带电程度增加，ζ 电势增大，从而使胶粒之间的静电斥力增加而不易聚结，此时电解质对溶胶起稳定作用。当电解质浓度足够大时，再加入电解质，胶核表面吸附基本不变，但进入紧密层的反电荷粒子大大增加，从而使 ζ 电势降低，扩散层变薄，胶粒之间的静电斥力减少。当 ζ 电势的绝对值降低到 $25\sim30$ mV 时，胶粒的布朗运动足以克服胶粒之间所剩的较小静电斥力，而开始聚沉。当 $\zeta=0$ 时，溶胶聚沉速率达到最大。

由以上分析可知，外加电解质需要达到一定浓度时才能使溶胶聚沉。使一定量的胶体在一定时间内完全聚沉所需电解质的最小浓度称为电解质的聚沉值。聚沉值越小，聚沉能力越强。外加电解质对溶胶聚沉的影响有以下几点经验规则。

（1）电解质中起聚沉作用的主要是与胶粒带相反电荷的离子，称为反离子。反离子的价数越高，聚沉能力越强。这一规则称为舒尔策-哈迪（Schulze-Hardy）价数规则。一般来说，一价反离子的聚沉值为 $25\sim150$ mmol·L^{-1}，二价反离子的为 $0.5\sim2$ mmol·L^{-1}，三价反离子的为 $0.01\sim0.1$ mmol·L^{-1}，三类离子的聚沉值的比例大致为 $1:(1/2)^6:(1/3)^6$，即聚沉值与反离子价数的 6 次方成反比。应当指出，当离子在胶粒表面强烈吸附或发生表面化学反应时，舒尔策-哈迪价数规则不能应用。例如对 As_2S_3 溶胶来说，一价吗啡离子的聚沉能力比二价 Mg^{2+} 和 Ca^{2+} 还要强得多。

（2）同价离子的聚沉能力略有不同。例如同为一价阳离子硝酸盐，其对负电性溶胶的聚沉能力不同，可按聚沉能力由强到弱排列为

$$H^+ > Cs^+ > Rb^+ > NH_4^+ > K^+ > Na^+ > Li^+$$

而同为一价阴离子的钾盐对带正电溶胶的聚沉能力也不同，可按聚沉能力由强到弱排列为

$$F^- > Cl^- > Br^- > NO_3^- > I^- > SCN^- > OH^-$$

这种将带有相同电荷的同价离子按聚沉能力大小排列的顺序，称为感胶离子序。

（3）与胶粒带有相同电荷的同离子对溶胶的聚沉也略有影响。当反离子相同时，同离子的价数越高，聚沉能力越弱（这可能与这些同离子的吸附有关）。例如，对于亚铁氰化铜负溶胶，不同价数负离子所形成钾盐的聚沉能力由强到弱排列为

$$KNO_3 > K_2SO_4 > K_4[Fe(CN)_6]$$

例 10.4.1　将浓度为 0.04 mol·L^{-1} 的 KI 溶液与浓度为 0.1 mol·L^{-1} 的 $AgNO_3$ 溶液等体积混合后得到 AgI 溶胶，试分析下述电解质对所得 AgI 溶胶的聚沉能力的强弱。

（1）$Ca(NO_3)_2$；（2）K_2SO_4；（3）$Al_2(SO_4)_3$。

解　由于 $AgNO_3$ 过量，故形成的 AgI 的胶粒带正电，即为正溶胶，能引起它聚沉的反离子为负离子。反离子价数越高，聚沉能力越强。所以 K_2SO_4 和 $Al_2(SO_4)_3$ 的聚沉能力均强于 $Ca(NO_3)_2$。由于和溶胶具有相同电荷的离子的价数越高，则电解质的聚沉能力越弱，故 K_2SO_4 的聚沉能力强于 $Al_2(SO_4)_3$。综上所

述,聚沉能力由强到弱排列为

$$K_2SO_4 > Al_2(SO_4)_3 > Ca(NO_3)_2$$

10.4.2　正、负胶体的相互聚沉

胶体的相互聚沉是指带相反电荷的正溶胶与负溶胶混合后,彼此中和对方的电荷,而同时聚沉的现象。它与电解质聚沉的不同点在于它要求的浓度条件比较严格。只有当一种溶胶的总电荷恰好中和另一种溶胶的总电荷时,才能发生完全聚沉,否则只能发生部分聚沉,甚至不聚沉。

日常生活中用明矾净化饮用水就是正、负溶胶相互聚沉的实际例子。因为天然水中含有许多负电性的污物胶粒,加入明矾$[KAl(SO_4)_2 \cdot 12H_2O]$后,明矾在水中水解生成$Al(OH)_3$正溶胶,两者相互聚沉而使水得到净化。

10.4.3　高分子化合物的聚沉作用

高分子化合物对溶胶稳定性的影响具有两重性。一般高分子化合物(如明胶、蛋白质、淀粉等)都具有亲水性,因此若在溶胶中加入足够量的某些高分子化合物,由于高分子化合物吸附在胶粒表面上,完全覆盖了胶粒表面,增强了胶粒对介质的亲和力,同时又防止了胶粒之间以及胶粒与电解质之间的直接接触,使溶胶稳定性大大增加,甚至加入电解质后也不会聚沉,这种作用称为高分子化合物对溶胶的保护作用。

具有亲水性质的明胶、蛋白质、淀粉等高分子化合物都是良好的溶胶保护剂,应用很广泛。例如在工业上一些贵金属催化剂(如 Pt 溶胶、Cd 溶胶等),加入高分子化合物进行保护以后,可以烘干以便于运输,使用时只要加入溶剂,就可又恢复为溶胶。医药上的蛋白银滴眼液就是用蛋白质保护的银溶胶。血液中所含的难溶盐(如碳酸钙、磷酸钙等)就是靠蛋白质保护而存在的。

如果加入极少量的高分子化合物,可使溶胶迅速沉淀,沉淀呈疏松的棉絮状,这类沉淀称为絮凝物,这种作用称为高分子化合物的絮凝作用,能产生絮凝作用的高分子化合物称为絮凝剂。高分子化合物产生絮凝作用的原因是长链的高分子化合物可以吸附许多个胶粒,以搭桥方式把它们拉到一起,导致絮凝,如图 10.4.1 所示。另外,离子性高分子化合物还可以中和胶粒表面的电荷,使胶粒间斥力减小。

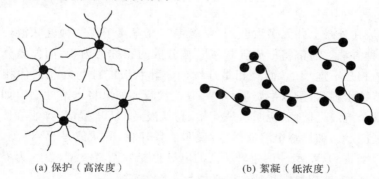

(a) 保护（高浓度）　　　　　　　(b) 絮凝（低浓度）

图 10.4.1　高分子化合物的保护和絮凝作用

与电解质的聚沉作用相比,高分子化合物的絮凝作用具有迅速、彻底、沉淀疏松块大、易过滤、絮凝剂用量小等特点。一般只需要加入质量比约为 10^{-6} 的絮凝剂即可有明显的絮凝

作用,通常在数分钟内沉淀完全。此外,在合适条件下还可以有选择地絮凝,因此,絮凝作用比聚沉作用更有实用价值。絮凝剂广泛应用于各种工业部门的污水处理和净化、化工操作中的分离和沉淀、选矿以及土壤改良等。常用的絮凝剂是聚丙烯酰胺及其衍生物。

10.5　乳　状　液

1. 乳状液

乳状液(emulsion)是由两种液体所构成的分散体系。

乳状液中的分散相粒子大小一般在 10^{-6} m 以上,用普通显微镜可以观察到,因此它不属于胶体分散系统而属于粗分散系统。在自然界,生产以及日常生活中都经常会接触到乳状液。例如开采石油时从油井中喷出的含水原油、橡胶树割淌出的乳胶、洗发香波以及牛奶等,都是乳状液。

1) 乳状液的类型

乳状液是由一种液体以极小的液滴形式分散在另一种与其不混溶的液体中所构成的。乳状液主要分为油包水型和水包油型两种类型,如果是"油"分散在水中所形成,则称为水包油型乳状液,用符号油/水(或 O/W)表示;如果是"水"分散在油中所形成,则称为油包水型乳状液,用符号水/油(或 W/O)表示 。见图 10.5.1。

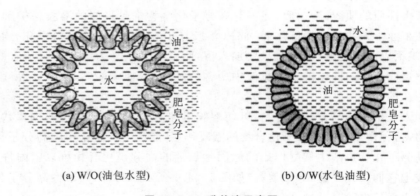

(a) W/O(油包水型)　　　　　　　(b) O/W(水包油型)

图 10.5.1　乳状液示意图

两种乳状液在外观上并无多大区别,要确定它究竟属于哪一种乳状液,一般有稀释、染色和电导等几种方法。通常将形成乳状液时被分散的相称为内相,而作为分散介质的相称为外相,显然内相是不连续的,而外相是连续的。乳状液能被与外相液体相同的液体所稀释,例如牛奶能被水稀释,所以牛奶是 O/W 型乳状液。如果将水溶性染料如亚甲基蓝等加入乳状液中,整个溶液呈蓝色,说明水是外相,乳状液是 O/W 型;若将油溶性染料如红色的苏丹Ⅲ等加入乳状液,如果整个溶液带色,说明油是外相,乳状液是 W/O 型,如果只有星星点点液滴带色,则是 O/W 型。测定乳状液的电导也能判断其类型,以水为外相的乳状液电导较高,反之,以油为外相的乳状液一般来说导电能力较差。

乳状液无论是工业上还是日常生活中都有广泛的应用,有时我们必须设计破坏天然形成的乳状液,而有时又必须人工制备合成乳状液。因此对乳状液稳定条件和破坏方法的研究就具有重要的实际意义。

2) 乳化剂的作用

当直接把水和"油"共同振摇时,虽可以使其相互分散,但静置后很快又会分成两层,例如苯和水共同振摇时可得到白色的混合液体,但静置不久后又会分层。如果加入少量合成洗涤剂再摇动,就会得到较为稳定的乳白色的液体,苯以很小的液珠分散在水中,这里加入的合成洗涤剂被称为乳化剂(emulsifying agent)。乳化剂的作用在于使由机械分散得到的液滴不相互聚结。乳化剂种类很多,可以是蛋白质、树胶、明胶、皂素、磷脂等天然产物,这类乳化剂能形成牢固的吸附膜或增加外相黏度,以阻止乳状液分层,但它们易水解和被微生物或细菌分解,且表面活性较低;乳化剂也可以是人工合成的表面活性剂,它们可以是阴离子型、阳离子型或非离子型,根据不同的 HLB 值可制成 W/O 型或 O/W 型的乳状液;对于乳化液滴较粗大的乳状液,也可以用具有亲水性的二氧化硅、蒙托土及氢氧化物的粉末等作制备 O/W 型乳状液的乳化剂,或者用憎水性的固体粉末如石墨、炭黑等作为 W/O 型乳状液的乳化剂。这是因为,如果乳化剂的亲水性大,则它更倾向于和水结合,因此在水-油界面上的吸附膜是弯曲的,应当凸向水相,而凹向油相,这样就使"油"成为不连续的分布而形成 O/W 型乳状液。

乳化剂之所以能使乳状液稳定,主要是因为:

(1) 在分散相液滴的周围形成坚固的保护膜;

(2) 降低界面张力;

(3) 形成双电层。

视具体体系,可以使上述因素的一种或几种同时起作用。

少量的油分散在水中形成稀乳状液,少量的电解质可以作为乳化剂,此时液滴带有电荷,形成双电层,因而稳定。和溶胶相似,如果多加电解质,反而会使稳定性遭到破坏,导致液滴间的聚结。对于浓的乳状液,则必须加入表面活性物质使其在液滴周围形成坚固的薄膜,并降低油-水间的界面张力。这两个因素中前一种较为重要,因为一般表面活性物质至多只能使界面张力降低 20~25 倍,而体系形成乳状液后,界面自由能的增加可达近百万倍,所以降低界面张力的因素对乳化液的形成不起主要作用。而且实际上,我们也发现许多常用的乳化剂如蛋白质、明胶、皂素等,它们使界面张力降低得不多,但能形成坚固的保护膜。

3) 乳状液的转化和破坏

乳状液的转化是指 O/W 型乳状液转变成 W/O 型乳状液或者相反的过程。这种转化通常是由于外加物质使乳化剂的性质改变而引起的,例如用钠肥皂可以形成 O/W 型的乳状液,但如加入足量的氯化钙,则可以生成钙肥皂而使乳状液成为 W/O 型。又如当用氧化硅粉末作为乳化剂时,可形成 O/W 型的乳状液。但若加入足够数量的炭黑、钙肥皂或镁肥皂,则也可以形成 W/O 型的乳状液。应该指出,在这些例子中,如果所生成或所加入的相反类型的乳化剂的量太少,则乳状液的类型亦不发生转化;而如果用量适中,则两种相反类型的乳化剂同时起相反的效应,则乳状液变得不稳定而被破坏。例如 15 cm³ 的煤油与 25 cm³ 的水用 0.8 g 炭黑为乳化剂,可以得到 W/O 型乳状液,加入 0.1 g 二氧化硅粉末就可以破坏乳状液,若所加二氧化硅多于 0.1 g,则可以生成 O/W 型乳状液。

使乳状液中的两相分离,就是所谓的破乳(demulsification)。为破乳而加入的物质称为破乳剂(demulsifier)。例如石油原油和橡胶类植物乳浆的脱水、牛奶中提取奶油、污水中除去油沫等都是破乳过程。破坏乳状液主要是破坏乳化剂的保护作用,最终使水、油两相分层析出。

常用的有以下几种方法。

(1) 用不能生成牢固保护膜的表面活性物质来替代原来的乳化剂。例如异戊醇的表面活性大,但其碳氢链太短,不足以形成牢固的保护膜,就能起到这种作用。

(2) 用试剂破坏乳化剂。例如用皂类作乳化剂时,若加入无机酸,则皂类变成脂肪酸而析出。

(3) 如前所述,加入适当数量起相反效应的乳化剂,也可以起破坏作用。此外,还有其他方法,例如升高温度可以降低分散介质的黏度,并增加分散液滴互相碰撞的强度而降低乳化剂的吸附性能,因此也可以降低乳状液的稳定性。另外,在离心力场下使乳状液浓缩,在外加电场下使分散的液滴聚结,在加压情况下使乳状液通过吸附剂层等等也都可以起破坏乳状液的作用。

10.6　DLVO 理论简介

为了解释溶胶的动力学稳定性和聚结不稳定性等特性,20 世纪 40 年代,苏联的德查金(Deijaguin)和朗道(Landau)与荷兰的维韦(Verwey)和奥费比克(Overbeek)分别提出了溶胶稳定性的定量理论,简称 DLVO 理论。该理论认为:溶胶之间存在着互相吸引力,即范德华力,同时也存在着互相排斥力,即双电层重叠时的静电排斥力。当胶粒之间吸引力占主导时,溶胶发生聚沉,而当静电排斥力占优势时,胶体就处于稳定状态。下面仅从简化了的结果对 DLVO 理论进行说明。

1. 胶体之间的吸引位能 U_A

胶体间的吸引力本质上是范德华力。范德华力包括以下三种:①永久偶极子与诱导偶极子之间的相互作用,即德拜引力;②永久偶极子与永久偶极子之间的作用力,即葛生引力;③诱导偶极子与诱导偶极子之间的作用力,即伦敦引力。其中伦敦引力是主要的。由于胶粒是大量分子的聚合体,故胶粒间的引力是所有分子间引力的总和。对于半径为 R 的两个球形胶粒,当它们之间的最短距离为 h,且当 $h \leqslant R$ 时,则单位面积上相互作用的吸引位能为

$$U_A = \frac{aR}{12h} \tag{10.6.1}$$

式中:a 为哈马克常数,它与胶粒的性质、浓度及极化率有关,一般在 $10^{-20} \sim 10^{-19}$ J 之间。

2. 胶粒间的排斥位能 U_R

根据双电层模型,胶粒是带电的,并为离子氛所包围。当胶粒互相接近到离子氛发生重叠时,排斥位能 U_R 可表示为

$$U_R = K\varepsilon R\varphi_0^2 \exp(-\kappa h) \tag{10.6.2}$$

式中:K 为常数;ε 为介质的介电常数;φ_0 为胶粒表面的电势;κ 为离子氛的半径的倒数。式(10.6.2)表明排斥位能与胶粒间的最短距离 h 呈指数关系。

3. 胶粒系统的位能曲线

两个胶粒之间的总位能 U 应是吸引位能 U_A 与排斥位能 U_R 之和,其数值变化大致如图 10.6.1 所示。当两胶粒相互接近时,总位能开始略有降低,并出现第二最小值,随后增大而出现一个能垒,如能克服该能垒,胶粒就会吸附在一起,位能迅速降低至第一最小值。显然,能垒的高度是溶胶稳定性的一种标志。凡能降低胶粒之间的吸引位能或增加胶粒之间的排

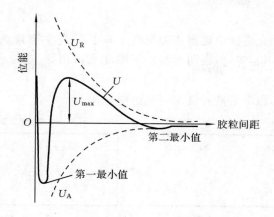

图 10.6.1　排斥位能、吸引位能及总位能曲线

斥位能的因素均可导致胶体稳定。反之,则使其不稳定。

DLVO 理论的成功之处在于它能定量解释舒尔策-哈迪价数规则。电解质的加入,使能垒为零的点(即满足 $U=0$, $\dfrac{dU}{dh}=0$ 的条件)所对应的电解质的浓度 c 为聚沉值。根据所给条件,可以推导出以水为介质的 DLVO 理论的一种简化表示式为

$$c = K\frac{r^4}{a^2 z^6} \tag{10.6.3}$$

式中:K 为常数;a 为哈马克常数;r 是与表面电势有关的物理量。对于固定的溶胶,a 和 r 有定值,所以 $c \propto \dfrac{1}{z^6}$,这与舒尔策-哈迪价数规则完全一致。

10.7　大分子溶液

某些有机物(如橡胶、蛋白质、纤维素等)的相对分子质量很大,斯陶丁格(Staudinger)把相对分子质量大于 10^4 的物质称为大分子化合物。大分子化合物既包含合成的高聚物,也包含天然大分子。

1. 大分子化合物的特点

大分子化合物有以下一些特点。

(1) 溶胀。溶胀是大分子化合物的特有现象,即溶剂分子钻入大分子中间,使其体积胀大,但不能拆开原有的联系而维持原有外形的现象。

(2) 沉淀。在大分子溶液中加入电解质或非溶剂(能溶解介质但不能溶解大分子的溶体)而沉淀,电解质沉淀大分子溶液的作用称为盐析。

2. 大分子物质的平均相对摩尔质量

数均相对摩尔质量为

$$\overline{M}_n = \frac{\sum n_B M_B}{\sum n_B}$$

质均相对摩尔质量为

$$\overline{M}_m = \frac{\sum m_B M_B}{\sum m_B} = \frac{\sum n_B M_B^2}{\sum n_B M_B}$$

3. 唐南平衡

某些大分子化合物在溶液中能解离为聚离子和小离子,后者能透过半透膜,当达到平衡时,膜两边小离子浓度不相等,但膜两边的离子浓度乘积相等,这种现象称为唐南(Donnan)平衡。

如图 10.7.1 所示,以下分两种情况讨论唐南平衡。

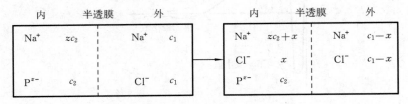

图 10.7.1　唐南平衡示意图(两侧体积相等)

(1) 半透膜内有高分子电解质 Na_zP,在水中发生解离 $Na_zP \longrightarrow zNa^+ + P^{z-}$,此时虽然 Na^+ 可以通过半透膜,但为了保持电中性,Na^+ 必须和 P^{z-} 留在膜的一侧,这样,膜内溶液中粒子数为 $z+1$。粒子数多,致使渗透压增加。若忽略溶液的非理想性,设高分子电解质的浓度为 c_2,则

$$\Pi_1 = (z+1)c_2RT$$

由此式可见,由于解离作用,所测得的相对摩尔质量要比实际的小得多。

(2) 膜外含有其他电解质如 NaCl,设开始时,膜内高分子电解质浓度为 c_2,膜外 NaCl 的浓度为 c_1。由于膜内没有 Cl^-,因此膜外的 Cl^- 向膜内扩散,为了维持电中性,必然也有相同数量的 Na^+ 从膜外扩散到膜内,达平衡时,两侧电解质的浓度必不相等。根据热力学原理,在一定温度下,同一组分(NaCl)在膜两边的化学势相等,即 $\mu_{NaCl,内} = \mu_{NaCl,外}$。由于膜内、外的标准状态化学势相等,则

$$RT\ln a_{NaCl,内} = RT\ln a_{NaCl,外} \tag{10.7.1}$$

或

$$a_{Na^+,内} + a_{Cl^-,内} = a_{Na^+,外} + a_{Cl^-,外} \tag{10.7.2}$$

对于稀溶液,可以浓度代替活度,得到

$$(x + zc_2)x = (c_1 - x)^2$$

$$x = \frac{c_1^2}{zc_2 + 2c_1} \tag{10.7.3}$$

渗透压是因半透膜两边粒子数不同而引起的,所以

$$\Pi_2 = [(zc_2 + x + x + c_2) - (c_1 - x + c_1 - x)]RT$$
$$= (c_2 + zc_2 - 2c_1 + 4x)RT \tag{10.7.4}$$

由式(10.7.3)和式(10.7.2)可知,当 $c_1 \ll c_2$ 时,x 近似为零,意味着膜外 NaCl 浓度很小,几乎不透入,式(10.7.4)可近似为

$$\Pi_2 \approx (z+1)c_2RT = \Pi_1$$

如果 $c_1 \gg c_2$,则有接近 $\frac{1}{2}c_1$ 的 NaCl 透入膜内,即膜内、外 NaCl 浓度近似相等,此时

$$\Pi_2 \approx c_2RT = \Pi_0 \tag{10.7.5}$$

这相当于非电解质高分子或蛋白质在等电点时的情况。由此可知,加入电解质可使高分子的渗透压 Π_2 在 $\Pi_0 \sim \Pi_1$ 之间变化,即

$$\Pi_0 < \Pi_2 < \Pi_1$$

故用渗透压法测定聚合电解质的相对摩尔质量时,在膜的另外一边加较多的小分子电解质,可消除唐南平衡效应对高分子化合物的相对分子质量测定的影响。即可采用不解离物质的渗透压公式(式(10.7.5))进行处理。

唐南平衡的重要作用是控制物质的渗透压,这对研究细胞膜内、外的渗透平衡意义重大。

习　　题

1. 以等体积的 0.08 mol·L⁻¹KI 溶液和 0.1 mol·L⁻¹AgNO₃ 溶液混合制备 AgI 溶胶,试写出该溶胶的胶团结构式,并比较电解质 CaCl₂、MgSO₄、Na₂SO₄、NaNO₃ 对该溶胶聚沉能力的强弱。

2. 质量分数为 0.20% 的金溶液,黏度为 1.00 mPa·s,已知其粒子半径为 130 nm,金的密度为 19.3 g·cm⁻³。求此溶胶在 25 ℃时的渗透压及扩散系数。

3. 已知水晶密度为 2.6 g·cm⁻³,20 ℃时蒸馏水的黏度为 1.01 mPa·s。试求 20 ℃时直径为 10 μm 的水晶粒子在蒸馏水中下降 50 cm 所需要的时间。

4. 20 ℃时,一汞溶胶在某高度及比此高出 0.100 mm 处每立方厘米中分别含胶粒 386 个及 193 个。求此汞胶粒的平均直径。

5. 某溶胶浓度为 0.20 mg·L⁻¹,分散相密度为 2.2 g·cm⁻³。在超显微镜下,视野中能分辨出直径为 0.04 mm、深度为 0.03 mm 的小体积物质。此小体积物质中平均含有 8.5 个胶粒,求胶粒的半径。

6. 有胶粒半径为 30 nm 的金溶胶,在重力场中达到沉降平衡后,在高度相差 0.10 mm 的某指定体积中,胶粒数分别为 277 个和 166 个。已知 20 ℃时金的密度为 19.3 g·cm⁻³,分散介质的密度为 1.00 g·cm⁻³,试计算阿伏伽德罗常数。

7. 由电泳实验测得 Sb₂S₃ 溶胶在电压为 210 V、两极距离为 38.5 cm 时,通电 2 172 s,引起溶胶界面向正极移动 3.20 cm。已知溶胶的相对介电常数 $D_r = 81.1$,黏度 $\eta = 1.03$ mPa·s,求此溶胶的电动势。

8. 下列电解质对某溶胶的聚沉值 c 分别为 $c_{Na_2SO_4} = 590$ mmol·L⁻¹,$c_{Na_2NO_3} = 300$ mmol·L⁻¹,$c_{MgCl_2} = 50$ mmol·L⁻¹,$c_{AlCl_3} = 1.5$ mmol·L⁻¹。问此溶胶所带的电荷是正还是负。

9. 有一 Al(OH)₃ 溶胶,在加入 KCl 使其浓度为 80 mmol·L⁻¹时,恰能聚沉;当加入浓度为 0.4 mmol·L⁻¹ 的 K₂C₂O₄ 时,要使 Al(OH)₃ 恰能聚沉,需要 CaCl₂ 的浓度大约为多少?

10. 有一金溶胶,先加入明胶溶液再加入 NaCl 溶液,与先加入 NaCl 溶液再加入明胶溶液相比较,其结果有何不同?

11. 有人用 0.05 mol·L⁻¹NaI 溶液与 0.05 mol·L⁻¹AgNO₃ 溶液缓慢混合以制备 AgI 溶胶。为了净化此溶胶,小心地将其放置在渗析池中,渗析液中蒸馏水的水面与溶液液面相平。结果发现,先是溶液液面逐渐上升,随后又自动下降。试解释出现此现象的原因。

12. 以 FeCl₃ 水解制备 Fe(OH)₃ 溶胶,试写出 Fe(OH)₃ 溶胶胶团的结构式。

13. 用等体积的 0.08 mol·L⁻¹KI 和 0.01 mol·L⁻¹AgNO₃ 溶液混合制备 AgI 溶胶。若分别加入下述电解质,则聚沉能力强弱顺序如何?

　　(1) CaCl₂;(2) Na₂SO₄;(3) MgSO₄。

14. 将某粉末乳化剂加入油-水系统,若粉末-油界面张力和粉末-水界面张力之间的关系 $\gamma_油 > \gamma_水$,则形成何种分散的乳状液?

15. 为什么少量电解质使胶体稳定,而过多的电解质反而破坏胶体的稳定?

16. 在两个充有 0.01 mol·L⁻¹KCl 溶液的容器之间放入一个由 AgCl 晶体组成的多孔塞,其孔道中也充满了 KCl 溶液,多孔塞两侧放两个接直流电的电极。问溶液将向何方移动。若改用 0.1 mol·L⁻¹KCl 溶液,在相同电压下流动速率如何变化?若用 AgNO₃ 代替 KCl,情况又将如何?

17. 某金溶胶在 298 K 时达沉降平衡,在某一高度时,胶粒密度为 889 g·cm^{-3},而在上 1 mm 高度胶粒密度为 1 098 g·cm^{-3}。设胶粒为球形,金的密度为 19.3 g·cm^{-3}。试求:

(1) 胶粒的平均半径及平均摩尔质量;(2) 高度上升多少,胶粒密度减少一半?

18. 把每毫升含 Fe(OH)$_3$ 0.001 5 g 的溶胶先稀释 10 000 倍,再放在超显微镜下观察,在直径和深度各为 0.04 mm 的视野内数得胶粒的数目平均为 4.1 个,设胶粒密度为 5.2 g·cm^{-3},且胶粒为球形,试计算其直径。

19. 三个烧瓶中分别盛有 20 mL Fe(OH)$_3$ 溶胶,分别加入 NaCl、Na$_2$SO$_4$、Na$_3$PO$_4$ 溶液使其聚沉,最少需加电解质的量为①1 mol·L^{-1}NaCl 1 mm;②0.01 mol·L^{-1}Na$_2$SO$_4$ 125 mL;③0.01 mol·L^{-1}Na$_3$PO$_4$ 7.4 mL。试计算各电解质的聚沉值、聚沉能力之比,并指出溶胶带电的符号。

20. 在 25 ℃时,半透膜两边胶粒的初始浓度分布如下。

膜内	膜外
R$^+$ 0.1 mol·L^{-1}	Na$^+$ 0.5 mol·L^{-1}
Cl$^-$ 0.1 mol·L^{-1}	Cl$^-$ 0.5 mol·L^{-1}

R$^+$ 为大分子离子,不能通过半透膜。试求膜两边平衡后离子浓度的分布情况及渗透压 Π。

附　　录

附录 A　国际单位制

国际单位制是我国法定计量单位的基础，一切属于国际单位制的单位都是我国的法定计量单位。国际单位制的国际简称为 SI。

国际单位制的构成

$$
\text{国际单位制（SI）} \begin{cases} \text{SI 单位} \begin{cases} \text{SI 基本单位（见表 A.1）} \\ \text{SI 导出单位} \begin{cases} \text{包括 SI 辅助单位在内的具有专门名称的} \\ \text{SI 导出单位（见表 A.2、表 A.3）} \\ \text{组合形式的 SI 导出单位} \end{cases} \end{cases} \\ \text{SI 单位的倍数单位} \end{cases}
$$

国际单位制以表 A.1 中的七个基本单位为基础。

表 A.1　SI 基本单位

量 的 名 称	单 位 名 称	单 位 符 号
长度	米	m
质量	千克（公斤）	kg
时间	秒	s
电流	安［培］	A
热力学温度	开［尔文］	K
物质的量	摩［尔］	mol
发光强度	坎［德拉］	cd

注：① 圆括号中的名称，是它前面的名称的同义词。下同。

② 无方括号的量的名称与单位名称均为全称。方括号中的字，在不致引起混淆、误解的情况下，可以省略。去掉方括号中的字即为其名称的简称。下同。

导出单位是用基本单位以代数形式表示的单位。

表 A.2　包括 SI 辅助单位在内的具有专门名称的 SI 导出单位

量 的 名 称	SI 导出单位		
	名　称	符　号	用 SI 基本单位和 SI 导出单位表示
［平面］角	弧度	rad	$1 \text{ rad} = 1 \text{ m/m} = 1$
立体角	球面度	sr	$1 \text{ sr} = 1 \text{ m}^2/\text{m}^2 = 1$
频率	赫［兹］	Hz	$1 \text{ Hz} = 1 \text{ s}^{-1}$
力	牛［顿］	N	$1 \text{ N} = 1 \text{ kg} \cdot \text{m} \cdot \text{s}^{-2}$
压力，压强，应力	帕［斯卡］	Pa	$1 \text{ Pa} = 1 \text{ N} \cdot \text{m}^{-2}$
能［量］，功，热［量］	焦［耳］	J	$1 \text{ J} = 1 \text{ N} \cdot \text{m}$
功率，辐［射能］通量	瓦［特］	W	$1 \text{ W} = 1 \text{ J} \cdot \text{s}^{-1}$

量 的 名 称	SI 导出单位		
	名　称	符　号	用 SI 基本单位和 SI 导出单位表示
电荷[量]	库[仑]	C	$1 C = 1 A \cdot s$
电压,电动势,电势(电位)	伏[特]	V	$1 V = 1 W \cdot A^{-1}$
电容	法[拉]	F	$1 F = 1 C \cdot V^{-1}$
电阻	欧[姆]	Ω	$1 \Omega = 1 V \cdot A^{-1}$
电导	西[门子]	S	$1 S = 1 \Omega^{-1}$
磁通[量]	韦[伯]	Wb	$1 Wb = 1 V \cdot s$
磁通[量]密度,磁感应强度	特[斯拉]	T	$1 T = 1 Wb \cdot m^{-2}$
电感	亨[利]	H	$1 H = 1 Wb \cdot A^{-1}$
摄氏温度	摄氏度	℃	$1 ℃ = 1 K$
光通量	流[明]	lm	$1 lm = 1 cd \cdot sr$
[光]照度	勒[克斯]	lx	$1 lx = 1 lm \cdot m^{-2}$

表 A.3　由于人类健康安全防护上的需要而确定的具有专门名称的 SI 导出单位

量 的 名 称	SI 导出单位		
	名　称	符　号	用 SI 基本单位和 SI 导出单位表示
[放射性]活度	贝可[勒尔]	Bq	$1 Bq = 1 s^{-1}$
吸收剂量 比授[予]能 比释动能	戈[瑞]	Gy	$1 Gy = 1 J \cdot kg^{-1}$
剂量当量	希[沃特]	Sv	$1 Sv = 1 J \cdot kg^{-1}$

　　用 SI 基本单位和具有专门名称的 SI 导出单位或(和)SI 辅助单位以代数形式表示的单位称为组合形式的 SI 导出单位。

　　词头符号与所紧接的单位符号*应作为一个整体对待,它们共同组成一个新单位(十进倍数或分数单位),并具有相同的幂次,而且还可以和其他单位构成组合单位。

表 A.4　SI 词头

因　　数	词 头 名 称		符　　号
	英　文	中　文	
10^{24}	yotta	尧[它]	Y
10^{21}	zetta	泽[它]	Z
10^{18}	exa	艾[可萨]	E
10^{15}	peta	拍[它]	P
10^{12}	tera	太[拉]	T
10^{9}	giga	吉[咖]	G
10^{6}	mega	兆	M
10^{3}	kilo	千	k

---

　*　这里的单位符号一词仅指 SI 基本单位和 SI 导出单位,而不是组合单位整体。

因　　数	词头名称		符　　号
	英　　文	中　　文	
10^2	hecto	百	h
10^1	deca	十	da
10^{-1}	deci	分	d
10^{-2}	centi	厘	c
10^{-3}	milli	毫	m
10^{-6}	micro	微	μ
10^{-9}	nano	纳［诺］	n
10^{-12}	pico	皮［可］	p
10^{-15}	femto	飞［母托］	f
10^{-18}	atto	阿［托］	a
10^{-21}	zepto	仄［普托］	z
10^{-24}	yocto	幺［科托］	y

附录 B　希腊字母

名　　称	正　　体		斜　　体	
	大　　写	小　　写	大　　写	小　　写
alpha	A	α	A	α
beta	B	β	B	β
gamma	Γ	γ	Γ	γ
delta	Δ	δ	Δ	δ
epsilon	E	ϵ	E	ϵ
zeta	Z	ζ	Z	ζ
eta	H	η	H	η
theta	Θ	ϑ, θ	Θ	ϑ, θ
iota	I	ι	I	ι
kappa	K	κ	K	κ
lambda	Λ	λ	Λ	λ
mu	M	μ	M	μ
nu	N	ν	N	ν
xi	Ξ	ξ	Ξ	ξ
omicron	O	o	O	o
pi	Π	π	Π	π
rho	P	ϱ, ρ	P	ϱ, ρ
sigma	Σ	σ	Σ	σ
tau	T	τ	T	τ
upsilon	Υ	υ	Υ	υ
phi	Φ	φ, ϕ	Φ	φ, ϕ
chi	X	χ	X	χ
psi	Ψ	ψ	Ψ	ψ
omega	Ω	ω	Ω	ω

附录C 基本常数

量 的 名 称	符　号	数值及单位
自由落体加速度(重力加速度)	g	$9.806\ 65\ \mathrm{m \cdot s^{-2}}$(准确值)
真空介电常数(真空电容率)	ε_0	$8.854\ 188 \times 10^{-12}\ \mathrm{F \cdot m^{-1}}$
电磁波在真空中的速度	c, c_0	$299\ 792\ 458\ \mathrm{m \cdot s^{-1}}$
阿伏伽德罗常数	L, N_A	$(6.022\ 136\ 7 \pm 0.000\ 003\ 6) \times 10^{23}\ \mathrm{mol^{-1}}$
摩尔气体常数	R	$(8.314\ 510 \pm 0.000\ 070)\ \mathrm{J \cdot mol^{-1} \cdot K^{-1}}$
玻尔兹曼常数	k, k_B	$(1.380\ 658 \pm 0.000\ 012) \times 10^{-23}\ \mathrm{J \cdot K^{-1}}$
元电荷	e	$(1.602\ 177\ 33 \pm 0.000\ 000\ 49) \times 10^{-19}\ \mathrm{C}$
法拉第常数	F	$(9.648\ 530\ 9 \pm 0.000\ 002\ 9) \times 10^{4}\ \mathrm{C \cdot mol^{-1}}$
普朗克常量	h	$(6.626\ 075\ 5 \pm 0.000\ 004\ 0) \times 10^{-34}\ \mathrm{J \cdot s}$

附录D 换算因数

表 D.1　压力换算因数

非 SI 制单位名称	符　号	换 算 因 数
磅力每平方英寸	$1\ \mathrm{bf \cdot in^{-2}}$	$1\ \mathrm{lbf \cdot in^{-2}} = 6\ 894.757\ \mathrm{Pa}$
标准大气压	atm	$1\ \mathrm{atm} = 101.325\ \mathrm{kPa}$(准确值)
千克力每平方米	$\mathrm{kgf \cdot m^{-2}}$	$1\ \mathrm{kgf \cdot m^{-2}} = 9.806\ 65\ \mathrm{Pa}$(准确值)
托	Torr	$1\ \mathrm{Torr} = 133.322\ 4\ \mathrm{Pa}$
工程大气压	at	$1\ \mathrm{at} = 98\ 066.5\ \mathrm{Pa}$(准确值)
毫米汞柱	mmHg	$1\ \mathrm{mmHg} = 133.322\ 4\ \mathrm{Pa}$

表 D.2　能量换算因数

非 SI 制单位名称	符　号	换 算 因 数
英制热单位	Btu	$1\ \mathrm{Btu} = 1\ 055.056\ \mathrm{J}$
15 ℃卡	$\mathrm{cal_{15}}$	$1\ \mathrm{cal_{15}} = 4.185\ 5\ \mathrm{J}$
国际蒸气表卡	$\mathrm{cal_{IT}}$	$1\ \mathrm{cal_{IT}} = 4.186\ 8\ \mathrm{J}$(准确值)
热化学卡	$\mathrm{cal_{th}}$	$1\ \mathrm{cal_{th}} = 4.184\ \mathrm{J}$(准确值)

附录 E　元素的相对原子质量

元素符号	元素名称	相对原子质量	元素符号	元素名称	相对原子质量
Ac	锕	[227]	Dy	镝	162.500(1)
Ag	银	107.868 2(2)	Er	铒	167.259(3)
Al	铝	26.981 538(6)	Es	锿	[254]
Am	镅	[243]	Eu	铕	151.964(1)
Ar	氩	39.948(1)	F	氟	18.998 403 2(5)
As	砷	74.921 60(2)	Fe	铁	55.845(2)
At	砹	[210]	Fm	镄	[257]
Au	金	196.966 569(4)	Fr	钫	[223]
B	硼	10.806(0)	Ga	镓	69.723(1)
Ba	钡	137.327(7)	Gd	钆	157.25(3)
Be	铍	9.012 182(3)	Ge	锗	72.63(1)
Bh	𬭳	[264]	H	氢	1.008 11(0)
Bi	铋	208.980 40(1)	He	氦	4.002 602(2)
Bk	锫	[247]	Hf	铪	178.49(2)
Br	溴	79.904(1)	Hg	汞	200.59(2)
C	碳	12.0116	Ho	钬	164.930 32(2)
Ca	钙	40.078(4)	Hs	𬭳	[265]
Cd	镉	112.411(8)	I	碘	126.904 47(3)
Ce	铈	140.116(1)	In	铟	114.818(3)
Cf	锎	[251]	Ir	铱	192.217(3)
Cl	氯	35.457	K	钾	39.098 3(1)
Cm	锔	[247]	Kr	氪	83.798(2)
Co	钴	58.933 195(5)	La	镧	138.905 47(7)
Cr	铬	51.996 1(6)	Li	锂	6.997
Cs	铯	132.905 45(2)	Lr	铹	[257]
Cu	铜	63.546(3)	Lu	镥	174.9668(1)
Db	𬭊	[262]	Md	钔	[256]
Mg	镁	24.305 0(6)	Rn	氡	[222]
Mn	锰	54.938 045(5)	Ru	钌	101.07(2)
Mo	钼	95.96(2)	S	硫	32.076(0)
Mt	䥑	[268]	Sb	锑	121.760(1)
N	氮	14.006 43(0)	Sc	钪	44.955 912(6)
Na	钠	22.989 769(0)	Se	硒	78.96(3)
Nb	铌	92.906 38(2)	Sg	𬭳	[263]
Nd	钕	144.242(3)	Si	硅	28.086(0)
Ne	氖	20.179 7(6)	Sm	钐	150.36(2)
Ni	镍	58.693 4(4)	Sn	锡	118.710(7)
No	锘	[254]	Sr	锶	87.62(1)
Np	镎	237.048 2	Ta	钽	180.947 88(2)
O	氧	15.999 7(7)	Tb	铽	158.925 35(2)

元素符号	元素名称	相对原子质量	元素符号	元素名称	相对原子质量
Os	锇	190.23(3)	Tc	锝	98.906 2
P	磷	30.973 762(2)	Te	碲	127.60(3)
Pa	镤	231.035 88(2)	Th	钍	232.038 06(2)
Pb	铅	207.2(1)	Ti	钛	47.867(1)
Pd	钯	106.42(1)	Tl	铊	204.385
Pm	钷	[145]	Tm	铥	168.934 21(2)
Po	钋	[209]	U	铀	238.028 91(3)
Pr	镨	140.907 65(2)	V	钒	50.941 5(1)
Pt	铂	195.084(9)	W	钨	183.84(1)
Pu	钚	[244]	Xe	氙	131.293(6)
Ra	镭	226.025 4	Y	钇	88.905 85(2)
Rb	铷	85.467 8(3)	Yb	镱	173.054(5)
Re	铼	186.207(1)	Zn	锌	65.38(2)
Rf	𬬻	[261]	Zr	锆	91.224(2)
Rh	铑	102.905 50(2)			

注:①相对原子质量后面括号中的数字表示末位数的误差范围;②参照 2011 年 IUPAC 公布相对原子质量数据。

附录 F　某些物质的临界参数

物　　质	物质名称	临界温度 $t_c/℃$	临界压力 p_c/MPa	临界密度 $\rho_c/(kg \cdot m^{-3})$	临界压缩因子 Z_c
He	氦	−267.96	0.227	69.8	0.301
Ar	氩	−122.4	4.87	533	0.291
H_2	氢	−239.9	1.297	31.0	0.305
N_2	氮	−147.0	3.39	313	0.290
O_2	氧	−118.57	5.043	436	0.288
F_2	氟	−128.84	5.215	574	0.288
Cl_2	氯	144	7.7	573	0.275
Br_2	溴	311	10.3	1 260	0.270
H_2O	水	373.91	22.05	320	0.23
NH_3	氨	132.33	11.313	236	0.242
HCl	氯化氢	51.5	8.31	450	0.25
H_2S	硫化氢	100.0	8.94	346	0.284
CO	一氧化碳	−140.23	3.499	301	0.295
CO_2	二氧化碳	30.98	7.375	468	0.275
SO_2	二氧化硫	157.5	7.884	525	0.268
CH_4	甲烷	−82.62	4.596	163	0.286
C_2H_6	乙烷	32.18	4.872	204	0.283
C_3H_8	丙烷	96.59	4.254	214	0.285

续表

物　　　质	物质名称	临界温度 t_c/℃	临界压力 p_c/MPa	临界密度 ρ_c/(kg · m^{-3})	临界压缩因子 Z_c
C_2H_4	乙烯	9.19	5.039	215	0.281
C_3H_6	丙烯	91.8	4.62	233	0.275
C_2H_2	乙炔	35.18	6.139	231	0.271
$CHCl_3$	氯仿	262.9	5.329	491	0.201
CCl_4	四氯化碳	283.15	4.558	557	0.272
CH_3OH	甲醇	239.43	8.10	272	0.224
C_2H_5OH	乙醇	240.77	6.148	276	0.240
C_6H_6	苯	288.95	4.898	306	0.268
$C_6H_5CH_3$	甲苯	318.57	4.109	290	0.266

附录 G　某些物质的范德华常数

物　　　质	物质名称	$10^3 a/($Pa · m^6 · mol$^{-2})$	$10^6 b/($m^3 · mol$^{-1})$
Ar	氩	136.3	32.19
H_2	氢	24.76	26.61
N_2	氮	140.8	39.13
O_2	氧	137.8	31.83
Cl_2	氯	657.9	56.22
H_2O	水	553.6	30.49
NH_3	氨	422.5	37.07
HCl	氯化氢	371.6	40.81
H_2S	硫化氢	449.0	42.87
CO	一氧化碳	150.5	39.85
CO_2	二氧化碳	364.0	42.67
SO_2	二氧化硫	680.3	56.36
CH_4	甲烷	228.3	42.78
C_2H_6	乙烷	556.2	63.80
C_3H_8	丙烷	877.9	84.45
C_2H_4	乙烯	453.0	57.14
C_3H_6	丙烯	849.0	82.72
C_2H_2	乙炔	444.8	51.36
$CHCl_3$	氯仿	1 537	102.2
CCl_4	四氯化碳	2 066	138.3
CH_3OH	甲醇	964.9	67.02
C_2H_5OH	乙醇	1 218	84.07
$(C_2H_5)_2O$	乙醚	1 761	134.4
$(CH_3)_2CO$	丙酮	1 409	99.4
C_6H_6	苯	1 824	115.4

附录 H　某些物质的摩尔定压热容与温度的关系

$$(C_{p,m} = a + bT + cT^2)$$

物　　质	物质名称	$\dfrac{a}{J \cdot mol^{-1} \cdot K^{-1}}$	$\dfrac{10^3 b}{J \cdot mol^{-1} \cdot K^{-2}}$	$\dfrac{10^6 c}{J \cdot mol^{-1} \cdot K^{-3}}$	温度范围 K
H_2	氢	26.88	4.347	$-0.326\,5$	$273 \sim 3\,800$
Cl_2	氯	31.696	10.144	-4.038	$300 \sim 1\,500$
Br_2	溴	35.241	4.075	-1.487	$300 \sim 1\,500$
O_2	氧	28.17	6.297	$-0.749\,4$	$273 \sim 3\,800$
N_2	氮	27.32	6.226	$-0.950\,2$	$273 \sim 3\,800$
HCl	氯化氢	28.17	1.810	1.547	$300 \sim 1\,500$
H_2O	水	29.16	14.49	-2.022	$273 \sim 3\,800$
CO	一氧化碳	26.537	7.683\,1	-1.172	$300 \sim 1\,500$
CO_2	二氧化碳	26.75	42.258	-14.25	$300 \sim 1\,500$
CH_4	甲烷	14.15	75.496	-17.99	$298 \sim 1\,500$
C_2H_6	乙烷	9.401	159.83	-46.229	$298 \sim 1\,500$
C_2H_4	乙烯	11.84	119.67	-36.51	$298 \sim 1\,500$
C_3H_6	丙烯	9.427	188.77	-57.488	$298 \sim 1\,500$
C_2H_2	乙炔	30.67	52.810	-16.27	$298 \sim 1\,500$
C_3H_4	丙炔	26.50	120.66	-39.57	$298 \sim 1\,500$
C_6H_6	苯	-1.71	324.77	-110.58	$298 \sim 1\,500$
$C_6H_5CH_3$	甲苯	2.41	391.17	-130.65	$298 \sim 1\,500$
CH_3OH	甲醇	18.40	101.56	-28.68	$273 \sim 1\,000$
C_2H_5OH	乙醇	29.25	166.28	-48.898	$298 \sim 1\,500$
$(C_2H_5)_2O$	乙醚	-103.9	$1\,417$	-248	$300 \sim 400$
$HCHO$	甲醛	18.82	58.379	-15.61	$291 \sim 1\,500$
CH_3CHO	乙醛	31.05	121.46	-36.58	$298 \sim 1\,500$
$(CH_3)_2CO$	丙酮	22.47	205.97	-63.521	$298 \sim 1\,500$
$HCOOH$	甲酸	30.7	89.20	-34.54	$300 \sim 700$
$CHCl_3$	氯仿	29.51	148.94	-90.734	$273 \sim 773$

附录 I　某些物质的标准摩尔生成焓、标准摩尔生成吉布斯函数、标准摩尔熵及摩尔定压热容

（标准压力 $p^{\ominus}=100$ kPa，298.15 K）

物　　质	$\dfrac{\Delta_f H_m^{\ominus}}{kJ \cdot mol^{-1}}$	$\dfrac{\Delta_f G_m^{\ominus}}{kJ \cdot mol^{-1}}$	$\dfrac{S_m^{\ominus}}{J \cdot mol^{-1} \cdot K^{-1}}$	$\dfrac{C_{p,m}}{J \cdot mol^{-1} \cdot K^{-1}}$
Ag(s)	0	0	42.55	25.351
AgCl(s)	−127.068	−109.789	96.2	50.79
Ag₂O(s)	−31.05	−11.20	121.3	65.86
Al(s)	0	0	28.33	24.35
Al₂O₃(α,刚玉)	−1 675.7	−1 582.3	50.92	79.04
Br₂(l)	0	0	152.231	75.689
Br₂(g)	30.907	3.110	245.463	36.02
HBr(g)	−36.40	−53.45	198.695	29.142
Ca(s)	0	0	41.42	25.31
CaC₂(s)	−59.8	−64.9	69.96	62.72
CaCO₃(方解石)	−1 206.92	−1 128.79	92.9	81.88
CaO(s)	−635.09	−604.03	39.75	42.80
Ca(OH)₂(s)	−986.09	−898.49	83.39	87.49
C(石墨)	0	0	5.740	8.527
C(金刚石)	1.895	2.900	2.377	6.113
CO(g)	−110.525	−137.168	197.674	29.142
CO₂(g)	−393.509	−394.359	213.74	37.11
CS₂(l)	89.70	65.27	151.34	75.7
CS₂(g)	117.36	67.12	237.84	45.40
CCl₄(l)	−135.44	−65.21	216.40	131.75
CCl₄(g)	−102.9	−60.59	309.85	83.30
HCN(l)	108.87	124.97	112.84	70.63
HCN(g)	135.1	124.7	201.78	35.86
Cl₂(g)	0	0	223.066	33.907
Cl(g)	121.679	105.680	165.198	21.840
HCl(g)	−92.307	−95.299	186.908	29.12
Cu(s)	0	0	33.150	24.435
CuO(s)	−157.3	−129.7	42.63	42.30
Cu₂O(s)	−168.6	−146.0	93.14	63.64
F₂(g)	0	0	202.78	31.30
HF(g)	−271.1	−273.2	173.779	29.133

物　　质	$\dfrac{\Delta_f H_m^{\ominus}}{kJ \cdot mol^{-1}}$	$\dfrac{\Delta_f G_m^{\ominus}}{kJ \cdot mol^{-1}}$	$\dfrac{S_m^{\ominus}}{J \cdot mol^{-1} \cdot K^{-1}}$	$\dfrac{C_{p,m}}{J \cdot mol^{-1} \cdot K^{-1}}$
Fe(s)	0	0	27.28	25.10
FeCl$_2$(s)	−341.79	−302.30	117.95	76.65
FeCl$_3$(s)	−399.49	−334.00	142.3	96.65
Fe$_2$O$_3$(赤铁矿)	−824.2	−742.2	87.40	103.85
Fe$_3$O$_4$(磁铁矿)	−1 118.4	−1 015.4	146.4	143.43
FeSO$_4$(s)	−928.4	−820.8	107.5	100.58
H$_2$(g)	0	0	130.684	28.824
H(g)	217.965	203.247	114.713	20.784
H$_2$O(l)	−285.830	−237.129	69.91	75.291
H$_2$O(g)	−241.818	−228.572	188.825	33.577
I$_2$(s)	0	0	116.135	54.438
I$_2$(g)	62.438	19.327	260.69	36.90
I(g)	106.838	70.250	180.791	20.786
HI(g)	26.48	1.70	206.594	29.158
Mg(s)	0	0	32.68	24.89
MgCl$_2$(s)	−641.32	−591.79	89.62	71.38
MgO(s)	−601.70	569.43	26.94	37.15
Mg(OH)$_2$(s)	−924.54	−833.51	63.18	77.03
Na(s)	0	0	51.21	28.24
Na$_2$CO$_3$(s)	−1 130.68	−1 044.44	134.98	112.30
NaHCO$_3$(s)	−950.81	−851.0	101.7	87.61
NaCl(s)	−411.153	−384.138	72.13	50.50
NaNO$_3$(s)	−467.85	−367.00	116.52	92.88
NaOH(s)	−425.609	−379.494	64.455	59.54
NaSO$_4$(s)	−1 387.08	−1 270.16	149.58	128.20
N$_2$(g)	0	0	191.61	29.125
NH$_3$(g)	−46.11	−16.45	192.45	35.06
NO(g)	90.25	86.55	210.761	29.844
NO$_2$(g)	33.18	51.31	240.06	37.20
N$_2$O(g)	82.05	104.20	219.85	38.45
N$_2$O$_3$(g)	83.72	139.46	312.28	65.61
N$_2$O$_4$(g)	9.16	97.89	304.29	77.28
N$_2$O$_5$(g)	11.3	115.1	355.7	84.5
HNO$_3$(l)	−174.10	−80.71	155.60	109.87
HNO$_3$(g)	−135.06	−74.72	266.38	53.35
NH$_4$NO$_3$(s)	−365.56	−183.87	151.08	139.3
O$_2$(g)	0	0	205.138	29.355

附录 J　某些有机化合物的标准摩尔燃烧焓

（$p^{\ominus}=100$ kPa，25 ℃）

物　　质	$\dfrac{-\Delta_c H_m^{\ominus}}{kJ \cdot mol^{-1}}$	物　　质	$\dfrac{-\Delta_c H_m^{\ominus}}{kJ \cdot mol^{-1}}$
CH_4（g）甲烷	890.31	C_2H_5CHO（l）丙醛	1816.3
C_2H_6（g）乙烷	1559.8	$(CH_3)_2CO$（l）丙酮	1790.4
C_3H_8（g）丙烷	2219.9	$CH_3COC_2H_5$（l）甲乙酮	2444.2
C_5H_{12}（l）正戊烷	3509.5	$HCOOH$（l）甲酸	254.6
C_5H_{12}（g）正戊烷	3536.1	CH_3COOH（l）乙酸	874.54
C_6H_{14}（g）正己烷	4163.1	C_2H_5COOH（l）丙酸	1527.3
C_2H_4（g）乙烯	1411.0	C_3H_7COOH（l）正丁酸	2183.5
C_2H_2（g）乙炔	1299.6	$CH_2(COOH)_2$（s）丙二酸	861.15
C_3H_6（g）环丙烷	2091.5	$(CH_2COOH)_2$（s）丁二酸	1491.0
C_4H_8（l）环丁烷	2720.5	$(CH_3CO)_2O$（l）乙酸酐	1806.2
C_5H_{10}（l）环戊烷	3290.9	$HCOOCH_3$（l）甲酸甲酯	979.5
C_6H_{12}（l）环己烷	3919.9	C_6H_5OH（s）甲酚	3053.5
C_6H_6（l）苯	3267.5	C_6H_5CHO（l）苯甲醛	3527.9
$C_{10}H_8$（s）萘	5153.9	$C_6H_5COCH_3$（l）苯甲酮	4148.9
CH_3OH（l）甲醇	726.51	C_6H_5COOH（s）苯甲酸	3226.9
C_2H_5OH（l）乙醇	1366.8	$C_6H_4(COOH)_2$（s）邻苯二甲酸	3223.5
C_3H_7OH（l）正丙醇	2019.8	$C_6H_5COOCH_3$（l）苯甲酸甲酯	3957.6
C_4H_9OH（l）正丁醇	2675.8	$C_{12}H_{22}O_{11}$（s）蔗糖	5640.9
$CH_3OC_2H_5$（g）甲乙醚	2107.4	CH_3NH_2（l）甲胺	1060.6
$(C_2H_5)_2O$（l）二乙醚	2751.1	$C_2H_5NH_2$（l）乙胺	1713.3
$HCHO$（g）甲醛	570.78	$(NH_3)_2CO$（s）尿素	631.66
CH_3CHO（l）乙醛	1166.4	C_5H_5N（l）吡啶	−2782.4

参 考 文 献

[1]　天津大学物理化学教研室. 物理化学：上、下册[M]. 6 版. 北京：高等教育出版社，2017.

[2]　傅献彩，侯文华. 物理化学：上、下册[M]. 6 版. 北京：高等教育出版社，2022.

[3]　朱志昂，阮文娟. 近代物理化学：上、下册[M]. 4 版. 北京：科学出版社，2008.

[4]　孙世刚. 物理化学：上、下册[M]. 厦门：厦门大学出版社，2008.

[5]　傅玉普. 物理化学简明教程[M]. 3 版. 大连：大连理工大学出版社，2014.

[6]　胡英. 物理化学：上、下册[M]. 6 版. 北京：高等教育出版社，2014.

[7]　张平民. 工科大学化学：上册[M]. 长沙：湖南教育出版社，2002.

[8]　印永嘉，奚正楷，张树永. 物理化学简明教程[M]. 4 版. 北京：高等教育出版社，2007.

[9]　Arthur W A, Alice P G. Physical Chemistry of Surfaces [M]. 6th ed. New York：Wiley-Interscience，1997.

[10]　韩德刚，高执棣，高盘良. 物理化学[M]. 北京：高等教育出版社，2009.

[11]　Peter Atkins，Julio de Paula. Physical Chemistry [M]. 7th ed . Oxford：Oxford University Press，2002.

[12]　吴树森. 应用物理化学-界面化学与胶体化学[M]. 北京：高等教育出版社，1993.

[13]　江龙. 胶体化学概论[M]. 北京：科学出版社，2002.

[14]　周祖康，顾惕人，马季铭. 胶体化学基础[M]. 北京：北京大学出版社，1996.

[15]　沈钟，赵振国，王果庭. 胶体与表面化学[M]. 3 版. 北京：化学工业出版社，2004.

[16]　侯万国，孙德军，张春先. 应用胶体化学[M]. 北京：科学出版社，1998.

[17]　陈诵英，孙予罕，丁云杰，等. 吸附与催化[M]. 郑州：河南科学技术出版社，2001.